Facetten einer Wissenschaft

Chemie aus ungewöhnlichen Perspektiven

Herausgegeben von Achim Müller,
Hans-Jürgen Quadbeck-Seeger, Ekkehard Diemann

WILEY-VCH Verlag GmbH & Co. KGaA

Prof. Dr. Achim Müller
Universität Bielefeld
Fakultät für Chemie
Lehrstuhl für Anorganische Chemie I
Postfach 100 131
33501 Bielefeld

Prof. Dr. Hans-Jürgen Quadbeck-Seeger
BASF AG
Carl-Bosch-Str. Geb. B1
67056 Ludwigshafen

Dr. Ekkehard Diemann
Universität Bielefeld
Fakultät für Chemie
Lehrstuhl für Anorganische Chemie I
Postfach 100 131
33501 Bielefeld

Bibliografische Informationen
Die Deutsche Bibliothek
Die Deutsche Bibliothek verzeichnet diese Publikation in der Deutschen Nationalbibliografie; detaillierte bibliografische Daten sind im Internet über <http://dnb.ddb.de> abrufbar.

Gedruckt auf säurefreiem Papier.

Printed in the Federal Republic of Germany.

Satz Kühn & Weyh, Satz und Medien, Freiburg
Druck und Bindung Druckhaus Darmstadt GmbH, Darmstadt
ISBN 3-527-31057-6

Facetten einer Wissenschaft
Herausgegeben von Müller,
Quadbeck-Seeger, Diemann

Weitere Wiley-VCH Bücher:

S. Neufeldt

Chronologie Chemie

Entdecker und Entdeckungen

2003

ISBN 3-527-29424-4

R. A. Jakobi, H. Hopf (Hrsg.)

Humoristische Chemie

Heiteres aus dem Wissenschaftsalltag

2003

ISBN 3-527-30628-5

H.-J. Quadbeck-Seeger (Hrsg.)

„Der Wechsel allein ist das Beständige"

Zitate und Gedanken für innovative Führungskräfte

2002

ISBN 3-527-50033-2

C.Djerassi, R. Hoffmann

Oxygen

Ein Stück in zwei Akten

2001

ISBN 3-527-30460-6

E. Beck (Hrsg.)

Faszination Lebenswissenschaften

2002

ISBN 3-527-30583-1

Inhaltsverzeichnis

Vorwort *VII*
A. Müller, E. Diemann, H.-J. Quadbeck-Seeger

Public Understanding of Science: Bringschuld der Wissenschaft – Holschuld der modernen Gesellschaft? *1*
Achim Müller

Naturwissenschaftliche Themen im Werk von Thomas Mann *11*
Hans Wolfgang Bellwinkel

Die Poesie der Wissenschaft *31*
John Meurig Thomas

Ein Bericht über zwanzig Jahre Forschung zum Thema: Die Formensprache der Natur als Gegenstand der Mathematik *53*
Andreas W. M. Dress

Pythagoras, die Geometrie und moderne Chemie *65*
Achim Müller

Wie materiell ist Materie? *91*
Reinhart Kögerler

***Alles voll Gewimmels* – Das Vakuum der Physik** *105*
Henning Genz

Chemie trifft Physik oder Die kleinsten Schalter *127*
Günter Schmid

Eine weihnachtliche Experimentalvorlesung Chemie und Licht *139*
Barbara Albert und Jürgen Janek

Facetten einer Wissenschaft. Herausgegeben von Achim Müller

ISBN: 3-527-31057-6

Rechts oder links *163*
Henri Brunner

Chemie – »Old Economy« oder »New Frontiers«? *181*
Hans-Jürgen Quadbeck-Seeger

Ohne Zink kein Leben *195*
Heinrich Vahrenkamp

Reizvolle Riesenmoleküle *211*
Achim Müller

Wer nichts als Chemie versteht, ... ! – Bio und das Feste *221*
Rüdiger Kniep

Durch Schaden wird man klug: Defekte Gene verraten Lebensgeheimnisse *263*
Harald Jockusch

Die menschliche Seele aus medizinisch-naturwissenschaftlicher Sicht *281*
Hans Wolfgang Bellwinkel

»Science-in-fiction« and »Science-in-theatre« as pedagogic tools
An Anglo-German Presentation *299*
Carl Djerassi

Das *teutolab* – eine chemische Verbindung zwischen Schule und Universität *313*
Katharina Kohse-Höinghaus, Rudolf Herbers, Alexander Brandt und Jens Möller

Register *329*

Vorwort

Die stillen Explosionen zeigen die größte Wirkung. Denken wir nur an die Wissensexplosion, die wir derzeit erleben. Wie tiefgreifend hat sie die Welt schon verändert. Und keiner kann mit Sicherheit voraussagen, welche Folgen sie noch haben wird.

Neben den segensreichen Wirkungen lassen sich aber auch schon Probleme erkennen. Die Kommunikation zwischen den Disziplinen, zwischen Wissenschaftlern und Bürgern sowie zwischen Wissenschaft und Politik wird schwieriger. Und wir können nicht hoffen, dass die Situation – selbst bei gutem Willen allerseits – von allein besser werden wird. Im Gegenteil; denn dahinter steckt ein Problem von grundsätzlicher Bedeutung. Wenn der Forscher Erfolg haben will, was von ihm ja auch erwartet wird, muss er sich zwangsläufig spezialisieren. Das beeinflusst sein Denken und seine Kommunikation. Eine allgemein verständliche Darstellung dessen, was er tut, kann der Bedeutung seiner Arbeit im Erkenntnisprozess kaum gerecht werden. So entsteht eine Kommunikationskluft.

Die Bürger fordern die Wissenschaftler auf, ihrer »Bringschuld« gerecht zu werden. Die Wissenschaftler weisen mit gleichem Recht darauf hin, dass es auch eine »Holschuld« für den interessierten Bürger gäbe. Außerdem beklagen sie den Mangel an naturwissenschaftlicher Allgemeinbildung in unserem Lande. Die PISA-Studie hat belegt, was immer nur vermutet wurde.

Die Folge ist, eine Spirale kommt in Gang: Unverständnis führt zu Verdächtigung, das lässt Misstrauen aufkommen, und von dort ist der Weg zu Ängsten und Technikfeindlichkeit nicht mehr weit. Das wiederum hat volkswirtschaftliche Konsequenzen. Das Problem ist alles andere als trivial, und auch wenn es hinlänglich bekannt ist, lässt es sich nicht einfach lösen. Königswege gibt es nicht. Besser werden kann es nur, wenn viele mitwirken und wenn immer wieder neue Wege beschritten werden. Das gilt auch für die Chemie, die naturgegeben besonders vielfältig ist. Diese inhärente Heterogenität lässt es reizvoll erscheinen, die Chemie von ebenso heterogenen Standorten aus zu betrachten. Das wird dem »Phänomen Chemie« Facetten geben, die über eine einheitliche Darstellung hinausgehen. Ein solcher Versuch liegt diesem Buch bewusst zugrunde. Es soll Menschen mit unterschiedlichem Informationsstand ansprechen. Die einen werden neuartige Einstiege in dieses Fachgebiet finden. Die Profis werden angeregt, über ihre Profession aus ungewohnter Perspektive nachzudenken.

Das Zentrum für interdisziplinäre Forschung an der Universität Bielefeld (ZIF) hat es sich zur Aufgabe gemacht, die Kommunikation zwischen den traditionellen

Facetten einer Wissenschaft. Herausgegeben von Achim Müller

ISBN: 3-527-31057-6

Disziplinen zu fördern. Einer von uns (A.M.) hatte im Rahmen der Bemühungen des Stifterverbandes für die Deutsche Wissenschaft für ein besseres gegenseitiges Verständnis (Projekt »Public Understanding of Science and Humanities« – PUSH) die Idee, für seine Wissenschaft, die Chemie, die Perspektive weiter zu öffnen. Die Chemie eignet sich aus mehreren Gründen gut für ein Projekt, sie aus ganz unterschiedlichen Blickwinkeln zu betrachten. Diese Wissenschaft hat sich in den letzten Jahrzehnten nicht nur explosionsartig entwickelt, sondern auch dramatisch diversifiziert. Ein Festkörper-Chemiker, der über Tieftemperatur-Leiter forscht, kann kaum noch mit einem Chemiker diskutieren, der biochemische Prozesse bei einem Schlaganfall untersucht. Weiterhin ist das Bild der Chemie in der Öffentlichkeit außerordentlich ambivalent. Sie gilt tendenziell als Umweltbedrohung, andererseits aber auch als Hoffnungsträger für bessere, nachhaltige Problemlösungen. Und ihre Rolle als Problementdecker hat sich bei der Acrylamid-Entstehung in Backprozessen eindrucksvoll erwiesen. Das Bild der Chemie ist längst nicht mehr janusköpfig, es ist kaleidoskopisch. Dies aufzuzeigen und zu belegen, war das Anliegen des Symposiums, das im Juli 2001 in Bielefeld stattfand.

Diese Veranstaltung sollte Ideen, Ansätze und Methoden vorstellen, wie in einem bestimmten Wissenschaftsgebiet öffentliches Verständnis und nach Möglichkeit auch öffentliche Sympathie hergestellt werden kann, also der konkrete Anwendungsfall von Öffentlichkeitsarbeit für die Wissenschaft. Der überwiegende Teil der Beiträge zu diesem Band ist auf diesem Symposium vorgetragen und diskutiert worden.

Die Wissenschaft hat keinen Fußballstar wie David Beckham, um das verlorene Publikum wieder zu gewinnen, argumentierte der Nobelpreisträger Sir Harold Kroto aus Brighton (UK) in der Diskussion, deshalb müsse jeder Wissenschaftler verschiedene Strategien entwickeln, um die Öffentlichkeit für seine Resultate und ganz allgemein für Wissenschaft und Forschung zu interessieren, aber auch sagen, dass noch viele Fragen offen sind und dass die Wissenschaft nicht auf alle Fragen immer gleich Antworten parat habe (siehe AIDS, BSE, SARS ...).

Die vorliegenden Buchbeiträge versuchen denn auch auf ganz unterschiedlichen Wegen und Abstraktionsebenen, dem Leser komplexe Sachverhalte so zu schildern, dass sein Verständnis und weiteres Interesse geweckt werden. Fast zwangsläufig ergibt sich daraus eine Heterogenität, die fast feuilletonistisch behandelte Themen neben Beiträge stellt, die man vielleicht zwei- oder dreimal lesen muss, um sie voll erschließen zu können. Dazu wollen wir den Leser ausdrücklich ermutigen, denn man soll, wie Albert Einstein einmal gesagt hat, die Dinge so einfach wie möglich machen, aber nicht einfacher. Interessierte Schülerinnen und Schüler der gymnasialen Oberstufe, ihre Lehrerinnen und Lehrer sowie Studierende der Naturwissenschaften im Grundstudium sollten in erster Linie, wie auch der interessierte Laie, an diesem Schaukasten einer facettenreichen Wissenschaft ihren Gefallen finden.

Der Bogen der Themen ist bewusst weit gespannt, von der Literatur über die Mathematik, Physik und Chemie bis zu biochemisch-medizinischen Themen. Nach einigen grundsätzlichen Überlegungen von Achim Müller zum *Public Understanding of Science* und seiner gesellschaftlichen Bedeutung belegt Hans Wolfgang Bellwinkel am Beispiel von Thomas Mann, wie naturwissenschaftliche Themen Eingang in die Literatur gefunden haben. John Meurig Thomas schreibt sogar über die Poesie der Wissenschaft, gefolgt von Andreas Dress, der Beispiele aus der Formensprache der Natur mathematisch untersucht hat. *Pythagoras, Geometrie und die moderne Wissenschaft* als Titel des Essays von Achim Müller legt nahe, dass auch hier, wie überall in der Natur, die Mathematik eine gewisse Rolle spielt. Dann stellt der Physiker Reinhart Kögerler die (abstrakte) Frage, wie materiell Materie ist, und Henning Genz beschäftigt sich mit dem Vakuum der Physik, was deutlich über unser Allgemeinwissen über das Vakuum hinaus geht. Wir kommen dann zu einer Reihe aktueller chemischer Themen: Nanocluster an der Grenze zwischen Chemie und Physik (Günter Schmid), Chemie und Licht (Barbara Albert und Jürgen Janek), Ursache und Wirkung von ‚rechts' und ‚links' in der Natur (Henri Brunner), die Frage, ob und wie wissenschaftliche Erkenntnisse die Chemische Industrie ‚verjüngen' (Hans-Jürgen Quadbeck-Seeger), die Biochemie des Zinks (Heinrich Vahrenkamp) und nanometergroße Räder und Kugeln aus Metalloxid-Gerüsten (Achim Müller). Mit Rüdiger Knieps Beitrag über die Biomineralisation und Harald Jockuschs Aufsatz über das, was uns defekte Gene verraten können, gelangen wir schließlich zu Hans Wolfgang Bellwinkels Gedanken über die menschliche Seele. Den Schluss bilden die methodisch-didaktischen Kapitel von Carl Djerassi und Katherina Kohse-Höhinghaus et al. über *Science-in Fiction and Science-in-Theatre* sowie das *teutolab* für Schulkinder verschiedener Stufen an der Universität Bielefeld.

Sobald über pure Wissenschaft gesprochen werde, so wisse er aus der Erfahrung, sagt Carl Djerassi, gehe beim großen Publikum der Vorhang herunter. Um diesen wieder zu öffnen. vermittle er Wissenschaft auch literarisch, lade interessierte ins Theater ein, um sie einerseits amüsant zu unterhalten, andererseits aber auch, um ihnen etwas von seinem Standpunkt in den Kopf zu schmuggeln ...

Schließlich haben wir zu danken: Allen Autoren für ihre interessanten Beiträge, dem ZIF für die Durchführung des Symposiums sowie dem Stifterverband für die Deutsche Wissenschaft, der Westfälisch-Lippischen Universitätsgesellschaft und dem Fonds der Chemischen Industrie dafür, dass sie das Buchprojekt mit einer großzügigen Ausstattung und einem dennoch erschwinglichen Verkaufspreis möglich gemacht haben.

Achim Müller
Ekkehard Diemann
Hans-Jürgen Quadbeck-Seeger

Autorenverzeichnis

Herausgeber

Prof. Dr. Dr. h. c. mult. Achim Müller
Universität Bielefeld
Fakultät für Chemie
Lehrstuhl für Anorganische Chemie I
Postfach 100 131
33501 Bielefeld
E-Mail: a.mueller@uni-bielefeld.de

Prof. Dr. Hans-Jürgen Quadbeck-Seeger
BASF AG
Carl-Bosch-Str. Geb. B1
67056 Ludwigshafen
E-Mail: quadbeck-seeger@t-online.de

Dr. Ekkehard Diemann
Universität Bielefeld
Fakultät für Chemie
Lehrstuhl für Anorganische Chemie I
Postfach 100 131
33501 Bielefeld
E-Mail: e.diemann@uni-bielefeld.de

Facetten einer Wissenschaft. Herausgegeben von Achim Müller

ISBN: 3-527-31057-6

Autoren

Prof. Dr. Barbara Albert
Universität Hamburg
Fachbereich Chemie
Institut für Anorganische u. Angewandte Chemie
Martin-Luther-King-Platz 6
20146 Hamburg
E-Mail: Albert@chemie.uni-hamburg.de

Dr. med. H.W. Bellwinkel
Erlenstr.8
44795 Bochum

Dipl.-Psych. Alexander Brandt
teutolab und Pädagogische Psychologie
Universität Bielefeld
Universitätsstr. 25
33615 Bielefeld

Prof. Dr. Henri Brunner
Institut für Anorganische Chemie,
Universität Regensburg
93040 Regensburg
E-Mail: henri.brunner@chemie.uni-regensburg.de

Prof. Dr. Carl Djerassi
Department of Chemistry
Stanford University
Stanford CA 94305
USA

Prof. Dr. rer. nat. Andreas W. M. Dress
Max-Planck-Institut für Mathematik
in den Naturwissenschaften
Inselstraße 22–26
04103 Leipzig
E-Mail: dress@mis.mpg.de

Prof. Dr. Henning Genz
Institut für Theoretische Teilchenphysik
Universität Karlsruhe
76128 Karlsruhe
E-Mail: Henning.Genz@physik.uni-karlsruhe.de

Dr. Rudolf Herbers
Einstein-Gymnasium
Fürst-Bentheim-Str. 60
33378 Rheda-Wiedenbrück

Prof. Dr. Jürgen Janek
Physikal.-Chemisches Institut der Justus-Liebig-Universität
Heinrich-Buff-Ring 58
35392 Giessen
E-Mail: Juergen.Janek@phys.Chemie.uni-giessen.de

Prof. Dr. Harald Jockusch
Fakultät für Biologie
Entwicklungsbiologie u. Molekulare Pathologie
Universität Bielefeld, W7
33501 Bielefeld
E-Mail: h.jockusch@uni-bielefeld.de

Prof. Dr. Rüdiger Kniep
Max-Planck-Institut für Chemische Physik fester Stoffe
Nöthnitzer Str. 40
01187 Dresden
E-Mail: kniep@cpfs.mpg.de

Prof. Dr. Reinhart Kögerler
Fakultät für Physik
Universität Bielefeld
Universitätsstrasse
33615 Bielefeld
E-Mail: koeg@physik.uni-bielefeld.de

Prof. Dr. Katharina Kohse-Höinghaus
Fakultät für Chemie
Physikalische Chemie I
Universität Bielefeld
Universitätsstr. 25
33615 Bielefeld
E-Mail: kkh@pc1.uni-bielefeld.de

Prof. Dr. Jens Möller
Institut für Psychologie
Christian-Albrechts-Universität zu Kiel
Olshausenstr. 75
24118 Kiel

Prof. Dr. Günter Schmid
Institut für Anorganische Chemie
Universität Duisburg-Essen
Universitätsstr. 5–7
45117 Essen
E-Mail: guenter.schmid@uni-essen.de

Prof. Sir John Meurig Thomas
The Royal Institution of Great Britain
21 Albemarle Street
GB W1S 4BS London
E-Mail: jmt@ri.ac.uk

Public Understanding of Science: Bringschuld der Wissenschaft – Holschuld der modernen Gesellschaft?[1]

Achim Müller

> *»Kekulés Schlange verdankt ihr glückliches Schicksal ... dem Umstand, daß sie in (die) ... (mythische) Ritze geschlüpft ist, die das Wissenschaftliche vom Nichtwissenschaftlichen trennt.«*[2]

Ein Aufruf ergeht

»Wissenschaftlerinnen und Wissenschaftler werden aufgefordert, ihre Arbeit öffentlich auch in einer für den Nicht-Spezialisten verständlichen Form darzustellen.«

Das ist ein massiver Aufruf! Ich bezeichne ihn als massiv, weil er unterschrieben wurde von dem Vorstandsvorsitzenden des Stifterverbandes für die Deutsche Wissenschaft, dem Präsidenten der Deutschen Forschungsgemeinschaft, dem Präsidenten der Max-Planck-Gesellschaft, dem Präsidenten der Hochschulrektorenkonferenz, dem Vorsitzenden der Hermann von Helmholtz-Gemeinschaft Deutscher Forschungszentren, dem Präsidenten der Fraunhofer-Gesellschaft, dem Vorsitzenden des Wissenschaftsrates und dem Präsidenten der Wissenschaftsgemeinschaft Gottfried Wilhelm Leibniz für Maßnahmen zur Förderung des Dialogs von Wissenschaft und Gesellschaft. Die Aufforderung wirft Fragen auf: Was genau ist das Problem? Welche Defizite haben es ausgelöst? Was sind die Ursachen dieser Defizite? Und warum erfolgt der Aufruf gerade jetzt und nicht schon früher? Was ist zu tun, um die Verständigung zwischen Wissenschaft und Öffentlichkeit zu intensivieren? Und: Verfolgen die Wissenschaftsorganisationen, deren Vorsitzende und Präsidenten den Aufruf unterzeichnet haben, die gleichen Ziele? Hinter dem griffigen Schlagwort »Public Understanding of Science (PUS)« steht somit eine vielschichtige Problematik.

1) Professor Dr. Dr. Herbert Hörz zum 70. Geburtstag gewidmet.

2) Eine anschauliche populäre Wissenschaftsbotschaft von Kekulés Traum von einer Schlange, deren Biss in ihren Schwanz ihm zur Postulierung der ringförmigen Struktur des Benzols verhalf (vgl. S. Ortoli, N. Witkowski, Die Badewanne des Archimedes: Berühmte Legenden aus der Wissenschaft, Kapitel: ‚Kekulés Schlange', Piper, München, 1997).

Facetten einer Wissenschaft. Herausgegeben von Achim Müller

ISBN: 3-527-31057-6

Zur aktuellen Situation

Das Selbstverständnis derer, die sich berufsmäßig mit Wissenschaft befassen und ihre Bedeutung erkannt haben, lässt sich meines Erachtens gut mit einem Zitat aus der Publikation »Can science and technology bring the world together?« von U. Colombo charakterisieren (*Science and Public Affairs 4*, 1989, 95–103): »With the strength springing from the social, cultural and economic values of its people, Europe is destined to play a primary role in ensuring that social progress keeps pace with scientific advance and that the gains of today's technological revolution go to benefit the whole of mankind.«

Dieses Selbstverständnis von Wissenschaft gilt in unserer Gesellschaft leider jedoch nicht ungeteilt. So schreibt die *Frankfurter Rundschau* (8.5.2001) im Hinblick auf Eingriffe in menschliches Erbgut: »Die letzte Hürde ist gefallen. US-Forscher haben genmanipulierte Babys erschaffen. Die Gen- und Biorevolution zeigt damit immer mehr ihre häßliche, verantwortungslose Seite. Frei nach dem Motto: Wo es keine Grenzen gibt, gibt es auch keine Grenzübertritte mehr.« »Maßlose Wissenschaft« lautet denn auch der Titel dieses Artikels von Michael Emmrich. Die Ambivalenz, die in der Wissenschaft selbst liegt und uns Wissenschaftlern vielleicht das Leben im Dialog mit der Bevölkerung schwer macht, wird auch durch die Empfehlungen der Deutschen Forschungsgemeinschaft verdeutlicht, die in der *Frankfurter Allgemeine(n) Zeitung* vom 11. Mai 2001 unter dem Titel »Die Zellen unserer Embryos könnten Kranke heilen – Es gibt echte Chancen auf Realisierbarkeit« publiziert wurden: »Der ethische und rechtliche Schutz der Forschungsfreiheit ist nicht absolut; genauso wenig wie das Lebensrecht des Embryos.« Dies ist ein durchaus symbolischer Satz, der zusammen mit dem Titel jene Befürchtung symbolisiert, die im Bild von Goethes Zauberlehrling eingefangen ist. Es ist an uns Wissenschaftlern, zu fragen, warum die Befürchtung von möglichen negativen Folgen der Wissenschaft im allgemeinen Bewusstsein unserer Gesellschaft einen relativ starken Stellenwert hat, obwohl doch praktisch jeder ganz selbstverständlich alle Vorteile wissenschaftlicher Erkenntnis und der von ihr induzierten Technik in Anspruch nimmt. Ein großer Teil der Bevölkerung ist sich sicher nicht darüber im Klaren, welche Bedeutung beispielsweise bestimmte Ergebnisse chemischer Forschung für unseren Lebensstandard haben.

Ein weiteres Beispiel für die angesprochene Problematik zeigt die folgende Aussage von John R. Durant: »In a single issue of the Guardian, both Friends of the Earth and British Nuclear Fuels Ltd carried large advertisements making precisely opposite claims about the relation between nuclear power production and global warming as a result of the 'greenhouse effect'.« (in: Copernicus and Conan Doyle: or, why should we care about the public understanding of science?, *Science and Public Affairs 5(1)*, 1990, 7–22).

Mangelndes Verständnis für wissenschaftliche Zusammenhänge, enttäuschte Erwartungen, der populistische Missbrauch ungerechtfertigter Ängste durch bestimmte Politiker ohne Sachverstand aber mit Sendungsbewusstsein und Medien – dies alles mögen Gründe für den zum Teil negativen Stellenwert der Wissenschaft in unserer Gesellschaft sein. Meiner Meinung nach – und vielleicht auch im Sinne der Unterzeichner des eingangs erwähnten Aufrufs – greifen sie jedoch zu kurz, wenn nicht auch Folgendes beachtet wird: Anders als bei Goethes Zauberlehrling hat die Wissenschaft nicht für jede Problemlösung einen Meister in unmittelbarer Nähe, der alle Dinge sofort wieder gerade rückt, wenn sie aus dem Ruder laufen. Wegen der Komplexität der Problematik kann die Wissenschaft grundsätzlich nicht immer spontan eine Lösung liefern. Ich verweise etwa auf den Wettlauf zwischen der Entwicklung von Antibiotika und der Resistenzbildung bei Bakterien – das Thema eines Beitrags von Claudia Ehrenstein in der *Welt* (28.4.2001): »In Rußland liegt die Sterblichkeitsrate heute um das 2,5fache über der Geburtenrate. Bis 2016 wird die Bevölkerung um rund 17 Millionen schrumpfen. ... Jeder zweite Häftling in russischen Gefängnissen ist mit antibiotika-resistenter Tuberkulose infiziert. Die Zahl der Syphilisfälle ist in einem Jahrzehnt von 5700 auf knapp 400.000 pro Jahr angestiegen. Diphtherie, Typhus und Cholera breiten sich seit 1991 immer weiter aus.« Im Sinne von PUS kann und muss von uns mit guten Argumenten dargestellt werden, dass die Wissenschaft bestimmte Probleme nur mittelfristig in den Griff bekommen kann. Dies lehrt die Geschichte.

Es ist dringend notwendig, den Dialog zwischen Bevölkerung und Wissenschaft zu fördern und zu intensivieren[3] – vor allem auch wegen der gerade geschilderten Problematik. PUS muss im Sinne des Aufrufs der Wissenschaftsorganisationen Befürchtungen in der Bevölkerung ernst nehmen. Wir können nicht nur auf die Medien verweisen oder auf die Gesellschaft im Allgemeinen, sie würde ihr eigenes Interesse nicht recht verstehen – etwa analog einer Passage in einem bekannten Roman von Arthur Conan Doyle, in der Watson unter Bezugnahme auf die intellektuelle Ignoranz und das Desinteresse von Holmes sagt: »Of contemporary literature, philosophy and politics he appeared to know next to nothing. Upon my quoting Thomas Carlyle, he inquired in the naivest way who he might be and what he had done. My surprise reached a climax, however, when I found incidentally that he was ignorant of the Copernican theory and of the composition of the Solar System. That any civilized human being in this nineteenth century should not be aware that the earth travelled round the sun appeared to be to me such an extraordinary fact that I could hardly realize it.«

»You appear to be astonished« he said, smiling at my expression of surprise. »Now that I do know it I shall do my best to forget it.«[4]

3) Es gibt noch eine andere interessante Aufgabe für Naturwissenschaftler – nämlich durch die Art der Mitteilung zu erreichen, dass man in der Bevölkerung die Naturwissenschaft und die klassischen Bildungsbereiche wie Kunst, Literatur, Musik und Philosophie auf der gleichen Ebene angesiedelt sieht. Um im Bild zu bleiben: Es gibt nur eine Art von Bildung, und die setzt Kenntnisse beider genannter Bereiche voraus. Etwas abstrakt formuliert geht es in allen Fällen um die intersubjektive Form des Erkenntnisgewinns. Mit anderen Worten: Wir haben meines Erachtens – im Gegensatz zur Auffassung von C. P. Snow über die verschiedenen Kulturen – nur ein Bildungsziel. Wir wollen »die Welt« verstehen und »diese Welt« durch die unterschiedlichsten Schöpfungen des menschlichen Geistes erweitern, wobei die Kreationen wiederum in ihrer Entstehung und ihren Auswirkungen auf uns und »unsere Welt« verstanden werden sollen.

4) Aus A. C. Doyles Roman The Study in Scarlet, 1887; zitiert nach J. R. Durant, Science and Public Affairs, 5(1), 1990, 7–22.

Medien und Wissenschaft

»Wo Wissenschaft und Kultur zurückgedrängt werden, nimmt früher oder später Gewalt und Willkür diesen Platz ein.« Ein Satz von Richard von Weizsäcker, der uns in Anbetracht unserer Medienlandschaft nachdenklich stimmen sollte. Im Vergleich zu Prominenten der Politik, des Sports und der Unterhaltungsbranche – aber auch gemessen an stundenlangen TV-Trivialitäten – sind die Naturwissenschaften mit ihrer Geschichte, ihren bedeutenden Persönlichkeiten und vor allem mit ihren aktuellen Ergebnissen in den Medien kaum präsent.[5)]

Vereinzelt gibt es allerdings gut recherchierte Wissenschaftssendungen in Rundfunk und Fernsehen sowie informative Beiträge zur Wissenschaft in den Printmedien – beispielsweise in den wöchentlich erscheinenden Wissenschaftsrubriken der überregionalen Zeitungen. Insgesamt gesehen bleibt jedoch der Eindruck bestehen, dass im Zusammenhang mit Wissenschaft entweder vor allem über Kunstfehler, Umweltgifte, fehlende Sicherheit und unnütze oder gefährliche Experimente berichtet wird oder Sensationsdarstellungen bevorzugt werden, etwa nach dem Muster »Im All wird der Platz knapp: Kosmischer Crash vernichtet einen Planeten – Nasa sucht nach Erdersatz« (*Die Welt*, 11.5.2001). Unter diesem Titel hieß es dann: »Daß mit jedem sterbenden Planeten auch die Hoffnung auf einen Fluchtpunkt für die Menschheit stirbt, ist dabei nur ein Problem ... gerade mal sechs Jahre ist es her, daß Astronomen den ersten Planeten außerhalb unseres Sonnensystems orteten. Umso erschütternder, wenn kurz nach ihrem Debüt in der Himmelsarena die ersten wieder vom Platz fliegen. Zumal so junge, wie im Falle von HD82943, bei dem das Opfer gerade mal 100 Millionen Jahre alt war.«

Die Medien stehen heute zweifellos unter dem Diktat der Einschaltquote, der Anzahl verkaufter Exemplare und der schnellen spektakulären Information – das ist wohl nicht zu ändern. Aber die eigentliche Frage ist doch – und das ist auch die Frage, die meines Erachtens hinter dem Aufruf der Wissenschaftsorganisationen steht: Was machen wir, die Wissenschaftler selbst, in dieser Situation?! Beispielsweise ist es wichtig, die Kommentierungen zur Wissenschaft in der überregionalen Presse zu verfolgen, um besser für stichhaltige Argumente gewappnet zu sein.

Die »dritte Kultur«

John Brockman, Literaturagent vieler bedeutender britischer und US-amerikanischer Wissenschaftler sieht eine so genannte »dritte Kultur« entstehen (*Die Dritte Kultur: Das Weltbild der modernen Naturwissenschaft*, Goldmann, München, 1996, S. 15): »Das sind Wissenschaftler und andere Denker in der Welt der Empirie, die mit ihrer Arbeit und ihren schriftlichen Darlegungen den Platz der traditionellen Intellektuellen einnehmen, indem sie die tiefere Bedeutung unseres Lebens sichtbar machen und neu definieren, wer und was wir sind.« Mit dem Hinweis auf Char-

5) Vgl. auch H. Hörz, Wissenschaft als Aufklärung? – Von der Postmoderne zur Neomoderne – Sitzungsberichte der Leibniz-Sozietät, Band 28, Jahrgang 1999, Heft 1.

Abb. 1 Amusement in der Royal Institution: In der Karikatur von James Gillray betätigt der junge Humphry Davy glücklich die Blasebälge bei Experimenten mit Lachgas in der Royal Institution. Der Vortragende ist Thomas Garret, Davys Vorgänger als Professor der Chemie. Benjamin Thompson, Count Rumford, der Begründer der Royal Institution, steht neben der Tür.

les Percy Snows *The Two Cultures and a Second Look: An Expanded Version of the Two Cultures and the Scientific Revolution* (Cambridge Univ. Press, Cambridge, 1964) schreibt Brockman: »Die Vertreter der dritten Kultur versuchen heute, den Vermittler zu vermeiden, und gehen daran, ihre tiefsten Gedanken so auszudrücken, dass sie jedem intelligenten Leser zugänglich sind.« Das ist indes kein neuer Gedanke. Vielmehr hat er eine ehrwürdige Tradition, die – wie ich meine – vielleicht zu Unrecht an den Rand unseres Bewusstseins gedrängt wurde.

Im 19. Jahrhundert spielte in Großbritannien die *Royal Institution*[6], deren Patronat König Georg III. (1738–1820) übernahm, als Teil der *British Association for the Advancement of Science* (BAAS) eine wichtige Rolle. Die Royal Institution war nicht nur privat finanziert, sie war auch ein Vorbild populärwissenschaftlicher Bemühungen, um die Ergebnisse der Naturwissenschaften einem interessierten Publikum zugänglich zu machen. Es gab Hörsaal, Bibliothek, Instrumentensammlung und Laboratorium. Zu den dort angestellten Professoren gehörten hochkarätige Wissenschaftler wie der Physiker Michael Faraday (1791–1867), der Chemiker und Entdecker mehrerer Elemente Humphry Davy (1778–1829) und der Physiker John Tyndall (1820–1893). Im Institut wurden sowohl Einzelvorlesungen als auch Kurse für

6) Über die Royal Institution gibt es interessante Aufsätze von P. Day (früherer Direktor): Bringing Science to a Wider Public. The Royal Institution's Christmas Lectures: A successful British Export to Japan, Science in Parliament, Vol 51, 1994, S. 34; Michael Faraday as a materials scientist, Materials World, August 1995, S. 374–376; The philosopher's tree: Faraday today at the Royal Institution, Proceedings of the Royal Institution of Great Britain, Vol. 70 (Hrsg. P. Day), Oxford University Press, 1999, S. 1–20; Many happy returns at the RI, Chemistry in Britain, April 1999, S. 30–35.

ein breites Publikum abgehalten. Für den großen deutschen Naturforscher Hermann von Helmholtz (1821–1894) war es eine Ehre dort zu sprechen.[7)]

Warum gibt es heute nicht mehrere solcher Einrichtungen? Da ist einmal die Befürchtung, sich dem Vorwurf fachlicher Trivialisierung durch Kollegen auszusetzen – in Großbritannien vielleicht weniger, bei uns mehr. So kritisierte beispielsweise der Astronom Johann Karl Friedrich Zöllner (1834–1882) die populären Vorträge von Helmholtz darin, dass sie »den Vortragenden zur Erwerbung materieller Mittel« gereichten und »den Zuhörern zur Erwerbung eines oberflächlichen Materials zur Unterhaltung im Salon und der gelegentlichen Befriedigung persönlicher Eitelkeit, um Dinge zu besprechen und zu kritisiren, von denen sie nichts verstehen«.[8)] Und der Nationalökonom und Philosoph Eugen Dühring (1833–1921) meinte zu den populären Vorträgen von Helmholtz: »Sie waren ein Mitsprechen über Dinge, die in die Mode kamen, und insofern auch populär, als der Vortragende selbst nicht über dem Niveau oberflächlich cavaliermässiger Kenntnissnahme stand.«[9)] Zum anderen, meine ich, muss man sehen, dass sich die Royal Institution an einen kleinen, von vornherein interessierten Kreis wandte – nicht dagegen an die Gesellschaft insgesamt, was heute im Sinne des eingangs erwähnten Aufrufs jedoch nötig wäre.

Unter dem Gesichtspunkt von PUS wird man die populären Vorträge der Royal Institution natürlich nicht einfach flächendeckend restaurieren können. Es gibt

7) Vgl. z. B. H. Hörz, Naturphilosophie als Heuristik? Korrespondenz zwischen Hermann von Helmholtz und Lord Kelvin (William Thomson), Basilisken-Presse, Marburg/Lahn, 2000, S. 128; aber auch Hermann von Helmholtz, Ueber das Streben nach Popularisirung der Wissenschaft, Vorrede zu der Uebersetzung von Tyndalls Fragments of Science, 1874, in: Hermann von Helmholtz, Vorträge und Reden, Zweiter Band, Braunschweig, 1896, S. 430.

8) J. K. F. Zöllner, Wissenschaftliche Abhandlungen, Erster Band, Leipzig, 1878; zitiert nach H. Hörz, Fußnote 7, S. 224.

9) E. Dühring, Robert Mayer, der Galilei des 19. Jahrhunderts, Chemnitz, 1880, S. 100. Dühring wertete sogar die wissenschaftlichen Leistungen von Helmholtz ab. Zu seiner Lehre über die Tonempfindungen, die unter den Musiktheoretikern Anerkennung fand, schrieb er: »In der That hatte er nur ein paar armselige Nachexperimente dazugethan und mit einer psychologischen Sauce servirt. Das philosophelnde Physiologisiren machte den ganzen Aufguss des Buchs über die Tonempfindungen aus.« Helmholtz legte übrigens großen Wert auf die Vorbereitung seiner populären Vorträge und nutzte diese, um nicht nur neue Erkenntnisse anderer zu vermitteln, sondern sogar um neue Ideen zu entwickeln. Das zeigt sein Vortrag, in dem er die Ursachen der Sonnenwärme behandelte. Am 7. Februar 1854 sprach er vor der physikalisch-ökonomischen (!) Gesellschaft zu Königsberg zum Thema »Ueber die Wechselwirkung der Naturkräfte und die darauf bezüglichen neuesten Ermittelungen der Physik«. Der Vortrag wurde noch im selben Jahr im Verlag der Hartungschen Buchhandlung Königsberg veröffentlicht und später in Heft II der Populärwissenschaftlichen Vorträge von 1872 leicht korrigiert aufgenommen (zitiert nach H. Hörz, entsprechend Fußnote 7, Kapitel 5.5 ‚Sonnenwärme und Wärmetod', S 222ff.; vgl. auch H. Hörz, Brückenschlag zwischen zwei Kulturen, Basilisken-Presse, Marburg/Lahn, 1997, S. 36f. und 194f.). Die Wissenschaftsgeschichte zeigt, dass bei populärwissenschaftlichen Vorträgen neue Theorien entwickelt werden können. Die von Helmholtz entwickelte Theorie der Sonnenwärme, die fast fünfzig Jahre die Grundlage für wissenschaftliche Betrachtungen zum Alter der Sonne und zu den Mechanismen der Sonnenwärme lieferte, ist ein Beispiel. Kann Populärwissenschaft denn wirklich neue Erkenntnisse vermitteln? Jeder, der Erfahrung mit der populären Darlegung von wissenschaftlichen Einsichten hat, und somit gezwungen ist, Forschungsresultate in einen größeren Zusammenhang zu stellen, müsste eigentlich auf diese Frage stoßen und sie positiv beantworten.

aber Beispiele: In der Schweiz wurde 1998 die Institution *Festival Science et Cité*[10] gegründet, mit dem Zweck, die konstruktive Auseinandersetzung, die Verständigung zwischen Wissenschaft und Gesellschaft zu fördern. Wissenschaftsfeste sollen Interesse und Neugier wecken – mit Wissenschaftsständen, die über Forschungsprojekte informieren, mit Theater und Musik, um die Wissenschaft, die »sich immer mehr von der Kultur getrennt (hat)«, wieder »in die Kultur zurückzuführen«.[10] Auch solche Wissenschaftsfestivals sind keine neue Erfindung. In Edinburgh wurde kürzlich das 13. Festival veranstaltet und ein Science-Center eröffnet, das dem Bürger das ganze Jahr zur Verfügung steht.[11]

Gewiss gibt es Wissenschaftler, die in der »dritten Kultur« zu Hause sind. Ich denke beispielsweise an Wolfgang Bürger, Physikprofessor in Karlsruhe, und seine beeindruckenden Vorträge zur Physik des Spielzeugs.[12] Ich denke an frühere Fernsehsendungen von Heinz Haber über Probleme der Astronomie. Und ich denke auch an beispielhafte Publikationen, an Bücher, die für ein breiteres Publikum Bezüge zur Kulturgeschichte sowie zur Philosophie und Literatur, aber auch zu Gegenständen des täglichen Lebens herstellen: *Die Zahlen der Natur: Mathematik als Fenster zur Welt; Spiel, Satz und Sieg für die Mathematik* (Ian Stewart); *5000 Jahre Geometrie: Geschichte, Kulturen, Menschen* (Christoph J. Scriba, Peter Schreiber); *»Nehmen wir an, die Kuh ist eine Kugel ...«: Nur keine Angst vor Physik* (Lawrence M. Krauss); *Die Elemente: Feuer, Erde, Luft und Wasser in Mythos und Wissenschaft* (Rudolf Treumann); *Das Top Quark, Picasso und Mercedes-Benz oder Was ist Physik?* (Hans Graßmann); *Das Quark und der Jaguar – Vom Einfachen zum Komplexen: Die Suche nach einer neuen Erklärung der Welt* (Murray Gell-Mann); *Was Einstein seinem Friseur erzählte: Naturwissenschaften im Alltag* (Robert L. Wolke).[13]

10) Vgl. Neue Zürcher Zeitung (2.5.2001), Beilage: Festival Science et Cité, u. a. mit dem Aufsatz »Langfristige Forschung sichert die Zukunft: Gefährdete Grundlagen von Innovation und Wohlstand« von G. Schatz. Die gleichnamige Stiftung hat das Ziel, die »konstruktive Auseinandersetzung, das Verständnis und die Verständigung zwischen Wissenschaft und Gesellschaft« zu fördern. Ihr Präsident ist C. Kleiber, Staatssekretär für Wissenschaftspolitik in Bern.

11) Im Mai 1999 haben auf Initiative des Stifterverbandes für die Deutsche Wissenschaft führende Wissenschaftsorganisationen die Wissenschaft im Dialog GmbH gegründet, die jährlich zu Veranstaltungen des Wissenschaftssommers einlädt, der im Jahr 2002 in Bremen stattfand.

12) W. Bürger trat z. B. bei der Veranstaltung Kein Strom in Rom des Akademischen Faschingsclubs Chemnitz am 27. und 28. Januar 1995 mit seiner Spielzeugkiste auf (vgl. Ankündigung im TU Spektrum 4/1994, Magazin der TU Chemnitz-Zwickau).

13) Hervorzuheben sind die Aktivitäten des Verlags Wiley-VCH im Zusammenhang mit PUS. Der Verlag ist mit einer Serie von Büchern zum Thema »Erlebnis Wissenschaft« auf den Markt gegangen: GenComics (H. Bolz); Phosphor – ein Element auf Leben und Tod (J. Emsley); Donnerwetter – Physik! (P. Häußler); Morde, Macht, Moneten: Metalle zwischen Mythos und High-Tech (D. Raabe); Gene, Gicht und Gallensteine: Wenn Moleküle krank machen (M. Reitz); Experimente mit Supermarktprodukten: Eine chemische Warenkunde (G. Schwedt); Teflon, Post-it und Viagra: Große Zufallsentdeckungen (M. Schneider); Verschränkte Welt: Faszination der Quanten (J. Audretsch, Hrsg.); Was Biotronik alles kann: Blind sehen, Gehörlos hören (C. Borchard-Tuch, M. Groß); Energierevolution Brennstoffzelle? Perspektiven – Fakten – Anwendungen (M. Pehnt); Die Babywindel und 34 andere Chemiegeschichten (H.-J. Quadbeck-Seeger, A. Fischer, Hrsg.).

Vermittelbarkeit wissenschaftlicher Thematik

Nun lässt sich nicht leugnen: Es gibt Wissenschaften, die dem Menschen näher stehen als andere – etwa die Astronomie, wie schon der Blick Kants auf den »gestirnte(n) Himmel über mir« signalisiert. Geologie, Ozeanographie, Petrographie, Geophysik (hier vor allem die Meteorologie), Mineralogie und Kristallographie vermögen den Menschen wohl eher zu ihn unmittelbar tangierenden Überlegungen anzurühren, beispielsweise über die Entstehung der Erdkruste, die begrenzte Verfügbarkeit von Bodenschätzen, über Erdbeben und Vulkanismus bis hin zu Edelsteinen (vgl. z. B. Karl Lanius, *Die Erde im Wandel: Grenzen des Vorhersagbaren*). Das gilt sicher auch für die Biowissenschaften – vor allem für jene Bereiche, in denen ihre »Objekte« z. B. eine Basis der Ernährung des Menschen sind, vielleicht aber auch noch für die relevante genetische Ebene, soweit sie den »evolutionären Weg« des Menschen offenlegt.

Die Chemie scheint schwieriger vermittelbar zu sein, trotz ihrer grundlegenden Bedeutung für unsere Gesellschaft: «Some of the most exciting scientific developments in recent years have come not from theoretical physicists, astronomers, or molecular biologists but instead from the chemistry lab. Chemists have created superconducting ceramics for brain scanners, designed liquid crystal flat screens for televisions and watch displays, and made fabrics that change color while you wear them. They have fashioned metals from plastics, drugs from crude oil, and have pinpointed the chemical pollutants affecting our atmosphere and are now searching for remedies for the imperiled planet.« So Philip Ball, ein früherer Redakteur des Wissenschaftsmagazins *Nature* in seinem Buch *Designing the Molecular World: Chemistry at the Frontier* (Princeton University Press, Princeton, New Jersey, 1994). Unberechtigte Vorbehalte der Bevölkerung, die von bestimmter politischer Seite verstärkt werden, spielen hier ganz offensichtlich ebenfalls eine Rolle, woraus folgt, dass man sich der Sache mit viel Einfühlungsvermögen widmen muss.

Anhaltspunkte für PUS

Gibt es neben der Empfehlung, Befürchtungen in der Bevölkerung über Folgen von Wissenschaft ernst zu nehmen, allgemeine Anhaltspunkte für Mitteilungen im Sinne von PUS? Sicher: beispielsweise »neugierig machen«! – ein vorrangiges Gebot. Das ist einfach gesagt, aber bekanntlich ist gerade das Einfache oftmals schwierig. Neugierde lässt sich auf verschiedene Weise wecken. Führen wir uns einige Beispiele vor Augen, zunächst das Buch von John Maddox, dem früheren Chefredakteur des bereits genannten Wissenschaftsmagazins *Nature*, *Über die Geheimnisse des Universums, den Ursprung des Lebens und die Zukunft der Menschheit*. Geheimnisse? Ja – Geheimnisse wecken Neugierde! Maddox spricht zwei evolutionäre Prozesse an, die zu unserer realen Welt geführt haben, wobei er vor allem auch die Frage nach der Zukunft des *Homo sapiens* stellt: Woher kommen wir? Wohin gehen wir? Ein weiteres Beispiel ist *Das Sandkorn, das die Erde zum Beben bringt: Dem Gesetz der Katastrophen auf der Spur oder warum die Welt einfacher ist, als wir denken* von Mark Buchanan. Schon der Titel macht durch Entgegensetzungen neugierig: Kleinste Ursachen für größte katastrophale Wirkungen – eigentlich unvorstellbar, oder doch einfach?

Für einige Zeitungsberichte über unsere eigenen Arbeiten wurden ungewöhnliche, aber Neugier weckende Wortkombinationen gewählt: »Deutsche Chemiker entdeckten das Rad im Reagenzglas neu« (*Die Welt*, 27.12.1995), »Une molécule en forme de pneu« (*Science & Vie*, No. 941, 12, 1996), »Molibdeno con sorpresa« (*El Pais*, 6.1.1999), »Spielereien mit Molekülen und Mini-Einkaufstaschen« (*Süddeutsche Zeitung*, 2.2.1999), »Des ballons nanométriques« (*Info Science*, 10.2.1999), »Monster-Molekül aus Molybdän« (*Bild der Wissenschaft*, Heft 3, 10, 1999), »Supramolecular Darwin« (David Bradley: *The Alchemist*, 1.4.2001), »Nano the Hedgehog« (David Bradley: *The Alchemist*, 18.4.2002), »The blue lemon« (Philip Ball: *Nature Homepage, Materials Update*, 25.4.2002), »*Synthese eines gastfreundlichen Molekülclusters: Erster Schritt zu einer ,super-supramolekularen' Chemie*« (Reinhold Kurschat: *Neue Zürcher Zeitung*, 14.11.2002). Im Fall »Supramolecular Darwin« wurde – um neugierig zu machen und Spannung zu erzeugen – bewusst eine Abweichung von der Realität gewagt: Es kann vielleicht einen *Supramolecular Darwinism* geben, aber die Person Darwin kann natürlich nicht *supramolecular* sein. Auch der Titel »The blue lemon« verführt möglicherweise dazu, den entsprechenden Beitrag zu lesen; denn jeder glaubt zu wissen, dass eine Zitrone nicht blau sein kann. Noch ein weiterer Titel: »Big wheel rolls back the molecular frontier« (David Bradley: *New Scientist*, Vol. 148, No 2003, 1995, S. 18). Er drückt einen Vorgang von kleineren zu größeren Molekülen hin aus. Neugierde wird durch den angedeuteten Aufbruch zu unbekannten Ufern geweckt.

Ein weiteres Gebot lautet: Umgangssprache! – auch bei der Detailbeschreibung von Forschungsergebnissen bei weitestgehendem Verzicht auf Formeln, was uns Wissenschaftern natürlich schwer fällt. Einen PUS-Artikel am selben Wochenende zu schreiben wie eine wissenschaftliche Publikation, ist nicht leicht. Weitere Gebote sind: Beispiele! Bezüge zur Kultur-, Geistes- und Wissenschaftsgeschichte! Anekdoten! Und außerdem die Personifizierung durch allgemein bekannte Persönlichkeiten wie Sokrates (vgl. den Buchtitel: *Mit Sokrates im Liegestuhl* von Brigitte Hellmann), Archimedes (vgl. *Die Badewanne des Archimedes: Berühmte Legenden aus der Wissenschaft* von Sven Ortoli und Nicolas Witkowski), Augustinus (wenn es um das Problem Zeit geht), Newton, Descartes, Kepler (im Zusammenhang mit seinen Bemühungen, die Muster der Schneeflocken oder die Planetenbewegung zu verstehen), Leonardo da Vinci, Goethe, Hegel (vgl. *Hegel beim Billard* von Peter Kauder), Darwin (vgl. *Darwins gefährliche Erben: Biologie jenseits der egoistischen Gene* von Steven Rose), Edward Norton Lorenz (vgl. die Auswirkungen des Schmetterlingsflügelschlages auf unser Wetter), Schrödinger (seine weder tote noch lebendige Katze beschäftigt uns immer noch) sowie Einstein (*Raffiniert ist der Herrgott ...: Albert Einstein, eine wissenschaftliche Biographie* von Abraham Pais). Es geht hier um Persönlichkeiten, die uns auch heute noch Wesentliches zu sagen haben.

Vielleicht gelingt es uns wie kürzlich dem Journalisten Patrick Bahners (*Frankfurter Allgemeine Zeitung*, 24.9.2002) mit seinem Artikel »Schröders Katze« (nicht Schrödingers!), Vergleiche zwischen wichtigen Geschehen in den Naturwissenschaften und in gesellschaftlichen Bereichen herzustellen und damit auf uns aufmerksam zu machen. Zur Wissensproblematik um die Entscheidung des Wahlvolkes konnte man nachlesen: »... Mit der Schließung der Wahllokale konnte ein Wahlkampf nicht einfach aufhören, der wie nie zuvor Stimmungsmache gewesen war, Beschwörung von Stimmungen durch Beschreibung von Stimmungen. Daß 8864 mehr Deutsche SPD gewählt hatten, stand seit achtzehn Uhr fest. Doch bis drei Uhr siebenundvierzig handelten Journalisten und Politiker ... so, als könnten die Beobachter diese Tatsache noch beeinflussen, als gälten für die Gesellschaft die Regeln aus dem Katzenexperiment des Physikers Erwin Schrödinger. Schrödingers Katze ist tot oder lebendig erst, wenn die Tür zur Stahlkammer geöffnet und der Atomzerfall, der die Tötungsmechanik auslöst, gemessen wird. So wollte, solange der Bundeswahlleiter schwieg, Stimmen sammeln, wer in gehobener Stimmung zu sein schien.« Vielleicht hat der eine oder andere Leser, der nicht Naturwissenschaftler ist, nach dem Lesen des Artikels begonnen, sich für ein faszinierendes Phänomen der modernen Physik zu interessieren – auch wenn er davon ausgehen konnte, dass Herr Schröder in der besagten Nacht nichts von der Möglichkeit des interessanten Vergleichs gewusst hat.

Der Versuch, hier allgemeine Anhaltspunkte für PUS zu formulieren, kann eben nur dies sein: eine erste Annäherung, die ihre begriffliche Durchdringung nicht ersetzen kann und auch nicht ersetzen soll. Dieser Versuch steht an einem Anfang – markiert durch den Aufruf der Wissenschaftsorganisationen –, der das Verhältnis von »Bringschuld der Wissenschaft« und »Holschuld der modernen Gesellschaft« noch unentschieden lassen muss.

Danksagung

Prof. Dr. Dr. h.c. Herbert Hörz und Dr. Bruno Redeker danke ich für anregende Diskussionen, Dr. Paul Kögerler für die kritische Durchsicht des Manuskripts, dem Fonds der Chemischen Industrie sowie der Deutschen Forschungsgemeinschaft für großzügige finanzielle Unterstützung.

Achim Müller (Jahrgang 1938) hat in Göttingen Chemie und Physik studiert und dort 1965 mit einer Arbeit zur Thermochemie flüchtiger Metalloxide bei Oskar Glemser promoviert. 1971 übernahm er eine Professur für Anorganische Chemie an der Universität Dortmund, und seit 1977 hat er den Lehrstuhl für Anorganische Chemie I an der Universität Bielefeld. Seine Forschungsinteressen umfassen Probleme der Übergangsmetall-, Bioanorganischen und Supramolekularen Chemie sowie der Materialwissenschaft, der heterogenen Katalyse, der Molekülphysik und der Naturphilosophie. Er ist Mitglied führender Akademien und hat für seine Forschungsarbeiten zahlreiche Ehrungen (Ehren-Doktorate, -Professuren und -Mitgliedschaften) und Preise (Alfred-Stock-Gedächtnispreis 2000, Prix Gay-Lussac/Humboldt 2001 [Le Ministère de la Recherche, Paris], Sir Geoffrey Wilkinson Prize 2001) erhalten. Auf internationalen Tagungen ist er ca. siebzigmal als Fest- und Plenarvortragender bzw. »Invited Lecturer« aufgetreten.

Naturwissenschaftliche Themen im Werk von Thomas Mann[1)]

Hans Wolfgang Bellwinkel

Thomas Manns naturwissenschaftliche Kenntnisse waren vielseitig und profund. Er hat sie sich durch intensive Quellenstudien und Befragung von Experten angeeignet. Ihren Niederschlag finden sie vor allem im *Zauberberg, Doktor Faustus, Lotte in Weimar* und *Felix Krull.*[2)] Schwerpunkte sind besonders biologische Themen wie die Entstehung und Entwicklung des Lebens, Gestaltprobleme, Kosmologie und physikalische Fragen.

Abb. 1 Thomas Mann

Kosmologie: Makrokosmos – Mikrokosmos

Im Gespräch mit seinem Freund Zeitblom entwickelt Adrian Leverkühn im *Doktor Faustus* kühl und ein wenig ironisch ein Bild des Kosmos, das von der Urknallhypothese ausgeht. Die Materie – in Galaxien geordnet, die sich voneinander und vom Ausgangspunkt in rasender Geschwindigkeit entfernen – befindet sich in steter Ausdehnung. Als Beleg wird die Rotverschiebung im Spektrum angeführt. Somit ergibt sich ein dynamisches Weltkugelmodell. Das Spiel mit den größtenteils korrekt angegebenen, unvorstellbaren Zahlen verwirrt Zeitblom, der das explodierende

1) Die Arbeit erschien ohne Anmerkungen in der *Naturwiss. Rundschau* **1992**, *45*, 174

2) Alle Angaben zu den Thomas-Mann-Zitaten sind entnommen aus Mann (1960).

Facetten einer Wissenschaft. Herausgegeben von Achim Müller

ISBN: 3-527-31057-6

Weltall als »unermeßlichen Unfug«[3] hinstellt. Für ihn sind »die Daten der kosmischen Schöpfung ein nichts als betäubendes Bombardement unserer Intelligenz mit Zahlen, ausgestattet mit einem Kometenschweif von zwei Dutzend Nullen, die so tun, als ob sie mit Maß und Verstand noch irgendetwas zu tun hätten«.[4] Er führt dagegen seine anthropozentrische Betrachtungsweise ins Feld, in der statt lebloser Zahlen Begriffe wie Güte, Schönheit und menschliche Größe die entscheidenden Parameter sind. Dieser Standpunkt wird von Adrian Leverkühn als mittelalterlich bezeichnet. Zeitblom ähnelt bei diesem Disput in mancher Hinsicht dem Wagner in Goethes *Faust*, der ebenfalls seinem Meister das Wasser nicht reichen kann und dem Höhenflug seiner Gedanken hilflos gegenübersteht.

Ganz anders die kosmologischen Ausführungen des Paläontologie-Professors im Gespräch mit Felix Krull. Ein begeisterter Dozent trifft beim gemeinsamen Abendessen im Speisewagen auf einen ebenso begeisterten und interessierten Zuhörer. Er schildert die Unendlichkeit des Raumes, der angefüllt ist mit einer unermesslichen Zahl von Sternen, Planeten, Galaxien, Kometen, interstellaren Wolken und anderen Materieansammlungen, die alle durch Gravitationsfelder miteinander in Beziehung stehen. Auch hier wird wieder – wie im *Doktor Faustus* – die Winzigkeit und exzentrische Lage unseres Planeten Erde hervorgehoben. Dann geht er detailliert auf unser Sonnensystem ein, berichtet von weißen Zwergen und erwähnt am Beispiel des Merkur die Relativität des irdischen Zeitmaßes. Das Ganze mündet in die Feststellung, dass alles Sein etwas Episodenhaftes sei, das es nicht immer gegeben habe, »zwischen Nichts und Nichts«[5]. Auch Raum und Zeit, die uns angesichts der kosmischen Dimensionen unendlich erscheinen, haben einen Anfang und ein Ende, sind an das Sein gebunden. »Raum« ist durch »die Ordnung und Beziehung materieller Dinge untereinander« definiert, und »Zeit« ist »das Produkt der Bewegung, von Ursache und Wirkung, deren Abfolge der Zeit Richtung verleihe«.[6] Die Verknüpfung der Begriffe Zeit und Richtung, die der Zeit eine vektorielle Komponente zuordnet, basiert auf Einsteins allgemeiner Relativitätstheorie, die besagt, dass die Krümmung von Raum und Zeit beeinflusst wird, wenn sich ein Körper bewegt oder eine Kraft wirkt. Es ist erstaunlich und faszinierend, wie tief Thomas Mann in diese schwierigen Zusammenhänge eingedrungen ist und wie ihm insbesondere ihre Verbalisierung gelingt. In seinen Tagebüchern findet man immer wieder Hinweise darauf, wie sehr ihn das Raum-Zeit-Problem in der Einsteinschen Relativitätstheorie beschäftigt hat: »Zeitproblem als Grundmotiv des Zauberbergs.«[7] Oder: »Las die Zeitung über die Einsteinsche Relativitätstheorie.«[8] Oder: »Las im Merkur eine erkenntnistheoretische Kritik der Einsteinschen Theorie (die übrigens auch von Flammarion kritisiert und weitgehend abgelehnt wird), worin das Problem der Zeit wieder die Rolle spielt, deren heutige Urgenz ich bei der Conception des Zbg. ... anticipierte.«[9]

An anderer Stelle, im *Lob der Vergänglichkeit – Frau Hedwig Fischer zum Gedenken*, greift er diesen Gedanken wieder auf: »Vergänglichkeit schafft Zeit«; Zeit »ist iden-

3) *Doktor Faustus* (Bd. VI), XXVII, S. 363
4) *Doktor Faustus* (Bd. VI), XXVII, S. 361
5) *Felix Krull*, (Bd. VII), 5. Kapitel, S. 542
6) *Felix Krull*, (Bd. VII), 5. Kapitel, S. 542f.
7) *Tagebücher 1918–1921*, 2. 7. 1919
8) *Tagebücher 1918–1921*, 25. 2. 1920
9) *Tagebücher 1918–1921*, 3. 3. 1920

tisch mit allem Schöpferischen«. »Zeitlosigkeit ist das stehende Nichts.«[10)] Doch zurück zum *Felix Krull*: Das Nichts ist der Urgrund, »stehende Ewigkeit«[11)], vor dem das Sein mit seinem Raum-Zeit-Kontinuum nur vorübergehend agiert. Die Frage, wann Raum und Zeit begonnen haben, und wann sie enden werden, bleibt unbeantwortet. Wie sehr die Begriffe Zeit und Raum Thomas Mann beschäftigt haben, zeigt die Durchsicht seiner Werke. Schon im *Zauberberg* lässt er Hans Castorp über diese Problematik sinnieren. Das 6. Kapitel beginnt mit der Frage: »Was ist Zeit? Ein Geheimnis – wesenlos und allmächtig.« Auch hier werden schon Bewegung und das Vorhandensein von Körpern im Raum als Voraussetzung von Zeit postuliert. »Wäre aber keine Zeit, wenn keine Bewegung wäre? Keine Bewegung, wenn keine Zeit? Ist die Zeit eine Funktion des Raumes? Oder umgekehrt? Oder sind beide identisch?«[12)] Damals, 1919 bis 1924, hält er Raum und Zeit noch für unendlich, während er in seinem Spätwerk *Felix Krull* Raum und Zeit als etwas Endliches, Episodenhaftes vor dem statischen, ewigen Hintergrund des Nichts begreift. Die Schwierigkeiten, die sich aus der Annahme eines unendlichen Raumes ergeben, sieht Thomas Mann sehr deutlich, wenn er im *Zauberberg* fragt: »Wie vertragen sich mit den Notannahmen des Ewigen und Unendlichen Begriffe wie Entfernung, Bewegung, Veränderung, auch nur das Vorhandensein begrenzter Körper im All?«[13)] Man kann diese Fragen noch ergänzen durch die Frage: Wo liegt in einem unendlichen Universum das Zentrum? Erst im 20. Jahrhundert erkannte man, dass in einem unendlichen Universum jeder Punkt Mittelpunkt sein kann, da sich von jedem Punkt aus eine unendliche Zahl von Sternen nach jeder Seite hin erstreckt. Vor dem 20. Jahrhundert ist wahrscheinlich niemand auf den Gedanken gekommen, dass sich das Universum ausdehnen oder zusammenziehen kann. Erst die Entdeckung von Hubble 1929, dass sich die Galaxien von einander und von uns entfernen – wie im *Doktor Faustus* und *Felix Krull* beschrieben – brach mit der alten Vorstellung eines statischen, ewigen Universums. Auch die Tatsache, dass ein Zeitbegriff vor dem Beginn des Universums sinnlos ist, hat Thomas Mann erfasst; ebenso die Erkenntnis, dass Zeit und Raum zu einer Einheit, der Raumzeit, verbunden sind. Bis 1915 glaubte man, dass Zeit und Raum absolut seien und ewigen Bestand hätten. Erst durch Einsteins allgemeine Relativitätstheorie wurde dieses Dogma umgestoßen. Die von Hans Castorp im *Zauberberg* gestellten Fragen werden durch diese Theorie beantwortet: Bewegung beeinflusst die Krümmung von Raum und Zeit; die Raumzeit-Struktur beeinflusst die Bewegung. Das Universum ist nicht unendlich; es hat einen Anfang und möglicherweise auch ein Ende – so das Fazit von Stephen W. Hawking.[14)]

Auch der Mikrokosmos wird im *Zauberberg* kurz gestreift. Das Bohrsche Atommodell wird erläutert und die Ähnlichkeit mit dem Makrokosmos beleuchtet. Der Dualismus von Masse und Energie findet seinen Niederschlag in Begriffen wie das »Stoffliche, das aus unstofflichen Verbindungen entsprang«.[15)] Später im *Felix Krull*

10) Lob des Vergänglichen, in: *Reden und Aufsätze 2* (Bd. X), S. 383

11) *Felix Krull*, (Bd. VII), 5. Kapitel, S. 543

12) *Der Zauberberg* (Bd. III), 6. Kapitel ‚Veränderungen', S. 479

13) *Der Zauberberg* (Bd. III), 6. Kapitel ‚Veränderungen', S. 479

14) Hawking (1988)

15) *Der Zauberberg* (Bd. III), 5. Kapitel ‚Forschungen', S. 395

werden diese Gedanken weitergeführt und präzisiert: »Im ... Atom verflüchtigt sich die Materie ins Immaterielle, nicht mehr Körperliche.«[16] Damit wird die berühmte Einsteinsche Formel $e = m \times c^2$ angesprochen, die die wechselseitige Überführbarkeit von Masse (m) in Energie (e) über die Lichtgeschwindigkeit (c) beschreibt. Auch die Unschärferelation von Werner Heisenberg klingt an, wenn von Atomteilchen die Rede ist, die keinen bestimmbaren Platz im Raum haben, keinen nennbaren Betrag von Raum einnehmen und damit an die Grenze des Kaum-noch-Seins stoßen.[17]

Abb. 2 Thomas Mann mit Albert Einstein (1924)

Die Entstehung des Lebens

Besonders ergiebig ist das Kapitel ‚Forschungen' im *Zauberberg* (1919–1924). Hier zieht Thomas Mann ein Resümee des gesamten biologischen Wissens seiner Zeit. Er lässt seinen Protagonisten Hans Castorp während seiner Liegekuren nachlesen und nachdenken über die organisierte Materie, die »Eigenschaften des Protoplasmas, die zwischen Aufbau und Zersetzung in sonderbarer Seinsschwebe sich erhaltende empfindliche Substanz und ihre Gestaltbildung aus anfänglichen, doch immer gegenwärtigen Grundformen«.[18] Schon in diesen ersten einleitenden Sätzen wird gedanklich vorweggenommen, was eigentlich erst in den letzten 20 Jahren durch genetische und molekularbiologische Forschung Gewissheit geworden ist: Es ist die Information, die »über die Chemie hinausweist, eine Qualität, die typisch für die Biologie ist. Der materielle Träger der Information, das Nucleinsäure-Molekül, ist selber ... letzten Endes instabil. ... Die im Nucleinsäure-Molekül enthaltene genetische Nachricht ist hingegen stabil. Sie ist kraft der Fähigkeit zur Selbstreproduktion unsterblich geworden. Die in unseren Genen gespeicherte Information ist im

16) *Felix Krull*, (Bd. VII), 5. Kapitel, S. 546
17) Vgl. Heisenberg (1947)
18) *Der Zauberberg* (Bd. III), 5. Kapitel ‚Forschungen', S. 382

Prinzip vor dreieinhalb bis vier Milliarden Jahren entstanden ...«, schreibt Manfred Eigen in seinem Buch *Perspektiven der Wissenschaft*.[19] Thomas Mann spricht bezüglich der Entstehung des Lebens von einem unüberbrückbaren Abgrund, der zwischen unbelebter und belebter Materie klafft.[20] Das entspricht exakt dem Wissen seiner Zeit. Immerhin postuliert er die Synthese von Eiweißverbindungen im Vorfeld der Entstehung des Lebens und geht auch auf den energetischen Aspekt des Lebens ein: Leben ist Wärme, »ein Fieber der Materie«,[21] das mit dem Auf- und Abbau der Eiweißmoleküle einhergeht. Immer wieder kreisen seine Gedanken um die Frage: Was ist Leben, und wie und wann entstand Leben?

»Niemand kannte den natürlichen Punkt, an dem es entsprang.«[22] Der Anfang erscheint plötzlich und unvermittelt. Spannend wird die Lektüre gegen Ende des Kapitels, wenn noch einmal die Rede auf den Übergang von der unbelebten zur belebten Materie kommt. Hier spricht er ahnungsvoll von »Molekülgruppen, den Übergang bildend zwischen Lebensordnung und bloßer Chemie«.[23] Im *Felix Krull* – 30 Jahre später – hat der Autor seine Aussagen dem inzwischen weiterentwickelten Wissen der Biologie angepasst. Die Grenze zwischen Leben und Unbelebtem wird jetzt als fließend beschrieben. Es wird von drei Urzeugungen berichtet: »Das Entspringen des Seins aus dem Nichts (Urknall), die Erweckung des Lebens aus dem Sein (Urzeugung) und die Geburt des Menschen.«[24] Die »... Natur, das Sein, eine geschlossene Einheit vom einfachsten leblosen Stoff bis zum lebendigsten Leben«.[25] Und er schreibt weiter: Menschenhirn, Sterne, Sternstaub und interstellare Materie sind aus denselben Elementarteilchen zusammengesetzt. Hier ist nicht mehr wie im *Zauberberg* von der »Materie« als dem »Sündenfall des Geistes«[26] die Rede. Auch im *Doktor Faustus* wird diese Thematik aufgegriffen und die Hypothese von Svante Arrhenius diskutiert, dass Lebenskeime von anderen Planeten durch interstellaren Strahlendruck auf die Erde geraten seien.

Erst sechs Jahrzehnte nach der Niederschrift des Zauberbergs wurden die Spekulationen Hans Castorps zur Gewissheit. Manfred Eigen hat gezeigt und durch theoretische Überlegungen und experimentelle Untersuchungen belegt, dass die Selbstorganisation der Materie mit dem Auftreten der Nucleinsäuren (RNA und DNA) in Gang kommt. Diese durch Komplementarität, Mutagenität und Reproduktionsfähigkeit charakterisierten Verbindungen sind nicht nur ein Speicher für Information, sondern auch zur de-novo-Synthese von Information fähig. Im Hyperzyklus werden sie kreisförmig mit der Funktion, repräsentiert durch Proteine, rückgekoppelt. Genotyp (Information; RNA und DNA) → Phänotyp (Funktion; Protein) → Genotyp. Das ist der Anfang des Lebens.

Wenn Thomas Mann »das Sein« als ein eigentlich »Nicht-sein-Könnendes«[27] bezeichnet, das nur in einem Balanceakt zwischen Aufbau und Zerfall existiert,

19) Eigen (1988), S. 124
20) *Der Zauberberg* (Bd. III), 5. Kapitel ‚Forschungen', S. 384
21) *Der Zauberberg* (Bd. III), 5. Kapitel ‚Forschungen', S. 384
22) *Der Zauberberg* (Bd. III), 5. Kapitel ‚Forschungen', S. 383
23) *Der Zauberberg* (Bd. III), 5. Kapitel ‚Forschungen', S. 394
24) *Felix Krull*, (Bd. VII), 5. Kapitel, S. 542
25) *Felix Krull*, (Bd. VII), 5. Kapitel, S. 545
26) *Der Zauberberg* (Bd. III), 6. Kapitel ‚Veränderungen', S. 509
27) *Der Zauberberg* (Bd. III), 5. Kapitel ‚Forschungen', S. 384

dann verbergen sich dahinter zwei naturwissenschaftliche Aspekte: zum einen der noch bis in die zweite Hälfte des 20. Jahrhunderts von einigen Biologen geäußerte Widerspruch zwischen dem zweiten Hauptsatz der Thermodynamik und der Existenz des Lebens, das ja eine Zunahme der Ordnung aus der Unordnung und damit eine Abnahme der Entropie darstellt. Der Gedankenfehler ist längst evident: Leben auf unserem Planeten entsteht eben nicht in einem energetisch geschlossenen, sondern in einem offenen System. Zum anderen finden wir dieses Balancieren des Seins »in süß-schmerzlich genauer Not«[28] in der modernen Molekularbiologie in den irreversiblen Reaktionen fernab vom Gleichgewicht wieder. Denn Leben ist quasi-stationäres Ungleichgewicht, abhängig von ständiger Energiezufuhr. Gleichgewicht hingegen bedeutet Tod. Sollte Thomas Mann das schon geahnt haben?

»Was war also das Leben?« fragt Hans Castorp. »Es war nicht materiell, und es war nicht Geist. Es war etwas zwischen beidem, ein Phänomen, getragen von Materie, gleich einem Regenbogen auf dem Wasserfall und gleich der Flamme.«[29] Eine wunderbare, großartige Metapher! Mit dem heutigen Wissen der Molekularbiologie können wir die Thomas Mann bedrängenden Fragen, was das Leben ist, und wann es entstand, beantworten. Der Übergang von der unbelebten zur belebten Materie erfolgte mit dem Auftreten der Nucleinsäuren und Proteine in der Natur. Was Thomas Mann zwischen Materie und Geist sucht, »ein Phänomen, (gleichwohl) getragen von Materie ...«[30] ist die Information, die – an die Chemie der Nucleinsäuren gebunden – weit darüber hinaus in die Biologie, in das Leben, hineinreicht, für das sie ein unersetzlicher, integrierender Bestandteil ist.

Aber noch eine andere prophetische Vision hat Thomas Mann im *Zauberberg* entwickelt, auf die Konrad Bloch[31] hingewiesen hat.

»›Nichts weiter Neues ... Ja, es war die reine Chemie, was er heute verzapfte‹, ließ Joachim sich widerstrebend herbei, zu berichten. Es handele sich dabei (es geht um die Liebe) um eine Art von Vergiftung, von Selbstvergiftung des Organismus, habe Dr. Krokowsky gesagt, die so entstehe, daß ein noch unbekannter, im Körper verbreiteter Stoff Zersetzung erfahre; und die Produkte dieser Zersetzung wirkten berauschend auf gewisse Rückenmarkszentren ein, nicht anders, als wie es sich bei der gewohnheitsmäßigen Einführung von fremden Giftstoffen, Morphin oder Kokain, verhalte.«[32]

Die Substanzen, die der Autor hier beschreibt, sind etwa 70 Jahre später entdeckt und als Endorphine und Enkephaline bezeichnet worden. In seinen *Tagebüchern 1918–1921* nennt er auch die Quellen, aus denen er sein biologisches Wissen schöpft: Die *Allgemeine Biologie* von Hertwig, die *Theoretische Biologie* von Uexkülls und die *Physiologie* von Hermann, »wobei immer wieder die Ratlosigkeit der Wissenschaft über den eigentlichen Lebensprozeß ins Auge fällt«. Am 8.9.1920 vermerkt er: »Das Biologische im neuen Kapitel (Zbg.) ist sehr schwer; komme augenblicklich nur zeilenweise vorwärts.«

28) *Der Zauberberg* (Bd. III), 5. Kapitel ‚Forschungen', S. 384

29) *Der Zauberberg* (Bd. III), 5. Kapitel ‚Forschungen', S. 385

30) *Der Zauberberg* (Bd. III), 5. Kapitel ‚Forschungen', S. 385

31) dem ich für diesen Hinweis herzlich danke

32) *Der Zauberberg* (Bd. III), 5. Kapitel ‚Ewigkeitssuppe und plötzliche Krankheit', S. 263

Leben – so sinniert Hans Castorp weiter – ist gekoppelt mit Bewusstsein seiner selbst, ohne zu wissen, was es ist. Bewusstsein als Reizempfindlichkeit ist schon bei den primitivsten Lebewesen (z. B. Amöben) vorhanden, es ist nicht an die Ausbildung eines Nervensystems gebunden. »Bewußtsein seiner selbst war also schlechthin eine Funktion der zum Leben geordneten Materie ..., ein hoffnungsvoll-hoffnungsloser Versuch« seine Herkunft und Entstehung in der lebenden Materie zu ergründen, »vergeblich am Ende, da Natur in Erkenntnis nicht aufgehen, Leben im Letzten sich nicht belauschen kann«.[33] Ein ähnlicher Gedankengang findet sich bei Goethe im *Faust I*: »Geheimnisvoll am lichten Tag, läßt sich Natur des Schleiers nicht berauben, und was sie deinem Geist nicht offenbaren mag, das zwingst du ihr nicht ab mit Hebeln und mit Schrauben.« Ich halte diese Gleichsetzung von Bewusstsein und Reizempfindlichkeit für zu weitgehend, haben wir doch selbst beim Menschen zahlreiche Reflexe (Reiz → Reizempfindlichkeit = Reizschwelle → Reizantwort), die sich unterhalb der Bewusstseinsebene abspielen. Auch Karl R. Popper vertritt diesen Standpunkt in *Das Ich und sein Gehirn*: »Ein Großteil unseres zweckgerichteten Verhaltens und vermutlich auch des zweckgerichteten Verhaltens von Tieren vollzieht sich ohne Einmischung des Bewusstseins.«[34] Bewusstsein seiner selbst – das über sich selbst reflektierende Ich – können wir mit Bestimmtheit nur für den Menschen in Anspruch nehmen.[35]

Doch wie kommt Thomas Mann zu seiner Auffassung, dass Bewusstsein eine Eigenschaft der belebten Materie, des Protoplasmas, ist? Diese These veranlasste besonders im ersten Viertel des 20. Jahrhunderts viele Naturwissenschaftler in der Nachfolge von Charles Darwin und E. B. Titchener zu wichtigen empirischen Untersuchungen an niederen Lebewesen. Sie fanden ihren Niederschlag in Büchern wie *Die Tierseele* von M. F. Washburn und *Das Seelenleben der Microorganismen* von Alfred Binet. Das Problem bei derartigen Experimenten mit Amöben und Pantoffeltierchen ist, dass der Beobachter in das Verhalten der Einzeller ein ähnliches Verhalten des Menschen hineinprojiziert, sich also mit dem fremden Lebewesen identifiziert. Daraus wird der nahe liegende, aber falsche Schluss gezogen, dass diese Einzeller das Gleiche denken und fühlen wie der Mensch bei analogem Verhalten. Das Bewusstsein liegt folglich nicht im beobachteten Protozoon, sondern im beobachtenden Menschen. Von diesen Geistesströmungen seiner Zeit hat Thomas Mann sicher gewusst, wenn auch in seinen Tagebüchern kein Hinweis darauf zu finden ist.

Abweichende Gedanken entwickelt Thomas Mann im *Felix Krull*: »Was den homo sapiens auszeichne, ... was hinzugekommen sei, ... sei das Wissen vom Anfang und Ende.«[36] Mit dieser Formulierung distanziert sich der Autor von seiner 30 Jahre früher im *Zauberberg* gemachten Aussage und nähert sich den heutigen Vorstellungen. Andererseits scheint mir die Natur in ihren Grundgesetzen durchaus zugänglich zu sein, nicht allerdings in ihrer Komplexität und ihrem genauen historischen Ablauf.

33) *Der Zauberberg* (Bd. III), 5. Kapitel ‚Forschungen', S. 383
34) Popper/Eccles (1982), S. 162
35) Jaynes (1988)
36) *Felix Krull* (Bd. VII), 5. Kapitel, S. 547

Mit der Beschreibung der Anatomie nimmt er den naturwissenschaftlichen Faden wieder auf. Dabei unterläuft ihm ein Fehler, wenn er von der »Pleuroperitonealhöhle«[37] spricht. Es handelt sich vielmehr um zwei voneinander unabhängige Räume: die Pleurahöhle und die Peritonealhöhle. Im Abschnitt ‚Embryologie' geht der Autor ausführlich auf die Differenzierung der sich teilenden befruchteten Eizelle ein, die nach der ersten Teilung noch omnipotent ist. Mit zunehmender Differenzierung geht die Omnipotenz der Zellen verloren und wird durch eine Spezialisierung auf bestimmte Funktionen ersetzt. Es kommt zur Bildung von Zellverbänden – den Geweben bzw. Organen. Auch das beschreibt Thomas Mann vorzüglich. Verwunderlich scheint mir, dass er diese empirische Beobachtung als Tatsache hinnimmt, ohne sie zu hinterfragen. Schließlich war ihm bekannt, dass die spezialisierten Zellen mit der gleichen kompletten genetischen Information ausgerüstet sind wie die befruchtete omnipotente Eizelle, allerdings nur den für ihre jeweilige Funktion benötigten Teil abrufen. Über die Biochemie der Zelle schreibt er: »Die Mehrzahl der biochemischen Vorgänge war nicht nur unbekannt, sondern es lag in ihrer Natur, sich der Einsicht zu entziehen.«[38] Gerade dieses Wir-wissen-es-nicht, Wir-werden-es-nie-wissen[39] ist eine unkritische Übernahme des biologischen Standpunkts seiner Zeit.

Sehr treffend beschreibt der Autor zwei Formen des Gedächtnisses: Das im Gehirn beheimatete Gedächtnis, das endogene und exogene Informationen speichert, und das genetische Gedächtnis, das die Erbinformationen enthält und weitergibt. Über das Immungedächtnis wusste man zur damaligen Zeit noch wenig bis gar nichts, und daher wird es bei Thomas Mann auch nicht erwähnt. Beim genetischen Gedächtnis unterläuft ihm nach heutiger Lehrmeinung ein Fehler, der letztlich auf seinen Informanten Oscar Hertwig zurückgeht, wenn er von der Vererbung erworbener Eigenschaften spricht. Diese von Lamarck verbreitete Lehre galt zur Zeit der Entstehung des *Zauberberges* längst als überholt. Heute glauben wir, dass Umwelteinflüsse nur über die Selektion aus der Vielfalt an Varianten die am besten angepassten herausfiltern können. Diese nehmen in einer Population schnell zu und verdrängen dabei die bis dahin führende Variante.[40] Somit ist der Einfluss der Umwelt auf die Erbinformation ein indirekter, aus Vorhandenem selektierender.

Bei der Beschreibung des Aufbaus der Zelle aus »Lebenseinheiten«[41] muss der Autor zwangsläufig spekulativ bleiben, da zu jener Zeit molekularbiologische Erkenntnisse noch nicht vorlagen. Vielleicht leitet er die »Lebenseinheiten« von der Leibnizschen Monadenlehre ab.

37) *Der Zauberberg* (Bd. III), 5. Kapitel ‚Forschungen', S. 386

38) *Der Zauberberg* (Bd. III), 5. Kapitel ‚Forschungen', S. 394

39) Dieses »ignoramus – ignorabimus« stammt von du Bois Reymond, der seine berühmte Rede über »die Grenzen der Naturerkenntnis« 1872 in Leipzig mit dem Wort »ignorabimus« schloss.

40) Siehe das Quasispezies-Modell von Manfred Eigen.

41) *Der Zauberberg* (Bd. III), 5. Kapitel ‚Forschungen', S. 394

Die Evolution des Lebens

Das organische Leben schätzt Thomas Mann auf etwa 550 Millionen Jahre, d. h. er verlegt seine Entstehung in das Kambrium (*Felix Krull*). Manfred Eigen und seine Arbeitsgruppe konnten auf der Basis vergleichender Sequenzanalysen der t-RNA mithilfe der statistischen Geometrie im Sequenzraum nachweisen, dass der genetische Code und damit das Leben auf unserem Planeten vor etwa 3,8 (±0,6) Milliarden Jahren entstanden ist. Zu ganz ähnlichen Ergebnissen kommen Paläontologen bei der Untersuchung von Mikrofossilien und mit der Kohlenstoff-13-Methode.

Die im *Felix Krull* aufgestellte paläontologische Zeittabelle über das Auftreten der einzelnen Tierarten muss nach heutigen Kenntnissen korrigiert werden. Nach seiner Darstellung sind die Vertebraten keine 50 Millionen Jahre nach dem Kambrium an Land gegangen (das Kambrium begann vor 590 Millionen Jahren und endete vor 500 Millionen Jahren). Es müsste aber heißen: Etwa 50 Millionen Jahre nach dem Kambrium sind die ersten Wirbeltiere aufgetreten – und zwar Agnathen (Kieferlose), die im Meer lebten. Die ersten Vertebraten, die aus dem Wasser an Land gingen, waren die Amphibien im Devon, etwa 125 Millionen Jahre nach dem Ende des Kambriums. Nach weiteren 250 Millionen Jahren sind – wieder im Gegensatz zu Thomas Mann – auch Vögel und Säugetiere bereits vorhanden.

Auch die Evolution des Pferdes wird zeitlich nicht ganz korrekt dargestellt. Als Stammvater wird zwar richtigerweise *Eohippos* angegeben und sein Auftreten ins Eozän, also ins Neozoikum, verlegt – das Eozän liegt jedoch nicht »etwelche hunderttausend Jahre zurück«[42], sondern 50 Millionen Jahre. Mit der Beschreibung der Stammesgeschichte des Pferds in groben Zügen hat der Autor allerdings eines der besten und meist erforschten Beispiele der Evolution und ihrer Wirkmechanismen gewählt.

In diesem Zusammenhang spricht er auch von der »einen Idee, die die Natur in anfänglichen Zeiten faßte und mit der zu arbeiten sie bis hin zum Menschen nicht abgelassen hat ... Es ist nur die Idee des Zellenzusammenlebens, nur der Einfall, das glasig-schleimige Klümpchen des Urwesens, des Elementarorganismus nicht allein zu lassen, sondern anfangs aus wenigen davon, dann aus Abermillionen, übergeordnete Lebensgebilde, Vielzeller, Großindividuen herzustellen ...«[43] Dieser Gedanke wird in *Lotte in Weimar* wiederholt und noch um einen teleologischen Aspekt erweitert: »Das letzte Produkt der sich immer steigernden Natur ist der schöne Mensch.«[44] Er ist das Ziel, zu dem sich das Klümpchen organischen Schleims, im Ozean beginnend, durch die Liebeskraft der Monade durch namenlose Zeiten in holdem Metamorphosenlauf hin entwickelt. Und weiter lässt er seinen Paläontologie-Professor im *Felix Krull* sagen: »Mit wahrem Eifer hat die Natur diese ihre eine, ihre teure Grundidee verfolgt – mit Übereifer zuweilen ...«[45] Mit diesem Übereifer erklärt er das Aussterben der Arten am Beispiel der Dinosaurier, Mammuts und Flugechsen oder die Rückkehr von Säugetieren ins Meer am Beispiel des Blauwals. Aber auch noch eine andere Ursache, die zum Aussterben von

42) *Felix Krull* (Bd. VII), 5. Kapitel, S. 536
43) *Felix Krull* (Bd. VII), 5. Kapitel, S. 539
44) *Lotte in Weimar* (Bd. II), 7. Kapitel, S. 680
45) *Felix Krull* (Bd. VII), 5. Kapitel, S. 539

Arten führen kann, erläutert er am Beispiel des Säbelzahntigers, der sich ganz an das Riesengürteltier als Beute angepasst hat. Als dieses infolge Nahrungsmangels durch Klimaveränderung ausstirbt, stirbt auch der Säbelzahntiger aus, weil er sich zu sehr auf diese Nahrungsquelle spezialisiert hat. Und es stellt sich die Frage, warum die Natur ein Lebewesen mit einem immer stärker werdenden Schutzpanzer ausrüstet, wenn sie gleichzeitig – *in natura* ist es allerdings ein sich anpassendes Nacheinander – seinen Feind mit immer stärkeren Zähnen und Brechwerkzeugen versieht und sie schließlich beide aussterben lässt? Was denkt sich die Natur dabei? Die lapidare Antwort lautet: »Sie denkt sich gar nichts, und auch der Mensch kann sich nichts bei ihr denken, sondern sich nur verwundern über ihren tätigen Gleichmut ...«[46)]

Auch der Frage, ob der Mensch vom Affen abstamme, geht er sehr geschickt nach, indem er Professor Kuckuck antworten lässt: »Er [der Mensch, Anm. d. Verf.] stammt aus der Natur und hat seine Wurzel in ihr. Von der Ähnlichkeit seiner Anatomie mit der der höheren Affen sollten wir uns vielleicht nicht zu sehr blenden lassen ... Die bewimperten Blauäuglein und die Haut des Schweines haben vom Menschlichen mehr als irgendein Schimpanse – wie ja auch der nackte Körper des Menschen sehr oft an das Schwein erinnert.«[47)] In der Tat unterscheidet sich das Insulin des Schweins vom Humaninsulin nur durch eine Aminosäure am Ende der A-Kette. »Unserm Gehirn aber, nach dem Hochstande seines Baus, kommt das der Ratte am nächsten ... Mensch und Tier sind verwandt. Wollen wir aber von Abstammung reden, so stammt der Mensch vom Tier, ungefähr wie das Organische aus dem Unorganischen stammt.«[48)] »Alle Natur, von ihren frühen einfachsten Formen bis zu den entwickeltsten und höchst lebendigen, bestehe nebeneinander fort ... neben dem Menschen das gerade schon formbeständige Urtier, ... der Einzeller.«[49)] Auf die Werkzeuge der Mutation und Selektion, mit denen die Evolution dieses gewaltige Panorama der lebenden Natur schafft, geht der Autor nicht ein, wie auch das Wort Evolution nur ein einziges Mal fällt.

Zum Abschluss seiner entwicklungsgeschichtlichen Betrachtungen schildert Thomas Mann anhand von Szenarios im Naturhistorischen Museum von Lissabon die Entwicklung der Menschheit. Er beginnt mit den Praehominiden, jenem Übergang vom Tier zum Menschen, lässt den Neandertaler folgen, von dem wir heute vermuten, dass er ein ausgestorbener Nebenzweig ist, dann den Cro-Magnon-Menschen des Magdalénien, der in höchster Vollendung Höhlenmalereien und Schnitzarbeiten in Stein, Knochen und Gehörn angefertigt hat, und beschreibt schließlich jenen Mann, der inmitten eines Bezirks aus Steinpfeilern – dachlos eine Region umfriedend und erfüllend – der aufgehenden Sonne mit ausgestreckten Armen einen Blumenstrauß präsentiert. Hiermit sind wohl die Menhire von Stonehenge und Carnac gemeint, von denen man glaubt, dass sie eine astronomische und sakrale Bedeutung haben.

46) *Felix Krull* (Bd. VII), 7. Kapitel, S. 576f.
47) *Felix Krull* (Bd. VII), 5. Kapitel, S. 541f.
48) *Felix Krull* (Bd. VII), 5. Kapitel, S. 541f.
49) *Felix Krull* (Bd. VII), 5. Kapitel, S. 546

Das Gestaltproblem

Dass wir bei Thomas Mann auch dem Gestaltproblem in vielen seiner Werke begegnen, verwundert bei seiner mehrfach in seinen Tagebüchern erwähnten Geistesverwandtschaft zu Goethe nicht. Beispielsweise finden wir zu dieser Thematik folgende Tagebucheintragung: »So wird aus der amorphen Masse eine Idee, und daraus erwächst die Gestalt.«[50] Im *Doktor Faustus* widmet er gleich zu Anfang fast ein ganzes Kapitel ausgefallenen Gestalten sowohl der belebten als auch der unbelebten Natur. Der Vater Leverkühn, Jonathan, vermittelt seinen Söhnen und ihrem Freund das Phänomen der Mimikry anhand von Schmetterlingen, die transparente Flügel mit einem violetten oder rosa Farbfleck besitzen, und damit beim Fliegen einem Blütenblatt ähneln, sowie anhand eines Falters, dessen Flügelunterseiten einem Blatt gleichen, wodurch seine Feinde ihn im Ruhezustand bei hochgestellten Flügeln nicht vom Laubwerk der Umgebung unterscheiden können. Es stellt sich nun die Frage, welche Kräfte der Natur diese Gestalten hervorgebracht haben, und ebenso die Frage nach der Zweckmäßigkeit. Denn zweckgemäß ist die Tarnung nur für den Schmetterling – nicht hingegen für die Fressfeinde. Es ist das gleiche Problem, das schon oben beim Gürteltier und Säbelzahntiger beschrieben wurde. Die Frage, wie die Natur eine so vollendete Gestalt bildet, bleibt offen; denn dass die Natur die Blattgestalt am Flügel eines Schmetterlings »aus schalkhafter Freundlichkeit wiederholt«[51], klingt auch den zuhörenden Kindern unwahrscheinlich. Des Weiteren zeigt Vater Leverkühn den Kindern Südseemuscheln und Meeresschnecken mit ihren wunderbar gemusterten Gehäusen. Besonders eine neukaledonische Muschel hat es ihm angetan und veranlasst ihn darüber nachzudenken, wie die Muster entstanden sind, und welche Bedeutung sie haben: »Es hat sich die Unmöglichkeit erwiesen, dem Sinn dieser Zeichen auf den Grund zu kommen ... Sie entziehen sich unserem Verständnis, und es wird schmerzlicherweise dabei wohl bleiben ... Daß die Natur diese Chiffren, zu denen uns der Schlüssel fehlt, der blassen Zier wegen auf die Schale ihres Geschöpfes gemalt haben sollte, redet mir niemand ein ... Sage mir keiner, hier werde nicht etwas mitgeteilt.«[52] Das Verständnis für die Entstehung solcher Muster und die zugrunde liegenden molekularbiologischen Prozesse sind durch die Arbeiten von Hans Meinhardt gewachsen: »Eine Vielzahl von Mustern läßt sich durch die Kopplung von selbstverstärkenden mit antagonistischen Reaktionen erklären.«[53] Am Beispiel der tropischen Meeresschnecke *Olivia porphyria* hat er das sehr schön modellhaft demonstriert: »Die Schale kann naturgemäß nur durch Anlage von Material an der äußersten Kante wachsen, und in der Regel findet nur in dieser Wachstumsregion Pigmenteinbau statt. Das Schneckengehäuse oder die Muschelschale sind also eine Aufzeichnung von Ereignissen an der wachsenden Kante über die ganze Lebenszeit hinweg ... Eine Vielzahl solcher Schalenmuster läßt sich mit kleinen Veränderungen dieses Prinzips deuten und durch Computersimulation reproduzieren. Kleine Veränderungen von Parametern im Laufe der Evolution sind leicht zu verstehen. Unser Modell macht damit den Reichtum an Mustern auf Schnecken- und Muschelschalen verständlich.«[54] Doch damit ist die Frage Jonathan Leverkühns, ob die Natur

50) *Tagebücher 1918–1921*, 27.4.1919
51) *Doktor Faustus* (Bd. VI), III, S. 24
52) *Doktor Faustus* (Bd. VI), III, S. 27
53) Meinhardt (1987), S. 240
54) Meinhardt (1987), S. 237f.

die Muster »der bloßen Zier« wegen entworfen habe, nicht beantwortet. Es ist die alte teleologische Betrachtungsweise und Fragestellung, die besonders von den Geisteswissenschaften ins Feld geführt wird – und von diesen leitet Thomas Mann ja letztlich seine Denkkategorien ab.

Mimikry-Gestalten und Muschelschalen-Muster, das wusste man auch schon zu Thomas Manns Zeiten, sind das Ergebnis eines langen evolutionären Prozesses, der den Lebewesen durch Mutation und Selektion bessere Überlebenschancen durch Tarnung vermittelt. Doch davon spricht er nicht.

»Ein verwandtes Gefallen fand er [Vater Leverkühn, Anm. d. Verf.] an Eisblumen ... Alles wäre gut gewesen, ... wenn die Erzeugnisse sich, wie es ihnen zukam, im Symmetrisch-Figürlichen, streng Mathematischen und Regelmäßigen gehalten hätten. Aber daß sie mit einer gewissen gaukelnden Unverschämtheit Pflanzliches nachahmten ..., das war es, worüber Jonathan nicht hinwegkam.«[55] Es ist eigentlich verwunderlich, dass die sonst so sorgfältigen Recherchen den Autor nicht auf die Morphogenese der Eisblumen gebracht haben; denn es war zur Zeit der Konzeption und Niederschrift des *Doktor Faustus* durchaus bekannt, dass die pflanzlichen Phantasmagorien der Eisblumen eine ganz banale Entstehungsgeschichte haben. Durch die Wischbewegungen beim Fensterputzen werden Kristallisationskerne in stets wechselnden Mustern auf der Fensterscheibe verteilt. An ihnen lagern sich zunächst die Eiskristalle nach mathematischen Regeln streng symmetrisch ab, und von ihnen aus wachsen sie durch Anlagerung weiterer Kristalle zu jenen von Jonathan Leverkühn beschriebenen bizarren, pflanzenähnlichen Gebilden. Die konservativen Gesetze der Kristallbildung werden im Detail nicht durchbrochen, aber sie spielen sich an vorgegebenen Mustern ab und machen diese erst sichtbar.

Eine andere Art der Morphogenese führt der Autor vor Augen, wenn er Jonathan Leverkühn mit Wasserglas und Kristallen experimentieren lässt. Sehr richtig beschreibt er die Osmose als auslösendes Moment bei der Bildung der vegetativen Formen. Die Heliotropie wird ausgelöst durch lokale Wärmebewegung.

Ein weiteres Experiment bedarf der Beachtung: Der alte Leverkühn verfügt über eine runde, in der Mitte auf einem Zapfen gelagerte Glasplatte, auf die er eine dünne Schicht feinen Sands streut. Durch Entlangstreichen mit einem alten Cellobogen am Rande der Platte versetzt er sie in Schwingungen und erzeugt dadurch aus der amorphen Masse ein Muster, eine arabeskenhafte Gestalt. Die Gestaltbildung bezeichnet Thomas Mann als »Gesichtsakustik, worin Klarheit und Geheimnis, das Gesetzliche und Wunderliche reizvoll genug zusammentraten ...«[56] Der Vergleich mit Wellenmustern im Sand des Meeresbodens, im Dünensand, vom Wind geformt, oder mit der gekräuselten Wasserfläche, einem Linolschnitt, von M. C. Escher (1950) geschaffen und *Rimpeling* genannt, liegt nahe. Thomas Mann beschreibt hier ein typisches Beispiel einer dissipativen Struktur, zu deren Zustandekommen eine Energiezufuhr von außen erforderlich ist – die Eigenschaften der Sandkörnchen allein genügen nicht. Dagegen sind die Eisblumen konservative Strukturen, die sich aus den Kristallisationsgesetzen ableiten lassen, auch wenn sie hoch komplizierte Gestalten darstellen. Durch den örtlich determinierten Ablauf

55) *Doktor Faustus* (Bd. VI), III, S. 28f.

56) *Doktor Faustus* (Bd. VI), III, S. 28

des Kristallisationsprozesses kommt allerdings ein nicht konservatives Element in die Gestaltbildung hinein.

Ganz ähnlich ist die Morphogenese der Schneekristalle, deren mannigfaltige Varianten Thomas Mann im *Zauberberg* so wunderbar beschreibt: »Zierlichst genaue kleine Kostbarkeiten ... Kleinodien, Ordenssterne, Brillantagraffen, wie der getreueste Juwelier sie nicht reicher und minuziöser hätte darstellen können ... nicht eines dem anderen gleich.«[57] Und weiter unten zur Morphogenese: »Eine endlose Erfindungslust in der Abwandlung und allerfeinsten Ausgestaltung eines und immer desselben Grundschemas, des gleichseitig-gleichwinkligen Sechsecks, herrscht da.«[58] Dieser endlose Erfindungsgeist in der Abwandlung des Grundschemas entspricht der aristotelischen Denkweise, die ein der Natur als Ganzem innewohnendes formierendes Vermögen postuliert, das auch zum Schmuck verschwenderisch mit Formen spielt. Die Mannigfaltigkeit der sechsstrahligen Schneesternchen, die ja auch Johannes Kepler[59] schon faszinierten und zu seiner Schrift *Strena seu de nive sexangula* inspirierten, beruht nach heutigem Wissensstand auf Kristallgitterfehlern, die durch Wärmebewegung beim Kristallisationsprozess zustande kommen. Das Grundschema – wie *Thomas Mann* sehr richtig erkannte – bleibt jedoch erhalten, auch wenn es variiert wird. Mit anderen Worten: Er stellt der Idealkristallstruktur diejenige der Realkristalle gegenüber.

Die aufgeführten Beispiele zur Morphologie der belebten und unbelebten Materie lassen bei Thomas Mann die klare Unterscheidung zwischen den Strukturen der Minerale und der organischen Wesen vermissen, die sein großes Vorbild Goethe so treffend beschrieben hat. Goethe stellt der Reversibilität der anorganischen Struktur die Irreversibilität der dynamischen Struktur der Lebewesen gegenüber und geht damit über das aristotelische Weltbild hinaus, dem Thomas Mann verhaftet bleibt. Wenn er Vater Leverkühn von der Einheit der belebten und unbelebten Natur sprechen lässt, die keine scharfe Trennung zwischen beiden Gebieten zulässt, und postuliert, dass es keine nur den Lebewesen zuzusprechenden Fähigkeiten gibt, so ist das nur bedingt richtig. In seinen Gestalt-Beispielen hat er beide Formen von Strukturen – konservative und dissipative – aufgezeigt, ohne sie voneinander zu unterscheiden. Beide Strukturformen kommen sowohl im Bereich der unbelebten als auch der belebten Natur vor, wenn auch die dissipativen Strukturen als gestaltbildender Vorgang vermehrt im organismischen Bereich anzutreffen sind. Man muss allerdings (zur Entschuldigung des Autors) anmerken, dass die scharfe Unterscheidung dieser beiden Strukturprinzipien erst nach seinem Tode getroffen wurde, nachdem Ilya Prigogine die dissipativen Strukturen Anfang der 70er Jahre des 20. Jahrhunderts erforscht hatte.[60]

Einen Höhepunkt der Begeisterung Thomas Manns für das Gestaltproblem und zugleich für Goethe bildet das fiktive Gespräch Goethes mit seinem Sohn August, das der Autor in seinem Roman *Lotte in Weimar* gestaltet. Er (Goethe) zeigt seinem Sohn eine Mineraliensendung, die er aus Frankfurt, dem Westerwald und dem Rheingebiet erhalten hat. In der Tat finden wir in den Schriften Goethes zur Geologie und Minera-

57) *Der Zauberberg* (Bd. III), S. 662f.
58) *Der Zauberberg* (Bd. III), S. 663
59) Vgl. Kepler (1943).
60) Vgl. Prigogine (1980).

Abb. 3 J. W. v. Goethe (1818)

logie 1812–1832 eine Tagebucheintragung, Weimar 1816, März, 8[61]: »Angekommene Sendung von Frankfurt der Hyaliten und anderer Mineralien.« Und nun gibt es kein Halten mehr, die Begeisterung geht mit dem Autor und seinem Protagonisten Goethe durch: »Aber das ist das Schönste. Wofür hältst du's?« »Ein Krystall.« »Das will ich meinen! Ist ein Hyalit, ein Glasopal, aber ein Prachtexemplar nach Größe und Ungetrübtheit.« Und nun projiziert Thomas Mann in den Hyalit die »ewige Geometrie« der Kristalle mit ihren »genauen Kanten und schimmernden Flächen« und »die ideelle Durchstrukturiertheit« und übersieht dabei, dass der Hyalit kein Kristall, sondern ein amorphes Mineral ist, das vornehmlich als krustenartiger Überzug auf vulkanischem Gestein vorkommt. Goethe ist da sehr viel geschickter. Er kommentiert den Hyalit in dem oben zitierten Tagebuch nicht weiter – schon gar nicht nennt er ihn einen Kristall. Denn zu seiner Zeit war es durchaus schon bekannt, dass es neben kristallinen auch amorphe Minerale gibt. Goethe war überdies ein exzellenter und sehr genauer Beobachter, dem es sicher schon beim Betrachten aufgefallen war, dass der Hyalit keine »genauen Kanten und schimmernden Flächen« hat, sondern nierig-traubig ist, wie A. G. Werner schreibt, dessen Schriften über Mineralogie Goethe in seinen geologisch-mineralogischen Tagebüchern erwähnt. Besonders im A. G. Wernerschen *Handbuch der Mineralogie*[62] ist der Hyalit ausführlich beschrieben. Somit legt Thomas Mann Goethe etwas in den Mund, was dieser aufgrund seiner subtilen Kenntnisse nie gesagt hätte.

Andererseits erwähnt Thomas Mann Gesetzmäßigkeiten der Kristalle wie das Kristallgitter und die Symmetrieachse – die »sich immer wiederholende Form und Gestalt«[63] –, die dem Gedankengut seiner Zeit und nicht der Goethes entsprechen.

61) Goethe (1949), S. 81
62) Bd. 2a (1813)
63) *Lotte in Weimar* (Bd. II), S. 685

Abb. 4 Hyalit (amorphes wasserhaltiges Siliciumdioxid) aus Queensland, Australien

Die Behauptung, dass das Kristallgitter die Durchsichtigkeit eines Stoffes ausmacht, ist falsch. Der Prototyp eines durchsichtigen Stoffes ist das Glas, das nicht kristallin ist, was auch schon zu Goethes Zeiten bekannt war. Auch die Beziehung zwischen Kristall, ägyptischen Pyramiden und Licht ist eine Erfindung Thomas Manns, wiewohl eine Gestalt-Analogie unverkennbar ist. Im weiteren Verlauf des Gespräches weist Goethe seinen Sohn auf die Entstehung der Kristalle aus der Mutterlauge und auf ihre Kurzlebigkeit hin: »... seine Lebensgeschichte war abgeschlossen mit der Geburt der Lamelle ... Daß es [das Gebilde, der Kristall, Anm. d. Verf.] kein Zeitleben hat, kommt daher, daß ihm zum Aufbau der Abbau fehlt und zum Bilden das Einschmelzen, das heißt: es ist nicht organisch.«[64] Zunächst einmal ist zu vermerken, dass es durchaus auch Kristalle aus organischen Verbindungen gibt, die zumindest zu Thomas Manns Zeiten bekannt waren – ein Beispiel ist der Zuckerkristall. Es müsste also organismisch oder lebendig heißen. Über die Lebensgeschichte der Kristalle berichtet der Mineraloge Otto W. Flörke[65] wie folgt:

»Kristallkeimbildung ist Wissen aus Thomas Manns Zeit; sie war in den 20er und 30er Jahren ds. Jhd. in lebhaftem Gespräch und auch dem gebildeten Laien bekannt. Goethe hat davon sicher noch nichts gewußt. Die Dauer und der Verlauf des Kristallwachstums sind – im Gegensatz zu Thomas Manns Aussage – sehr relevant für die Individualität von Kristallen, auch das Milieu und der Bildungsort. Kristalle und Minerale besitzen ein für den Entstehungsort und die dort herrschenden Bildungsbedingungen charakteristisches ‚Lokalkolorit' (P. Niggli ca. 1930[66]). Sehr kleine Kristalle sind in der Regel wesentlich perfekter als große – Kristalle haben je nach Bildungsdauer und -bedingungen ganz verschiedene Fehlergefüge – jeder Kristall ist ein Individuum, und die Lebensgeschichte ist nicht mit der Keimbildung abgeschlossen. Sie ist, abhängig von den physikalisch-chemischen Zustandsvariablen und von der Wachstumskinetik, für jeden Kristall verschieden, und man kann die Lebensge-

64) *Lotte in Weimar* (Bd. II), S. 686f.

65) Ich danke Herrn Prof. em. Dr. O. W. Flörke, Lehrstuhl für Mineralogie an der Ruhr-Universität Bochum, sehr herzlich für seine kritische und kompetente Stellungnahme zum Kristallisationsprozess.

66) Vgl. dazu Niggli (1941).

schichte (Bildung, Auflösung, Umprägung) aus dem Fehlergefüge der Kristalle rekonstruieren. Das war in Thomas Manns Zeit in der Fachwissenschaft allgemein bekannt, dem gebildeten Laien aber noch nicht begreifbar zugänglich; für ihn war zu Manns Zeit der Kristall eher das Sinnbild der Idealität, periodischen Ordnung und (tödlich langweiligen) Unveränderlichkeit. Soweit gibt der Autor das allgemeine Wissen seiner Zeit also korrekt wieder.«

Doch genügt es Thomas Mann nicht, anhand des Kristalles auf das Gestaltproblem einzugehen; ihn reizt darüber hinaus auch der Antagonismus tot – lebendig, der sich im Unterschied zwischen Kristall und Lebewesen manifestiert. »Struktur ist der Tod, oder führt zum Tode, – welcher sich beim Krystall gleich an die Geburt schließt.«[67] Struktur – oder Gestalt – ist wie oben beschrieben aber auch bei der unbelebten Materie nicht unveränderlich. Und wie wir gesehen haben, weist andererseits auch das Leben durchaus Strukturen, also Gestalt, auf. Es unterscheidet sich jedoch durch den Energieumsatz in der Zeit, der neben der Information für die Erhaltung der Gestalt trotz des Auf- und Abbaus der sie tragenden Materie erforderlich ist, maßgeblich von der toten, oder besser gesagt unbelebten Materie.

Die Analyse dieses kurzen Abschnittes über die Kristalle in *Lotte in Weimar* gibt auch einen kleinen Einblick in das literarische Gestaltproblem des Autors. Gestaltung, Formung und Strukturierung von Informationen, die der Autor dem Leser vermitteln möchte, sind das Handwerkszeug des kreativen literarischen Prozesses. Dabei bedient sich Thomas Mann einer Mischung aus Realität und Fiktion und nimmt keine Rücksicht auf die Zeitgebundenheit wissenschaftlicher Erkenntnisse, wenn er wie im Beispiel des Gestaltproblems beim Kristall ein ihn interessierendes Thema bearbeiten möchte. So lässt er Goethe Wissen aus dessen Zeit und Wissen aus der Zeit des Autors im Gespräch mit seinem Sohn August abhandeln – ausgehend von einer winzigen Tagebucheintragung in Goethes Schriften zur Geologie und Mineralogie. Man könnte von einem stilistischen Widerspruch sprechen. Dies um so mehr, als Thomas Mann am 30.5.1919 nach der Lektüre von Hermann Hesses *Demian* folgende Gedanken in seinem Tagebuch vermerkt: »Der stilistische Widerspruch liegt darin, daß die Erzählung sich durchaus als Leben gibt ..., daß sie aber dabei deutlich und durch und durch geistige Konstruktion und Komposition ist. Das ist ein Fehler. Eine Konstruktion müßte sich mehr als solche, künstliche geben.«[68] Wenn zwei das Gleiche tun, ist es offensichtlich subjektiv durchaus nicht immer das Gleiche.

Schlussbetrachtung

Das naturwissenschaftliche Weltbild Thomas Manns ist geprägt von den drei großen Fragen: Wie entstand das Sein, der Kosmos, wie und wann begann und entwickelte sich das Leben, und welche Stellung nimmt der Mensch im Kosmos ein? Auf diese Fragen versucht er Antworten zu finden, die den Erkenntnissen seiner Zeit entsprechen und nicht selten über seine Zeit hinausweisen. Er sieht ganz klar, dass

67) *Lotte in Weimar* (Bd. II), S. 686f.

68) *Tagebücher 1918–1921*, 30.5.1919

das Sein einen Anfang und wahrscheinlich auch ein Ende hat – dass es aus dem Nichts kommt, in das Nichts zurückfällt und somit episodenhaft ist. Die Relativität von Raum und Zeit und die Endlichkeit des Kosmos, der in steter Ausdehnung begriffen ist, werden präzise von ihm geschildert. Das ist für seine Zeit geradezu revolutionär. Der einheitliche Aufbau der Materie im Mikro- wie im Makrokosmos, die Überführbarkeit der Materie in Energie und umgekehrt sowie die räumliche Unbestimmbarkeit subatomarer Teilchen – alles Erkenntnisse, die von den Physikern erst im ersten Drittel des 20. Jahrhunderts erarbeitet wurden – sind Thomas Mann bekannt und werden in seinen Romanen verarbeitet. Man muss sich vor Augen halten, dass diese Dinge zur Zeit seiner Schulausbildung noch unbekannt waren, um das später angeeignete Wissen des Autors richtig zu würdigen.

Einen breiten Raum nimmt die Beschäftigung mit dem Leben ein – seine Entstehung im Kosmos und seine Unterscheidung von der unbelebten Materie. Diesbezüglich macht der Autor einen Lernprozess durch, der belegt, dass er auch im hohen Alter noch die rasanten Entwicklungen auf dem naturwissenschaftlichen Sektor verfolgt und in sein Schaffen integriert hat. Vor allem seine Beschreibung des Übergangs von der unbelebten zur belebten Materie nimmt visionär Erkenntnisse vorweg, die erst Jahrzehnte später entdeckt wurden. Immer wieder erwähnt er die gemeinsamen Grundelemente, die die belebte und unbelebte Natur aufbauen, sowie Organisation, Information und Stoffwechsel als Grundprinzipien des Lebens. Andererseits ist es verwunderlich, dass das Wort Evolution nur ein einziges Mal benutzt wird und Begriffe wie Mutation und Selektion fehlen.

Das Leib-Seele-Problem – das Verhältnis von Gehirn und Bewusstsein – wird von Thomas Mann, ähnlich den Vertretern der evolutionären Erkenntnistheorie, monistisch gelöst. Seinem Tagebuch vertraut er am 17.4.1919 folgende Einstellung an: »Unterdessen bedenke ich den Zauberberg ... Das Neue besteht im Wesentlichen in einer Konzeption des Menschen als einer Geist-Leiblichkeit (Aufhebung des christlichen Dualismus von Seele und Körper).«[69)] Interessanterweise neigen die modernen Hirnforscher (John C. Eccles[70)], Otto Detlev Creutzfeldt[71)]) wieder der dualistischen Theorie von Geist und Gehirn zu. Besonders Eccles vertritt konsequent das dualistische Prinzip: »Ich selbst vertrete hier die Auffassung, daß den neuronalen Mechanismen und ihrer Gesamtleistung bestimmte Zentren übergeordnet sind, ... die eine beidseitig wirksame Verbindung zum seiner selbst bewußten ‚Geist' herstellen... Seither sehe ich das Bewußtsein als eine in sich selbst gegründete Seinsform an.«[72)] Und Otto Detlev Creutzfeldt meint, dass für die Umwandlung (das Transzendieren) elektrochemischer Vorgänge im Netzwerk der Neuronen in Geist (in Selbstbewusstsein) die Hirnmechanismen zwar notwendig, aber nicht hinreichend sind. Der Aussage Thomas Manns, dass das »Bewußtsein seiner selbst ... schlechthin eine Funktion der zum Leben geordneten Materie« sei, kann man nicht folgen – sie dürfte sich aus Geistesströmungen seiner Zeit ableiten.

Die Behandlung des Gestaltproblems in seinen mannigfachen Facetten weist auf seine diesbezüglichen Wurzeln hin: Aristoteles und Goethe. Die Faszination des

69) *Tagebücher 1918–1921*, 17.4.1919

70) Vgl. z. B. Eccles (1977).

71) Vgl. z. B. Creutzfeldt (1987).

72) Eccles (1977), S. 15

Autors über diese Thematik geht dank seiner großartigen literarischen Verarbeitung unmittelbar auf den Leser über.

Zusammenfassend stellen sich folgende Fragen:

- Was veranlasste Thomas Mann, sich so intensiv mit naturwissenschaftlichen Themen zu beschäftigen?
- Welche Bedeutung haben sie für den Handlungsablauf seiner Romane?

Die häufige Verwendung des Themas Krankheit in seinem Werk hat eine erhebliche gestalterische Funktion. Das kann man von seinen naturwissenschaftlichen Betrachtungen nicht sagen. Man muss sich fragen, ob *Der Zauberberg* ohne das Kapitel ‚Forschungen', *Lotte in Weimar* ohne den Abschnitt über Kristalle, *Doktor Faustus* ohne die Experimente Jonathan Leverkühns sowie die Kosmologie und schließlich *Felix Krull* ohne die Evolution des Lebens sowie die Kosmogonie wesentlich an literarischer Substanz einbüßen würden.

- Ist es die Faszination des Autors gegenüber den neuen Entdeckungen der Naturwissenschaften, die ihn veranlassen, diese Themen in sein Werk einfließen zu lassen?
- Ist es eine gewisse Eitelkeit, den Lesern sein anscheinend enzyklopädisches Wissen zu zeigen?

Ich glaube, dass diese Fragen sehr unterschiedlich zu beantworten sind, je nachdem, von welcher Geistesrichtung der Leser kommt – der naturwissenschaftlichen oder der geisteswissenschaftlichen.

Ungeachtet dessen muss der Schriftsteller neue, das Weltbild beeinflussende naturwissenschaftliche Erkenntnisse aufnehmen und verarbeiten. »Die Anpassung an das naturwissenschaftliche Weltbild kann der Literatur nicht erspart bleiben, und ein Teil ihrer heutigen Gegenstandslosigkeit geht darauf zurück, daß sie sich dabei verspätet hat,«[73)] schrieb Robert Musil 1927. Diesen Vorwurf kann man Thomas Mann nicht machen. Natur- und Geisteswissenschaft gehen bei ihm eine vollendete Symbiose ein und befruchten sich gegenseitig. Es wäre zu wünschen, dass dieses Beispiel häufiger Schule machen und dadurch zu einem weiter verbreiteten, besseren Weltverständnis führen würde.

73) Musil (1955), S. 755

Literatur

L. Barnett, *Einstein und das Universum*, Frankfurt/M.: Fischer, **1952**

K. Bloch, Summing up, *Amer. Rev. Biochem.* **1987**, *56*, 1

O. D. Creutzfeldt, Modelle des Gehirns – Modelle des Geistes?, *mannheimer forum* **87/88**, Mannheim :C. F. Boehringer und Soehne GmbH

P. C. W. Davies, Geburt und Tod des Universums, *mannheimer forum* **83 / 84**, Mannheim: C. F. Boehringer und Soehne GmbH

H. J. Dombrowski, Die ältesten Organismen der Erde, *n+m* Nr. 1, **1964**

J. C. Eccles, Hirn und Bewußtsein, *mannheimer forum* **87 / 88**, Mannheim: C. F. Boehringer und Soehne GmbH

M. Eigen, *Stufen zum Leben*, München/ Zürich: Piper, **1987**

M. Eigen, *Perspektiven der Wissenschaft*, Stuttgart: Deutsche Verlagsanstalt, **1988**

M. Eigen, Goethe und das Gestaltproblem in der modernen Biologie, in: H. Rössner (Hrsg.): *Rückblick in die Zukunft*, Berlin: Severin und Siedler Verlag, **1981**

M. Eigen, R. Winkler, *Das Spiel*, München / Zürich: Piper, **1975**

M. Eigen, R. Winkler, Ludus vitalis, *mannheimer forum* **73 / 74**, Mannheim: C. F. Boehringer und Soehne GmbH

A. Einstein, L. Infeld, *Die Evolution der Physik*, Reinbek bei Hamburg, Rowohlt, **l968**

O. W. Flörke et al., Hyalith vom Steinwitzhügel bei Kulmain, *Neues Jahrb. Miner. Abh.* **1985**,*151*, 87

J. W. v. Goethe, *Schriften zur Geologie und Mineralogie* 1812-32, 2. Bd. S. 81, Hrsg. v. G. Schmid, Weimar: Verlag Herman Böhlaus Nachfolger, **1949**

S. W. Hawking, *Eine kurze Geschichte der Zeit. Die Suche nach der Urkraft des Universums*, Reinbek bei Hamburg, Rowohlt, **1988**

W. Heisenberg, *Die Physik der Atomkerne*, Braunschweig,Vieweg , **1947**

D. R. Hofstadter, *Gödel, Escher, Bach*, Stuttgart: Klett-Cotta, **1985**

J. Jaynes, *Der Ursprung des Bewußtseins durch den Zusammenbruch der bikameralen Psyche*, Reinbek bei Hamburg: Rowohlt, **1988**

J. Kepler, *Neujahrsgabe oder Vom sechseckigen Schnee* (1611), Berlin: W. Keiper, **1943**

P. K. Kurz S. J., Literatur und Naturwissenschaft in: *Über moderne Literatur*, Frankfurt/M.: J. Knecht, **1967**

K. Lorenz, Über die Wahrheit der Abstammungslehre, *n+m* Nr. 1 **(1964)** Mannheim: C. F. Boehringer und Soehne GmbH

Th. Mann, *Gesammelte Werke* in 12 Bänden, Frankfurt/M.: Fischer, **1960**

Tagebücher 1918–1921, 1933–1934, 1937–1939, Hrsg.: P. de Mendelssohn, Frankfurt/M.: Fischer

Tagebücher 1944–1946, Hrsg.: I. Jens, Frankfurt/M.: Fischer

H. Meinhardt, Bildung geordneter Strukturen bei der Entwicklung höherer Organismen, in: *Ordnung aus dem Chaos*, Hrsg.: B.-O. Küppers, München/Zürich: Piper, **1987**

R. Musil, *Tagebücher, Aphorismen, Essays und Reden*, Hamburg: Rowohlt, **1955**

P. Niggli, *Von der Symmetrie und von den Baugesetzen der Kristalle*, Leipzig: Akad.Verlagsges.Becker u. Erler , **1941**

W. Nowacki, *Moderne Allgemeine Mineralogie*, Braunschweig: Vieweg , **1951**

K. R. Popper, J. C. Eccles, *Das Ich und sein Gehirn*, München/Zürich: Piper, **1982**

I. Prigogine, Zeit, Entropie und der Evolutionsbegriff in der Physik, *mannheimer forum* **80/81**, Mannheim: C. F. Boehringer und Soehne GmbH.

M. Reich-Ranicki, *Thomas Mann und die Seinen*, Frankfurt/M.: Fischer, **1990**

B. Rensch, Die stammesgeschichtliche Entwicklung der Himleistungen. *n+m* Nr. 32, **1970**, Mannheim: C. F. Boehringer und Soehne GmbH

W. Schlosser, Sterne und Steine, *mannheimer forum* **75 / 76**, Mannheim: C. F. Boehringer und Soehne GmbH

E. L. Schucking, B. M. Biram, Die neuen Grenzen des Alls, *n+m* Nr. 30, **1969**, Mannheim: C. F. Boehringer und Soehne GmbH

G. G. Simpson, Die Evolution des Pferdes, *n+m* Nr. 14, **1966**, Mannheim: C. F. Boehringer und Soehne GmbH

G. Vollmer, Wissenschaft mit Steinzeitgehirnen?, *mannheimer forum* **86/87**, Mannheim: C. F. Boehringer und Soehne GmbH

Dr. med. Hans Wolfgang Bellwinkel (geb. 1925) hat an der Universität Göttingen Medizin studiert und war lange Jahre als Facharzt für Innere Medizin und Allgemeinmedizin in Bochum tätig. Er ist Begründer des Faches »Allgemeinmedizin« an der Ruhr-Universität Bochum und war 10 Jahre Lehrbeauftragter für diese Disziplin. Seit dem Eintritt in den Ruhestand 1988 beschäftigt er sich mit Fragen aus dem Grenzbereich von Literatur und Naturwissenschaften.

Die Poesie der Wissenschaft[1]

John Meurig Thomas

In seinen »Reith Lectures on Science and Common Understanding«, die im Herbst 1953 von der BBC gesendet wurden, sagte der bekannte amerikanische Physiker J. Robert Oppenheimer vielleicht etwas scherzhaft, dass »die Physik versucht, etwas in einer einfachen Sprache zu erklären, was niemand weiß; Poesie hingegen versucht, etwas zu sagen, was jedermann weiß, aber in einer Sprache, die niemand versteht«. Für mich als unerfahrenen Studenten hatten Oppenheimers Worte große Überzeugungskraft, die jedoch bei näherem Nachdenken schnell schwand. Seine Beschreibung der Physik war wohl eine akzeptable Näherung, nicht jedoch seine Ansicht zur Poesie. Tatsächlich gelangte ich damals nach der Lektüre eines etwas längeren Nachrufs in der Londoner *Times* zu der Auffassung, dass sie sogar falsch sein musste. Dieser Nachruf brachte mir ein Gedicht in Erinnerung, das von einem Bauernhof unweit des Dorfs in Süd-Wales, in dem ich geboren wurde, erzählt, und dass auch etwa um diese Zeit entstanden ist:

> *»And as I was green and carefree, famous among the barns*
> *About the happy yard and singing as the farm was home*
> *In the sun that is young once only,*
> *Time let me play and be*
> *Golden in the mercy of his means«*

Ein anderes Gedicht von Dylan Thomas, das ebenfalls in diesem Nachruf angeführt wurde, entstand, als der Dichter selbst noch sehr jung war:

> *»The force that through the green fuse drives the flower*
> *Drives my green age; that blasts the roots of trees is my destroyer*
> *And I am dumb to tell the crooked rose*
> *My youth is bent by the same wintry fever«*

Man ist vom Zauber dieser Verse mit ihren Bildern und dem Rhythmus der Worte eingefangen. Ohne nun nach kleinlichen Definitionen zu suchen – dies ist unstrittig Poesie. Ebenso wie die Physik, oder die Naturwissenschaften ganz allgemein, ist Poesie unter anderem ein möglicher Weg, um etwas mitzuteilen und auch das Ergebnis einen kreativen Akts. Nach meiner Auffassung trifft es nicht zu, wie

1) Dieser Text basiert auf einer Vorlesung, die Sir John anlässlich seiner Einführung als Direktor der Royal Institution of Great Britain (London, UK) gehalten hat (publiziert in *Royal Inst. Proc.* **1987**,1–24).

Facetten einer Wissenschaft. Herausgegeben von Achim Müller

ISBN: 3-527-31057-6

Robert Frost behauptet, dass Poesie das ist, was bei einer Übersetzung verloren geht. Von der Literatur und Kultur anderer Nationen wissen wir, dass große Poesie, ebenso wie große Wissenschaft, die Grenzen ihrer Entstehung überschreitet. Beispielsweise hat Rabindranath Tagore die meisten seiner Gedichte in seiner Muttersprache Bengali verfasst. Sein »Gitangali« entstand kurz nach dem Tod seiner Frau, seines Sohns und seiner Tochter:

> *»Thou has made me endless, such is thy pleasure.*
> *This frail vessel thou emptiest again and again*
> *And fillest it ever with fresh life.*
> *This little flute of a reed thou has carried over hills and dales,*
> *and has breathed through it melodies eternally new.«*

Nun will ich nicht mit dem Zitieren von Poesie fortfahren, sondern deutlich machen (zwangsläufig etwas oberflächlich), warum ich Wordsworth's Diktum »Poesie ist der leidenschaftliche Ausdruck für das, was Wissenschaft ausmacht« unterstütze und warum ich T. S. Eliots These, dass sich Poesie mit »der Überraschung und Erhabenheit einer neuen Erfahrung« befasst, für richtig halte. Wie mir scheint, kann Wissenschaft in all ihren Spielarten sicherlich niemals die Tiefe der menschlichen Psyche und Emotionen so erreichen wie dies Poesie und Musik vermögen. Eine medizinische oder wissenschaftliche Feststellung des Todes beispielsweise kann kaum mit der Wirkung dieses poetischen Satzes konkurrieren:

> *»When once our short life has burnt away, death is an unending sleep.«*

Trotzdem hat Wissenschaft unstrittig eine ästhetische Dimension. Sie kann uns mit Ehrfurcht und Begeisterung erfüllen, und indem wir uns mit ihr beschäftigen, lernen wir ihre Schönheit, ihre Eleganz und ihre Geheimnisse zu schätzen.

> *»The most beautiful experience we can have is the mysterious. It is the fundamental emotion which stands at the cradle of true art and true science. Whoever does not know it and can no longer wonder, no longer marvel, is as good as dead, and his eyes are dimmed.«*
>
> (Albert Einstein, 1934)

Im wissenschaftlichen Kontext zuviel in das Geheimnisvolle hineinzulegen würde allerdings eher verschleiern. Es ist wahr, dass wir durch das Gefühl des Geheimnisvollen gebannt sind, wenn wir die wunderbare Winzigkeit der mikroskopischen Welt betrachten oder die Galaxien, die sich unaufhörlich von uns wegbewegen, weit verstreut im einem riesigen, einsamen Theater von Zeit und Raum. Gleichermaßen sind wir aber durch die große Einfachheit der Dinge gefesselt. Einfachheit, das darf man nicht vergessen, ist eines der Glaubensbekenntnisse der Wissenschaftler. Newton hat uns gezeigt, dass die Mechanik auf der Erde im Wesentlichen der Himmelsmechanik entspricht. Um noch mal Einstein zu zitieren:

> *»The most incomprehensible fact of Nature is the fact that Nature is comprehensible.«*

Man ist sich heute darüber einig, dass wissenschaftliche Entdeckungen in erster Linie aus Ideen und Intuition entstehen, gefolgt von einem Prozess logischer Analyse und wiederholbarem Experiment. Freude, Phantasie und Poesie der Wissenschaft kommt aber von dem ihr innewohnenden Reiz, ihrem Spielraum und ihrer

Unvollkommenkeit sowie von den Überraschungen und dem Vergnügen, untrennbar vermischt mit der Korrelation scheinbar zusammenhangloser Phänomene.

Kreativität und Vorstellungen in der Wissenschaft

Der Wissenschaftler schreibt seine Gedichte nicht mit Worten, sondern mit Modellen und Konzepten, mit Umschreibungen, Analogien, Synthesen und Skizzen, mit Fotografien und Gleichungen sowie mit neuen Methoden und Entwürfen – alles Produkte seines Geistes. Ähnlich wie ein Dichter wird er dabei häufig von zwanghaftem Eifer und einem Hauch von Neurotik angetrieben. Auf seinem Weg von der Verwirrung seines Verständnisses zum Verstehen der Verwirrung kann seine Stimmung zwischen Schwermut und Hochgefühl wechseln. Manche Wissenschaftler haben ihre Mitteilungen sogar dichterisch gestaltet. Davy und Faraday etwa waren Meister in dieser Hinsicht. Ich zitiere hier ein Beispiel von einem viel gelesenen Autor aus meinem eigenen Arbeitsgebiet, der die Verteilung der kinetischen Energie von Molekülen in der Gasphase verdeutlichen wollte – übrigens eine Frage, die schon Ende des vorletzten Jahrhunderts von seinen Vorgängern Maxwell und Boltzmann elegant und quantitativ beantwortet worden war:

> *«Energy among molecules is like money among men. The rich are few, the poor numerous.«*

Es wird kaum überraschen, dass der Autor dieser Worte, der inzwischen nicht mehr lebende Dr. Moelwyn-Hughes aus Cambridge, schon wegen des moralischen Untertons »like money among men« der Sohn eines walisischen Liedschreibers war.

Ich hatte eben von Entdeckungen gesprochen, die aus Ideen entstehen. Das passiert überall in der Wissenschaft und zweifellos auch bei vielen anderen Unternehmungen. In der Mathematik werden häufig Theoreme (»Vermutungen«) ohne Beweis vorgetragen, die sich erst später als richtig erweisen. Diejenigen, die das Theorem als erste formulieren, müssen dabei nicht unbedingt auch einen logischen und nachvollziehbaren Beweis vorlegen. Diese Fähigkeit, die »Wahrheit zu erahnen«, entspricht in gewisser Weise den kreativen Fähigkeiten von musikalischen Genies wie Mozart.

Ein besonders faszinierender Vertreter der Mathematik des zwanzigsten Jahrhunderts war Ramanujan (Abb. 1), der als Buchhalter im Hafen von Madras arbeitete, bevor er 1913 seinen berühmt gewordenen Brief an den sehr angesehenen Mathematiker G. H. Hardy vom Trinity College in Cambridge schrieb. Ramanujans Brief enthielt mehrere Theoreme. Einige, so hat Hardy das beschrieben, machten einen wilden und fantastischen Eindruck, und ein oder zwei waren schon bekannt. Kurzum, Hardy entschloss sich, Ramanujan nach Cambridge zu holen, was ihm auch gelang. Ramanujan wurde »Fellow of Trinity« und wenig später auch »Fellow of the Royal Society«. Hardys Kommentar zu einigen von Ramanujans Theoremen war, dass sie richtig sein müssen. Wären sie es nicht, hätte niemand die Idee gehabt, sie aufzustellen. Hier bewegen wir uns tatsächlich auf merkwürdigem Boden, wo eine Folgerung, selbst die Idee, nicht ausreicht, um die Wahrheit zu finden – wenigstens für gewöhnliche Sterbliche.

Abb. 1 Ramanujan und einige seiner numerischen Erkenntnisse. 1729 ist die erste Zahl, die sich auf zwei unterschiedlichen Wegen als Summe von zwei Kubikzahlen angeben lässt. Als Hardy ihn an seinem Krankenbett besuchte und ihm sagte, dass dies die Nummer des Taxis gewesen sei, mit dem er gekommen war, legte ihm Ramanujan sofort das obige Resultat vor.

Nehmen wir eine weniger außergewöhnliche, eher praktische Messlatte. Robert Hooke, ein Universalgelehrter, der von der Insel Wight stammte, war gerade dreißig Jahre alt, als er 1676 ohne Beweis ein Verfahren vorschlug, das nachfolgenden Generationen von Architekten und Brückenbauern eine große Hilfe war. Die Aussage von Hookes unbewiesener Behauptung lässt sich am ehesten an seinem in Latein vorgetragenen Satz erkennen:

»Ut pendet continuum flexile, sic stabil contiguum rigidum inversum« – zu Deutsch etwa »was in einer flexiblen Kette hängt, ist umgekehrt als starrer Bogen stabil«.

Mit der Lösung eines solchen Problems wurde 1743 der Paduenser Architekt Poleni von der päpstlichen Verwaltung konfrontriert. Es gab nämlich große Aufregung, weil Risse in der Kuppel des Petersdoms in Rom aufgetreten waren. Waren dies nun Zeichen eines nahenden Unglücks, würde das Bauwerk einstürzen? Nein – ungeachtet der Risse war der Bau stabil. Poleni demonstrierte das, wie in Abb. 2 und Abb. 3 gezeigt. Soweit wir wissen, hat Hooke selbst die Gleichung für die »hängende Kette« niemals gelöst. Dies gelang 1699 erstmals dem bemerkenswerten schottischen Mathematiker David Gregory. Poleni scheint diese Lösung gekannt zu haben, wie man seiner Zeichnung (Abb. 4) entnehmen kann.

Abb. 2 Modell der Kuppel des Petersdoms in Rom.

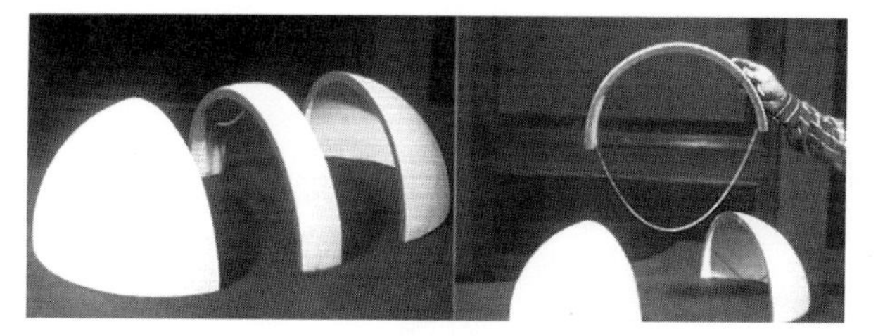

Abb. 3 Durch die Reduktion des Problems von drei auf zwei Dimensionen vereinfachte sich die Frage dahingehend, ob der zentrale Bogen *(linkes Bild)* stabil war. Der flexible hängende Faden *(rechtes Bild)* passt in den starren Bogen, wenn man ihn umdreht.

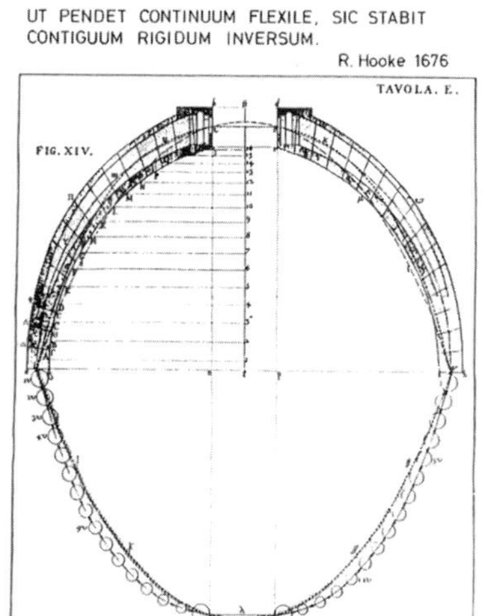

Abb. 4 Die Darstellung der Problemlösung in Polenis Buch.

Der Beitrag der Ästhetik

Ich möchte nun etwas zu den ästhetischen, emotionalen und poetischen Dimensionen von Wissenschaft sagen, wobei meine Beispiele bewusst weitab von meinem eigentlichen Interessensgebiet gewählt sind. 1932 publizierten H. G. Wells, Julian Huxley und G. P. Wells ihr berühmtes Buch *The Science of Life*, mit dem sie dem Leser unter anderem auch die ungeheuere Vielfalt und die verschwenderische Menge von Formen des Lebens auf der Erde nahe bringen wollten. Der Überblick in Abb. 5 zeigt nur größere Lebewesen – Käfer, Bakterien, Schmetterlinge und Rüben fehlen ebenso wie Millionen anderer Spezies. Man schätzt, dass es 25 bis 30 Millionen unterschiedliche Organismenarten auf unserer Erde gibt, von denen fast 20 Millionen Insekten sind. Jedes vierte Lebewesen ist ein Käfer. J. B. S. Haldane hat vor einiger Zeit einmal etwas respektlos gesagt, dass der Allmächtige bei der Schöpfung wohl den Überblick verloren und Käfer besonders gern gehabt hätte

1932 bevorzugte man zur Feststellung von verwandtschaftlichen Beziehungen zwischen Säugern und anderen Tieren, unter Berücksichtigung der Evolution, vor

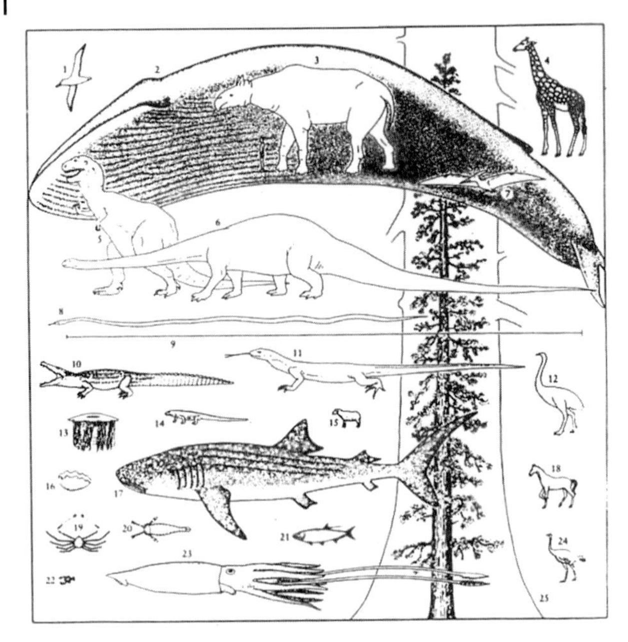

Abb. 5 Eine Abbildung aus dem 1932 erschienenen Buch von H. G. Wells, Julian Huxley und G. P. Wells, die eine Reihe recht unterschiedlicher Lebensformen zeigt.

allem verschiedene morphologische Methoden – also Ähnlichkeiten in der Größe der Schädel, der Beschaffenheit von Haut und Zähnen, gewissen sozialen Bräuchen usw.. Auf diesem Weg konnten gemeinsame Stammbäume verfolgt und identifiziert werden. Heutzutage – dank der Fortschritte in der Molekular- und Zellbiologie, der Genetik, Embryologie und Enzymologie lassen sich solche familiären Muster erheblich zuverlässiger auflösen.

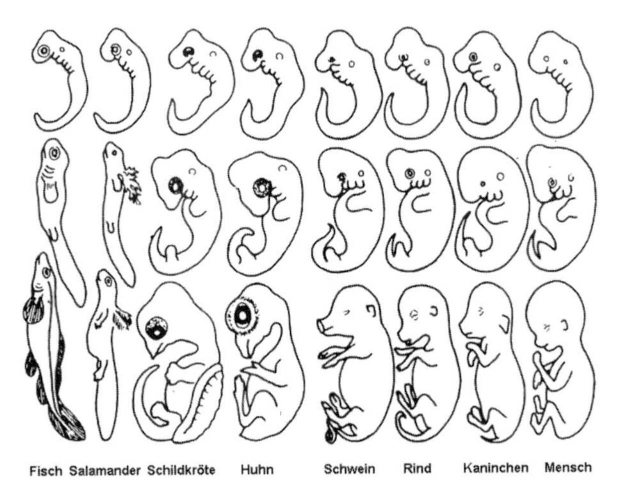

Abb. 6 Im frühen Entwicklungsstadium *(oben)* gleichen sich die Embryonen eines schlanken Salamanders, eines flinken Kaninchens, einer gewichtigen Schildkröte und vieler anderer Kreaturen außerordentlich.

Abb. 7 Vergrößerte Ansicht eines Schneidezahns einer Ratte, aufgenommen mit einem Rasterelektronenmikroskop (Weiner, Weizmann Institute of Science, Israel).

Abb. 6 zeigt schematisch Embryonen von acht völlig verschiedenen Geschöpfen in mehreren Entwicklungsstadien. Es ist so überraschend wie bei der Poesie – obwohl die ausgewachsenen Spezies unterschiedlicher nicht sein könnten, zeigen sie im embryonalen Stadium eine fast unheimliche Ähnlichkeit. Die meisten Lebewesen – auch die Säugetiere – verwenden Hämoglobin als wesentliche Komponente ihrer »Chemie«. Dieses Molekül kann Sauerstoffmoleküle aufnehmen und transportieren, was für die meisten Organismen notwendig ist. Als Ergebnis einer molekularen Evolution gibt es mehrere Varianten von Hämoglobin. Die Frösche im Titicaca-See hoch oben in den bolivianischen Anden haben ein Hämoglobin, das besser Sauerstoff bindet als das der Frösche im Michigan-See, die unter Normaldruck leben. Gänse, die über den Himalaya fliegen, können mit ihrem Hämoglobin besser

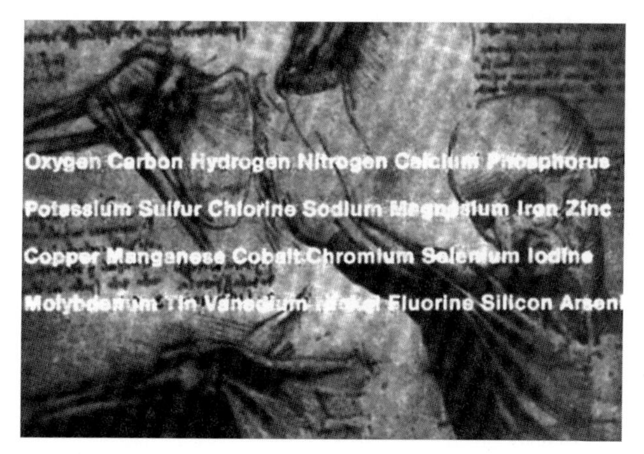

Abb. 8 Die für den gesunden Körper essenziellen Elemente auf Leonardos Zeichnung des Menschen.

Sauerstoff binden als die, die um die Berge herum fliegen. Auffällig ist auch, dass die Knochen praktisch aller Lebewesen aus Calciumphosphat in Form des Minerals Hydroxylapatit bestehen. Zähne bestehen ebenfalls fast ausschließlich aus Hydroxylapatit und sind mikroskopisch so aufgebaut wie in Abb. 7 gezeigt. Dies lässt vieles von dem erahnen, was moderne Materialwissenschaftler noch machen können. Drei jeweils zueinander senkrechte zylindrische Hydroxylapatitkristallite werden durch proteinhaltige Materialien miteinander verbunden. (Apatit ist ganz zufällig auch ein recht passender Name für ein Mineral, das die Zähne aufbaut!). Während die Knochen und Zähne des *Homo sapiens* im Wesentlichen nur vier Elemente benötigen – nämlich H, O, Ca und P –, braucht der gesunde Körper wenigstens 26 der 114 bekannten Elemente. In Abb. 8 sind die 26 Elemente, die für den Menschen für essenziell gehalten werden, in Leonardos Zeichnung der menschlichen Gestalt eingetragen.

Indem wir uns schrittweise von der belebten zur unbelebten Welt begeben, möchte ich daran erinnern, wie weit verbreitet sechseckige Muster in der Natur sind. In Abb. 9 (oben) sehen wir die Muskelproteine Actin und Myosin jeweils in hexagonaler Position zueinander, darunter Hugh Huxleys bekannte elektronenmikroskopische Aufnahme von Muskeln im Fliegenflügel. Die Samenzellen eines

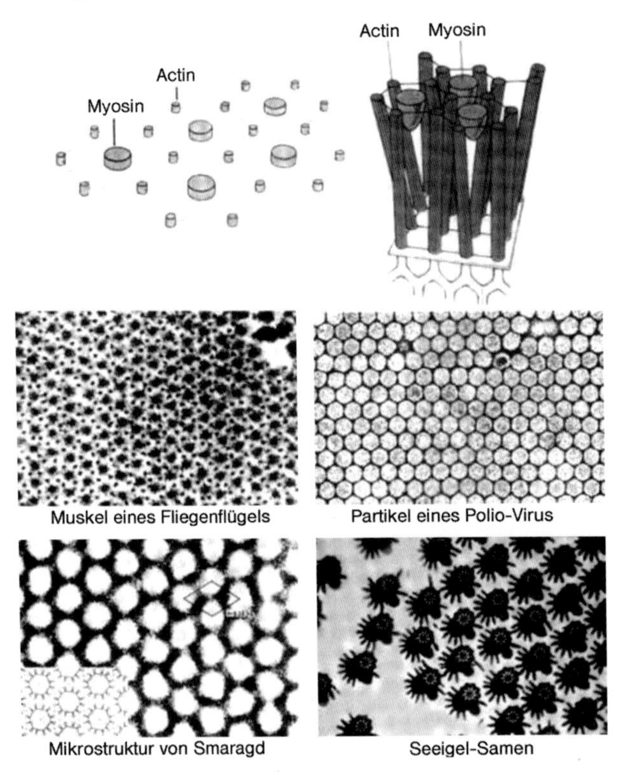

Abb. 9 Die weite Verbreitung hexagonaler Ordnungsmuster in der Natur, die man in Muskeln, Viren, Mineralien und Spermien findet.

Abb. 10 Die Membranoberfläche lebender Zellen zeigt ein geordnetes hexagonales Muster (mit Erlaubnis entnommen aus Grays *Anatomy*).

Lebewesens aus dem Meer (Seeigel) sind ebenso hexagonal geordnet wie die Hülle eines Polio-Virus oder die sich wiederholenden Einheiten der atomar aufgelösten Kanäle im Smaragd und Aquamarin.

Die ausgezeichnete Darstellung aus Grays *Anatomy* (Abb. 10) zeigt im oberen Bereich eine Membranoberfläche. Ähnlich wie die molekular dimensionierten Poren in einem Zeolith-Katalysator (Abb. 11) weist die Membran Erhöhungen und Vertiefungen in hexagonaler Anordnung auf. Jede Pore ist jeweils von sechs anderen umgeben.

Um zu verstehen, warum es in der Natur eine starke Tendenz zur Ausbildung hexagonaler Muster gibt – hierfür ließen sich noch zahlreiche weitere Beispiele anführen, von der Symmetrie einer Schneeflocke bis zur Struktur einer Bienenwabe – ist es hilfreich, sich zunächst mit der Architektur von Kristallen zu beschäftigen.

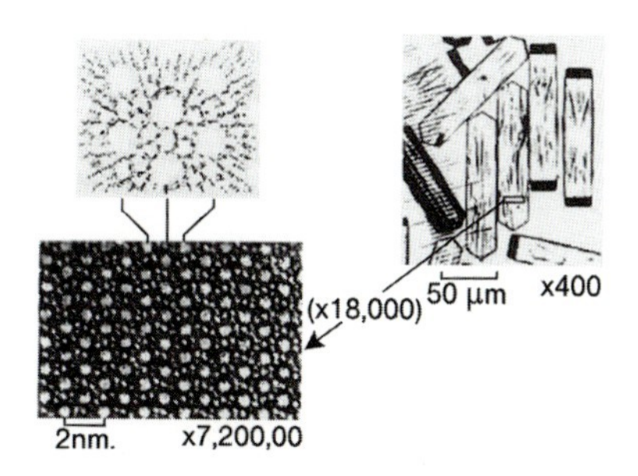

Abb. 11 Das Bild rechts oben zeigt die Morphologie von ZSM-5-Kristallen, einem wichtigen industriellen Katalysator. Unten links sieht man die Projektion eines Bilds, das mit einem Elektronenmikroskop erhalten wurde. Die größeren, hellen Punkte sind die Poren oder Kanäle, die durch den Katalysatorkristall laufen. Jede dieser Poren hat sechs weitere Poren als Nachbarn.

Die Architektur von Kristallen

Seit undenklichen Zeiten haben die Symmetrie und Schönheit von Kristallen, die Konstanz der Winkel zwischen den Kristallflächen, die Einheitlichkeit ihrer Erscheinung und ihre innere Struktur, die dies alles verursacht, die Gedanken der Naturforscher beschäftigt. Wir können heute einschätzen, welch wichtige Beiträge zu unseren Kenntnissen über Kristalle von Harriot (1560–1621), Kepler (1571–1630), Huygens (1629–1695), Hooke (1635–1703), Dalton (1766–1844), Barlow (1845–1934), Fedorov (1853–1919) und Schoenflies (1853–1928) geleistet wurden. Ich will hier nicht viel über diese Menschen sagen, denn jeder würde ein Kapitel für sich allein verdienen. John Dalton kennen wir durch seine Gesetze der konstanten und multiplen Proportionen, Fedorov war ein sehr vielseitiger russischer Kristallograph, und Barlow war ein Immobilienmakler aus Islington, der Mitte der dreißiger Jahre des letzten Jahrhunderts starb. Harriot war Sir Walter Raleighs Arzt und Begründer der englischen Schule für Algebra. Kepler und Hooke kamen unabhängig voneinander darauf, wie sich die Bausteine in einem Kristall anordnen, und auch Huygens entwickelte ähnliche Gedanken. Der deutsche Mathematiker Schoenflies nahm – wie ein ägyptischer Pharao – sein diesseitiges Lieblingsobjekt, ein gedehntes Rhombendodekaeder, mit in die Ewigkeit (Abb. 12).

Aus Robert Hookes *Micrographia* (publiziert 1667) kann man entnehmen, wie weit er bereits auf dem Weg zu einer vernünftigen Erklärung der Glattheit von Kristallflächen und der Konstanz der Winkel zwischen ihnen gelangt war (Abb. 13). Diese Pioniere hatten noch keinen direkten Beweis für die Existenz von Atomen, konnten aber auf zwei unterschiedlichen Wegen erklären, warum manche Stoffe in zwei oder noch mehr verschiedenen kristallographischen Formen auftreten können (ein Beispiel hierfür sind die unterschiedlichen Morphologien von Kochsalzkristallen): einerseits mit der »atomaren« und andererseits mit der »polyedrischen« Methode. Professor I. Angell von der London School of Economics und Dr. Moreton Moore vom Royal Holloway and Bedford New College haben mithilfe moderner Computergraphik die beiden Ansätze sehr schön veranschaulicht (Abb. 15), die, wie ich schon sagte, konzeptionell schon von Kepler, Hooke und anderen favorisiert wurden.

Um weiter in die Grundlagen der Wissenschaft und der Schönheit von Kristallarchitekturen einzudringen, können wir uns einer gewissen technischen Fähigkeit

Abb. 12 Der Grabstein des berühmten Kristallographen Schoenflies zeigt ein Rhombendodekaeder.

Abb. 13 Zeichnung aus Robert Hookes *Micrographia* (erschienen in London, 1667). Die glatten Flächen der Kristalle und die regelmäßigen Winkel zwischen ihnen legten eine dichte Packung der sie aufbauenden »Atome« nahe.

von Chemikern bedienen, die heutzutage in der Lage sind, winzige Polymerkügelchen (z. B. aus Polystyrol oder Polymethacrylat) mit einem einheitlichem Durchmesser von 0,1 μm (1 μm ist ein zehntausendstel Zentimeter) und größer herzustellen. Mit anderen Worten: Für Analogieschlüsse und Modellexperimente stehen uns einheitliche Kügelchen zur Verfügung, deren Durchmesser in der Größenordnung der Wellenlänge von sichtbarem Licht liegt. Abb. 16 zeigt, wie so etwas aus-

Abb. 14 Pyramidale Flächen, wie sie beim Stapeln von Kugeln entstehen. Auf jeder der vier Flächen ist jede Kugel von sechs weiteren Kugeln umgeben.

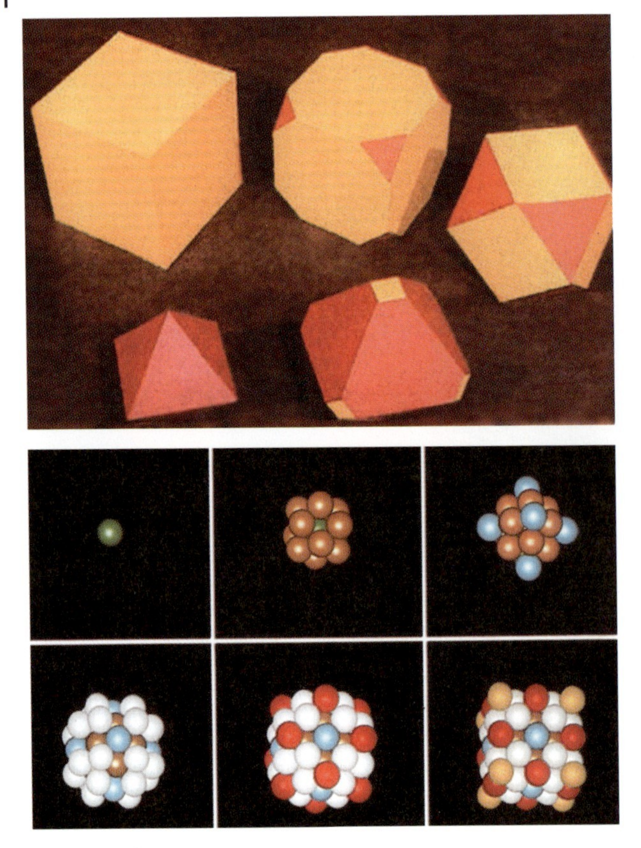

Abb. 15 Das *obere Bild* zeigt, wie aus einem Oktaeder (rot, unten links) ein Würfel (orange, oben links) wird, wenn das Wachstum an den sechs Spitzen (drei von ihnen sind in orange beim Oktaederstumpf unten rechts gezeigt) behindert wird. Im *unteren Bild* sieht man eine Folge von sechs Bildern, in der gezeigt wird, wie durch Hinzufügen von Kugeln in einer dichten Packung einmal ein Oktaeder und im anderen Fall ein Würfel entsteht.

sieht. Manche dieser Kügelchen, besonders die von der norwegischen Firma Dynspheres gefertigten, sind besonders interessant und nützlich, weil sie auf zweierlei Weise magnetisch gemacht werden können:

1. indem man sie mithilfe einer ausgefeilten Technik mit einem Magnetitkern von 50 bis 200 Angström Durchmesser versieht
2. indem man sie in ein so genanntes Ferrofluid einbringt

Ein Ferrofluid enthält sehr kleine Magnetitteilchen (50 bis 200 Angström Durchmesser), die in der Flüssigkeit dispergiert sind. Solch ein Ferrofluid ist kolloidal, also keine echte Lösung. Kolloide wurden in der Royal Institution schon vor mehr als hundertfünfzig Jahren von Faraday und Tyndall untersucht. Ein Fläschchen mit einem rubinroten Goldkolloid, das Faraday hergestellt hat, gibt es hier noch immer zu sehen. Auf welche Weise man kolloidale Dispersionen von echten Lösungen

Abb. 16 Zwei Ansichten (bei einer Vergrößerung von ca. 2500) der einheitlich großen Polystyrolkügelchen, die magnetische Kerne enthalten (vgl. Text, Abdruck mit Erlaubnis der Dyno Particles A.S., Norwegen). Man beachte das hexagonale Muster.

Abb. 17 Wenn Laserlicht durch ein Kolloid geschickt wird, ist der Lichtweg sichtbar. Bei einer echten Lösung kann man sekrecht zur Einstrahlungsrichtung praktisch nichts sehen.

Abb. 18 Wenn man ein Ferrofluid – also ein Kolloid aus winzigen Magnetitteilchen – in ein Magnetfeld bringt, erzeugen die Feldlinien ein hexagonales Muster.

unterscheiden kann, zeigt Abb. 17: Der deutlich sichtbare Lichtweg beweist das Vorliegen eines Kolloids. Diese Methode stammt aus Tyndalls Lichtstreuungsexperimenten. Kolloidale Sole – etwa von Metallen wie Gold, Iridium und Platin – wie sie zur Zeit auch gemeinsam vom Davy Faraday Research Laboratory und der Universität Cambridge untersucht werden, stellen also einfach gesagt fein verteilte Metalle dar.

Eines der führenden Institute bei der Untersuchung von Ferrofluiden befindet sich am University College of North Wales in Bangor. Dr. S. W. Charles von der dortigen Abteilung für Physik hat uns freundlicherweise einige seiner Ferrofluide zur Verfügung gestellt, die aus in organischen Flüssigkeiten dispergierten Magnetitteilchen bestehen. Es überrascht nicht, dass solche Ferrofluide schwarz aussehen und viskos sind. Abb. 18 zeigt, was passiert, wenn man sie in ein magnetisches Feld bringt. Die fein verteilten Teilchen ordnen sich entlang den Feldlinien an, so wie Eisenpulver das bei einem Stabmagneten tun würde. Auf die Bewegung solcher magnetischen Teilchen im Magnetfeld werden wir gleich noch einmal zurückkommen.

Ein Blick in die Welt der Atome

Es wird schnell klar werden, warum wir zunächst einmal herausfinden müssen, was eigentlich passiert, wenn ein Lichstrahl durch einen dünnen Film geordneter Polystyrolkügelchen geschickt wird. Der experimentelle Aufbau hierzu ist in Abb. 19 gezeigt. Solche Beugungsphänomene sind für viele Experimentalwissenschaften außerordentlich wichtig. Ein völlig analoges Experiment haben G. P. Thomson und sein Student Reid 1927 in Aberdeen durchgeführt, außer dass sie einen Kollodiumfilm anstelle der Polystyrolkügelchen und einen Elektronenstrahl als Lichtquelle verwendet haben. Dieses Experiment brachte Thomson den Nobelpreis und lieferte den ersten zwingenden Beweis, dass sich Elektronen wie Wellen verhalten können. Für uns mag hier die Feststellung genügen, dass uns die Beugungsbilder (»Diffraktogramme«) durch die Verteilung und Intensität der Spots Informationen über die Größe und Anordnung der Teilchen – hier also der Polystyrolkügelchen – liefern. Thomsons Arbeit hat den Weg zur Strukturermittlung von Festkörpern mit Elektronenbeugung sowie später durch Elektronenmikroskopie geebnet. Abb. 20 zeigt ein »reelles« Bild von Goldatomen, das von Dr. Harrimans Probe mit dem Elektronenmikroskop in Cambridge gemessen wurde. Das Auflösungsvermögen des Mikroskops reicht also aus, um Atome »sehen« zu können.

Ich hatte bereits vorher die Gefühle von Poesie angesprochen, die in uns aufkommen bei der Betrachtung der Winzigkeit der physikalischen Welt einerseits und ihrer unendlichen Weite andererseits. Ralph Waldo Emerson schrieb schon 1860 – also lange bevor Rutherford die »Leere« des Atoms und die moderne Radioastronomie die »Leere« des Raums entdeckt hatten:

»Atom from atom yawns as far as moon from earth, as star from star.«

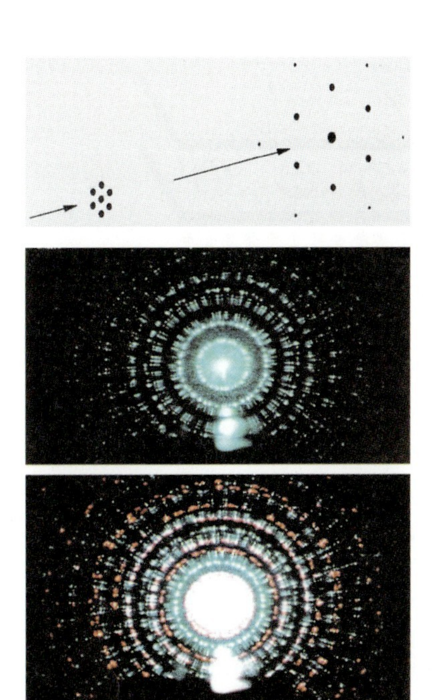

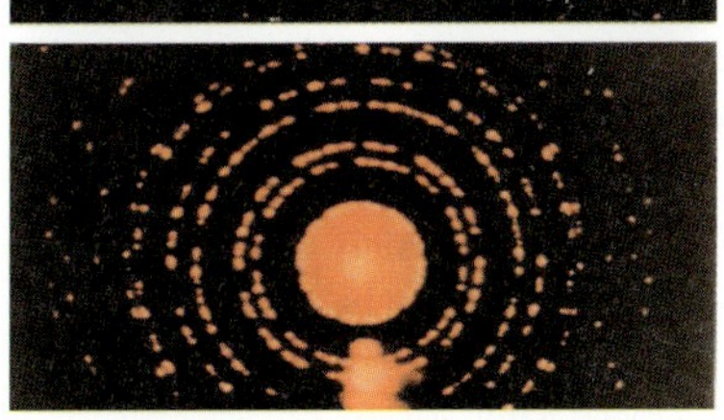

Abb. 19 Das Schema oben zeigt, wie ein Streubild *(rechts)* entsteht, wenn man Licht durch einen dünnen Film hexagonal gepackter Kügelchen *(links)* schickt. Darunter sieht man die erhaltenen Streubilder, wenn man grünes, blaues und rotes Laserlicht für ein solches Experiment verwendet.

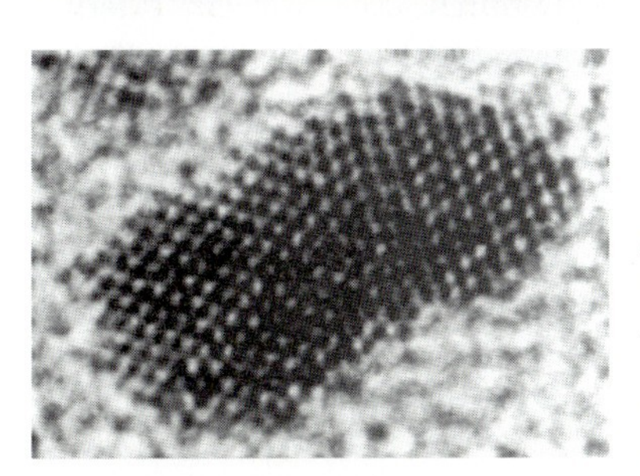

Abb. 20 Hoch auflösendes elektronenmikroskopisches Bild eines Goldpartikels mit kolloidalen Abmessungen. Jeder dunkle Punkt, der jeweils von sechs weiteren solcher Punkte umgeben ist, stellt das projizierte Bild von vielleicht fünf einzelnen Goldatomen dar (Vergrößerung ca. 8 Mio.).

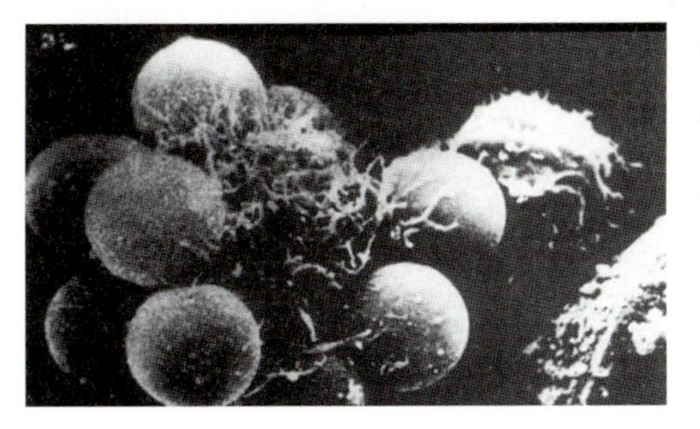

Abb. 21 Mithilfe von Polystyrolkügelchen, die mit monoklonalen Antikörpern beschichtet sind, kann man Krebszellen aus Knochenmark entfernen. Zunächst binden die Kügelchen mit den spezifischen Antikörpern auf ihrer Oberfläche gezielt an die Krebszellen. Da die Kügelchen einen magnetischen Kern besitzen, können sie anschließend zusammen mit den an ihnen haftenden Krebszellen über ein magnetisches Feld entfernt werden.

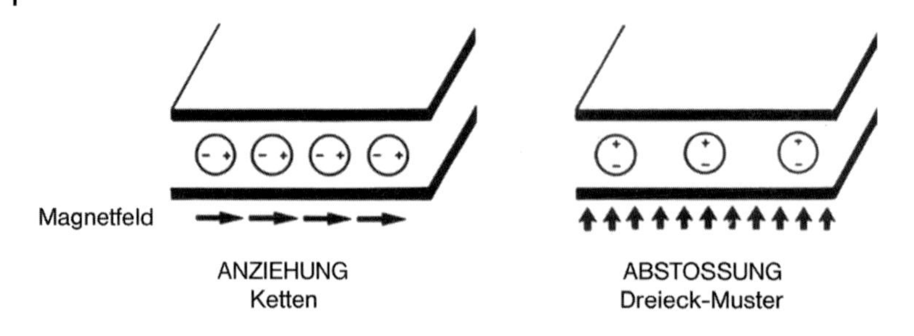

Abb. 22 In einem Flüssigkeitsfilm suspendierte magnetische Partikel ziehen sich an oder stoßen sich ab – abhängig von der Richtung des magnetischen Feldes.

Wir wollen nun auf die winzigen magnetischen Kügelchen aus Norwegen zurückkommen, die in Polystyrol eingekapselt sind, und etwas zu ihrer einfallsreichen und wichtigen Verwendung in der Krebstherapie sagen. Forschern aus London, Trondheim, Philadelphia und Kyoto gelang es, Tumorzellen aus dem Knochenmark zu entfernen, nachdem sie derartige Kügelchen zunächst mit monoklonalen Antikörpern beschichtet hatten, die ihrerseits auf das Aufspüren der Tumorzellen spezialisiert waren. Mit einem externen magnetischen Feld konnten dann die durch die Kügelchen markierten Zellen entfernt werden, während die gesunden Zellen unbeeinflusst blieben (Abb. 21).

Kehren wir zu den fundamentalen Prinzipien zurück, die sich aus den Experimenten mit solchen Kügelchen gewinnen lassen. Ich will zeigen, wie symmetrische Anordnungen – ein Spezialfall von struktureller Ordnung – als Folge bestimmter Wechselwirkungen zwischen ihnen entstehen. Dadurch, dass wir ein externes magnetisches Feld einmal senkrecht und ein anderes Mal parallel zu einer Ebene, in der sich die Kügelchen frei bewegen können, anordnen, erreichen wir, dass sie sich im einen Fall anziehen und im anderen Fall abstoßen (Abb. 22). Dr. Skjeltorp aus Oslo hat sogar einen Film davon gedreht. Wir lernen daraus, (1) dass anziehende Wechselwirkungen eine Kettenbildung begünstigen, (2) dass abstoßende Wechselwirkungen hexagonale oder – was im Wesentlichen äquivalent ist – Dreiecksstrukturen bewirken und (3) wie sich Kristall und Flüssigkeit hinsichtlich der positionellen Ordnung unterscheiden. Wir können sogar die Auswirkungen der Brownschen Bewegung daran erkennen.

Bakterien, Viren und Opale

Man kann sich sicherlich fragen, ob es irgendwo in der unbelebten oder belebten Natur Beispiele gibt, bei denen sich winzige Magneten parallel zu einen magnetischen Feld anordnen, oder ob alle unsere vorangehenden Überlegungen ohne realen Hintergrund sind. Die Antwort auf eine solche Frage wäre vor dreißig Jahren anders ausgefallen als heute. Inzwischen konnten Dr. Frankel und Dr. Blakemore

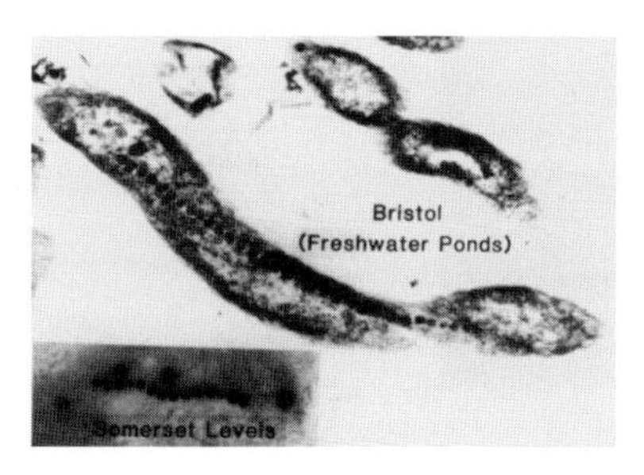

Abb. 23 Magnetotaktische Bakterien aus Somersetshire (UK). Die elektronenmikroskopischen Aufnahmen zeigen Ketten aus winzigen Magnetitkristallen innerhalb der Bakterien. (Aufnahmen von Dr. Mann und Dr. Sparks, Univ. Bath.)

vom Massachusetts Institute of Technology zeigen, dass gewisse Bakterien auf magnetische Felder reagieren. Mit anderen Worten: Sie sind magnetotaktisch. Warum reagieren diese Bakterien, die wie wir heute wissen überall auf der Welt vorkommen – an unserer Küste, in unseren Flüssen, in unseren Seen –, so leicht auf magnetische Felder? Sie tun dies, weil sie eine Kette aus einzelnen, winzigen Magnetitkristallen enthalten. Auf dem Boden der Seen und Meere der Erde befinden sich Millionen Tonnen bakterieller Ablagerungen. Abb. 23 zeigt zwei verschiedene magnetotaktische Bakterien, die im englischen Westen von Dr. Spark und Dr. Mann von der Universität in Bath gefunden wurden. Der biologische Vorteil für diese Bakterien besteht darin, dass sie auf diese Weise dem erdmagnetischen Feld folgen können. Als Anaerobier müssen sie den Kontakt mit Sauerstoff vermeiden und bewegen sich deshalb abwärts, entlang den Feldlinien in den Schlamm. Auf die Anordnung der winzigen Magnete wollen wir nicht weiter eingehen, jedoch auf die Packung gleich großer Kugeln zurückkommen, weil uns das etwas über die Achitektur von Kristallen lehrt. Dies ist auch ein Thema, das scheinbar voneinander unabhängige Phänomene zusammenbringt – ein Überraschungsmoment im Sinne von T. S. Eliot.

Im Zusammenhang mit unserer Erörterung von Beugungsphänomenen hatte ich gesagt, dass man aus den mit Laserlicht erhaltenen Mustern sowohl den Abstand der Kugeln als auch – über das erhaltene Punktmuster – deren Anordnung zueinander erfahren kann. Mithilfe genau solcher Verfahren konnten wesentliche Fortschritte bei der Strukturaufklärung einer großen Zahl sehr unterschiedlicher Materialien erzielt werden, wofür ich hier zunächst einmal zwei Beispiele geben möchte:

1. Vor etwa fünfzig Jahren haben Aaron Klug und Rosalind Franklin mithilfe von monochromatischem sichtbaren Licht (Laser gab es damals noch nicht) die Größe von Virus-Partikeln bestimmt.
2. Ebenfalls mit monochromatischem sichtbaren Licht lieferte der australische Chemiker J. V. Saunders eine Erklärung für das Irisieren von Opalen (Opaleszenz).

Es gibt sogar ein schillerndes Virus (Tipula iridescent virus), das vor etwa einem halben Jahrhundert in Cambridge entdeckt wurde. Abb. 24 zeigt dieses Virus und einen Opal. Opale irisieren, weil sie Partikel aus Siliciumdioxid enthalten – Überreste von pflanzlichem Leben –, die gerade die richtige Größe haben, um diese

Abb. 24 Ein Opal aus Australien *(links)* und das Tipula iridescent virus (TIV), das erstmals vor 45 Jahren in Cambridge gefunden wurde *(rechts)*.

Lichtstreuung zu verursachen. Schauen wir uns kurz die weiteren Beispiele für solche Opaleszenz an. Diese Farben entstehen durch Streuprozesse und andere subtile optische Abläufe und werden in der biologischen Welt vielfältig verwendet. An sich farblose Teilchen sind so arrangiert, dass die Abstände zwischen ihnen in der Größenordnung der Wellenlänge des sichtbaren Lichts liegen. In ähnlichem Abstand voneinander gestapelte Lamellen verleihen den Federn mancher Vögel und den Flügeln einiger Schmetterlinge ihre lebendigen Farben (Abb. 25). Die Farbe des Vogels im gezeigten Beispiel geht auf die so genannte Tyndall-Streuung zurück, und auch manche Schmetterlinge erzeugen ihre Farben auf diesem Weg. Die meisten Arten verwenden jedoch natürliche Pigmente.

Dr. Pusey und Dr. van Megen vom Royal Signals and Radar Establishment in Malvern (UK) haben eine Reihe recht eleganter Experimente beschrieben, die nicht nur zur weiteren Klärung der Natur der Opaleszenz, sondern auch wesentlich zu unseren Kenntnissen über die Natur kolloidaler Lösungen beigetragen haben. Die Opaleszenz, die wir in den Reagenzgläsern in Abb. 25 sehen, beruht ausschließlich auf Lichtstreuung. In den Gefäßen befindet sich ein organisches Polymer (Lucit oder Polymethacrylat, PMMA) in Form von gleich großen Kügelchen, deren Durchmesser in der Größenordnung der Wellenlänge des sichtbaren Lichts liegt. An Dispersionen solcher Teilchen lässt sich mithilfe der Streuung von Laserlicht recht einfach der Unterschied zwischen einem kristallinen und einem nichtkristallinen Material zeigen. Kristalline Stoffe liefern scharfe punktförmige Beugungsmuster, während nichtkristalline Stoffe oder Flüssigkeiten nur eine Art »Heiligenschein«, d. h. dif-

Abb. 25 Geordnete kleinste Partikel streuen Licht und führen so zu den Farben einiger Vögel und Schmetterlinge.

Abb. 26 An Opale erinnernde Farben entstehen, wenn sich Polymethacrylat-Teilchen von Durchmessern in der Größenordnung der Wellenlänge des sichtbaren Lichts in geeigneten organischen Flüssigkeiten absetzen (nach Pusey und van Megen, Malvern, UK).

fuse Beugungsringe, liefern. Das scharfe Streubild, das unsere Kollegen aus Malvern von ihren »kristallinen« Proben erhielten, zeigte ein hexagonales Muster und entsprach dem, was Kathleen Lonsdale Jahre früher (als sie noch bei Sir William Bragg arbeitete) mit Röntgenstreuung an Kristallen erhalten hatte (Abb. 27). Die innere Struktur eines Kristalls lässt sich aus der Symmetrie, der Position der Punkte und ihrer Intensität aufklären. Die Royal Institution in London war eines der weltweit führenden Institute bei der Entwicklung dieser Technik – zunächst unter der Leitung von Sir William und später unter der seines Sohnes Sir Lawrence Bragg. Eine von dessen überragenden Eigenschaften war seine Fähigkeit, die Dinge vereinfachen zu können. Er verglich den Vorgang der Streuung von Röntgenstrahlen im Kristall mit der Reflexion von Lichtstrahlen an einem Spiegel (Abb. 28). Sein intellektueller Durchbruch, ein wirklicher Fortschritt der konzeptionellen Analyse, führte praktisch zu einer Revolution in vielen Bereichen der Wissenschaft. Sir David Phillips, der seinerzeit an der Royal Institution mit Sir Lawrence Bragg gearbeitet hat und dort die Struktur des wichtigen Biokatalysators Lysozym aufklärte, schrieb 1980 in einem Nachruf:

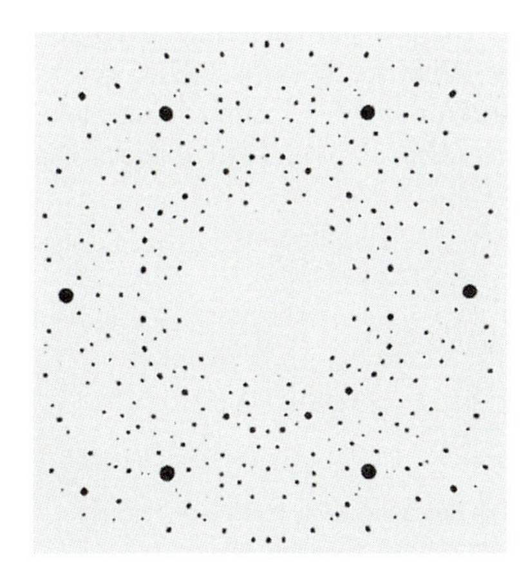

Abb. 27 Röntgenstreubild eines Beryllkristalls (eines Halbedelsteins), der dem Smaragd strukturell sehr ähnlich ist. (vgl. Abb. 9).

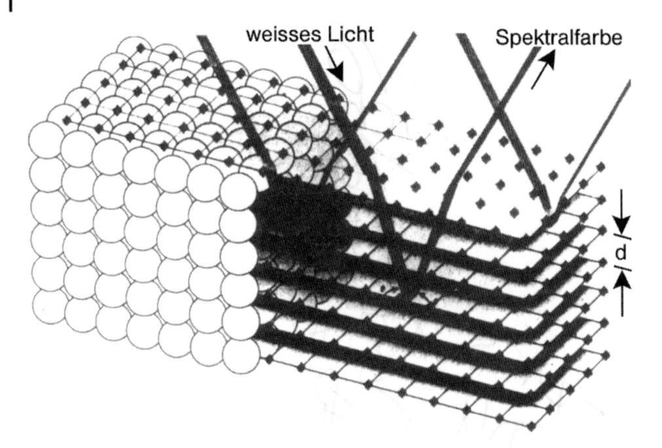

Abb. 28 Wenn Röntgenstrahlen von einem Kristall gestreut werden, ist das so, als würden sie an den durch die Atome gebildeten »Spiegelflächen« reflektiert werden. Wenn weißes Licht auf einen Opal trifft, der gleich große Quarz-Partikel enthält, tritt ebenfalls Reflexion ein, und unter bestimmten Winkeln sieht man die zugehörigen Farben (Wellenlängen).

> *»Walking along the backs in Cambridge one day in the autumn of 1912, W. L. Bragg had an idea that led immediately to a dramatic advance in physics and has transformed chemistry, mineralogy, metallurgy and most recently, biology.«*

In Abb. 29 ist noch einmal die zentrale Rolle, die die Kristallographie in der modernen Wissenschaft spielt, zusammengefasst. Von 1914 an, unterbrochen durch den Ersten Weltkrieg, haben W. L. und W. H. Bragg die Struktur einer großen Zahl von einfachen und zunehmend auch komplizierter aufgebauten Stoffen aufgeklärt. Sie zeigten, dass der Diamant eine Struktur hat, in der jedes Kohlenstoffatom mit vier weiteren Kohlenstoffatomen verbunden ist, die an den Ecken eines (gedachten) Tetraeders sitzen – gerade so, wie es der Niederländer van't Hoff schon 1874 durch reines Nachdenken vorgeschlagen hatte.

Lawrence Bragg klärte mithilfe von Röntgenstreuung auch die Struktur von Kupfer und konnte dabei das Modell von Barlow, unserem Freund aus Islington, vom Ende des neunzehnten Jahrhunderts bestätigen. (Barlow war nach einer erfolgreichen Karriere als Immobilienmakler ein höchst effektiver Wissenschaftler geworden.). Ab etwa 1960 gelang es dann auch, die Struktur wirklich komplizierter Moleküle – beispielsweise die des Desoxyhämoglobins (Abb. 30) – aus Streubildern von

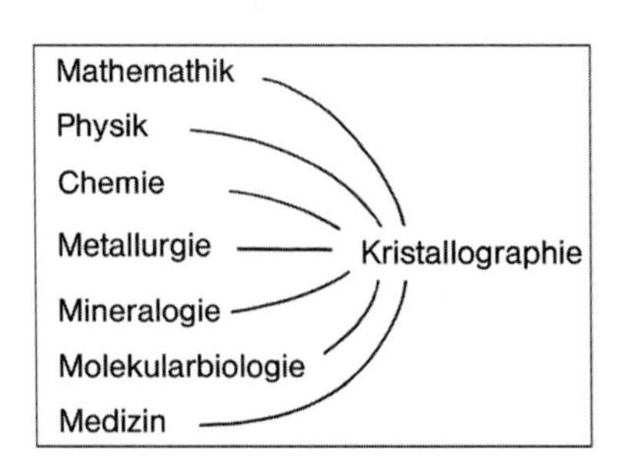

Abb. 29 Die Kristallographie spielt eine zentrale Rolle in der modernen Wissenschaft.

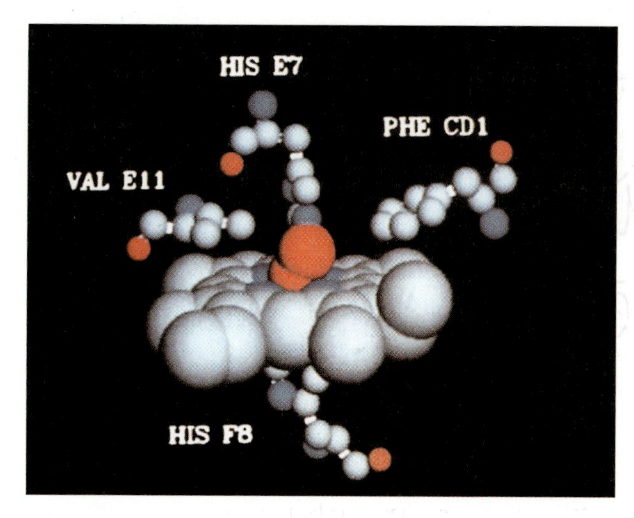

Abb. 30 Computergraphik des Desoxyhämoglobinmoleküls (nach A. M. Lesk).

Kristallen dieser Moleküle zu bestimmen. Abb. 30 erinnert uns daran, was ich vorher über die Frösche am Titicaca-See und die verbesserte Sauerstoffbindung ihres Hämoglobins im Vergleich zu dem der im Flachland lebenden Frösche des Lake Michigan sagte.

Anorganische und biologische Katalysatoren

Aus der Tatsache, dass die Röntgenstreuung ein statisches Bild der Struktur liefert – gewissermaßen einen Schnappschuss – darf man allerdings nicht schließen, dass biologisch wirksame Moleküle wie Enzyme und Nucleinsäuren starre Gebilde wären. Ganz im Gegenteil – sie zeigen eine hohe Flexibilität in ihren Konformationen, die in unmittelbarer Beziehung zu ihren biologischen Funktionen steht. Indem man zusätzlich zu den Röntgendaten noch spektroskopische Informationen sammelt – sozusagen unter regulären Arbeitsbedingungen –, erhält man ein realistischeres Bild. Um allerdings zu solch dynamischen Bildern zu gelangen, wie man sie gelegentlich in Filmen sehen kann, müssen noch Berechnungen unter Berücksichtigung der Wechselwirkungen zwischen den Atomen durchgeführt werden. Solche computergenerierten Filme sind nicht nur hübsch anzusehen, sondern helfen auch sehr beim Verständnis des Verhaltens von Molekülen an biologischen und anorganischen Katalysatoren. Sie zeigen, was genau sich bei der Beschleunigung einer Reaktion am Katalysator – sei er ein Protein oder ein Zeolith – abspielt.

Zeolithe sind faszinierende anorganische Katalysatoren. Einige von ihnen kommen als stark wasserhaltige Alumosilikate in der Natur vor. Sie haben riesige innere Flächen, weil sie sehr schön – im architektonischen Sinn – mikroporös sind. Um eine Vorstellung von der Größe dieser Fläche zu geben: Die innere Fläche von einem Gramm eines Zeoliths ist so groß wie 400 Tatami. Ein Tatami ist, wie der Leser vielleicht weiß, eine japanische Flächeneinheit. In einem Raum von vier

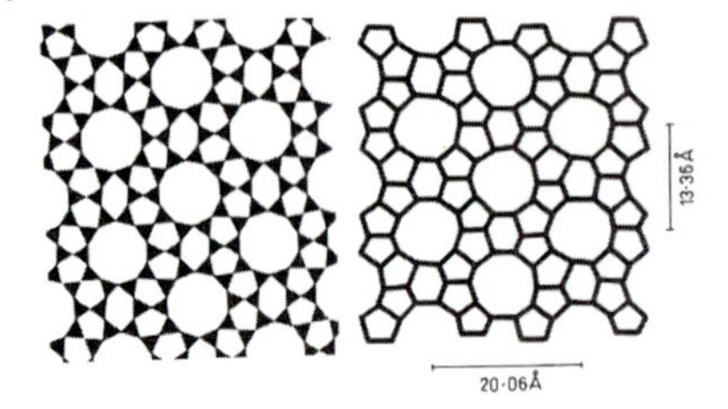

Abb. 31 Um den zentralen zehngliedrigen Ring der projizierten, schematischen Struktur eines synthetischen Zeoliths herum sind acht fünfgliedrige und zwei sechsgliedrige Ringe

Tatami haben vier erwachsene Japaner Platz zum Liegen. Im Grunde könnten also 400 Japaner auf der inneren Fläche von nur einem Gramm dieses Katalysators Platz finden. Diese riesige innere Fläche ist eine der entscheidenden Eigenschaften zeolithischer Katalysatoren. Eine Forschungsarbeit, die von Professor Cheetham und meinen anderen Kollegen in Oxford und Cambridge durchgeführt wird, beschäftigt sich mit den Grundlagen der Katalyse durch künstliche und natürliche Zeolithe. Erst kürzlich haben wir Rechnungen fertig gestellt, die das Verhalten von Molekülen nach den Newtonschen Bewegungsgesetzen in einem solchen Zeolith-Käfig beschreiben. Das letzte Bild (Abb. 31) zeigt rechts die Projektion einer Zeolith-Struktur, die wir untersucht haben. Dieser Zeolith wurde erstmals 1975 in New Jersey synthetisiert, und seine Struktur kennen wir seit etwa zwanzig Jahren. Die linke Seite der Abbildung zeigt ein Muster auf der Wand einer Moschee in Baku (Aserbeidschan) aus dem Jahre 1086 – also gerade aus dem Jahr, als das englische Grundbuch (Domesday Book) auf Anordnung von Wilhelm dem Eroberer eingerichtet wurde. Sowohl der Zeolith als auch das Wandmuster der Moschee zeigen das gleiche Muster.

»There is nothing new under the sun.«

Sir John Meurig Thomas (Jahrgang 1932) hat an der Universität von Wales in Swansea studiert und dort auch promoviert. Heute ist er Professor für Physikalische Chemie und Master of the Peterhouse an der Universität Cambridge (UK) sowie Professor am Davy Faraday Research Laboratory der Royal Institution of Great Britain in London (UK). Seine weit gefächerten Forschungsinteressen liegen in der heterogenen Katalyse, der Festkörperchemie und Oberflächenchemie. Seine Arbeiten haben internationalen Rang. Sir John wurde für sie mit zahlreichen Preisen, Akademiemitgliedschaften und Ehrendoktoraten ausgezeichnet – es wäre hier nicht der Platz, sie alle aufzuzählen. Darüber hinaus hat er Ämter in berufsständischen Organisationen wahrgenommen und eine ganze Reihe von recht bedeutenden Monographien verfasst.

Ein Bericht über zwanzig Jahre Forschung zum Thema: Die Formensprache der Natur als Gegenstand der Mathematik

Andreas W. M. Dress

Seit der Zeit der Vorsokratiker zählt das Bemühen, die von der Natur hervorgebrachte überwältigende Formenvielfalt als Ergebnis des Zusammenspiels nur weniger Grundelemente zu deuten, zu den zentralen Anliegen der Wissenschaft. Der Formensprache der Natur, die in dieser Vielfalt zum Ausdruck kommt, nachzuspüren und diese hinsichtlich ihres Wortschatzes wie auch hinsichtlich ihrer Grammatik, Syntax und Semantik nachzuzeichnen und nachsprechen zu lernen, ist eine der auch heute noch aktuellen wissenschaftlichen Grundaufgaben. Dabei kommt den Naturwissenschaften eher die Aufgabe zu, die *Semantik* der Formensprache der Natur zu thematisieren, also den Zusammenhang zwischen Struktur und Funktion, während die Mathematik sich eher mit der Katalogisierung des Wortschatzes dieser Sprache sowie mit ihrer *Grammatik* und *Syntax* auseinanderzusetzen hat.

Das soll hier beispielhaft an einigen in den letzten zwanzig Jahren von uns bearbeiteten Fragestellungen erläutert werden. Genauer gesagt wird es um mathematische Probleme aus der Kristallographie, der Stereochemie, der physikalischen Chemie und der Molekularbiologie gehen. Die in diesen Zusammenhängen erarbeiteten Konzepte und erzielten Ergebnisse sind – was hier allerdings nicht weiter thematisiert werden soll – auch in verschiedenen anderen Anwendungsbereichen der Mathematik von Nutzen gewesen, und sie besitzen darüber hinaus erstaunlich häufig sehr enge und fruchtbare Bezüge zu Fragestellungen aus den unterschiedlichsten Bereichen der so genannten *Reinen Mathematik*.

Allerdings wird das für die Anwendungen in den Naturwissenschaften wohl wichtigste Teilgebiet der Mathematik, die Theorie der dynamischen Systeme, nicht in die Diskussion mit einbezogen werden. Einereits ist seine Anwendungsträchtigkeit hinreichend bekannt – von Newtons Herleitung der Planetenbahnen aus seinen Gravitationsgesetzen und der Berechnung und Optimierung der Bahn interplanetarischer Sonden bis zur Epidemiologie und der mathematischen Analyse zellulärer Stoffwechselprozesse. Und außerdem würde die Einbeziehung dieses Arbeitsfeldes rasch den Rahmen eines solchen Aufsatzes sprengen. Hier soll vor allem aufgezeigt werden, dass es neben der Ausarbeitung und schöpferischen Anwendung bereits bekannter Verfahren immer wieder auch völlig neuer Ansätze bedarf und unbekannte Pfade betreten werden müssen, wenn man das Potenzial, das die Mathematik besitzt, um den Erkenntnisprozess der Naturwissenschaften nachhaltig zu unterstützen, voll ausschöpfen möchte.

Facetten einer Wissenschaft. Herausgegeben von Achim Müller

ISBN: 3-527-31057-6

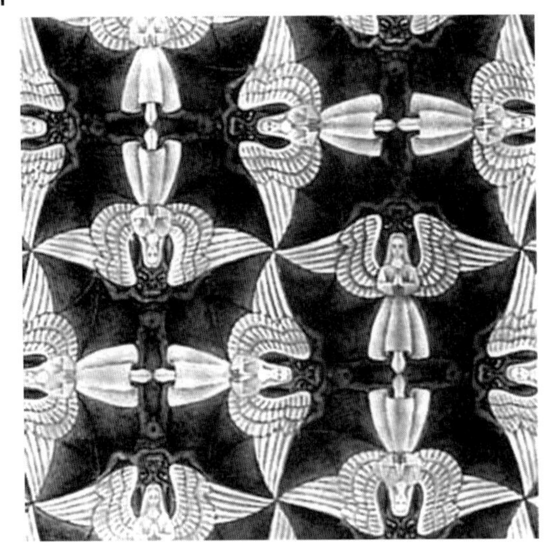

Abb. 1 *Himmel und Hölle*, Graphik von Maurits Cornelis Escher (1960) (mit freundl. Genehmigung M. C. Escher/Condon Art, Baarn, NL). Im Werk des niederländischen Graphikers Escher (1888–1972) spielen Pflasterungen von Flächen eine große Rolle. In diesem Bild verwendet er fledermausartige schwarze Teufel und weiße Engel im Wechsel. Die Charakterisierung solcher Pflasterungen ist ein Gegenstand mathematischer Forschung.

Pflasterungstheorie und mathematische Kristallographie

Die mathematische Kristallographie befasst sich grob gesagt mit der Aufgabe, ebene und räumliche (also zwei- bzw. dreidimensionale) Muster aus sich gleichförmig wiederholenden »Bausteinen« in möglichst gleichförmiger Weise zusammenzusetzen – ein Problem, das beispielsweise auch einem Maurer beim Pflastern einer Terrasse oder beim Bau einer Backsteinmauer begegnet. Sie will insbesondere die Gesetzmäßigkeiten ergründen, die sich für Bausteine und Bauplan allein aus der geforderten *Gleichförmigkeit* der zu erstellenden Muster ergeben, und die vielfältigen Muster, die so entstehen können, zusammenfassend beschreiben und klassifizieren.

Dabei ist zu beachten, dass zwei verschiedene regelmäßige Pflasterungen der Ebene (oder auch der Oberfläche einer Kugel, eines kreisförmigen Ausschnitts der Ebene oder auch des ganzen Raums) einander trotz oberflächlicher Unähnlichkeit auf eine fundamentale Weise ähnlich sein können – nämlich dann, wenn die Grundbausteine auf die gleiche Weise miteinander »vernetzt« sind. Sie repräsentieren dann denselben *topologischen Typ*, so ist z. B. genau eines der 23 Muster aus Abb. 2 vom gleichen Typ wie Eschers „Himmel und Hölle".

Lässt sich dieser topologische Typ einer Pflasterung aber überhaupt mathematisch exakt erfassen? Und wenn das so sein sollte – wie könnte man einer Pflasterung ansehen, welchem Typ sie angehört, und wie kann man zwei Pflasterungen ansehen, ob sie vom gleichen Typ sind? Lassen sich vielleicht sogar alle denkbaren Typen hinreichend regelmäßiger Pflasterungen systematisch klassifizieren und der Reihe nach aufzählen?

Wie Owen Jones in seinem 1856 in London erschienenen (und 1986 von Studio Editions in London nachgedruckten), Ornamente aus aller Welt und allen Zeitaltern präsentierenden »Klassiker« *The Grammar of Ornament* deutlich vor Augen geführt hat, war es in sämtlichen uns bekannten Hochkulturen eine wichtige Aufgabe der

Abb. 2 Die 23 mathematisch verschiedenen Pflasterungen vom Typus *Himmel und Hölle*. Weiße Pflastersteine grenzen nur an farbige, farbige nur an weiße, und je zwei gleichfarbige Steine lassen sich durch eine Symmetriebewegung der gesamten Pflasterung zur Deckung bringen.

Baumeister, besonders »interessante« Pflasterungen zu entwerfen und herzustellen. Umso erstaunlicher ist vielleicht die Tatsache, dass eine in jeder Hinsicht befriedigende, in allen Dimensionen brauchbare und sogar »computerisierbare« Antwort auf diese Fragen erst kürzlich, vor noch nicht einmal 20 Jahren, gefunden wurde. Diese Antwort erlaubt es, den topologischen Typ einer Pflasterung mittels eines »Codeworts«, das die spezifische Form der Vernetzung und die daraus resultierende Symmetrie in prägnanter Weise charakterisiert, exakt zu beschreiben.

Im einfachsten Fall, nämlich wenn sich das Muster aus einem einzigen Baustein, allein durch wiederholte Spiegelungen erzeugen lässt, entspricht das Codewort in etwa dem vor ungefähr 70 Jahren von H. S. M. Coxeter entwickelten Codewort für die Gesamtheit aller von diesen Spiegelungen erzeugten Symmetrien des Musters. Die damit von Coxeter initiierte kombinatorisch-geometrische Theorie solcher *Spiegelungsgruppen* ist heute zu einem zentralen und überraschend beziehungsreichen Gebiet der modernen Mathematik geworden.

Die Möglichkeit, auch den topologischen Typ komplizierter aufgebauter Pflasterungen mithilfe geeigneter, den Ansatz von Coxeter verallgemeinernden Codewörtern zu erfassen, beruht auf einer zunächst nicht unmittelbar nahe liegenden, aber bei längerer Betrachtung durchaus natürlichen Definition dessen, was man als die »wahren« (»für die mathematische Analyse relevanten«) Bausteine einer Pflasterung – gleich welcher Dimension – ansehen sollte. Dass es so lange gedauert hat, bis eine im eigentlichen Sinn mathematische Theorie der Pflasterungen entwickelt wurde[1], liegt wohl genau daran, dass das intuitiv nahe liegende und vorher nie hinterfragte Konzept eines solchen Bausteins eben nicht das – mathematisch gesehen – »natürliche« ist.

Die auf der Grundlage der ersten, rein theoretischen Arbeiten rasch entwickelten computergestützten Verfahren zur Konstruktion, Analyse und Klassifikation von Pflasterungen waren schon bald in der Lage, alle regulären zweidimensionalen Pflasterungen einer beliebig vorschreibbaren Bauart vollständig aufzulisten, zu zeichnen und deren Eigenschaften zu analysieren.[2] So konnten wir mit diesen Programmen beipielsweise alle Pflasterungen vom Typ der Graphik *Himmel und Hölle* (M. C. Escher, 1960, Abb. 1) klassifizieren. Das sind alle periodischen Pflasterungen, die die Ebene mit zwei Sorten von Pflastersteinen (weißen und farbigen) so bedecken, dass (1) weiße nur an farbige und farbige nur an weiße Pflastersteine grenzen, und dass (2) jeder weiße Pflasterstein mittels einer Symmetriebewegung der gesamten Pflasterung in jeden anderen weißen Pflasterstein überführt werden kann (Abb. 2).

Insbesondere aber gelang es Olaf Delgado-Friedrichs in Zusammenarbeit mit Daniel Huson, Ähnliches auch in der für die Kristallographie natürlich besonders interessanten Dimension 3 zu leisten. So konnte er etwa alle Pflasterungen des dreidimensionalen euklidischen Raums mit kristallographischer *Symmetriegruppe* auflisten, deren Bausteine ausschießlich aus *topologischen Tetraedern* bestehen, die »unter der Symmetriegruppe« in maximal drei verschiedene Klassen von Tetraedertypen zerfallen (Abb. 3a).

1) Die ersten Veröffentlichungen dazu erschienen 1984 und 1987 (*Regular polytopes and equivariant tessellations from a combinatorial point of view*, in *Algebraic Topology*, Göttingen 1984, Lecture Notes in Mathematics **1172**, 56–72, 1984 und *Presentations of discrete groups, acting on simply connected manifolds, in terms of parametrized systems of Coxeter matrices – a systematic approach, Advances in Mathematics* **63**, 196–212, 1987). Eine allgemeinverständliche Darstellung findet sich in dem Kapitel ,Symmetrie und Topologie von Riesenmolekülen, supramolekularen Clustern und Kristallen' (Autoren: A. Dress, D. Huson und A. Müller) in dem von Andreas Deutsch herausgegebenen Buch *Muster des Lebendigen* (Vieweg Verlag, Wiesbaden, 1994).

2) Das Computerprogramm wird in *RepTiles – Ein Programm zur interaktiven Erzeugung periodischer Pflasterungen*, Computeralgebra in Deutschland, Fachgruppe Computeralgebra der GI, DMV und GAMM, Passau & Heidelberg, 261–262, 1993, beschrieben (Autoren: O. Delgado-Friedrichs, A. Dress und D. Huson). Das Programm selbst findet sich auf http://www.can.nl/systems_and_packages/per_purpose/experimental/reptiles.html.

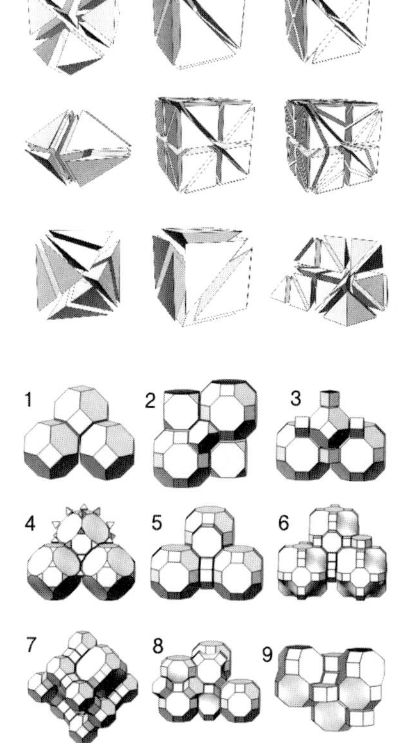

Abb. 3a Tetraederpflasterungen (Delgado-Friedrichs/Huson)

Abb. 3b Die zu den Tetraederpflasterungen aus Abb. 3a gehörenden vier-regulären kristallographischen Netze (gleiche Reihenfolge wie in Abb. 3a). Netz 1 repräsentiert z. B. die molekulare Struktur des *Sodaliths*, Netz 3 die des *Zeolithen A*, Netz 7 die des Minerals *Faujasit* und Netz 9 die des *Chabazit*.

Dies hat eine ganz besondere Bedeutung für die Kristallographie. Verbindet man nämlich den Schwerpunkt jedes Tetraeders mit denen seiner vier Nachbar-Tetraeder, erhält man ein so genanntes *vier-reguläres kristallographisches Netz*. In vielen wichtigen Kristallen (wie dem *Diamant* oder den *Zeolithen*) bilden die Atome ein solches Netz, wenn man jeweils die Atompaare, die in dem Kristall chemisch direkt miteinander *interagieren*, durch eine Verbindungslinie miteinander »vernetzt«. Die Kenntnis aller geometrisch denkbaren Netze ist deshalb auch aus ganz praktischen Gründen von größtem Interesse (Abb. 3b), und ihre vollständige Konstruktion und Klassifikation gehört dementsprechend derzeit zu den spannendsten Aufgaben der Kristallographie[3].

Die gleichen Methoden konnten aber auch in anderen Bereichen der Chemie eingesetzt werden, etwa bei der Analyse, Konstruktion und Klassifikation der molekularen Struktur aller im Prinzip denkbaren *Kohlenwasserstoffe*[4] bzw. aller *Fullerene*[5].

3) Siehe O. Delgado-Friedrichs, A. Dress, D. H. Huson, J. Klinowski und A. L. Mackay: *Systematic enumeration of crystalline networks*, Nature **400**, 644–647, 1999.

4) Siehe G. Brinkmann, O. Delgado-Friedrichs, A. Dress und Th. Harmuth: *CaGe – a Virtual Environment for Studying Some Special Classes of Large Molecules*, match **36**, 186–190, 1997.

5) G. Brinkmann, A. Dress: *A Constructive Enumeration of Fullerenes*, Journal of Algorithms **23**, 345–358, 1997.

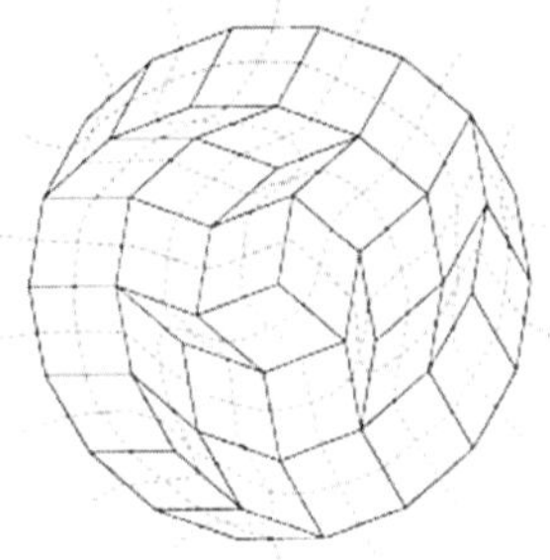

Abb. 4 Zweidimensionale Modelle von Quasikristallen. Quasikristalle sind bekannt als kristalline Festkörper mit »verbotenen« Symmetrieeigenschaften. Mathematisch gesehen sind sie auf eine überall ähnliche, aber nirgendwo gleichförmig periodische Weise aus ihren Grundbausteinen – hier als Parallelogramme modelliert – aufgebaut *(oben)*. Die Art und Weise, wie diese Bausteine zusammengesetzt sind, kann durch die Vernetzung des *dualen* Liniensystems beschrieben werden. Dieses erhält man, indem man die Mittelpunkte einander gegenüberliegender Kanten der einzelnen Parallelogramme miteinander verbindet *(unten)*. Das Studium solcher Vernetzungen ist Gegenstand der Theorie der Chirotope bzw. der orientierten Matroide.

Insbesondere aber konnten unsere Methoden auch bei der Analyse der so genannten *Poly-Oxometallate* eingesetzt werden, einer Klasse von anorganischen Molekülen, die eine ganz besondere Vielfalt unterschiedlicher Formen und Strukturen aufweist. Sie erlaubten es, die beobachteten molekularen Architekturen systematisch zu analysieren und in ihrem Zusammenhang zu beschreiben.[6)]

Quasikristalle

Von *Quasikristallen* spricht man, seit 1984 entdeckt wurde, dass es neben den bekannten Festkörpern mit regelmäßiger kristalliner Struktur auch andere gibt, die – obwohl eindeutig von kristallinem Charakter – kristallographisch »verbotene« Symmetrieeigenschaften aufweisen. Die mathematische Modellierung von Quasikristallen ist seit diesem Zeitpunkt ein aktuelles Thema der Physik, Chemie und Mathematik.

Die Untersuchung eines bekannten Verfahrens aus diesem Gebiet ergab nun überraschenderweise enge Zusammenhänge mit der mathematischen Theorie der so genannten *Chirotope*, die ursprünglich in einem ganz anderen Kontext, nämlich dem der Stereochemie, entwickelt worden war und sich schon zuvor als nah ver-

6) Siehe A. Müller, M. T. Pope, O. Delgado-Friedrichs, A. Dress: *Polyoxometalates – A class of compounds with remarkable topology*, Molecular Engineering **3**, 9–28, 1993, A. Müller, P. Kögerler, A. Dress: Giant Metal-Oxide-Based Spheres: *From Pentagonal Building Blocks to Keplerates and Unusual Spin-Topologies*, Coordination Chemistry Reviews **222**, 193–218, 2001 sowie den Beitrag ‚Pythagoras, Geometrie und die moderne Wissenschaft' von A. Müller in diesem Buch.

wandt mit der Theorie der so genannten *orientierten Matroide* erwiesen hatte – einer Theorie, die ihrerseits dem Kontext des linearen Programmierens entstammt.

Ein Beispiel für eine quasikristalline Struktur zeigt Abb. 4. Verbindet man in einem solchen Muster die Mittelpunkte einander gegenüberliegender paralleler Kanten, erhält man ein System sich wechselseitig durchdringender Kurvenzüge, deren Vernetzung vollständig durch die erwähnten Chirotope beschrieben und kontrolliert wird.

Diese Einsicht ermöglichte nicht nur die Entwicklung sehr effizienter Algorithmen zur Konstruktion einer großen Mannigfaltigkeit von quasikristallinen Strukturen, sondern auch den Aufbau eines sehr allgemeinen, aber mathematisch voll beherrschbaren Rahmens zur Modellierung und Parametrisierung solcher Systeme[7].

Anregbare Medien

Anregbare Medien werden in der physikalischen Chemie untersucht. In anregbaren Medien führen *autokatalytische* – also sich selbst verstärkende – Prozesse häufig zur Ausbildung überraschender Strukturen, etwa zu wellen- und spiralförmigen Mustern, die spontan auftauchen, miteinander um die Kontrolle möglichst großer Regionen »wetteifern« und schließlich wieder verschwinden. Die mathematische Modellierung solcher Phänomene sollte erwartungsgemäß ein außerordentlich komplexes und schwieriges Problem sein.

Abb. 5 Typische Strukturbildungen der »Mischmasch-Maschine« eines zellulären Automaten zur Simulation chemischer Reaktionen in anregbaren Medien. Obwohl die Dynamik der in diesem Automaten ablaufenden Prozesse durch sehr einfache lokale Wechselwirkungen gesteuert wird, weisen die erzeugten Strukturen starke Übereinstimmungen mit Strukturen auf, die sich in hoch komplexen chemischen Reaktionen bilden.

Dass dies nicht notwendig der Fall ist, wurde von Heike Schuster und Martin Gerhardt in ihren Dissertationen gezeigt.[8] Ausgehend von Modellvorstellungen, die von experimentell an heterogen-katalytischen Prozessen an Metalloberflächen arbeitenden Kollegen aus Bremen entwickelt worden waren, entwickelten sie im

7) Siehe A. Dress, J. Bohne und S. Fischer: *A simple proof for de Bruijn's dualization principle*, Sankhya: The Indian Journal of Statistics **54**, 74–84, 1992.

8) Siehe auch Martin Gerhardt und Heike Schuster: *Das digitale Universum. Zelluläre Automaten als Modelle der Natur*, 1995.

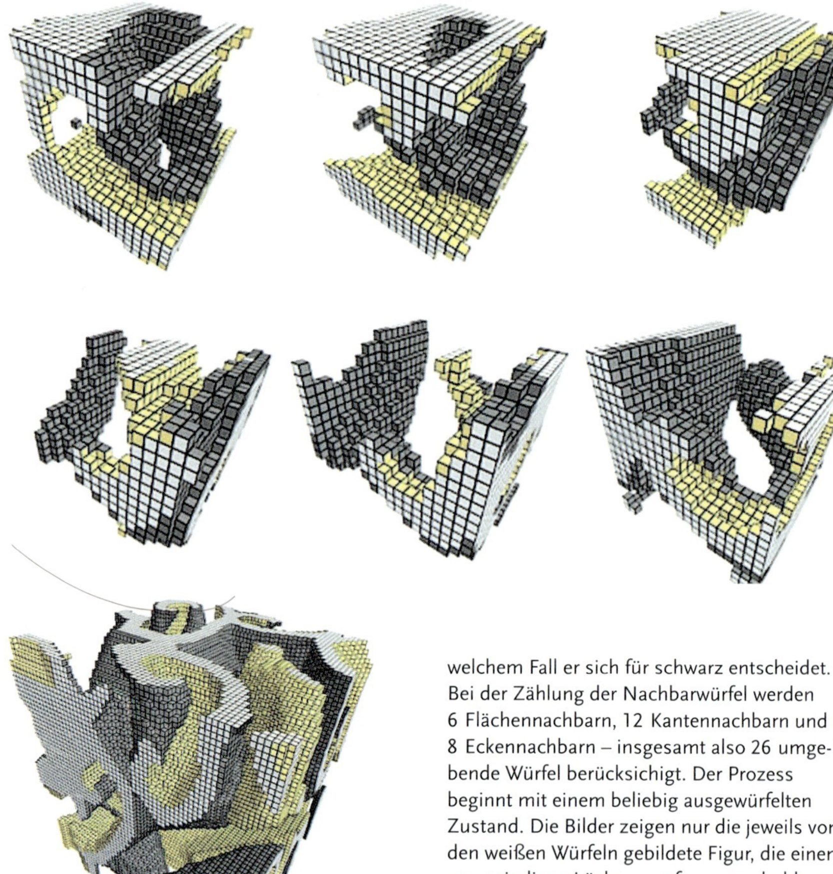

Abb. 6 Die Bilder zeigen Momentaufnahmen eines auf dem Computer simulierten »Reaktions-Diffusions-Prozesses«. Das verblüffend einfache Modell wurde von Peter Serocka vorgeschlagen: Ein großer Würfel ist gleichmäßig in viele kleine Würfel unterteilt. Jeder dieser kleinen Würfel kann zu jedem gegebenen Zeitpunkt schwarz, gelb oder weiß sein. Seine Farbe zum nächsten Zeitpunkt bestimmt er wie folgt: Er behält seine Farbe, es sei denn (1) er ist weiß und mehr als 6 Nachbarwürfel sind gelb, in welchem Fall er sich für gelb entscheidet, oder (2) er ist schwarz und mehr als 6 Nachbarwürfel sind weiß, in welchem Fall er sich für weiß entscheidet, oder (3) er ist gelb und mehr als 6 Nachbarwürfel sind schwarz, in welchem Fall er sich für schwarz entscheidet. Bei der Zählung der Nachbarwürfel werden 6 Flächennachbarn, 12 Kantennachbarn und 8 Eckennachbarn – insgesamt also 26 umgebende Würfel berücksichigt. Der Prozess beginnt mit einem beliebig ausgewürfelten Zustand. Die Bilder zeigen nur die jeweils von den weißen Würfeln gebildete Figur, die einem von spiraligen Löchern zerfressenen hohlen und sich selbst spiralig ausbildenden Zahn gleicht. Die weißen Würfel sind außen dort, wo sie an schwarze bzw. gelbe Würfel grenzen, selbst schwarz bzw. gelb angemalt. Weiße Flächen sieht man nur dort, wo sich weiße Würfel unmittelbar am Rand des großen Würfels befinden. Das Bild links unten zeigt eine Momentaufnahme eines in sehr viele kleine Würfel zerlegten großen Würfels, der sich nach etwa 10.000 Durchgängen herausgebildet hat und sich von da an in etwa periodisch wiederholt, die anderen 6 Bilder eine Folge von Momentaufnahmen eines Computerexperiments mit einer etwas geringeren Anzahl von kleinen Würfeln. Die Ausbildung dreidimensionaler spiraliger Strukturen scheint für solche Systeme sehr charakteristisch zu sein und ist dementsprechend auch bei realen dreidimensionalen Reaktions-Diffusions-Prozessen in anregbaren Medien zu erwarten.

Zuge zunehmender (aus physikalisch-chemischer Sicht fast schon ans Kriminelle grenzender) Vereinfachungen einen *zellulären Automaten*, der aus schachbrettartig vernetzten *Kipp-Schwing-Oszillatoren* bestand, also aus Subsystemen, die sich »aus eigenem Antrieb« aus einem Zustand niedriger Aktivität schrittweise in Zustände immer höherer Aktivität »aufschwingen«, um dann in einem einzigen Schritt wieder in den Ausgangszustand niedriger Aktivität »zurückzukippen«.

Diese Subsysteme denkt man sich nun wie schon erwähnt schachbrettartig angeordnet, und man unterstellt, dass benachbarte Subsysteme durch ganz einfache diffusionsartige, auf den lokalen Ausgleich der jeweils erreichten Aktivitätsstufe abzielende Wechselwirkungen miteinander gekoppelt sind. Einmal auf dem Computer implementiert, ergab das Modell eine sehr befriedigende Übereinstimmung mit den in Bremen gemessenen experimentellen Daten. Zugleich lieferte es – und das war das eigentlich Überraschende – die damals überzeugendsten Simulationen der Ausbreitungsmuster der berühmten Belousov-Zhabotinskii-Reaktion (Abb. 5), und es erlaubte die – inzwischen auch experimentell bestätigte – Vorhersage, dass ähnliche Spiralwellen auch an katalytisch aktiven Metalloberflächen zu beobachten sein müssten.

Wir können mit diesem Modell also mit den einfachsten mathematischen Mitteln hoch komplexe Strukturbildungsprozesse genau verfolgen, in jedem beliebigen Stadium anhalten und die Geometrie der in diesem Stadium ausgebildeten Strukturen bis ins kleinste Detail hinein analysieren. Insbesondere können wir auch experimentell praktisch nicht erfassbare Vorgänge in dreidimensionalen Reaktionsbereichen verfolgen (Abb. 6) – ein schönes Beispiel dafür, dass die Mathematik gelegentlich neben der Auflistung und Ordnung des Wortschatzes der Formensprache der Natur auch zu einem besseren Verständnis ihrer Syntax und Grammatik beizutragen vermag.

Vergleichende Sequenzanalyse

Die größte Vielfalt an Formen hat – so darf man wohl trotz des Variantenreichtums von Kristallen, Mineralien und anderen anorganischen Substanzen guten Gewissens behaupten – die Evolution der Lebewesen hervorgebracht. Bereits auf molekularer Ebene haben sich unvergleichlich komplexere Strukturen entwickelt als sie je in der unbelebten Natur zu finden sein dürften. Der gesamte Bauplan eines Lebewesens (auch eines hoch entwickelten) ist bereits in seinem Genom codiert und durch die Abfolge der Nucleotide in den DNA-Doppelhelices des Zellkerns jeder einzelnen Zelle eindeutig festgelegt.

Infolgedessen erlaubt die vergleichende Analyse der DNA-Sequenzen verschiedener Arten von Lebewesen erstaunlich weit reichende Schlussfolgerungen über die Stammesgeschichte dieser Arten – von den Archae- und Eubakterien über die einzelligen Eukaryonten wie Hefe und Protozoen bis hin zu vielzelligen Eukaryonten wie höheren Pilzen, Pflanzen und Tieren. Dabei geht man davon aus, dass einander ähnliche Nucleotidabfolgen in kurzen (einige hundert bis mehrere tausend Nucleotide langen) Chromosomen-Bruchstücken in der Regel von einem ihnen allen

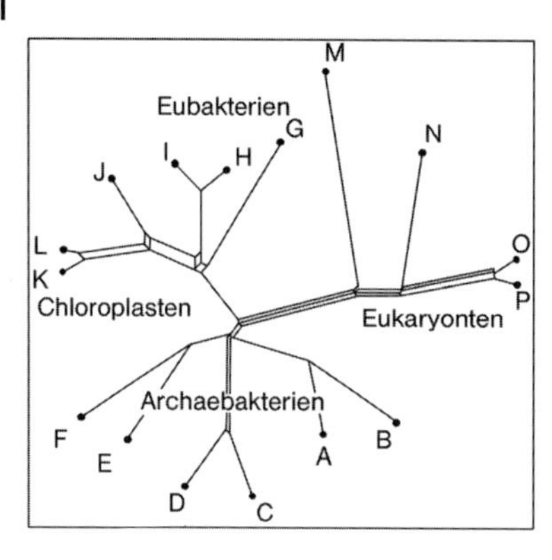

Abb. 7 Diagramm der Verwandtschaftsverhältnisse von 16 Lebensformen. Die Punkte stehen für die verschiedenen Gruppen von Lebewesen (Archaebakterien, Eubakterien und Eukaryonten) sowie für Chloroplasten (von Eubakterien abstammende Zellorganellen der Pflanzen). Darunter befinden sich das Bakterium *Escherichia coli* (G), eine Froschart (O) und die Maus (P). Das Diagramm beruht auf der mathematischen Analyse ribosomaler RNA-Sequenzen.

gemeinsamen »Urbruchstück« abstammen und sich aus diesem durch die Grundschritte der Evolution – also Replikation, Mutation und Selektion – entwickelt haben. Abb. 7 zeigt einen durch den Vergleich von *ribosomaler RNA* ermittelten Stammbaum für 6 Archaebakterien, 4 Eubakterien, 2 Chloroplasten (aus Bohne und Mais) und 4 Eukaryonten (Bierhefe, höherer Pilz, Krallenfrosch und Maus).

Der Vergleich solcher aus Sequenzdaten abgeleiteten stammesgeschichtlichen Hypothesen mit den sonst in der Biologie durch morphologische, funktionelle und physiologische Vergleiche erschlossenen Stammbäumen bietet offensichtlich interessante Möglichkeiten der wechselseitigen Überprüfung (Abb. 8). Man kann so aber beispielsweise auch die Abstammung verschiedener, untereinander verwandter Virusarten untersuchen und Rückschlüsse auf ihre Verbreitungswege ziehen. Weiterhin ist es möglich, eine vergleichende Stammesgeschichte aller mit einem eigenen, sich selbstständig replizierenden Genom ausgerüsteten *Zellorganellen* wie Mitochondrien und Chloroplasten zu betreiben. Außerdem kann man die molekulare Evolution von Protein-Familien und Protein-Superfamilien studieren. Die Ermittlung der für solche Vorhaben benötigten Abfolge der Nucleotide in den Genomen von Organismen war und ist die Aufgabe der vielen Seqenzierprojekte in aller Welt, die mit den von ihnen produzierten *Sequenzdatensätzen* die großen molekularbiologischen Datenbanken unterdessen fast schon zum Überlaufen bringen. Will man die Sprache, in der diese Daten geschrieben sind, durch ihren systematischen Vergleich verstehen lernen und der Wortgeschichte der einzelnen Wendungen, Wörter und Wortstämme, die sich in dieser Sprache herausgebildet haben, nachgehen, dann bedarf es dazu allerdings nicht nur des massiven Einsatzes von Datenverarbeitungsanlagen und entsprechender Techniken aus der theoretischen und praktischen Informatik. Diese Aufgabe beinhaltet auch eine beachtliche Herausforderung an die Mathematik: Sie erfordert vor allem die Herausbildung einer Mathematik der »Ähnlichkeit«.

Die Analyse der abstrakten Struktur von aus Sequenzdaten abgeleiteten und entsprechend *quantifizierten* Ähnlichkeitsdaten aus rein formal-mathematischer Sicht hat dementsprechend zu einer überraschend geschlossenen und inhaltsreichen mathematischen Theorie geführt. Diese Theorie erlaubt es, solche Daten auf kanonische Weise als *Superposition* von sehr elementaren, unterschiedlich stark gewich-

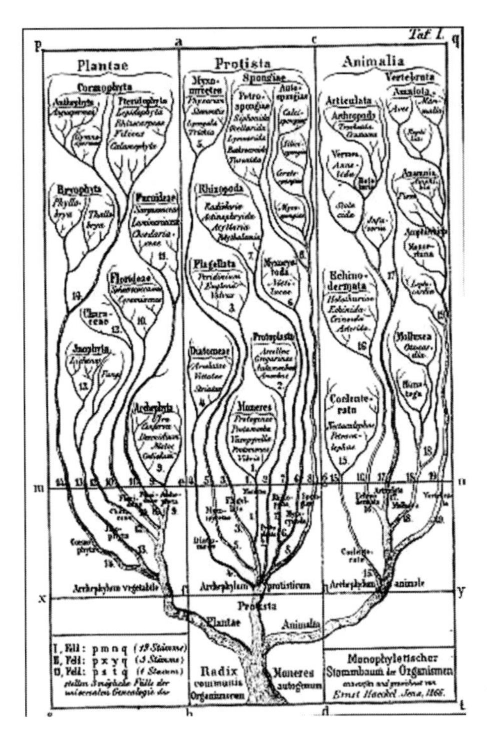

Abb. 8 Monophyletischer Stammbaum der Organismen nach Ernst Haeckel (1906).

teten und biologisch leicht interpretierbaren »Ähnlichkeitssignalen« aufzufassen, d. h. in eine gewichtete Summe von solchen Ähnlichkeitssignalen zu zerlegen – ähnlich wie die Fourier-Theorie es gestattet, periodische Signale kanonisch als eine Summe von elementaren, mittels ihrer jeweiligen Intensität gewichteten, harmonischen Schwingungen darzustellen.

Angewandt auf biologische Datensätze ergeben sich dabei Diagramme der in Abb. 7 gezeigten Art. Sie repräsentieren neben der baumhaften Verzweigung auch solche Ähnlichkeiten, die auf einer – vielleicht zufälligen, vielleicht durch vergleichbare Umweltbedingungen verursachten – Parallelentwicklung beruhen. Deshalb liefern sie besonders wertvolle Hinweise für die biologische Interpretation der untersuchten Sequenzdaten.

Die erst vor knapp dreißig Jahren konzipierte mathematische Theorie der Ähnlichkeit, die diesen Diagrammen zugrunde liegt, hat sich unterdessen äußerst lebhaft weiterentwickelt und einerseits der phylogenetischen Datenanalyse viele neue Möglichkeiten eröffnet, andererseits aber auch unerwartete Zusammenhänge mit Gebieten der Reinen Mathematik erschlossen, die bislang »anwendungsfrei« erschienen.[9]

9) Ein aktueller Bericht dazu findet sich in A. Dress: *Recent Results and New Problems in Phylogenetic Combinatorics*; in: J. M. S. Ron (ed), La ciencia y la tecnologia ante el Tercer Milenio (I), Sociedad Estatal Espana Nuevo Milenio, Madrid, 2002, 143–162.

Abschlussbemerkung

Natürlich erschöpft sich Mathematik nicht in Anwendungen der geschilderten Art: Wenn sie sich nicht vor allem an den zentralen Problemen orientieren würde, die sie aus ihrer eigenen Entwicklung hervorbringt, könnte die Mathematik vermutlich nicht einmal das begriffliche Instrumentarium bereitstellen, das zur Untersuchung der oben skizzierten Fragestellungen benötigt wird. Dennoch sollte dieses Instrumentarium gelegentlich eben auch mit solchen Aufgaben konfrontiert werden, zumal seine weitere Entwicklung gerade auch von den dabei gemachten Erfahrungen durchaus profitieren dürfte.

Wichtiger aber noch als hier dem Brückenschlag zwischen Reiner und Angewandter Mathematik das Wort zu reden, ist die Einsicht, dass eine fruchtbare Anwendung mathematischen Denkens im Bereich der Naturwissenschaften insbesondere der Bereitschaft bedarf, alle zuvor gelernte Theorie und die Hoffnung, gerade diese irgendwo anwenden zu können, zu vergessen und sich – dem von Immanuel Kant in seinem Aufsatz »Beantwortung der Frage: Was ist Aufklärung?«[10] vertretenen Wahlspruch *Sapere aude! Habe den Mut, dich deines eigenen Verstandes zu bedienen* folgend – den Problemen der Naturwissenschaften vorbehaltlos und mit dem festen Willen, von Grund auf neu über sie nachzudenken, zu nähern.

10) Berlinische Monatsschrift, 12. Stück, Dezember 1784.

Andreas Dress (Jahrgang 1938) hat in Berlin, Tübingen und Kiel Mathematik studiert und 1962 an der Christian-Albrechts-Universität Kiel promoviert. Gleich nach seiner Habilitation (1965) erhielt er eine Dozentur an der Freien Universität Berlin. 1967–1969 war er Gast des Institute for Advanced Studies in Princeton (USA). 1969 wurde er dann schließlich auf eine Professur an der Universität Bielefeld berufen. Während dieser Zeit war er u. a. Sprecher des Graduiertenkollegs »Strukturbildungsprozesse«. Zur Zeit arbeitet er am Max-Planck-Institut für Mathematik in den Naturwissenschaften in Leipzig. Zu seinen Arbeitsgebieten zählen Algebra, diskrete Geometrie und Kombinatorik.

Pythagoras, die Geometrie und moderne Chemie[1]

Achim Müller[2]

... something of the use and beauty of mathematics I think I am able to understand. I know that in the study of material things number, order, and position are the threefold clue to exact knowledge: and that these three, in the mathematician's hands, furnish the first outlines for a sketch of the Universe.
Sir D'Arcy Wentworth Thompson
(1860–1948) On Growth and Form

Die Geometrie ist das Mittel, das wir selbst uns geschaffen haben, um die Umwelt zu erfassen und um uns auszudrücken. ... (Dies) führt ... zu einer mathematischen Ordnung, zu einer mehr und mehr verallgemeinerten Haltung.
Le Corbusier (1887–1965)

Einer der bedeutendsten Männer ...

Das muss ein bemerkenswerter Mann gewesen sein, der, obwohl er vor ungefähr 2500 Jahren lebte, noch heute Philosophen, Historiker, Mathematiker und Naturwissenschaftler, ja sogar jeden Schüler beschäftigt. Selbst in Gedichten der Romantik kann man etwas über ihn erfahren, beispielsweise bei Adalbert von Chamisso (1781–1838). Über sein Leben und Werk findet man heute in Bibliotheken Dutzende von Büchern. Als 1993 die große englische Tageszeitung *Guardian* verkündete »Die Stunde hat geschlagen für das größte Matherätsel«, hatte dies etwas mit ihm zu tun. Der Philosoph und Mathematiker Bertrand Russell (1872–1970) nannte ihn »einen der geistig bedeutendsten Männer, die je gelebt haben«, und das gelte nicht nur, wo er weise, »sondern auch, wo er nicht weise ist«. Schließlich wurden ihm auch die Eigenschaften eines Despoten, Propheten, Mystikers und sogar Heili-

1) Professor Andreas Dress zum 65. Geburtstag gewidmet.

2) Eine Kurzbiographie von A. Müller findet sich in seinem Kapitel zum Public Understanding of Science.

Facetten einer Wissenschaft. Herausgegeben von Achim Müller

ISBN: 3-527-31057-6

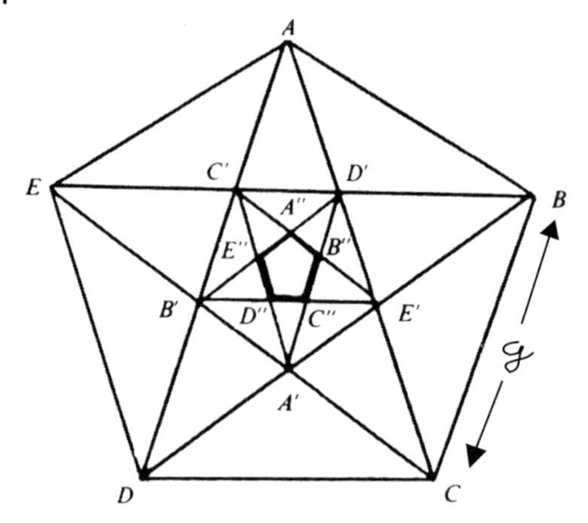

Abb. 1 Die Diagonalen eines Fünfecks erzeugen einen Fünfstern und ein kleineres Fünfeck, wobei vielfach der *Goldene Schnitt* g generiert wird. Gibt man den Diagonalen die Länge 1, dann liest man ab, dass ihr größerer Abschnitt, z. B. $\overline{CD}$, der Länge der Seite, nämlich $\overline{BC}$ = g entspricht. Hierbei gilt die Relation 1 : g = g: (1 – g) (vgl. Anhang).

gen nachgesagt. In jedem Fall geht es hier um eine geheimnisumwitterte Gestalt – es geht um Pythagoras.

Pythagoras (*ΠΥΘΑΓΟΡΗΣ*) (ca. 575/70–500 v. Chr.) wuchs auf Samos auf, verließ nach zahlreichen Reisen um 530 v. Chr. Griechenland und ließ sich in Kroton in Unteritalien nieder. Über sein Leben wissen wir nicht viel, erfahren aber etwas im Werk des griechischen Philosophen Diogenes Laertios (um 200 n. Chr.) *Über Leben und Meinungen berühmter Philosophen*. Sicher ist, dass Pythagoras in Kroton eine Art Bruderschaft bzw. Geheimbund gründete, dessen Erkennungszeichen ein geometrisches Gebilde war, nämlich der Fünfstern, das so genannte Pentagramm (Abb. 1). Ein Bogen vielfältiger, interessanter Geschichten spannt sich vom Pentagramm sowie vom verwandten Pentagon der Antike – also sehr wichtigen geometrischen Formen – bis hin zu epochalen Entdeckungen der modernen Wissenschaft.

Spuren der Pythagoreer

Die Zahl bringt ... innerhalb der Seele alle Dinge mit der Wahrnehmung in Einklang und macht sie dadurch kenntlich.
Philolaos von Kroton, ein Pythagoreer
(gegen Ende des 5. Jh. v. Chr.)

Die Pythagoreer, die Gefolgschaft des Pythagoras, suchten wie andere Vorsokratiker nach dem Ursprung und dem Grundprinzip der Welt. Thales (ca. 624–547 v. Chr.) glaubte, dass alles aus dem Grundstoff Wasser entstanden sei. Dagegen glaubte Heraklit (ca. 550–480 v. Chr.) an das Grundelement Feuer, und Anaximenes (ca. 575–525 v. Chr.) führte hierzu die Luft an. Empedokles (ca. 495–435 v. Chr.), der nach Thales und Pythagoras lebte, nahm an, dass alles aus den vier Elementen Wasser, Feuer, Luft und Erde entstanden sei. Die Pythagoreer suchten und fanden dagegen die Einheit in der Vielfalt in den ganzen Zahlen. Die *Allmacht der ganzen Zahlen* war ihr Paradigma. In ihrem Sinn legt das alles bestimmende *Eine* oder das *Grundprinzip* (*arche*) dem undifferenzierten Urmaterial der Welt Abgrenzungen und Ordnung auf, indem es dies in Zahlen verwandelt. Bei Aristoteles (Metaphysik, Buch 1, Kapitel 5, 985b/986a) kann man nachlesen: Die Pythagoreer glaubten, »*dass die Eigenschaften und Proportionen der Harmonien durch Zahlen bestimmt sind*« und – entgegen seiner Ansicht – »*dass auch alles andere seiner ganzen Natur nach den Zahlen nachgebildet sei und die Zahlen das erste der ganzen Natur seien, ... (und) die Elemente der Zahlen ... die Elemente aller Dinge, und der ganze Himmel sei Harmonie und Zahl*«.

In der griechischen Philosophie wurden die genannten vier Elemente des Empedokles geometrischen Figuren zugeordnet, nämlich vier der fünf regelmäßigen Körper, die heute platonische Körper heißen (Abb. 2). Die Pythagoreer kannten von diesen fünf Körpern mit Sicherheit das Tetraeder, den Würfel und das Dodekaeder. Alle fünf wurden von Platon (ca. 427–347 v. Chr.) in seinem Dialog *Timaios*

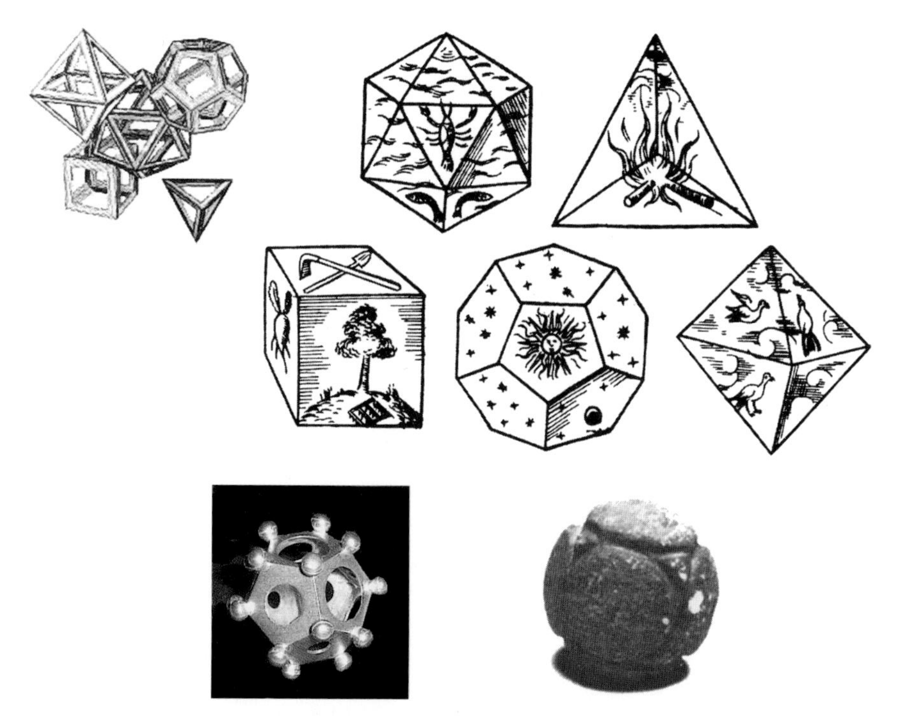

Abb. 2 Platonische Körper (Tetraeder, Oktaeder, Kubus, Dodekaeder, Ikosaeder) in verschiedenen Darstellungen: Alle zusammen (oben links), in Bezug zu den empedokleischen Elementen aus Keplers Buch *Weltharmonik* (oben rechts), ein gallisch-römisches Dodekaeder von Aventicum aus Bronze mit kugelförmigen Hörnern (2.–4. Jh. n. Chr.; unten links); und ein 4500 Jahre alter Basaltball aus Nordschottland (Durchmesser ca. 5 cm; unten rechts). Durch einfaches Abstumpfen der Ecken erhält man fünf der 13 archimedischen Körper, wie z. B. das abgestumpfte Ikosaeder. Archimedische Körper enthalten mindestens zwei Sorten von regelmäßigen Vielecken, platonische dagegen nur eine Sorte.

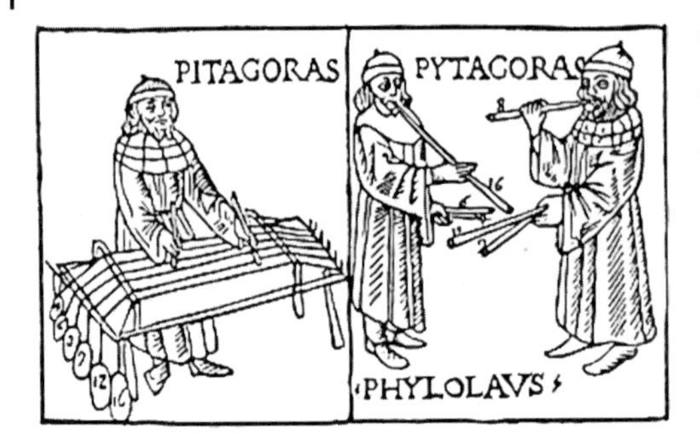

Abb. 3 Die Musikinstrumente der Pythagoreer auf einem Holzschnitt aus *Theorica musice* von Gafurius aus dem Jahre 1492.

beschrieben, der später von Cicero ins Lateinische übersetzt wurde. Das Dodekaeder war für die Pythagoreer etwas Besonderes. Wegen seiner kugelförmigen Gestalt entsprach es dem Universum – so beschreibt es Platon im *Timaios*. Aber das wirklich Besondere für die Pythagoreer war wohl, dass es aus Fünfecken aufgebaut ist, die nun wiederum unmittelbar zu ihrem Erkennungszeichen, dem Pentagramm, in Beziehung stehen. Dieses aus Fünfecken und Fünfsternen zusammengesetzte Gebilde (Abb. 1) lässt vielfach den so genannten *Goldenen Schnitt*[3)] erkennen und zeigt im Inneren ein auf dem Kopf stehendes kleineres Fünfeck. Vielleicht erklärt sich die mystische Bedeutung des Pentagramms wirklich aus dem Bezug zum Goldenen Schnitt, der auch schon den Pythagoreern bekannt war.

Wie aber kamen die Pythagoreer zu ihrem Paradigma von den ganzen Zahlen? Ihr bevorzugtes Untersuchungsobjekt waren vibrierende Saiten (Abb. 3), deren harmonische Aufteilungen sich durch ganzzahlige Brüche ausdrücken lassen. Die Pythagoreer entdeckten dabei die Intervalle, die lautquantitativen Beziehungen, die nach ihrer Auffassung naturgesetzlichen Charakter haben. Hierüber wird in der so genannten *Schmiedelegende* von Iamblichos v. Chalkis (Syrien), einem Gelehrten des 3./4. Jh. n. Chr. berichtet. Danach soll Pythagoras beim Passieren einer Schmiede verschiedene, ihn faszinierende harmonische Zusammenklänge gehört haben. Beeindruckt und neugierig soll er dann die Schmiede betreten haben, um dem Geheimnis auf die Spur zu kommen. Dabei stellte er fest, dass gerade diejenigen Hämmer harmonisch zusammenstimmten, die halb, zweidrittel oder dreiviertel so schwer waren wie ein bestimmter Hammer. Nach unserer heutigen Vorstellung handelt es sich bei dem Verhältnis $2 : 1 = 12 : 6$ um eine Oktave, bei $3 : 2 = 12 : 8$ um eine Quinte und beim Verhältnis $4 : 3 = 12 : 9$ um eine Quarte. Diese Zahlen bilden die Proportion $12 : 9 = 8 : 6$, in der die 8 das harmonische und die 9 das arithmetische Mittel zwischen den äußeren Gliedern 12 und 6 darstellt. Auch hier ergeben sich wieder Beziehungen zum Goldenen Schnitt (vgl. Anhang).

Kern der Pythagoreischen Lehre war, dass die Zahl das Prinzip der Form ist. Der Philosoph Philolaos v. Kroton vertrat, dass die »Zahl Körper schafft«, Körper abgrenzt und ihnen Maße gibt. Aber die Pythagoreer waren auch davon überzeugt, dass den ganzen Kosmos Harmonie durchwalte, dass sich die Harmonie in der Einheit der geometrischen, arithmetischen und musikalischen Proportion ausdrückt

3) Der Goldene Schnitt spielt in unserer Kulturgeschichte eine große Rolle.

und diese sich wiederum in ganzen Zahlen.[4] Man kennt auch heute noch den Begriff Pythagoreismus. In der *Encyclopaedia Britannica* kann man lesen: »Pythagorean thought was scientific as well as metaphysical and included specific developments in arithmetic and geometry, in the science of musical tones and harmonies, and in astronomy.«

In der Durchführung ihres Programms scheiterten die Pythagoreer ausgerechnet an ihrem Erkennungszeichen. Es gelang ihnen nicht, ein reguläres Fünfeck zu zeichnen, bei dem sowohl die Seiten als auch die Diagonallängen ganzzahlige Vielfache der gleichen Einheitslänge sind.[5] Das hatte Konsequenzen – und nicht nur für den Entdecker dieses Befundes, den Mathematiker Hippasos, der Mitglied der Bruderschaft war. Er soll nach dem Verrat des Geheimnisses, dass es eben noch andere Zahlen als die ganzen Zahlen gibt, ins Meer gestürzt worden sein. Es mussten nun Zahlen akzeptiert werden, die nie genau angegeben werden können. Damit war das Paradigma, die Harmonie des Kosmos in ganze Zahlen fassen zu können, zerstört.

Magische Fünfecke und Fünfsterne als Gebilde mit komplexer Form und Ästhetik – Eine kleine Skizze

Also daß es einer auß meinen Gedancken ist / Ob nicht die gantze Natur und alle himmlische Zierligkeit / in der Geometria symbolisirt sey.
Johannes Kepler (1571–1630)

In der Antike finden wir den Fünfstern nicht nur bei den Pythagoreern. Er war ein allgemeines Heils- und Gesundheitssymbol und später – vor allem im Mittelalter – ein häufig benutztes Abwehrmittel (Drudenfuß), das wegen seiner angeblichen Schutzfunktion z. B. an Kinderbetten angebracht wurde. (Er war aber schon viel früher, weit vor unserer Zeitrechnung, in der Euphrat- und Tigrisregion bekannt!) Bis ins Mittelalter hatten Fünfsterne in der Astrologie und Alchemie eine magische Bedeutung. Goethes bedeutendstes Drama legt den Eindruck nahe, dass Faust vielleicht vor Mephistopheles (»Das Pentagramma macht dir Pein?«) durch ein intaktes Pentagramm hätte geschützt werden können. Fünfsterne schmücken die Nationalflaggen zahlreicher Länder, finden sich als Weihnachtssterne an Christbäumen, als Dekor auf Gebrauchsgegenständen (Abb. 4) und in verschiedenen Karikaturen von

4) Die pythagoreische Beschäftigung mit der Mathematik führte später Platon zu seiner Ideenlehre und zwar mit folgendem Bezug: In unserer realen Welt nehmen wir mit unseren Sinnen spezielle gezeichnete Dreiecke wahr, die aber das *wahre* Sein bzw. die Idee des Dreiecks nicht ausmachen. Wenn nämlich ein Mathematiker einen Satz über Dreiecke beweist, so bezieht sich dies nicht auf ein spezielles Dreieck, das er gezeichnet hat, sondern auf den Typus Dreieck, den er vor seinem geistigen Auge sieht. Für Platon war die Geometrie, wie er es in seinem Dialog *Politeia* zum Ausdruck bringt, die »Erkenntnis des ewig Seienden«.

5) In einem regelmäßigen Fünfeck kann das Verhältnis von Diagonale und Seite nicht durch einen ganzzahligen Bruch, sondern nur durch eine so genannte irrationale Zahl ausgedrückt werden. Das genannte Verhältnis entspricht exakt dem Goldenen Schnitt.

Abb. 4 Magische Fünfsterne als Dekor einer Tasse und eines Kerzenständers.

Gabor Benedek, etwa in der *Kandidatenkür* der Vorsitzenden der Christlich Demokratischen Partei Deutschlands beim Schlittschuhlaufen (*Süddeutsche Zeitung*, 6.11.2001, S. 4).

Das reguläre Fünfeck entdecken wir in Kirchen – beispielsweise als Rosetten in der Kathedrale von Amiens oder beim fünfeckigen Treppenturm des Baseler Münsters – und sogar bei dem auf einem fünfeckigen Grundriss errichteten amerikanischen Verteidigungsministerium, dem *Pentagon*. Wir finden es zwölffach an einem platonischen Körper, nämlich an dem bereits erwähnten Pentagondodekaeder. Letzteres soll von den Etruskern als Würfel benutzt worden sein und ist Bestandteil von Johannes Keplers frühem spekulativen Kosmosmodell in seinem Werk *Mysterium Cosmographicum*. Auf Albrecht Dürers (1471–1521) berühmtem Kupferstich *Melancolia* aus dem Jahre 1514 findet sich ein geheimnisvolles Polyeder mit Fünfecken, im Vordergrund aber auch eine Kugel (Abb. 5). Über dieses Polyeder und das

Abb. 5 Albrecht Dürers Kupferstich *Melancolia* mit einem geheimnisvollen Körper mit Fünfecken und einer Kugel im Vordergrund.

Abb. 6 Das abgestumpfte Ikosaeder als Dekoration über einem Tor im Topkapi Serai Palast, Istanbul (vgl. I. Hargittai, M. Hargittai, *In our Own Image: Personal Symmetry in Discovery*, Kluwer, New York, 2000, S. 59).

gesamte Werk gibt es eine umfangreiche Literatur. Es wird diskutiert, ob der in tiefstes Sinnen verfallene Engel nicht Dürers Melancholie beim Nachdenken über schwierige mathematische Probleme wiedergibt. Dürer hat sich nämlilch häufig mit geometrischen Problemen beschäftigt. Vielleicht denkt der Engel darüber nach, ob man dem Polyeder – vergleichbar mit einer Vorgehensweise in Keplers *Mysterium Cosmographicum* – eine Kugel umschreiben kann. Ein schöner symmetrischer Körper, umhüllt (eingefangen) von dem regelmäßigsten und vollkommensten Körper überhaupt – ein faszinierender Gedanke.

Für Pythagoras waren Kugel und Kreis die schönsten geometrischen Gebilde. Xenophanes von Kolophon (ca. 570–470 v. Chr.), der im westlichen Kleinasien lebte und Lehrer des Parmenides (um 500 v. Chr.) war, verwendete die Kugelgestalt zur Beschreibung des Göttlichen. Zur Ästhetik empfiehlt sich ein interessantes Buch

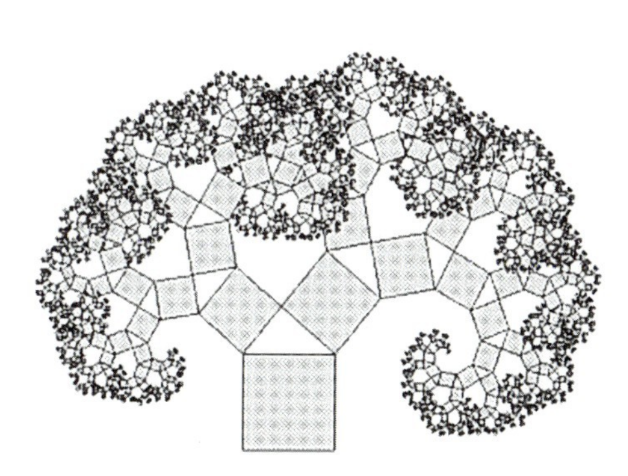

Abb. 7 *Der Baum des Pythagoras* (aus: *Mathematik betrifft uns*, Heft 5, 1990 © Bergmoser + Höller Verlag AG, Aachen).

Abb. 8 Der Satz des Pythagoras auf einer Briefmarke.

von Stefan Hildebrandt und Anthony Tromba mit dem Titel *Kugel, Kreis und Seifenblasen: Optimale Formen in Geometrie und Natur.* Aber auch in nicht-westlichen Kulturkreisen findet man Gebilde mit Fünfecken, wie etwa das abgestumpfte, d. h. an den Ecken abgeschnittene Ikosaeder als Dekoration über einem Tor im *Topkapi Serai* Palast in Istanbul (Abb. 6).

Die Geometriekenntnisse der damaligen Zeit – speziell die der Pythagoreer – sind uns durch das Sammelwerk *Elemente* des großen Mathematikers Euklid, das 13 von Euklid selbst verfasste Bücher enthält, überliefert. Er lebte um 300 v. Chr. im nordafrikanischen Alexandria. Man sagt, dass sein Werk neben der Bibel das am häufigsten gelesene Buch sei. Pythagoras' bereits erwähnter berühmter Lehrsatz »In einem rechtwinkligen Dreieck ist das Quadrat über der Hypotenuse gleich der Summe der Quadrate über den beiden anderen Seiten« findet sich im ersten Buch der *Elemente* (§47/L.33).[6] Die bildliche Darstellung dieses Lehrsatzes ist vielfältig in der Literatur verarbeitet (Abb. 7) und sogar auf einer Briefmarke zu sehen (Abb. 8). Im vierten Buch erfahren wir etwas über die regelmäßigen Vielecke und speziell über das Fünfeck, und im dreizehnten Buch (§8/L.8) steht: »Diagonalen, die im gleichseitigen und gleichwinkligen Fünfeck zwei aufeinanderfolgenden Winkeln gegenüberliegen, teilen einander stetig [d. h. im Verhältnis des Goldenen Schnitts, Anm. d. Verf.]; und ihre größeren Abschnitte sind der Fünfeckseite gleich« (vgl. auch Abb. 1).[7]

Das berühmte Gemälde die *Schule von Athen* von Raffael (1483–1520) erweist – folgen wir Richard Fichtners Buch *Die verborgene Geometrie in Raffaels ›Schule von Athen‹* – der Geometrie Referenz, und ebenso Theodor Storms *Der Schimmelreiter* (1888)[8] in der Figur jenes Jungen, der *den Euklid* immer lesebereit in der Tasche

6) Zu erwähnen wäre an dieser Stelle, dass auch eines der großen Rätsel der Mathematik, das in die Geschichte als die Vermutung des großen französischen Mathematikers Pierre de Fermat (1601–1665) eingegangen ist, seine Wurzeln im Lehrsatz des Pythagoras hat. Fermat hatte vermutet, dass die Gleichung $x^n + y^n = z^n$ nur ganzzahlige Lösungen für $n = 2$ besitzt. Dies entspricht damit dem Satz des Pythagoras. Als 1993 Andrew Wiles bei seinem berühmten Vortrag den Beweis für die Fermatsche Vermutung vortrug, berichtete darüber die französische Zeitung *Le Monde* sogar auf der Titelseite: »Der Satz Fermats endlich bewiesen.« 350 Jahre lang hatten sich Mathematiker die Zähne an diesem Problem ausgebissen, und einige hat der vergebliche Lösungsversuch sogar in den Selbstmord getrieben. Offensichtlich haben Zahlen und ihre Eigenschaften nicht nur die Pythagoreer fasziniert, verwirrt und in ihren Bann gezogen. Fermat hatte sich am Werk von Diophantos von Alexandria (ca. 250 n. Chr.) orientiert, der sich wiederum auf ältere babylonische Quellen bezog.

7) Man erhält immer wieder eine in gleicher Weise geteilte Strecke, wenn man jeweils den größeren Teil zum Ganzen addiert. Dann wird der größere Teil zum kleineren, wobei das vorher Ganze zum größeren Teil wird.

8) Dort liest man: »Als der Alte sah, daß der Junge weder für Kühe noch Schafe Sinn hatte und kaum gewahrte, wenn die Bohnen blühten, was doch die Freude von jedem Marschmann ist, und weiterhin bedachte, daß die kleine Stelle wohl mit einem Bauer und einem Jungen, aber nicht mit einem Halbgelehrten und einem Knecht bestehen könne, ingleichen, daß er auch selber nicht auf einem grünen Zweig gekommen sei, so schickte er seinen großen Jungen an den Deich, wo er mit anderen Arbeitern von Ostern bis Martini Erde karren mußte. ›Das wird ihn vom Euklid kurieren‹, sprach er bei sich selber. Und der Junge karrte; aber den Euklid hatte er allzeit in der Tasche, und wenn die Arbeiter ihr Frühstück oder Vesper aßen, saß er auf seinem umgestülpten Schubkarren mit dem Buche in der Hand.«

Abb. 9 Platon und Aristoteles im Zentrum des Gemäldes *Schule von Athen* von Raffael.

hatte. Raffaels Gemälde zeigt eine Reihe berühmter Philosophen, Mathematiker und Naturforscher der griechischen Antike. Einige sind einfach zu finden, wie z. B. in der Mitte Aristoteles und Platon (Abb. 9), der eines seiner Hauptwerke, nämlich den bereits erwähnten Dialog *Timaios* in seiner rechten Hand hält, mit der er zum (Ideen-) Himmel weist. Weniger eindeutig zu identifizieren ist Pythagoras. Einige sehen ihn rechts im Vordergrund des Bildes, andere sehen hier Euklid oder Archimedes mit einem Zirkel in der Hand und sich über eine Tafel beugend, auf der sich eine Sternfigur befindet (Abb. 10). Wieder andere meinen einen der Genannten –

Abb. 10 Wo ist Pythagoras? Wo Euklid? Wo Archimedes? Zwei Szenen (vorne links und rechts) auf dem Gemälde *Schule von Athen* von Raffael.

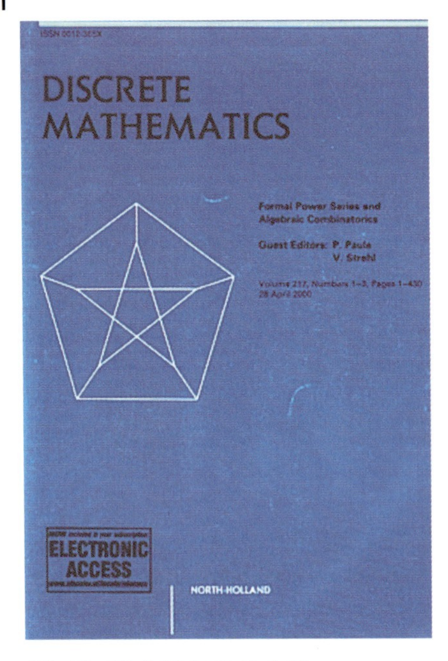

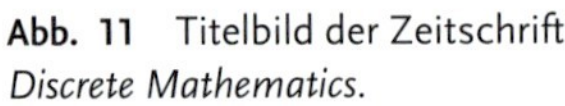
Abb. 11 Titelbild der Zeitschrift *Discrete Mathematics.*

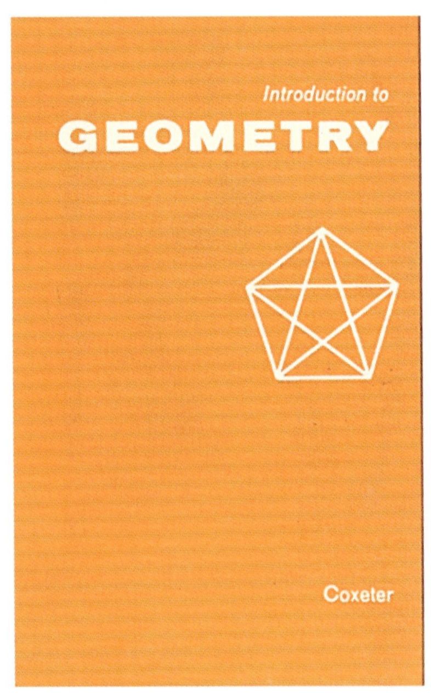

Abb. 12 Umschlagbild eines bekannten Geometrie-Lehrbuchs.

umringt von seinen Schülern vorne links auf einer Stufe sitzend und in einem Folianten lesend – zu erkennen. Spekulationen über die Anwesenheit von Pythagoras auf diesem Gemälde sind wohl zahlreich.

Nach den Pythagoreern haben sich unterschiedlichste Geister wie Archimedes, Leonardo da Vinci, Albrecht Dürer und Johannes Kepler mit Fünfecken beschäftigt und schließlich der Physiker Hermann Weyl, der Architekt Richard Buckminster Fuller und neuerdings der vielseitige Naturforscher Roger Penrose. Pentagone sind für Wissenschaftler ganz unterschiedlicher Bereiche interessant: für den Mathematiker (man findet sie als Titelbild der Zeitschrift *Discrete Mathematics* und als Umschlagbild eines berühmten Mathematikbuchs von H. S. M. (Donald) Coxeter, Abb. 11 und Abb. 12), für den Architekten und den Kunsttheoretiker (im Kontext mit den geodätischen Kuppeln Buckminster Fullers sowie dem Goldenen Schnitt), für den Festkörperphysiker (im Zusammenhang mit der Struktur der später zu diskutierenden ungewöhnlichen Quasikristalle), für den Virologen (wegen der Struktur sphärischer Viren), für den Morphologen unter den Biologen (zahlreiche pflanzliche Organismen weisen fünfzählige Symmetrien auf; Abb. 14), für den Kosmologen (wegen der Struktur eines planetarischen Nebels) und schließlich für den Philologen und Philosophen (u. a. im Zusammenhang mit der Denkweise der Pythagoreer).

Vom Fußball zur pythagoreischen Harmonie bei ästhetisch schönen kugel- und ringförmigen Riesenmolekülen sowie Viren mit pentagonalen Baugruppen

> *Buckyballs are invading our cells.*
> Metaphorisch gemeinte Schlagzeile auf einem Titelbild des Magazins *New Scientist*, 2. Oktober 1999, No. 2206

> *Einfache mechanische Grundprinzipien, wie sie in manchen Werken der Architektur und Kunst angewendet werden, könnten auch organischen Strukturen zugrunde liegen. Selbst wesentliche biologische Funktionsweisen dürften sich zumindest teilweise aus ihnen ableiten lassen.*
> Donald E. Ingber, in: »Architekturen des Lebens«

Für Chemiker sind pentagonale Baueinheiten besonders attraktiv: Sie sind seit kurzem in der Lage, mit ihnen ästhetisch schöne, hoch symmetrische Produkte zu erzeugen. In der Chemie war es lange ein Traum, kugelförmige Moleküle zu synthetisieren. Das erste Beispiel wurde von einer englisch-amerikanischen Arbeitsgruppe geliefert – durch Zufall. Im Titel einer ihrer Publikationen wurde davon gesprochen, das Molekül sei »vom Himmel gefallen«, da es sich auch im extraterrestrischen Raum in Spuren nachweisen lässt. Es enthält 60 Kohlenstoffatome und wurde in Anlehnung an die spektakulären, kuppelförmigen Konstruktionen des Architekten Richard Buckminster Fuller (1895–1983) (Abb. 13) und wegen der Ähnlichkeit mit einem Fußball *Buckyball* oder *Buckminster-Fulleren* genannt. Die entsprechende Stoffklasse erhielt den Namen *Fullerene*. Das genannte Molekül weist genau

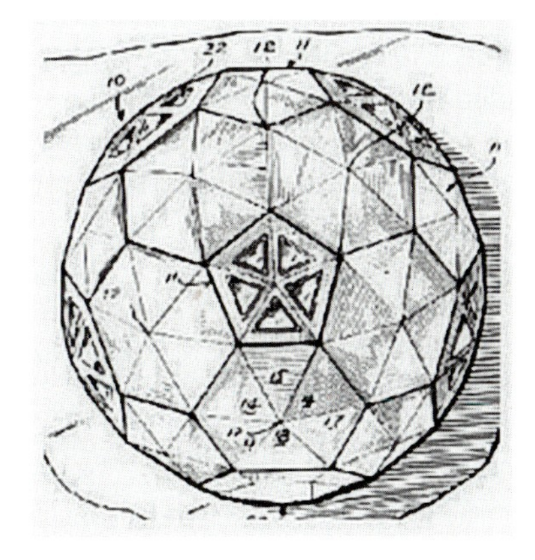

Abb. 13 Buckminster Fuller stilisiert mit seinem geodätischen Dom sowie sein erster Entwurf hierzu mit dem herausgehobenen magischen Fünfeck.

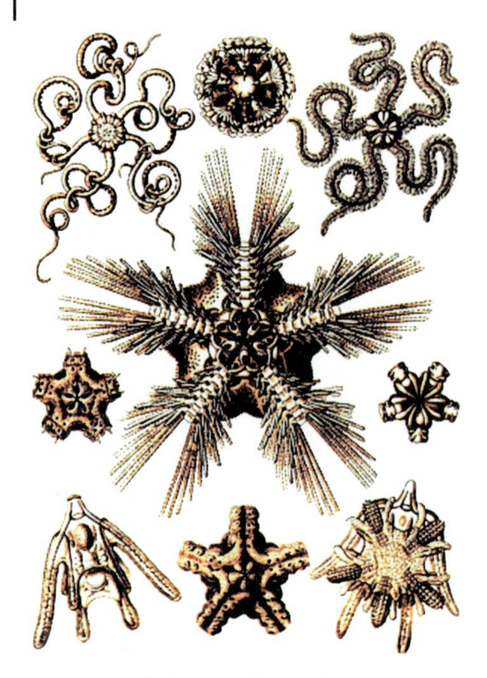

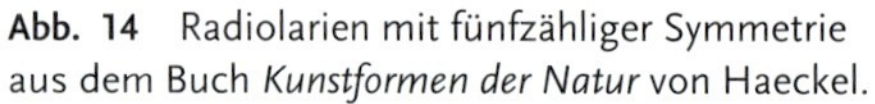

Abb. 14 Radiolarien mit fünfzähliger Symmetrie aus dem Buch *Kunstformen der Natur* von Haeckel.

Abb. 15 Englische Briefmarke mit einem Fünfeck und dem *Buckyball*

wie ein Fußball[9] 12 Fünfecke und 20 Sechsecke auf, die von Kohlenstoffatomen gebildet werden. Dafür gab es den Nobelpreis und eine Briefmarke, auf der die zentrale Bedeutung der Fünfecke für die Fußballform eindrucksvoll wiedergegeben wird (Abb. 15).

In Bielefeld hatten wir darüber nachgedacht, ob man solche kugelförmigen Gebilde auch gezielt erhalten kann. Man müsste, so war die Überlegung, 12 fünfeckige Fragmente als Basiselemente aus einem Baukasten holen und nach Legoart mit 30 Sechsecken, was der Wirkung von 30 Abstandhaltern für die Fünfecke entspricht, verknüpfen. Das haben wir versucht, und es ist uns gelungen – allerdings nicht mit Kohlenstoff- sondern mit Metallatomen. Die 12 pentagonalen Einheiten spannen wie beim Fußballmolekül ein Ikosaeder auf (Abb. 18, links) und die

9) Schauen wir uns einen Fußball genau an, so entdecken wir die geheimnisvollen Fünfecke – sogar exakt 12 – und dazu 20 regelmäßige Sechsecke. Man kann durch Aneinanderfügen der 32 geometrischen Figuren das kugelförmige Gebilde formen, wenn an jeder Ecke zwei Sechsecke und ein Fünfeck zusammenstoßen. Ob aber die meisten Fußballspieler diese einfachen geometrischen Kenntnisse haben, ist zu bezweifeln. Kugelförmige Gebilde auf der Basis von Fünfecken findet man vielfach in der Natur, beispielsweise in bestimmten Organismen, den so genannten Radiolarien, über die der berühmte Naturforscher Ernst Haeckel (1834–1919) in seinem Buch *Kunstformen der Natur* berichtet (Abb. 14), darüber hinaus auch bei vielen ästhetisch schönen und z. T. äußerst gefährlichen Viren und selbst an den geodätischen Domen von Fuller (Abb. 13). Als Argument für die Häufigkeit kugelförmiger Strukturen – speziell in der Biosphäre – ist angegeben worden, dass sich diese Form durch große Stabilität auszeichnet (vgl. obige Zitate).

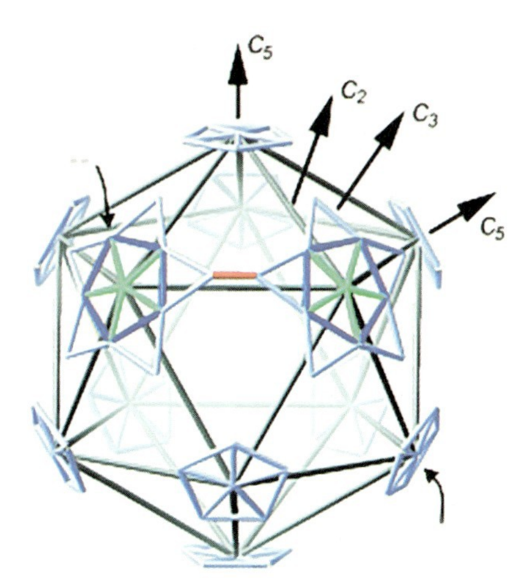

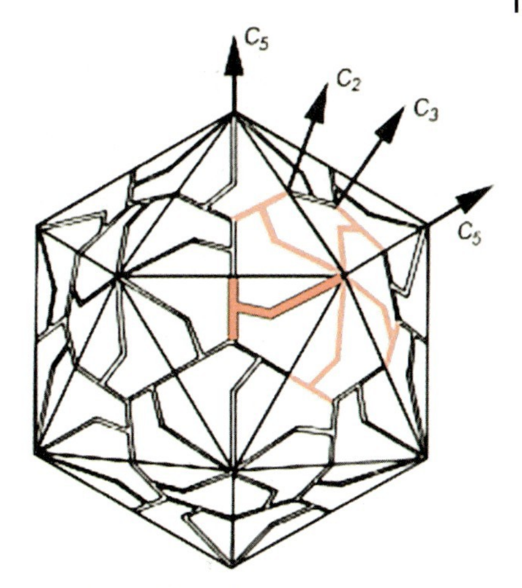

Abb. 16 Überall kugelförmige Gebilde und Pentagone: Bielefelder Riesenkugel mit 12 pentagonalen Baugruppen im Vergleich zu einem ähnlichen Virusmodell. Herausgehoben sind links ein Abstandhalter sowie zwei zugehörige Pentagone (vgl. Darstellung in Abb. 17 und Abb. 18). Gezeigt sind ferner sich entsprechende Symmetrieachsen.

30 Abstandhalter mit insgesamt 60 Metallatomen ein fußballartiges Gebilde, d. h. einen archimedischen Körper (Abb. 18, links). Ein archimedischer Körper weist nicht nur eine Art regelmäßiger Vielecke auf wie die platonischen Körper, jedoch sind alle seine Ecken identisch.

Spannend ist, dass die Struktur unseres molekularen Gebildes der eines sehr einfachen kugelförmigen Virus[10] ähnelt (Abb. 16) und einem Teil des frühen spekulativen Kosmosmodells von Kepler entspricht (Abb. 17). Denn 12 der 132 Metallatome, die alle zusammen eine Kugel bilden, spannen ein Ikosaeder auf. Mit verschieden langen Abstandhaltern kann man verschieden große Kugeln bauen und verschiedene archimedische Körper realisieren (Abb. 18). Darum haben wir im Titel der Publikation auch von einer »archimedischen Synthese« gesprochen. Speziell im Fall der molekularen Riesenkugel in Abb. 16 wird von den Abstandhaltern ein abgestumpftes Ikosaeder gebildet (vgl. hierzu Abb. 2, Abb. 6 und Abb. 18, links).

Bei den geschilderten kugelförmigen Gebilden sind wir wieder bei den Wurzeln der Pythagoreer angelangt. Dies nicht nur bezogen auf die Geometrie, sondern auch auf die Allgegenwart der ganzen Zahlen. Man benötigt sowohl zur Konstruktion der Chemiekugeln als auch der kugelförmigen Gestalten unseres täglichen Lebens, nämlich des Fußballs und bestimmter Viren, genau 12 pentagonale Einheiten. Noch faszinierender ist, dass man weniger symmetrische – und zwar radförmige – molekulare Gebilde erhält, wenn man die pentagonalen Einheiten etwas deformiert. Dann kann man mit 14 oder 16 statt 12 solcher Fragmente verschieden große Ringe erzeugen (Abb. 19). Wegen dieser Zusammenhänge haben wir in einer

10) Diese zeichnen sich in den meisten Fällen durch ein 60fach in identischer Weise gepacktes, fundamentales Strukturmotiv aus, das pentagonalen und hexagonalen, aus Proteinen bestehenden Einheiten zugeordnet werden kann. Das einfachste Virus in Abb. 16 weist nur Pentagone auf.

Abb. 17 Keplers Portrait und sein frühes Kosmosmodell, das wie die gezeigte Bielefelder Riesenkugel u. a. ein Ikosaeder mit fünfzähliger Symmetrie in einer Kugelschale zeigt: Titelbild eines Hefts der Zeitschrift *Angewandte Chemie*.

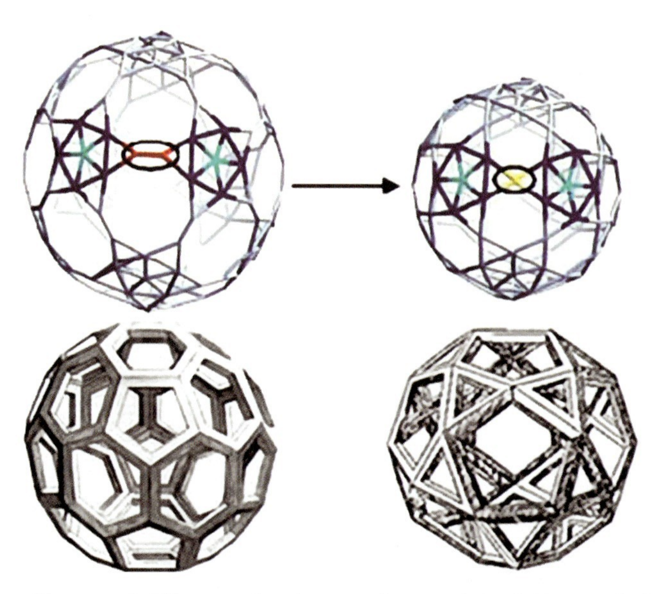

Abb. 18 Bielefelder Riesenkugeln mit großen Hohlräumen und Poren: Das »Sizing« von beiden erfolgt durch Verwendung verschieden langer Abstandhalter (in rot und gelb) für die pentagonalen Basiseinheiten. Die 30 Abstandhalter bilden jeweils die unten angegebenen archimedischen Körper mit 12 Pentagonen, die von Leonardo da Vinci erstellt wurden und im Buch von Pacioli *Divina Proportione* zu finden sind.

Abb. 19 Kugel- und radförmige Riesenmoleküle – Pythagoras hätte sicherlich Gefallen daran gefunden. Titelbild der Zeitschrift *Chemical Communications*.

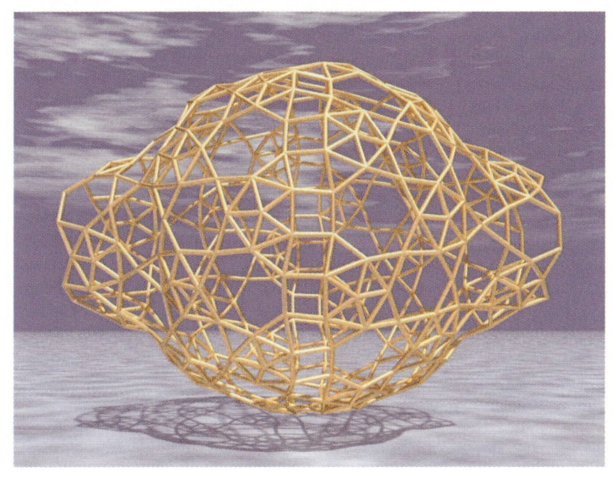

Abb. 20 Der Nanoigel mit 368 Molybdänatomen und pentagonalen Einheiten. Auf der *Nature*-Homepage wurde das Gebilde von Philip Ball wegen seiner Farbe auch als *Blue Lemon* bezeichnet.

Publikation von »pythagoreischer Harmonie« gesprochen. Man kann hier aber auch von magischen Zahlen sprechen, die die Größe und Form der Objekte bestimmen[11]. Die Zahlenmystik der Pythagoreer leuchtet wieder durch. Pentagonale Einheiten sind auch die Basiselemente eines ungewöhnlichen, aus mehr als zweitau-

11) Es gibt zahlreiche Phänomene der modernen Wissenschaft, die sich mit ganzen Zahlen beschreiben lassen. Ein anschauliches Beispiel entspricht der Entdeckung des schweizerischen Schullehrers Johann Jakob Balmer (1825–1898). In seiner Schule in Bern fand er, dass sich die Wellenlängen der Wasserstoffatomspektrallinien, die eine Serie bilden, durch ganze Zahlen – oder genauer durch Brüche aus ganzen Zahlen – beschreiben lassen.

send Atomen bestehenden Moleküls von der Größe des Proteins Hämoglobin und mit der Form eines Igels, über das zahlreiche Zeitungen wie *Die Zeit* und die *Neue Zürcher Zeitung* berichteten (Abb. 20).

Es sollte noch ergänzt werden, dass in den ubiquitären Nucleinsäuren der Natur neben den vier informationstragenden Basen und den Phosphatresten nur fünfgliedrige Zuckerringe und nicht die dem Chemiker wohlbekannten sechsgliedrigen vorkommen. Letztere sind nach Arbeiten des bekannten schweizerischen Chemikers Albert Eschenmoser (geb. 1925) weniger flexibel und würden kein funktionsfähiges genetisches Material erzeugen.

Fünfecke, Parkettierungsprobleme und Aufsehen erregende Kristalle: *Matière À Paradoxes* oder Überraschungen durch Chemie

> *Das Reich dieser Sekte (Fünfecke) ist ungesellig ... Will man diese überallhin fortsetzen, so muss man gewisse Ungetüme heranziehen, nämlich die Verbindung zweier Zehnecke, von denen je zwei Seiten weggenommen sind.*
> Johannes Kepler (1571–1630) zum Versuch, mit Fünfecken eine ebene Fläche zu parkettieren

> *Cold water on icosahedral symmetry*
> *Linus Pauling has produced an alternative explanation of the observation that solid manganese-aluminium alloy may have 5-fold symmetry on the atomic scale.*
> Schlagzeilen in *The New York Times* und dem Magazin *Nature* nach der Entdeckung einer ungewöhnlichen Verbindung (Abb. 21)

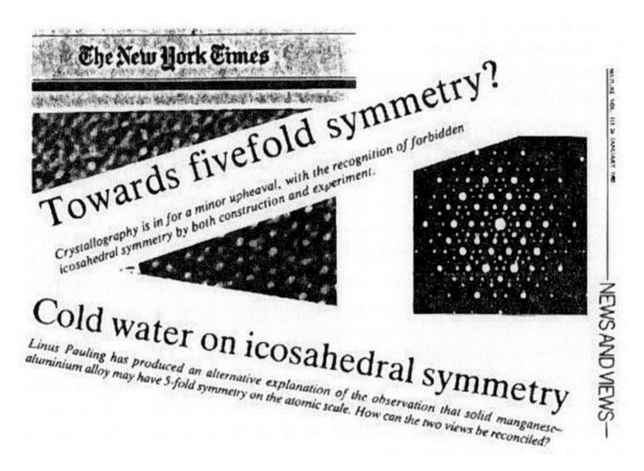

The New York Times

Towards fivefold symmetry?

Crystallography is in for a minor upheaval, with the recognition of forbidden icosahedral symmetry by both construction and experiment.

Cold water on icosahedral symmetry

Linus Pauling has produced an alternative explanation of the observation that solid manganese-aluminium alloy may have 5-fold symmetry on the atomic scale. How can the two views be reconciled?

NEWS AND VIEWS

Abb. 21 Schlagzeilen aus der Zeitung *The New York Times* und dem Wissenschaftsmagazin *Nature* zur Entdeckung der Quasikristalle.

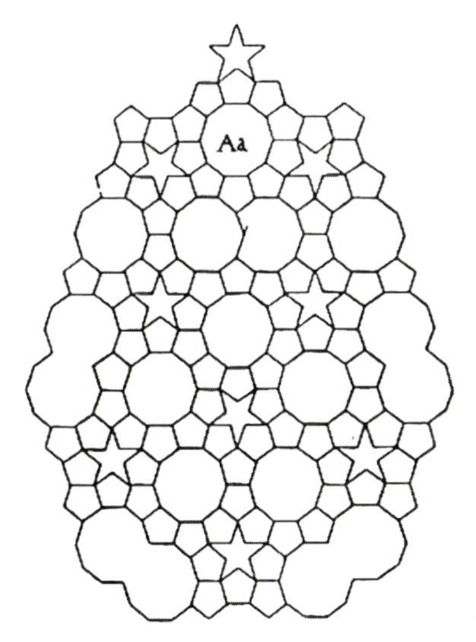

Abb. 22 Parkettierung unter Verwendung von Fünfecken nach Kepler (vgl. obiges Zitat).

Die Böden zahlreicher Räume wurden mit dem Ziel parkettiert, Nützliches und ästhetisch Schönes zu verbinden. Man stößt allerdings, wie schon Johannes Kepler (Abb. 22), auf Schwierigkeiten, wenn man mit regelmäßigen Fünfecken eine Ebene pflastern will. Bei dem Versuch, regelmäßige Fünfecke ohne Zwischenräume aneinander zu legen, scheitert man. Ein drittes Pentagon lässt sich nicht gleichzeitig an die Kanten zweier anderer dicht anlegen (Abb. 23). Dies ist ein Phänomen, das in der Festkörperphysik in Anlehnung an die Begriffsbedeutung im gesellschaftlichen Bereich als Frustration bezeichnet wird. Dagegen ergibt sich ein halbes Dodekaeder, wenn man bei der Aneinanderreihung von sechs Pentagonen versucht, den Platz zwischen diesen zu minimieren (Abb. 23).

Einer hiermit zusammenhängenden Frage ging der Mathematiker Roger Penrose (geb. 1931) nach – nämlich ob man mit mehreren Formen, unter Einbeziehung von Fünfecken, Flächen komplett parkettieren kann. Beim ersten von ihm publizierten aperiodischen Parkett brauchte Penrose neben dem Fünfeck, das es »alleine nicht schafft«, noch drei weitere Formen (Abb. 24). Später experimentierte er erfolgreich mit nur zwei Formen (Abb. 25). Man kann diese beiden Formen so aneinander setzen, dass die Fläche ein begrenztes Maß an Symmetrie aufweist, wobei man die Muster allerdings nicht derart parallel verschieben (translatieren) kann, dass sie – wie dies z. B. bei regelmäßigen Vierecken der Fall ist – zur Deckung gebracht werden.

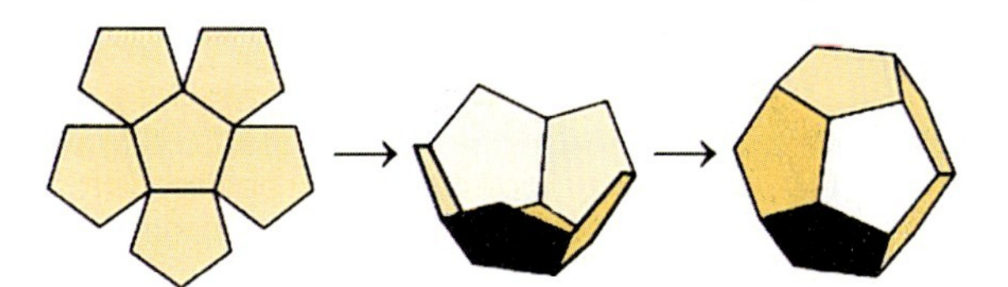

Abb. 23 Von Pentagonen zum Dodekaeder.

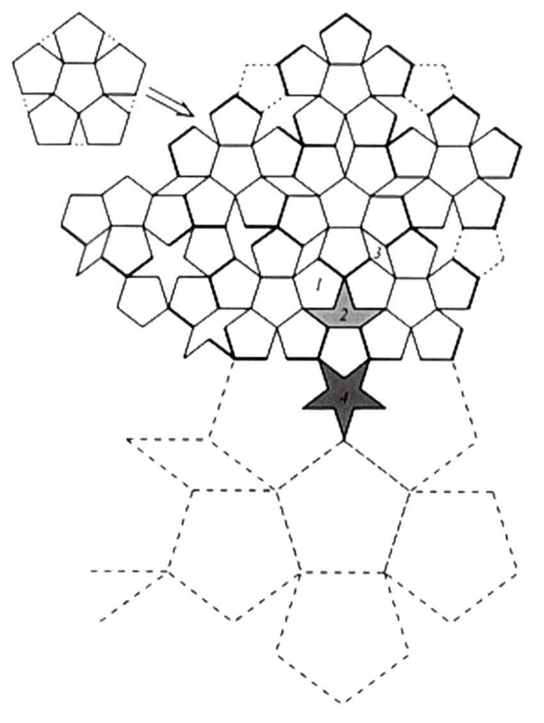

Abb. 24 Erster Versuch von Penrose zur Parkettierung mit Fünfecken.

Abb. 25 Penrose gelingt auf elegante Weise eine Parkettierung mit nur zwei rautenförmigen, Salmiakpastillen ähnlichen Bausteinen, die z. T. pentagonale Einheiten bilden.

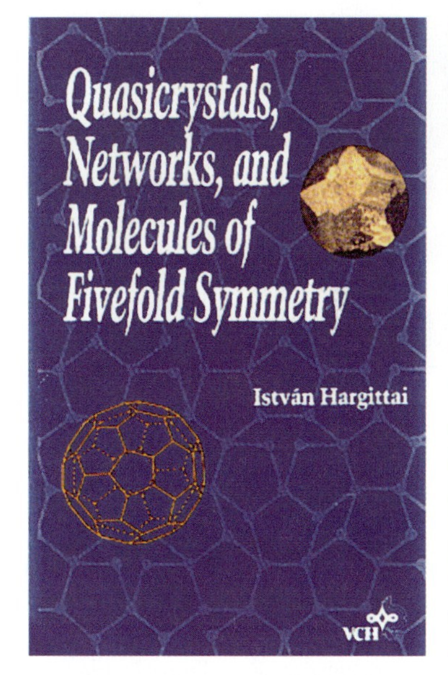

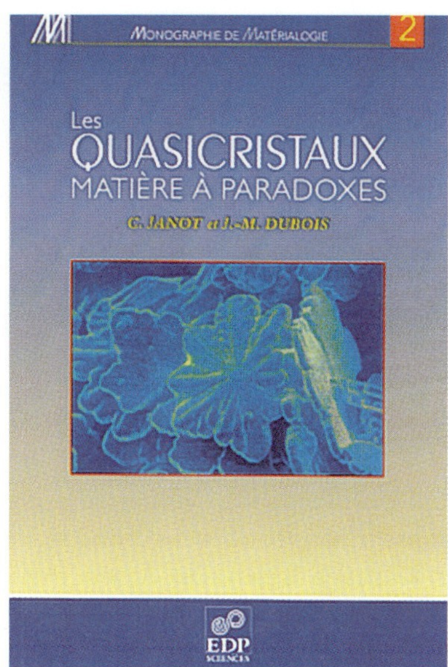

Abb. 26 Titelbilder von Büchern über Quasikristalle von I. Hargittai mit dem Buckyball und einer Parkettierung sowie von C. Janot und J.-M. Dubois mit »Morphologies ›florales‹ d'une phase approximante de structure décagonale du système AlCuFeCr«.

Entsprechend gelingt es nicht, mit Dodekaedern, Ikosaedern und sechs der dreizehn archimedischen Körper, die ebenfalls eine fünfzählige Symmetrieachse aufweisen, einen dreidimensionalen Raum auszufüllen, ohne Lücken zu hinterlassen. Gleichermaßen kann man mit so genannten Elementarzellen[12] mit diesem Symmetrieelement keinen Kristall aufbauen. Diese Erkenntnis hatte dazu geführt, dass sich Physiker früher nicht für Körper mit fünfzähliger Symmetrie interessierten. In älteren Lehrbüchern der Physik kann man beispielsweise nachlesen, Ikosaeder seien von keinerlei physikalischem Interesse. Und der oben erwähnte bekannte Mathematiker Donald Coxeter vertrat in einer älteren Ausgabe eines seiner Bücher irrtümlicherweise sogar die Auffassung, ikosaederförmige Moleküle könnten von der Chemie nicht synthetisiert werden.

Doch dann synthetisierten Dan Shechtman und Mitarbeiter 1982 eine kristallähnliche Substanz, die ein fünfzähliges Röntgenbeugungsmuster zeigte, und in der Bereiche mit fünfzähliger Symmetrie vorkamen![13] Man nannte die Substanz und

12) In einem klassischen Kristall sind Atome und/oder Moleküle derart regelmäßig angeordnet, dass er sich aus identischen Elementarzellen – etwa wie eine Mauer aus Backsteinen – periodisch zusammensetzen lässt. Daher glaubte man bis zum Jahre 1982, dass nur bei Kristallen mit dieser periodischen Anordnung scharfe Reflexe im Röntgenbeugungsbild vorkommen. (Das Beugungsmuster spiegelt die Symmetrie der Kristalle wider.)

13) Shechtman und seine Mitarbeiter hatten die genannte Verbindung durch Aufspritzung einer Schmelze aus Aluminium und Mangan auf eine schnell (!) rotierende Scheibe hergestellt. Die schnelle »Verfestigung« verhinderte dabei die Herausbildung einer völlig geordneten Struktur. Um im Bilde zu bleiben: Die Herstellung von Ordnung erfordert hier – wie auch im täglichen Leben – Zeit.

Abb. 27 Dodekaederförmige *(rechts)* und würfelförmige *(links)* Pyritkristalle.

später gefundene verwandte Verbindungen quasikristallin (Abb. 26), da sie nur quasi-periodische Muster aufweisen und sich nicht aus einer einzigen elementaren Baueinheit aufbauen lassen. Die Atome in diesen Verbindungen zeigen aber eine charakteristische Art regulärer Verteilung, die eine Fernordnung mit fünfzähliger Symmetrie besitzt. Mit der Entdeckung von Shechtman war sicherlich nur ein kleines Paradigma der Wissenschaft zerstört worden und kein großes. Dem Entdecker erging es auch nicht wie dem Pythagoreer, der die ganzen Zahlen um die irrationalen Zahlen erweitert hatte. Shechtman wurde geehrt. Die Substanz mit fünfzähliger Symmetrie heißt heute *Shechtmanit.* Jedoch waren die Nachbeben in der Wissenschaft immerhin so stark, dass nicht nur dem bekanntesten Wissenschaftsmagazin *Nature,* sondern selbst Tageszeitungen wie *The New York Times* die Entdeckung eine Meldung wert war. Die Überraschung, die man empfand, wird auch durch den Titel eines wissenschaftlichen Buchs signalisiert (Abb. 26, rechts). Aber nicht nur die Entdeckung von Shechtman war eine Überraschung. Auch die Ausprägung dodekaedrischer Kristallformen mit ihren pentagonalen Flächen ist eigentlich unerwartet, da die Kristallform die sichtbare Spur des Kristallgitters und damit der Elementarzellen darstellt. Dodekaederformen beobachtet man z. B. neben Würfelformen beim Mineral Pyrit, das aus Eisen- und Schwefelatomen aufgebaut ist (Abb. 27).

Von dodekaederförmigen Kristallen zu Dodekaedern im pythagoreischen Wassertropfen

Wasser ist der Urgrund
Thales von Milet (nachzulesen in der *Metaphysik* von Aristoteles)

Wasser war die Grundlage der Welt und aller ihrer Geschöpfe.
Paracelsus

Die in Abb. 18 (links) wiedergegebene molekulare Riesenkugel enthält in ihrem großen Hohlraum 100 Wassermoleküle. Schließt man die 20 relativ großen Poren,

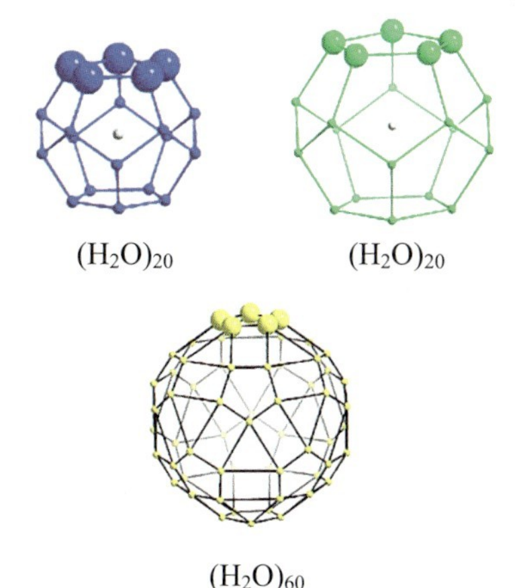

Abb. 28 Ein pythagoreischer Wassertropfen (links), der in der molekularen Riesenkugel der Abb. 18 (links) eingefangen werden kann. Das aus 100 H_2O-Molekülen gebildete Aggregat zeigt ineinandergeschachtelt zwei platonische Dodekaeder und einen archimedischen Körper (rechts). Bemerkenswert: Jeder der drei Körper weist 12 Pentagone auf.

so geschieht etwas Außergewöhnliches: Die vorher chaotisch angeordneten Moleküle ordnen sich zu einem hoch symmetrischen Nanowassertropfen, in dem man bei genauem Hinsehen $3 \times 12 = 36$ Pentagone erkennen kann (Abb. 28). Pythagoras hätte sicherlich seine Freude daran gehabt, zumal man auch im flüssigen Wasser pentagonale Einheiten nachgewiesen hat. Die Struktur lässt sich in einfacher Darstellung so beschreiben, dass sich im Zentrum des Nanotropfens ein $\{H_2O\}_{20}$-Dodekaeder befindet, auf das ein größeres $\{H_2O\}_{20}$-Dodekaeder aufgesetzt ist und Letzteres von einem komplexeren archimedischen $\{H_2O\}_{60}$-Körper[14] umgeben ist. Jeder der drei Körper enthält jeweils die oben erwähnten 12 Fünfecke. Die Wassermoleküle sind im Inneren des Tropfens derart miteinander verbunden, dass jedes einzelne tetraedrisch von vier anderen umgeben ist. Damit könnte es sich um einen Ausschnitt bzw. Schnappschuss für einen Bereich des flüssigen Wassers handeln, über dessen Struktur sich die Wissenschaftler noch heute streiten. Vielleicht kann uns die neue Entdeckung helfen, dieses Geheimnis zu lüften – auch wenn sich die beschriebene Wasserstruktur in einem »dunklen« Cluster-Hohlraum bildet.

Wir sind also wieder beim Dodekaeder mit seinen 12 Fünfecken angelangt, dessen Existenz, so die Mär, Pythagoras in nicht altruistischer Weise geheim halten wollte – vielleicht um allein den Anblick des schönen Körpers genießen zu können. Speziell das zentrale $\{H_2O\}_{20}$-Dodekaeder spielt wegen seines Vorkommens in so genannten Clathrat-Hydraten (clatratus = Käfig) eine Rolle. Hierbei handelt es sich um Käfig-Einschlussverbindungen, die beim Gefrieren von Wasser entstehen, wobei in die sich hierbei bildenden Hohlräume kleine anwesende Moleküle – beispielsweise Methan – als »Gäste« eingelagert werden. Natürliche Clathrate sind die Methan-Gasfelder in Sibirien.

14) Dieser weist neben 12 Pentagonen noch Vierecke und Dreiecke auf.

Das Auftreten von Fünfringen in chemischen Verbindungen hat Konsequenzen. Wer ihr Verhalten verstehen will, muss eine Brücke zur Mathematik schlagen, die ihrerseits zur Philosophie führt. Alles hängt eben mit allem zusammen – was übrigens die griechischen Philosophen der Antike schon erkannten. Zur Bedeutung ihrer Gedanken für unsere heutige Wissenschaft äußerte sich der bedeutende Physiker und Nobelpreisträger Erwin Schrödinger (1887–1961) in seinem Buch *Die Natur und die Griechen* wie folgt: »Ohne Gleichnis gesprochen, es ist meine Meinung, daß uns heute die Philosophie der Griechen deshalb so sehr anzieht, weil nirgends auf der Welt, weder vorher noch nachher, ein so fortgeschrittenes, wohlgegliedertes Gebäude aus Wissen und Nachdenken errichtet worden ist, ohne die verhängnisvolle Spaltung, die uns jahrhundertelang gehemmt hat und heute unerträglich geworden ist.«

Anhang: Ergänzendes zum Pentagramm/Pentagon und Goldenen Schnitt[15)]

Göttliche Proportion (Divina Proportione): Werk für alle scharfsinnigen und neugierigen Talente, unentbehrlich für jeden Gelehrten der Philosophie, Perspektive, Malerei, Skulptur, Architektur, Musik und anderer anmutiger, feinsinniger und bewunderungswürdiger mathematischer Lehrsätze zur Befolgung und Ergötzung, mit verschiedenen Fragen der geheimsten Wissenschaft.
Luca Pacioli, *De Divina Proportione*, 1509

Der *Goldene Schnitt* begegnet uns vielfältig in Mathematik, Natur und Kunst (Abb. 29). Der Wissenschaftshistoriker Ernst Peter Fischer schreibt z. B. in seinem Buch *Das Schöne und das Biest* über die berühmte Proportionsskizze des Leonardo da Vinci von ca. 1490 nach dem Schema des altrömischen Architekten Vitruvius (Abb. 30): Sie zeigt sich uns in einer Art »als ob sie ein Pentagramm imitieren wollte. Der Goldene Schnitt leuchtet überall durch«. Die Griechen nahmen an, dass der Goldene Schnitt g das ideale Verhältnis für die Seiten eines Rechtecks sei, da dies vom Auge als besonders angenehm empfunden würde. Entsprechend fügt sich auch die Vorderfront des Parthenons auf der Akropolis in Athen dem *Goldenen*

15) Der Goldene Schnitt erfüllt die *stetige Teilung*, die schon bei Euklid erwähnt wird: Das Ganze (1) verhält sich zum größeren Teil (g) wie der größere Teil (g) zum kleinen Teil (1 – g). Dies entspricht der Proportion $1 : g = g : (1 - g)$ oder der quadratischen Gleichung $g^2 + g - 1 = 0$. Diese hat die irrationale Zahl $g = (\sqrt{5} - 1)/2 = 0{,}618033989...$ als positive Wurzel, d. h. eine unendlich fortlaufende, nicht periodische Dezimalzahl wie z. B. π. Für die Mathematiker sind die geheimnisvollen irrationalen Zahlen, die nie genau vollständig aufgeschrieben werden können, ein faszinierendes Forschungsobjekt (vgl. Abb. 1).

Man kann die Lösung der obigen quadratischen Gleichung durch folgenden Kettenbruch darstellen:

$$g = \frac{1}{1+g} = \frac{1}{1+\frac{1}{1+g}} = \quad ... \quad = \frac{1}{1+\frac{1}{1+\frac{1}{1+\frac{1}{...}}}}$$

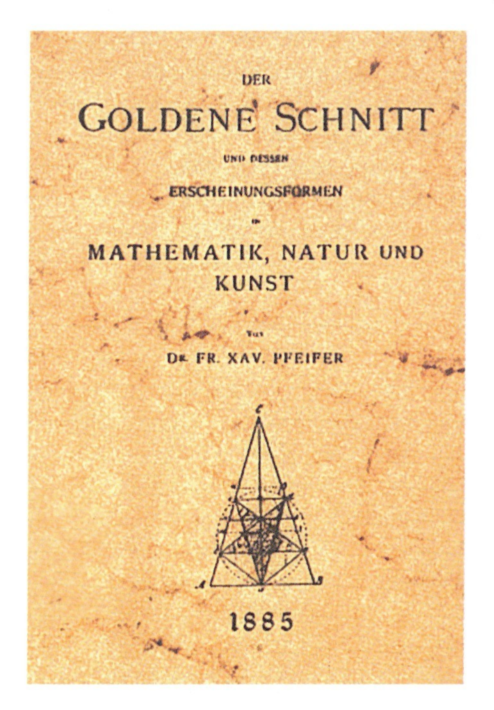
DER

GOLDENE SCHNITT

UND DESSEN

ERSCHEINUNGSFORMEN

IN

MATHEMATIK, NATUR UND KUNST

VON

DR. FR. XAV. PFEIFER

1885

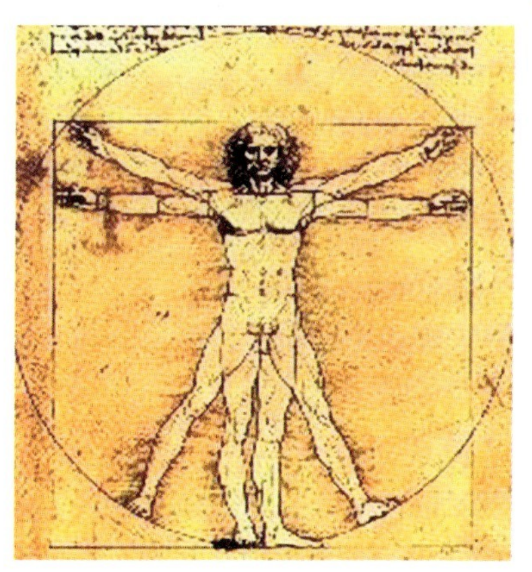

Abb. 30 Die berühmte Proportionsskizze eines menschlichen Körpers von Leonardo da Vinci.

Abb. 29 Titelbild eines Buchs über den Goldenen Schnitt.

Rechteck ein (Abb. 31). Der Goldene Schnitt lässt sich nicht nur bei Vielecken, wie z. B. beim Fünfeck, sondern auch in regulären Körpern mit entsprechenden Symmetrieelementen erkennen. Im bereits erwähnten Ikosaeder mit fünfzähliger Rotationssymmetrie bilden die 12 Ecken drei Goldene Rechtecke, die paarweise senkrecht aufeinander stehen. Die längeren Seiten dieser Rechtecke sind die Diagonalen der 12 Fünfecke, die im Ikosaeder die Basis der 12 aus aneinandergrenzenden Dreiecken geformten pentagonalen Pyramiden bilden (Abb. 31). Hierüber berichtete

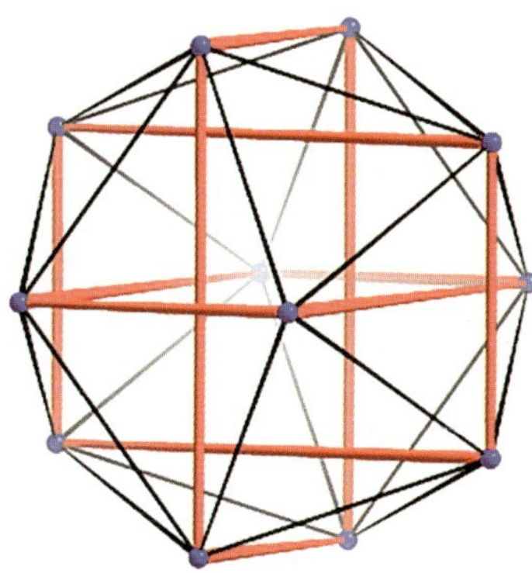

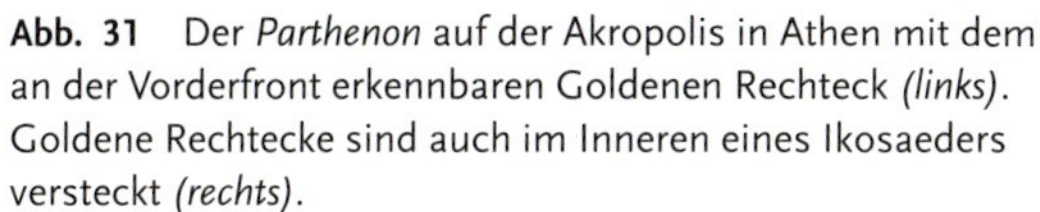

Abb. 31 Der *Parthenon* auf der Akropolis in Athen mit dem an der Vorderfront erkennbaren Goldenen Rechteck *(links)*. Goldene Rechtecke sind auch im Inneren eines Ikosaeders versteckt *(rechts)*.

schon der von Leonardo da Vinci (ca. 1452–1519) und Piero della Francesca (ca. 1420–1492) (vgl. dessen Werk *De corporibus regularibus*) beeinflusste Mathematiker Luca Pacioli (ca. 1445–1515)[16)] in seinem Buch *De divina proportione*, das von Künstlern, wie etwa Albrecht Dürer, intensiv studiert wurde. Pacioli würdigte die Proportion des Goldenen Schnitts als die Schönste aller Proportionen und erhob den Goldenen Schnitt zum Gegenstand seines von Leonardo da Vinci illustrierten Werks. Als Pacioli seine Thesen anlässlich eines wissenschaftlichen Wettkampfs (*scientifico duello*) in Mailand vortrug, waren der Herzog von Mailand und Leonardo da Vinci anwesend.

In diesem Zusammenhang sind spätere Untersuchungen des Philosophen der Ästhetik Gustav Theodor Fechner (1801–1887) zur Subjektivität ästhetischer Empfindungen interessant. Seine Umfrage ergab, dass unter zehn gezeigten Rechtecken dasjenige, dessen Seiten im Verhältnis des Goldenen Schnitts stehen, überwiegend für das Schönste gehalten wird. Anwendung fand der Goldene Schnitt auch in der modernen Kunst – beispielsweise durch den berühmten Architekten Le Corbusier als Gegengewicht gegenüber rationalen Verhältnissen.

Die Proportionalität des Goldenen Schnitts taucht auch in der Natur auf (Abb. 29), z. B. bei spiraligen Blattanordnungen im Einklang mit einer pythagoreischen Zahlenmystik.[17)] Hierbei gibt es einen Bezug zu den so genannten *Fibonacci-Zahlen* (1, 1, 2, 3, 5, 8, 13, 21, 34, 55 ...), d. h. einer Reihe, bei der jedes Glied der Summe der vorhergehenden Glieder entspricht. Bemerkenswert ist weiterhin: Die aus zwei aufeinander folgenden Gliedern gebildeten Brüche – entsprechend der Reihe 1/2, 2/3, 3/5, 5/8 – streben immer mehr zur *Goldenen Zahl* g. Diese Brüche gehören zu den von Kepler besonders ausgezeichneten Harmonien und entsprechen den Tonintervallen Oktave, Quinte, große Sexte und kleine Sexte. Der Goldene Schnitt liegt hierbei zwischen großer Sexte (3/5 = 0,6) und kleiner Sexte (5/8 = 0,625).

Danksagung

Ich danke Dr. Bruno Redeker für zahlreiche anregende Diskussionen, Prof. Dr. Dr. h.c. Herbert Hörz und Dr. Paul Kögerler für die kritische Durchsicht des Manuskripts sowie dem Fonds der Chemischen Industrie für großzügige finanzielle Unterstützung.

16) Er war wohl der erste Westeuropäer, der die platonischen Körper und die fünf entsprechenden abgestumpften archimedischen Körper beschrieb.

17) Wir erkennen zwischen nächsten Nachbarn im Gitter von Blüten Verbindungslinien, die sich zu einem Satz rechtsdrehender und einem Satz linksdrehender Spiralen formen. Hierbei ist die Anzahl der Spiralen für die beiden Sätze unterschiedlich, wobei die beiden Zahlen im Allgemeinen ein Paar benachbarter Fibonacci-Zahlen bilden: Man zählt drei und fünf Spiralen bei Kiefernzapfen, fünf und acht bei Tannenzapfen, acht und dreizehn bei Ananasfrüchten, 13 und 21 bei Gänseblümchen, 21 und 34 sowie 34 und 55 bei Sonnenblumen und Disteln – und zwar je nachdem, wie dicht die Blätter gepackt sind (vgl. P. H. Richter, H.-J. Scholz ‚Der Goldene Schnitt in der Natur: Harmonische Proportionen und die Evolution' in B.-O. Küppers (Hrsg.) *Ordnung aus dem Chaos: Prinzipien der Selbstorganisation und Evolution des Lebens*, Piper, München, 1991, S. 175).

Literatur

Allgemeine Literatur

1 C. Thaer (Hrsg.), *Euklid: Die Elemente Buch I–XIII,* Wiss. Buchgesellschaft, Darmstadt, 1991.

2 C. Andresen, H. Erbse, O. Gigon, K. Schefold, K. F. Stroheker, E. Zinn (Hrsg.), *Lexikon der Alten Welt* (Band 1–3) Weltbild, Augsburg, 1994.

3 I. Stewart, *Die Zahlen der Natur: Mathematik als Fenster zur Welt,* Spektrum, Heidelberg, 1998.

4 E. P. Fischer, *Die andere Bildung: Was man von den Naturwissenschaften wissen sollte,* Ullstein, München, 2001.

5 E. P. Fischer, *Das Schöne und das Biest: Ästhetische Momente in der Wissenschaft,* Piper, München, 1997.

6 C. J. Scriba, P. Schreiber, *5000 Jahre Geometrie: Geschichte, Kulturen, Menschen,* Springer, Berlin, 2001.

7 P. Baptist, *Pythagoras und kein Ende?,* Klett, Leipzig, 1998.

8 P. Strathern, *Pythagoras & sein Satz,* Fischer, Frankfurt am Main, 1999.

9 S. Singh, *Fermats letzter Satz: Die abenteuerliche Geschichte eines mathematischen Rätsels* (6. Aufl.), DTV, München, 2001.

10 U. Dudley, *Die Macht der Zahl: Was die Numerologie uns weismachen will,* Birkhäuser, Basel, 1999.

11 A. Deutsch (Hrsg.), *Muster des Lebendigen: Faszination ihrer Entstehung und Simulation,* Vieweg, Braunschweig, 1994.

12 J. D. Barrow, *Ein Himmel voller Zahlen: Auf den Spuren mathematischer Wahrheit,* Rowohlt, Hamburg 1999.

13 H. Zankl, *Die Launen des Zufalls: Wissenschaftliche Entdeckungen von Archimedes bis heute,* Primus Verlag, Darmstadt, 2002.

14 K. Devlin, *Muster der Mathematik: Ordnungsgesetze des Geistes und der Natur,* Spektrum, Heidelberg, 2002.

15 H. Lauwerier, *Unendlichkeit: Denken im Grenzenlosen,* Rowohlt, Hamburg, 1993.

16 A. Beutelspacher, *Mathematik für die Westentasche,* Piper, München, 2001.

17 P. Ball, *H_2O: Biographie des Wassers,* Piper, München, 2001.

18 D. E. Ingber, *Architekturen des Lebens,* Spektrum der Wissenschaft, 1998, Märzheft, S. 32.

19 R. Ineichen, *Würfel und Wahrscheinlichkeit: Stochastisches Denken in der Antike,* Spektrum, Heidelberg, 1996.

Weiterführende Literatur

20 I. Hargittai, T.C. Laurent (Hrsg.), *Symmetry 2000,* Portland Press, London, 2002 (Parts 1 und 2).

21 K. Barck, M. Fontius, D. Schlenstedt, B. Steinwachs, F. Wolfzettel (Hrsg.), *Ästhetische Grundbegriffe* (Band 3), Metzler, Stuttgart, 2001.

22 K. Mainzer, *Symmetrien der Natur: Ein Handbuch zur Natur- und Wissenschaftsphilosophie,* de Gruyter, Berlin, 1988.

23 I. Hargittai (Hrsg.), *Quasicrystals, Networks, and Molecules of Fivefold Symmetry,* VCH, New York, 1990; I. Hargittai, M. Hargittai, *In Our Own Image: Personal Symmetry in Discovery,* Kluwer/Plenum, New York, 2000.

24 A. Müller, *Chemie und Ästhetik – die Formenvielfalt der Natur als Ausdruck ihrer Kreativität,* ZiF (Zentrum für interdisziplinäre Forschung der Universität Bielefeld) *Mitteilungen,* Heft 4, 1999, S. 7.

25 D. R. Nelson, *Quasikristalle,* in: *Chaos und Fraktale,* Spektrum der Wissenschaft: Verständliche Forschung, Spektrum, Heidelberg, 1989, S. 154.

26 H. Walser, *Der Goldene Schnitt,* 2. Aufl., Teubner, Stuttgart, 1996.

27 F. X. Pfeifer, *Der Goldene Schnitt und dessen Erscheinungsformen in Mathematik, Natur und Kunst,* Sändig, Wiesbaden, 1992 (Unveränderter Neudruck der Ausgabe von 1885).

28 H. S. M. Coxeter, *Introduction to Geometry* (2nd Edn.), Wiley, New York, 1989.

29 C. Winterberg (Hrsg., Übersetzung, erläutert), *Fra Luca Pacioli, Divina Proportione: Die Lehre vom Goldenen Schnitt* (nach der venezianischen Ausgabe, 1509), Graeser Verlag, Wien, 1889.

30 L. Zhmud, *Wissenschaft, Philosophie und Religion im frühen Pythagoreismus,* Akademie Verlag, Berlin, 1997.

31 D. Arasse, *Leonardo da Vinci,* Dumont, Köln, 1999.

32 K.-H. Göttert, *Magie: Zur Geschichte des Streits um die magischen Künste unter Philosophen, Theologen, Medizinern, Juristen und Naturwis-*

senschaftlern von der Antike bis zur Aufklärung, Fink, München, 2001.
33 R. Fichtner, *Die verborgene Geometrie in Raffaels Schule von Athen*, Oldenbourg, München, 1984.
34 B.-O. Küppers (Hrsg.), *Ordnung aus dem Chaos: Prinzipien der Selbstorganisation und Evolution des Lebens*, Piper, München, 1991.
35 D. J. O'Meara, *Pythagoras Revived: Mathematics and Philosophy in Late Antiquity*, Clarendon Press, Oxford, 1997.
36 E. Colerus, *Von Pythagoras bis Hilbert*, Rowohlt, Reinbek/Hamburg, 1969.
37 K. O. Friedrichs, *From Pythagoras to Einstein*, Random House, New York, 1965.
38 W. Kranz, *Die Griechische Philosophie: Zugleich eine Einführung in die Philosophie überhaupt*, Parkland Verlag, Köln, 1997.
39 L. Mlodinow, *Euclid's Window: The Story of Geometry from Parallel Lines to Hyperspace*, The Free Press, New York, 2001.
40 M. White, *Leonardo: The First Scientist*, Abacus, London, 2001.
41 W. W. Rouse Ball, H. S. M. Coxeter, *Mathematical Recreations and Essays*, Dover, New York, 1987.
42 A. Müller, P. Kögerler, C. Kuhlmann, *A variety of combinatorially linkable units as disposition: from a giant icosahedral Keplerate to multi-functional metal-oxide based network structures*, Chemical Communications 1999, 1347–1358.
43 A. Müller, P. Kögerler, H. Bögge, *Pythagorean Harmony in the World of Metal Oxygen Clusters of the* $\{Mo_{11}\}$ *Type: Giant Wheels and Spheres both Based on a Pentagonal Type Unit*, Structure and Bonding 96, 2000, 203–236.
44 A. Müller, C. Beugholt, *The medium is the message*, Nature *383*, 1996, 296–297.
45 G.A. Jeffrey, *Hydrate Inclusion Compounds* in: Inclusion Compounds, Vol. 1 (Ed. J.L. Atwood et al.), Academic Press, New York, 1984.
46 A. Müller, *The Beauty of Symmetry*, Science *300*, 2003, 749-750.
47 N. Hall, *A. Müller – Bringing Inorganic Chemistry to Life*, Chem. Commun. Focus Article, 2003, 803–806.
48 J. Baldwin, *Bucky Works: Buckminster Fuller's Ideas for Today*, Wiley, New York, 1996.

Wie materiell ist Materie?

Reinhart Kögerler

Warum »Public Understanding of Science«?

Es besteht heute größtenteils Übereinstimmung darüber, dass es sinnvoll und notwendig ist, die Ergebnisse der Wissenschaften über die Grenzen der Wissenschaftsszene hinaus öffentlich bekannt zu machen. Diese Aufgabe wird weitgehend den Wissenschaftlern selbst zugeschrieben. Etwa benennt das deutsche Hochschulrahmengesetz neben Forschung und Lehre auch die Förderung des Wissens- und Technologietransfers in die Gesellschaft als eine der Aufgaben von Universitäten.

Die Forderung erscheint so einsichtig, dass kaum noch darüber nachgedacht wird, was genau eigentlich damit bezweckt werden soll. Zwar haben die Wissenschaftler auch selbst ein gewisses Interesse an dieser Aufgabe, weil sie nämlich hoffen, durch (möglichst reißerisches) Popularisieren ihrer Ergebnisse ihre Tätigkeit und damit auch die dafür notwendigen öffentlichen Mittel rechtfertigen zu können. Doch über diese zwar legitime aber eher eigennützige Motivation hinaus fehlt eine klare Vorstellung von den eigentlichen Zielen derartiger Aktivitäten. Sie ist jedoch nötig, wenn das wissenschaftliche Wissen in effizienter Weise und zum maximalen Nutzen der Gesellschaft vermittelt werden soll.

Soweit ich sehe, sind im Wesentlichen zwei seriöse Motive denkbar: Das eine gründet auf der alten Idee der Aufklärung vom Wert jeder Bildung schlechthin, insbesondere der so genannten Allgemeinbildung, und erachtet die laufende Erweiterung des Bildungskanons bzw. seine Anpassung an das verfügbare (meist von Wissenschaftlern erzeugte) Wissen als wichtig und notwendig – sowohl für den Einzelnen (weil er dadurch in die Lage versetzt wird, seine Position genauer zu überblicken und sein Leben selbstbestimmt zu führen) als auch für die Gesellschaft insgesamt (weil der Wohlstand einer wissensbasierten Gesellschaft in zunehmendem Maß vom Bildungsstand bestimmt ist). Das zweite Motiv geht von der Funktion der Wissenschaft innerhalb der politischen Entscheidungsprozesse aus: Die Wissenschaften bestimmen heute zunehmend die Struktur der Gesellschaft. Viele gesellschaftliche Umbrüche werden durch Fortschritte in einzelnen Wissenschaften und die damit verknüpften technischen Möglichkeiten induziert. Die Folge ist, dass die Politik (verstanden als Summe der Bemühungen zur Gestaltung der Gesellschaft) immer stärker mit den Auswirkungen der wissenschaftlichen Ergebnisse zu tun hat. Faktisch ist bereits ein Großteil der politischen Themenbereiche (Wirtschafts-,

Facetten einer Wissenschaft. Herausgegeben von Achim Müller

ISBN: 3-527-31057-6

Agrar-, Umwelt-, Sozialpolitik) weitgehend eine Wissenschafts- und Technologie-*Folgen*-Politik. Weil aber die Steuerung und Kontrolle der genannten Auswirkungen wieder wissenschaftlicher Analyse und wissenschaftlicher Erkenntnisse bedarf, ergibt sich die Notwendigkeit einer Handlungsgemeinschaft von Wissenschaft und Gesellschaft, deren zentrale Aufgabe darin besteht, den wissenschaftlich-technischen Fortschritt in gesellschaftliche Entwicklung zu transformieren. Das kann aber nur funktionieren, wenn die Ergebnisse der Wissenschaft von der Gesellschaft in angemessener Weise aufgenommen werden.

Man kann die genannten Motive umfassender darstellen durch die folgende Definition:

Ziel aller Bemühungen um ein öffentliches Verständnis der (und für die) Wissenschaften ist letztlich

- dass die Gesellschaft (in dem sie konstituierenden Diskurs) intellektuell auf der Höhe der Zeit bleibt
- dass der wissenschaftliche Fortschritt und die gesellschaftlichen Entwicklungen verknüpft bleiben
- dass die politischen Ideen, die wirksamen Weltbilder und die philosophischen oder religiösen Vorstellungen nicht hinter den durch die Wissenschaften ermöglichten intellektuellen Ansprüchen zurückbleiben.

Die Vermittlung wissenschaftlicher Ergebnisse sollte so geschehen, dass obige Ziele erreicht werden. Das bedeutet vor allem, dass sie die Intellektualität des Hörers herausfordern muss und sie nicht durch autoritäre Ansprüche (der Quasi-Unfehlbarkeit, der letzten Instanz etc.) niederdrückt.

Klärung der (meta)wissenschaftlichen Begriffe

Was macht nun die Vermittlung von wissenschaftlichen Ergebnissen für eine nichtwissenschaftliche Öffentlichkeit so schwierig? Warum gelingt sie so selten – trotz der Flut populärwissenschaftlicher Artikel, Bücher und Vorträge –, bzw. warum treffen all diese Bemühungen so selten den Kern? Ich glaube, es ist ein Problem der Sprache bzw. im engeren Sinn ein Problem der Begriffe – denn schließlich sind sie für das Verständnis wissenschaftlicher Ergebnisse entscheidend. Dabei geht es vor allem um zwei Arten von Begriffen:

- Begriffe, die zum Aufbau einer Theorie eingeführt werden müssen (so genannte »theoretische Terme«): Jede entwickelte wissenschaftliche Theorie bedarf zu ihrer schieren Formulierung solcher theoretischer Terme. Sie sind einerseits auf die spezielle Theorie bezogen und andererseits mit direkt Beobachtbarem irgendwie in Verbindung gesetzt. Diese empirische Fundierung ist meistens allerdings nur partiell möglich, sodass sich der volle Bedeutungsgehalt erst aus der gesamten Theorie erschließt. Beispiele für solche theoretischen Terme (aus verschiedenen naturwissenschaftlichen Theorien) sind: Masse, Energie, Entropie, Wellenfunktion, Orbital, Ligand,

Genom und Selektion. Wie man erkennt, handelt es sich in der Regel um Schlüsselbegriffe einer bestimmten Theorie. Folglich hat ihr umfassendes Verständnis eine ganz außerordentliche Bedeutung für das Verstehen des eigentlichen Gehalts der jeweiligen Theorie.

- Metatheoretische Begriffe: Das sind Begriffe, die gebraucht werden, um über Theorien zu reden und um verschiedene Theorien zu vergleichen bzw. um sie unter einem gemeinsamen Blickwinkel bewerten zu können. Beispiele dafür sind Begriffe wie Natur, Leben, Materie, Substanz, Seele, Zufall, Emergenz, Zeit und Raum. Sie werden in der Regel auch in vorwissenschaftlichen Gesprächen oder Konzepten verwendet und sind uns daher vertrauter als die erstgenannten Begriffe. Allerdings werden sie im Rahmen der Einzelwissenschaften meist nicht direkt thematisiert. Umso größere Bedeutung besitzen sie im Zusammenhang mit politischen Fragen (Ökologie, Risikoabschätzungen), ethischen Problemen (man denke an die Debatte um Anfang oder Ende des Lebens) sowie Weltbilddiskussionen (Leib-Seele-Problem). Vor allem in Bezug auf Letztere sollte nicht vergessen werden, dass die zur Formulierung unserer Welt- bzw. Gesellschaftsbilder verwendeten Begriffe oft nicht deckungsgleich mit der Begriffsstruktur der Einzelwissenschaften sind.

Das Gesagte verdeutlicht wohl schon die entscheidende Rolle, die dem Verständnis der wissenschaftlichen Begriffswelt im Rahmen von »public understanding of science« zukommt. Daher sollte sich eine Vermittlung bzw. Entschlüsselung wissenschaftlicher Erkenntnisse nicht auf die (vereinfachte) Erklärung einzelner Phänomene oder die Erhellung komplizierter Wirkketten beschränken, sondern sie muss sich auch und vor allem auf die Vermittlung der Bedeutung der auftretenden Begriffe einlassen – sie muss diese Begriffe (besonders wenn sie auch eine alltagssprachliche Konnotation besitzen) in ihrem heutigen (wissenschaftlichen) Begriffsgehalt verdeutlichen.

Der Begriff Materie

Ich möchte dies im Folgenden exemplarisch am Beispiel des Begriffs »Materie« versuchen, indem ich einige Aspekte diese Konzepts, wie sie aus den Ergebnissen der modernen Elementarteilchenphysik herausdestilliert werden können, erläutere. Dabei konzentriere ich mich vor allem auf jene Aspekte, die auch außerhalb der Physik – etwa im Rahmen philosophischer Fragestellungen – relevant sein können.

Die zugrunde gelegte Verstehenserwartung ist also nicht nur eine rein physikalische, sondern eine umfassendere. Daher beginne ich mit der Erinnerung, dass sowohl im vorwissenschaftlichen Sprachgebrauch als auch in weiten Zweigen der klassischen Philosophie der Begriff »Materie« meist in dichotomischen Konstellationen (Gegensatzpaaren) verwendet und verdeutlicht wird, wie beispielsweise:

- Materie (Substanz) – Form (Akzidentien)
- Materie (unveränderlicher Gehalt) – Bewegung (Veränderung)

- Materie (objektive Realität, die außerhalb des Bewußtseins oder unabhängig von ihm existiert) – Geist

Die zuletzt genannte Dichotomie hat wahrscheinlich die stärkste Auswirkung auf unser alltagssprachliches Verständnis von Materie gehabt. Im Rahmen dieses Verständnisses assoziiert man mit materiellen Objekten meist folgende Eigenschaften. Sie sind:

- abgegrenzt und lokalisierbar im Raum (evtl. auch in der Zeit)
- von endlichem (messbarem, wägbarem, abzählbarem) Gehalt
- unzerstörbar und nicht direkt erzeugbar (jedenfalls in ihren Grundbausteinen)
- unabhängig vom subjektiven Bewusstsein der Beobachter

Ich möchte nun zeigen, wie die Ergebnisse der modernen Physik – insbesondere der Elementarteilchenphysik – ein Abgehen von diesem Bild erzwingen. Dabei geht es mir darum, dies so zu vermitteln, dass das Gesagte allgemein verständlich bleibt und so zur Weiterentwicklung der alltagssprachlichen Vorstellungen (nicht nur der wissenschaftlichen Konzepte) beitragen kann.

Grundlegende Konzepte

Da eine populärwissenschaftliche Erklärung in der Regel (und von ihrer Natur her) auf eine systematische Entwicklung der Begriffe und Gesetze verzichtet, die (innerwissenschaftlich) im Rahmen von Lehrbüchern oder Vorlesungen geliefert wird, muss sie immer von bestimmten Prinzipien bzw. Konzepten ausgehen, die als vorgegeben aufgefasst werden müssen und die zur Erörterung des eigentlichen Themas direkt gebraucht werden. Diese Konzepte könnten selbst wieder ausführlicher begründet werden, müssen es aber nicht, wenn ein ungefähres Verständnis genügt, um das Folgende erklären zu können.

Ich stelle meine Darstellung auf drei Säulen (Konzepte):

1. Die Konvertibilität der Energie

Man kann dieses Prinzip mittels der weithin bekannten Formel $E = mc^2$ charakterisieren, die aber genauer als

$$E = mc^2 + E_{\text{kin}} + E_{\text{pot}}$$

geschrieben werden sollte. Damit ist Folgendes gesagt: Bei allen physikalischen Vorgängen (insbesondere bei Reaktionen von Elementarteilchen) bleibt die *Gesamtenergie* (und nur diese) erhalten, wobei sich die Gesamtenergie E zusammensetzt aus der kinetischen Energie E_{kin}, eventuell der potenziellen Energie E_{pot} (alles einigermaßen vertraute Begriffe!) und der so genannten Ruheenergie, die für ein Objekt der Masse m die Größe mc^2 besitzt. Weil nur die Summe dieser Energien (und nicht jede Form für sich) fixiert ist, besteht grundsätzlich die Möglichkeit, dass die verschiedenen Energieformen im Laufe eines Prozesses ineinander überführt werden. Insbesondere kann kinetische Energie in Ruheenergie transformiert werden. Das geschieht etwa bei Beschleunigerexperimenten, wo die Bewegungsenergie der beschleunigten Teilchen beim Stoß in neu erzeugte Teilchen umgewandelt wird. Beispielsweise beobachten wir beim Stoß von Elektronen (e^-) und Positronen (e^+) im LEP-Speicherring am CERN nicht nur die so genannte elastische Streuung

$$e^+ + e^- \rightarrow e^+ + e^-$$

sondern auch Produktionsprozesse der Art

$$e^+ + e^- \rightarrow e^+ + e^- + p + \bar{p} + \pi^0$$

ja sogar

$$e^+ + e^- \rightarrow \pi^+ + \pi^- + \pi^0$$

Es werden also (aus der kinetischen Energie der einlaufenden Elektronen und Positronen) zusätzliche Teilchen (Protonen p, Antiprotonen $\bar{p}$, Pionen $\pi\pm0$ usw.) erzeugt.

Daraus ergibt sich – quasi als Umkehrung – ein ungeheures Potenzial, das man als Fundamentalsatz der Teilchenreaktionen formulieren kann:

Jeder Prozess von Elementarteilchen (also auch jede Erzeugung von weiteren Teilchen, jede Umwandlung, jeder Zerfall etc.) ist zumindest grundsätzlich möglich, wenn dabei nur die Gesamtenergie (und der Gesamtimpuls, der uns hier weniger interessiert) vor und nach dem Stoß dieselbe ist.

Wir werden unter (3) sehen, dass dieser Möglichkeitsraum zwar noch durch ein anderes Prinzip eingeschränkt wird, aber darüber hinaus tatsächlich von unseren Beobachtungen in Experimenten an Teilchenbeschleunigern bestätigt wird.

2. Die Unbestimmtheitsrelation, die wir durch die bekannten (aber nicht so leicht verständlichen) Formeln

$$\Delta x \times \Delta p \geq \hbar \tag{2a}$$

$$\Delta E \times \Delta t \geq \hbar \tag{2b}$$

skizzieren können (h ist das Plancksche Wirkungsquantum, dessen genauer Zahlenwert hier ohne Bedeutung ist).

Man kann den Gehalt dieser Gleichungen auf verschiedene Weise anschaulich machen. Etwa bedeutet die Orts-Impuls-Unschärferelation (2a): Teilchen reagieren auf »Einsperren«, d. h. auf die Beschränkung des verfügbaren Bewegungsbereichs (der durch die »Ortsunschärfe« Δx charakterisiert wird), mit wildem Herumschwirren, also mit einer Vergrößerung der Impulsvarianz Δp. Und die Energie-Zeit-Beziehung (2b) beschreibt analog die Reaktion eines Teilchens auf eine Beschränkung im Zeitlichen Δt. Anschaulicher (und genauer) kann sie so interpretiert werden: Wenn man die Energie eines mit der Energie E erzeugten und dann sich selbst überlassenen Teilchens mehrmals hintereinander (in kurzen zeitlichen Abständen Δt) beobachtet, so wird man im Allgemeinen nicht denselben Wert finden, sondern der jeweils erhaltene Wert kann um ΔE vom ursprünglichen Wert abweichen, wobei ΔE gemäß $\Delta E \geq \hbar/\Delta \mathrm{t}$ umso größer sein kann, je kleiner das Zeitintervall zwischen den Beobachtungen ist.

Das bedeutet folglich, dass die in (1) erwähnte Energieerhaltung nur über große zeitliche Intervalle zutrifft – während eines kurzen Zeitintervalls kann die (Gesamt-) Energie um ΔE vom ursprünglichen Wert abweichen. In welcher (Energie-)Form dieses ΔE realisiert wird, ist nicht vorgegeben.

3. Die (innere) Natur der Elementarteilchen:
Da Elementarteilchen (einfach wegen ihrer Kleinheit) nicht direkt »angeschaut«, »ertastet« oder irgendwie anders direkt sinnlich erfasst werden können, kann ihre (innere) Eigenart auch nicht mit Kategorien der Alltagserfahrung beschrieben werden (Gestalt, Farbe usw.). Diese innere Natur erschließt sich einzig aufgrund der Wirkung der Teilchen aufeinander, insbesondere der Wechselwirkung der verschiedenen Teilchenarten. Ein sorgfältiges und umfassendes Studium dieser Wechselwirkungen hat nun gezeigt, dass den Teilchen bestimmte innere (vom Bewegungszustand unabhängige) Merkmale – so genannte *Quantenzahlen* – zukommen, die bei den erwähnten Wechselwirkungen erhalten bleiben, und die umgekehrt der Grund dafür sind, dass viele Prozesse, die allein aufgrund der Energieerhaltung erlaubt wären, nie auftreten (das ist die unter (1) angeführte zusätzliche Einschränkung im Fundamentalsatz der Teilchenreaktionen). Beispiele für diese Quantenzahlen sind so abstrakte Größen wie der Spin S (Eigendrehimpuls), die elektrische Ladung Q, die Baryonenzahl B oder die Leptonenzahl L. Mit einer gewissen Berechtigung kann man dazu auch die Masse m rechnen, wobei aber hier nur der unter (1) genannte Erhaltungssatz zutrifft. Die verschiedenen Teilchentypen (Elektronen, Photonen, Leptonen, Protonen etc.) unterscheiden sich in den (Zahlen-)Werten, die diese Quantenzahlen annehmen, und sie werden umgekehrt zur Gänze durch diese charakterisiert. Beispielsweise wird ein (und damit jedes) Proton bestimmt durch:

$$S = 1/2,\ Q = +1,\ B = +1,\ L = 0 \ldots m = 948\ MeV/c^2$$

Stimmen zwei Teilchen in all diesen Eigenschaften (und es gibt nur endlich viele von ihnen!) überein, so sind sie identisch und ununterscheidbar. Von besonderer Bedeutung ist hier aber die Feststellung, dass es zu jeder Art von Teilchen T (z. B. Elektronen bzw. Protonen) eine Anti-Teilchenart $\bar{T}$ (Positronen bzw. Antiprotonen) gibt. Ein Antiteilchen $\bar{T}$ besitzt die gleichen Werte für Masse und Spin wie das zugehörige Teilchen T, doch haben die Werte aller anderen (additiven) Quantenzahlen das umgekehrte Vorzeichen wie beim Teilchen. Also ist etwa das Antiproton charakterisiert durch:

$$S = 1/2,\ Q = -1,\ B = -1,\ L = 0 \ldots m = 948\ MeV/c^2$$

Das Besondere, ja Spektakuläre der Antiteilchen besteht nun darin, dass ein Teilchen-Antiteilchen-Paar $T + \bar{T}$ die additiven Quantenzahlen des leeren Raums (»Vakuum«) besitzt. Dies ermöglicht, dass sich T und $\bar{T}$ zu reiner Energie (die oft in Form von elektromagnetischer Strahlung auftritt) »vernichten« können.

Die Natur von Elementarteilchen

Mithilfe der drei vorgestellten Prinzipien können wir nun das eigenartige Verhalten von Elementarteilchen erklären und besser verstehen, was bei der Wechselwirkung von Teilchen vorgeht.

Betrachten wir ein Teilchen, z. B. ein Elektron, das sich mit einer gewissen Geschwindigkeit bewegt und daher eine bestimmte Gesamtenergie E besitzt.

- Wenn wir dieses Elektron nur während eines kurzen Zeitintervalls Δt beobachten, kann während dieser Zeit die Energie des Elektrons (wegen (2)) um $\Delta E \geq \hbar/\Delta t$ variieren, d. h. die Energie kann kurzzeitig auch $E + \Delta E$ betragen. Dabei bedeutet das Wort »kann« hier (und auch häufig im Folgenden), dass die Energie *mit einer gewissen Wahrscheinlichkeit* an irgendeinem Wert im Intervall zwischen $E - \Delta E$ und $E + \Delta E$ angetroffen wird. Die Größe dieser Wahrscheinlichkeitsverteilung ist im Rahmen der Theorie (es handelt sich um die Quantenfeldtheorie) berechenbar.
- Diese Zusatzenergie ΔE kann (wegen (1)) in irgendeiner der verschiedenen Energieformen auftreten, also auch (mit einer gewissen Wahrscheinlichkeit) als Ruheenergie (= Massennergie).
- Wenn Δt so kurz ist, dass $\Delta E \geq m_A c^2$, wobei m_A die Masse irgendeines (leichten) Teilchens A ist, so besteht die Möglichkeit, dass das ursprüngliche Elektron während des kleinen Zeitintervalls gemeinsam mit dem anderen Teilchen A koexistiert, denn ΔE kann ja auch in Form der Ruheenergie von A realisiert sein. Oder umgekehrt formuliert: Wenn das Teilchen A (mit der Gesamtenergie $E_A \geq m_A c^2$) nur innerhalb des Zeitintervalls Δt existiert, das durch die Ungleichung

$$\Delta t \leq \frac{\hbar}{E_A}$$

  beschränkt ist, so wird es für uns unbeobachtbar bleiben.
- Da A nur aufgrund der Energie-Unschärferelation und nur innerhalb eines entsprechend kleinen Zeitintervalls (mit dem Elektron ko-) existieren kann, bezeichnen wir es als *»virtuelles« Teilchen*. Der Energieerhaltungssatz erlaubt nicht, dass dieses Teilchen A *auf Dauer*, als reelles Teilchen, existiert – es sei denn, dem Elektron wird von außen (etwa durch einen Stoß mit einem anderen Elektron) Energie zugeführt.
- Prinzipiell kann ein Teilchen jeder Art als virtuelles gemeinsam mit dem Elektron koexistieren – ja es können auch mehrere virtuelle Teilchen gleichzeitig auftreten, solange nur ΔE genügend groß, bzw. Δt genügend klein ist. Allerdings gibt es hier eine zusätzliche Einschränkung, die aus (3) folgt: Die

Quantenzahlen des Gesamtsystems (Elektron und virtuelle Teilchen) müssen gleich denen des ursprünglichen Elektrons sein, denn diese Quantenzahlen bleiben streng erhalten.

- So kann zum Beispiel das Elektron e^- nie mit einem weiteren (virtuellen) Elektron koexistieren, denn dann wäre die elektrische Ladung nicht mehr dieselbe. Allerdings sind (wegen (3)) virtuelle Teilchen-Antiteilchenpaare immer zusätzlich möglich, weil sie ja die Quantenzahlen des Vakuums tragen.
- Betrachten wir noch einmal die Situation, in der das Elektron mit einem (von den Quantenzahlen her erlaubten) weiteren virtuellen Teilchen A auftritt. Je nach verfügbarer Energieunschärfe ΔE kann dem virtuellen Teilchen auch Bewegungsenergie zur Verfügung stehen, d. h. es kann sich auch vom ursprünglichen Elektron entfernen. Da seine Geschwindigkeit aber höchstens gleich der Lichtgeschwindigkeit sein darf, kann es sich in der ihm (auf Grund von (2)) verfügbaren maximalen »Lebensdauer«

$$(\Delta t)_{\max} = \frac{\hbar}{m_A c^2}$$

höchstens um die Strecke

$$c(\Delta t)_{\max} = \frac{\hbar}{m_A c}$$

fortbewegen. Dies ist die sogenannte Comptonwellenlänge des Teilchens A, und wir interpretieren sie hier als ein Maß für die Ausdehnung des Bereichs (um das ursprüngliche Elektron), in dem sich die virtuellen Teilchen A aufhalten können. Wegen der inversen Abhängigkeit von der Masse m_A wird die Maximalausdehnung $2R$ von den virtuellen Teilchen mit der kleinsten Masse bestimmt.

Wir können alles im bisherigen Abschnitt Gesagte so zusammenfassen:

Jedes sich selbst überlassene Teilchen koexistiert mit einer »Wolke« von virtuellen gleichen oder anderen Teilchen bzw. Teilchen-Antiteilchenpaaren, wobei die Ausdehnung dieser Wolken durch die Comptonwellenlänge des (der) leichtesten Teilchen(s) in der Wolke charakterisiert ist.

Graphisch ist dies in Abb. 1 dargestellt, wobei der rot schraffierte Bereich die virtuelle Wolke um das ursprüngliche Teilchen (hier e^-) repräsentiert.

Bevor wir die Konsequenzen dieser Tatsache analysieren, erscheint es angezeigt, kurz innezuhalten und eine Frage zu stellen, die wohl jeden unvoreingenommenen Leser hier bedrängt: Handelt es sich bei dieser Beschreibung von Teilchen um reine Metaphorik oder gar um bloße Hirngespinste, oder müssen wir dieses Konzept der begleitenden virtuellen Wolke ernst nehmen? Nun, wir müssen. Man kann diese Wolke nämlich in gewissem Sinn auch empirisch bestätigen – etwa beim Studium des Abstandsverhaltens der Kräfte zwischen zwei geladenen Teilchen: Betrachten wir das Elektron gemeinsam mit seiner virtuellen Wolke, und beschränken wir uns auf den e^+e^--Gehalt dieser Wolke. Dann werden sich diese virtuellen e^+e^--Paare im

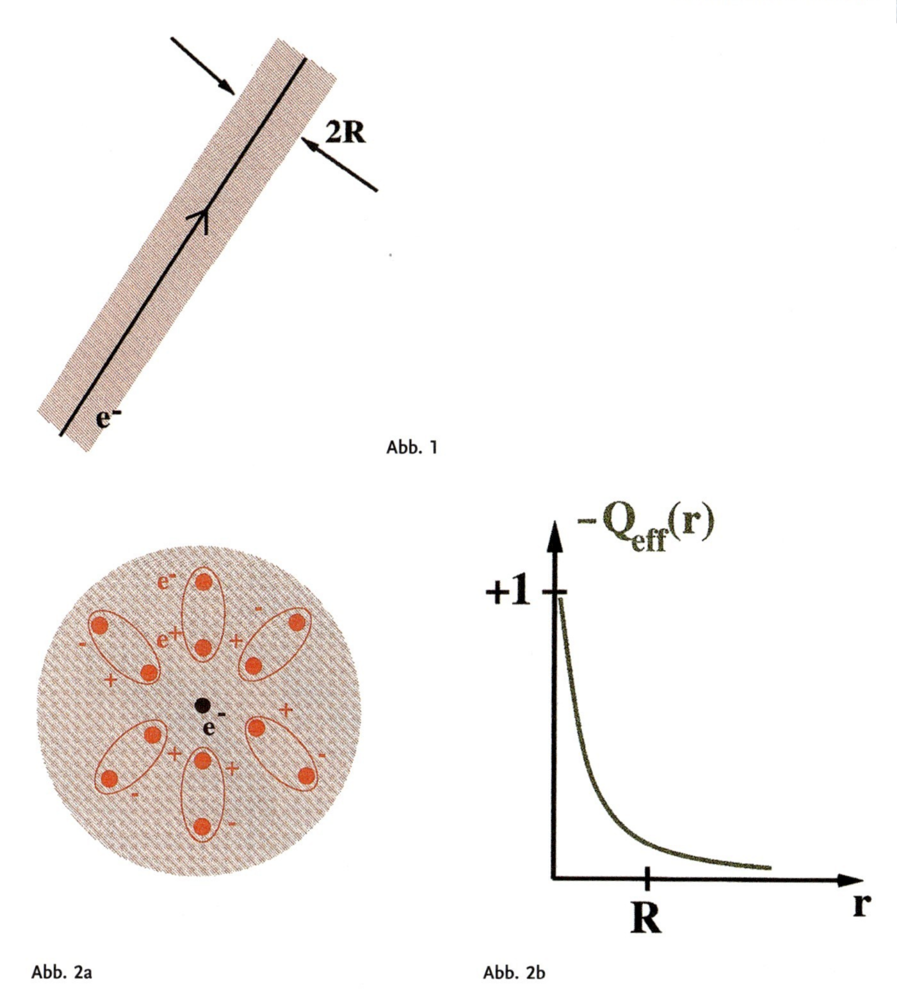

Abb. 1

Abb. 2a

Abb. 2b

elektrostatischen Feld des ursprünglichen Elektrons so orientieren wie in Abb. 2a dargestellt, d. h. die virtuellen Paare werden die Ladung des Elektrons nach außen hin (außerhalb der virtuellen Wolke) abschirmen. Das impliziert, dass ein zweites Elektron (im Abstand r vom ersten) nicht die volle Ladung $Q = -1$ spürt, sondern eine effektive Ladung Q_{eff}, die mit zunehmendem r immer kleiner wird (Abb. 2b). Dieses r-Verhalten überlagert sich dem eigentlichen $1/r$-Verhalten des gewöhnlichen elektrostatischen Potenzials der Ladung. Und genau dieses kombinierte Gesetz wird empirisch beobachtet.

Konsequenzen für das Verhalten von Teilchen

Das eben erarbeitete Bild der Struktur von Elementarteilchen führt zu drastischen Konsequenzen, von denen wir einige hier vorstellen.

Betrachten wir wieder unser ursprüngliches Elektron e^-. Wenn es innerhalb des (entsprechend kleinen) Zeitraums Δt mit einem virtuellen e^+e^--Paar koexistiert, besteht (innerhalb dieses Zeitintervalls) die Möglichkeit, dass sich das ursprüngliche (reelle) Elektron e^- mit dem Positron e^+ des virtuellen Paars vernichtet und das ursprünglich virtuelle Elektron des Paars als nunmehr reelles übrig bleibt. Letzteres wird deshalb reell, weil es die bei der e^+e^--Vernichtung frei gewordene Energie als Ruheenergie aufnimmt.

Das virtuelle Paar hat sich aber während Δt um $\Delta R \cong \frac{\hbar}{2m_e c}$ vom ursprünglichen Elektron entfernt. Daher tritt das neu (als reelles) auftretende Elektron an einem Ort zutage, der um ΔR vom ursprünglichen Ort entfernt ist. Solche »Versetzungen« können immer wieder geschehen – wir stellen sie in Abb. 3 durch eine Art Zickzack-Bahn dar. Der Beobachter kann das »neu entstandene« Elektron durch nichts vom ursprünglichen Elektron unterscheiden – es besitzt die gleichen charakteristischen Quantenzahlen. Also kommen wir zum Schluss, dass das Elektron nur bis auf einen Bereich mit dem Durchmesser $2\Delta R \cong \frac{\hbar}{m_e c}$ lokalisiert werden kann. Und das Gesagte gilt – mutatis mutandis – für alle mikroskopischen Objekte, sodass wir zur Erkenntnis kommen: *Teilchen sind nicht beliebig scharf lokalisierbar.*

Eine genauere theoretische Analyse zeigt übrigens, dass der angegebene Abstand ΔR kein scharfes Maß für den Ausdehnungsbereich des Teilchens darstellt, sondern ein »mittleres«. In Wirklichkeit kann das Teilchen (mit stark abfallender Wahrscheinlichkeit) auch in beliebig großem Abstand vom ursprünglichen auftreten. Nun könnte man sich theoretisch vorstellen, dass man die obige Aussage umgehen kann, indem man mithilfe einer geeigneten äußeren Einwirkung (z. B. eines elektromagnetischen Felds) das Teilchen auf einem beliebig kleinen Raumbereich »einsperrt«. Was wäre dann aber die Reaktion? Die von außen einwirkende Kraft müsste am System Arbeit leisten, d. h. ihm Energie zuführen. Jene Energie kann aber dazu verwendet werden, um einige der virtuellen Teilchen-Antiteilchenpaare der virtuellen Wolke reell zu machen. Das heißt, das Teilchen würde auf diese Ein-

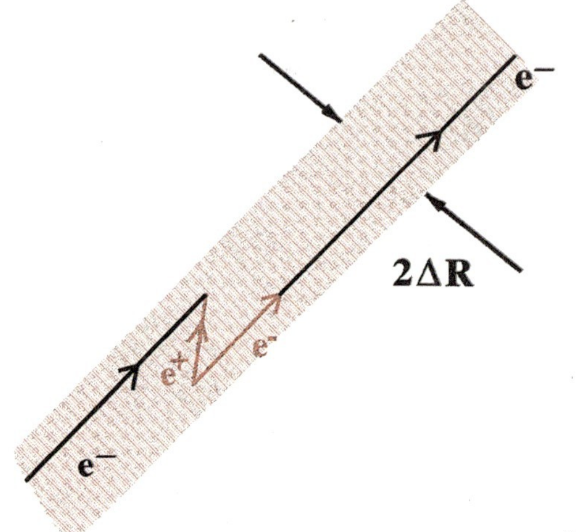

Abb. 3

sperrversuche so reagieren, dass plötzlich in der Umgebung des ursprünglichen Elektrons weitere (reale) Elektron-Positron-Paare auftreten. Und wieder könnte man nicht feststellen, welches der auftretenden Elektronen mit dem ursprünglichen identifiziert werden muss, sodass die Nicht-Lokalisierbarkeit wieder manifestiert wird.

Betrachten wir nun zwei Elektronen *A* und *B* (mit ihren jeweiligen virtuellen Wolken), die sich räumlich so nahe kommen, dass sich ihre Wolken »überlappen« (Abb. 4).

Dann ist es möglich, dass ein virtuelles Teilchen *T* aus der Wolke von *A* in die Wolke von *B* übertritt und eine gewisse Menge von Energie (und Impuls) mitnimmt. Dies kann sich auf verschiedene Weise auswirken: Entweder wird nur die Energie (und der Impuls) des Gesamtsystems *B* geändert (elastischer Stoß, Abb. 4a), oder (wenn mit dem ausgetauschten virtuellen Teilchen *T* auch bestimmte Werte der Quantenzahlen übertragen werden) es ändert sich dabei zusätzlich die Art des Teilchens *B* (und eventuell auch von *A*) (quasielastischer Stoß), oder die vom virtuellen Teilchen *T* übertragene Energie wird dazu verwendet, eines der virtuellen Teilchen (*C*) in der Wolke von *B* reell zu machen, das dann als zusätzliches (reelles) Teilchen *C* erscheint – natürlich unter entsprechender Verringerung der Gesamtenergie von *A* (inelastischer Stoß oder Produktionsprozess, Abb. 4b). Jede der genannten Möglichkeiten tritt mit einer gewissen Wahrscheinlichkeit auf, die grundsätzlich berechenbar ist und sich empirisch in der relativen Häufigkeit des jeweiligen Prozesses (dem so genannten »Wirkungsquerschnitt«) manifestiert.

Für uns ist hier aber entscheidend, dass sich unser Bild vom Zustandekommen von Wechselwirkungsprozessen zwischen Teilchen weiter verallgemeinern lässt: Es können auch mehrere virtuelle Teilchen ausgetauscht werden, und im Prinzip lässt sich so die Produktion *beliebig vieler* Teilchen (aus den virtuellen Wolken) erklären, wenn nur genügend viel (kinetische) Energie zur Verfügung steht. Da alle diese neu entstehenden Teilchen schon in der virtuellen Wolke in nuce vorhanden waren, können wir sagen:

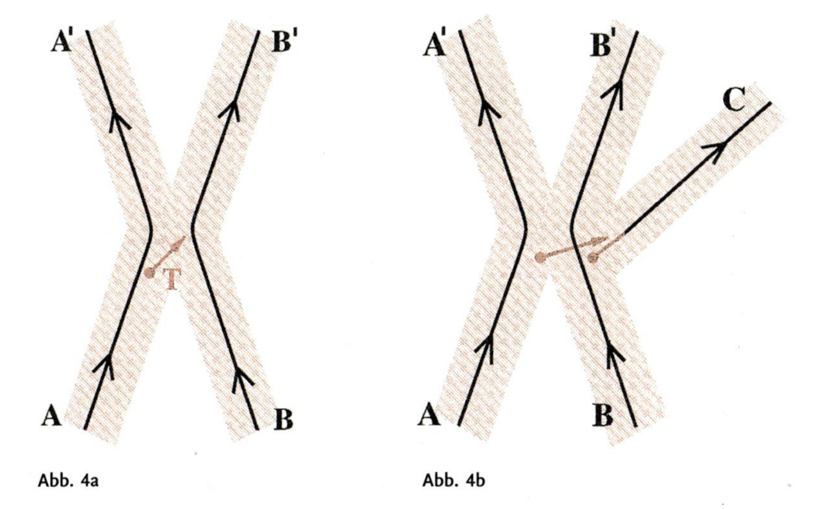

Abb. 4a **Abb. 4b**

Jedes Teilchen repräsentiert das materielle Potenzial für beliebig viele (gleiche oder andere) Teilchen.

Man kann also einem Teilchen (und damit jedem materiellen Objekt) nicht wirklich einen fest vorgegebenen Gehalt an Materie zuschreiben.

Was wir bisher über die mögliche Existenz von virtuellen Teilchen gesagt haben, bleibt im Kern auch richtig, wenn wir auf das ursprüngliche Teilchen (Elektron) verzichten und einen Anfangszustand betrachten, wo überhaupt kein (reelles) Teilchen vorliegt. Diesem Zustand schreibt man die Gesamtenergie $E = 0$ zu, und man bezeichnet ihn aus einsichtigen Gründen als »Vakuum«. Auch in diesem Zustand können jedoch spontan virtuelle Teilchen-Antiteilchenpaare $T + \bar{T}$ (kurzfristig) existieren. Man spricht von »Vakuumschwankungen«. Ja, es ist sogar denkbar, dass diese virtuellen Paare spontan in reelle übergehen – nämlich dann, wenn die dazu notwendige Ruheenergie ($2m_Tc^2$) durch eine entsprechende negative potenzielle Energie (z. B. ein anziehendes Potenzial) kompensiert wird, sodass

$$E = 2\, m_T c^2 + \mathrm{E}_{\mathrm{pot}} = 0$$

Ohne hier auf die genauen Bedingungen einzugehen, unter denen dieser spektakuläre Prozess ablaufen könnte (Erzeugung von Materie ex nihilo), genügt es, seine prinzipiellen Möglichkeiten zu konstatieren:

Materie kann (zumindest prinzipiell) spontan entstehen – sie ist nicht unerzeugbar und auch nicht unvernichtbar.

Ist dann noch überhaupt irgendetwas stabil? Doch – die Quantenzahlen (gemäß (3)) –, nicht aber eine bestimmte Form von Materie.

Stellen wir uns zum Schluss noch die Frage, was wir beobachten, wenn wir Materie, etwa ein Teilchen (Elektron), konkret »anschauen«. Nun, »anschauen« bedeutet praktisch, dass wir Licht (oder irgendein anderes Sondenmaterial) auf das Teilchen einstrahlen und die Rückstrahlung (das reflektierte oder gestreute Licht) registrieren. Um möglichst kleine räumliche Strukturen auflösen zu können, muss die Sonde fein genug sein, d. h. das verwendete Licht muss kurzwellig genug sein. Dann ist es aber auch besonders energiereich. Wir wissen nun schon, was das bedeutet: Die Energie der Strahlung kann (mit einer gewissen Wahrscheinlichkeit) dazu verwendet werden, um einzelne Partikel der virtuellen Wolke des betrachteten Objekts reell zu machen – es wird also zusätzlich zum ursprünglichen Elektron ein (reelles) e^-e^+-Paar auftreten und (zusätzlich zum gestreuten Restlicht) registriert werden. Wenn wir noch genauer hinsehen (noch kurzwelligeres Licht verwenden), können vielleicht weitere e^-e^+- oder andere Teilchen-Antiteilchenpaare entstehen.

Wir können also sagen:

Was wir sehen, wenn wir materielle Objekte betrachten, hängt davon ab, wie (genau) wir hinschauen.

Eine eindeutige physische Beschreibung ist nicht möglich, ohne Bezug auf den Vorgang des Beobachtens selbst zu nehmen.

Zusammenfassung

Wenn wir alles Gelernte zusammenfassen und mit den überkommenen Vorstellungen von Materie vergleichen, so kommen wir zu dem Schluss, dass diese gewaltig revidiert werden müssen. Denn wie wir gezeigt haben, ist Materie – jedenfalls auf der Ebene ihrer fundamentalen Bestandteile, der Elementarteilchen:

- nicht streng im Raum lokalisierbar und daher auch nicht abgegrenzt
- nicht als wohldefinierte (endliche) Substanzmenge verstehbar
- nicht unerzeugbar oder unvernichtbar, also nicht stabil
- nur durch ihre (Wechsel-)Wirkung bestimmbar und bestimmt
- nicht (notwendig) unabhängig vom Beobachtungsvorgang und damit vom Beobachter

Nur im Grenzfall unserer Alltagsdimensionen, wo jedes materielle Objekt aus außerordentlich vielen ($> 10^{20}$) Elementarteilchen besteht und wo sich viele der genannten Phänomene entweder »wegmitteln« oder wegen der relativen Kleinheit der Effekte nicht sinnlich wahrnehmbar sind, zeigen materielle Objekte (angenähert) die bekannten Eigenschaften (Lokalisierbarkeit, Abgegrenztheit usw.). Ein Blick ins Innere der Materie eröffnet also faszinierende neuartige Aspekte. Sie machen insbesondere die Grenze zwischen Materiellem und Immateriellem fragwürdiger als man gemeinhin annehmen möchte, und sie lassen sicherlich manche alten philosophischen Probleme (etwa das Leib-Seele-Problem) in einem neuen Licht erscheinen.

Reinhart Kögerler (Jahrgang 1943) hat an der Universität Wien Physik, Mathematik und Philosophie studiert und dort 1969 promoviert. Nach Forschungsaufenthalten am JINR Dubna (Russland), in Göteborg (Schweden), in Budapest (Ungarn) und am CERN in Genf (Schweiz) hat er sich 1977 an der Universität Wien für das Fach Theoretische Physik habilitiert. Seit 1981 hat er eine Professur für Theoretische Physik an der Universität Bielefeld – von 1992 bis 1998 unterbrochen durch eine Tätigkeit als Sektionschef (Staatssekretär) im Bundesministerium für wirtschaftliche Angelegenheiten der Republik Österreich, wo er für die Fachgebiete »Technologie, Angewandte Forschung und Innovation« zuständig war. 1979 wurde Reinhart Kögerler mit dem Boltzmann-Preis der Österreichischen Physikalischen Gesellschaft ausgezeichnet. Seit 1994 ist er Präsident der Christian-Doppler-Forschungsgesellschaft.

Alles voll Gewimmels – Das Vakuum der Physik

Henning Genz

Vorbemerkung

Seit meiner Studentenzeit bemühe ich mich, das Verständnis der Öffentlichkeit für die Naturwissenschaften – insbesondere für die Physik – durch Zeitungsartikel, Zeitschriftenbeiträge, Fernsehsendungen, Vorträge und Bücher [3,5,6,7,13,14] zu mehren. Dies ist ein Unterfangen, für das Wissenschaftler in der Regel in ihrer Nähe keine Mitstreiter finden. Deshalb, aber nicht nur deshalb, bin ich gerne zu der Zusammenkunft Gleichgesinnter im ZiF (Zentrum für interdisziplinäre Forschung der Universität Bielefeld) gekommen. Allerdings mit der bangen Frage, ob mir Vorträge bevorstünden, die theoretisch Fragen der Vermittlung naturwissenschaftlichen Wissens erörtern würden, die nur die Praxis entscheiden kann – ob ich also mit meinem hier abgedruckten *Beispiel* für die Vermittlung naturwissenschaftlicher Erkenntnisse in Vorträgen allein dastehen würde. Das war nicht der Fall. Nach einleitenden Worten über ihre Einstellung zu den Möglichkeiten, die die Medien eröffnen, haben mit wenigen erhellenden Ausnahmen alle Vortragenden durch Beispiele gezeigt, wie das *Public Understanding of Science* gefördert werden kann.

Jedem, der sich um das *Public Understanding of Science* bemüht, muss es vor allem darum gehen, dass die Adressaten seine »Botschaft« an sich heranlassen und sie auch aufnehmen – jedoch kann man kann nicht zuviel auf einmal verlangen. Des Weiteren müssen die Medien bereit sein, »mehr von demselben« zu bringen. Für den Nobelpreisträger und die anderen Prominenten unter uns Teilnehmern ist das kein Problem – für uns andere aber schon. Dies alles muss selbstverständlich unter dem Schirm der wissenschaftlichen Integrität stattfinden.

Unsere Tagung war durch die Chemie bestimmt. Sie präsentierte sich gelegentlich so, als sei sie ein Zweig der Architektur. Die Physik hat eine solche Möglichkeit nicht. Sie hat statt dessen ihre »großen Themen« – die Elementarteilchen, den Urknall, das Nichts, die Zeit usw. Beschränkt sie sich bei ihrer Selbstdarstellung in der Öffentlichkeit aber auf diese Themen, ohne immer mal wieder etwas wirklich Einsichtiges zu präsentieren, droht sie ins Kulturgebrabbel abzugleiten. Darstellungen der Physik, die sich an das allgemeine Publikum richten, dürfen es zwar durch Überschriften, die Großes verheißen, anziehen, sollten dann aber auch gute alte physikalische Einsichten vermitteln. Denn nicht das Jonglieren mit den Aspekten der großen Themen kann das naturwissenschaftliche Denken fördern, sondern nur

Facetten einer Wissenschaft. Herausgegeben von Achim Müller

ISBN: 3-527-31057-6

wirkliche Einsichten (die notwendigerweise meist klein sind) vermögen dies. Ein Beispiel ist die Einsicht, dass der äußere Luftdruck und nicht »eine Abscheu der Natur vor dem Leeren« das Aufsteigen des Drinks im Strohhalm bewirkt. Nur auf diese Weise können die Naturwissenschaften in der Öffentlichkeit die wohl wichtigste Einsicht fördern, die sie zu bieten haben: Es ist möglich, die Welt zu verstehen! Elementarisierung statt Popularisierung ist ein gelegentlich zu lesendes Schlagwort hierfür.

Obwohl die Naturwissenschaften nicht einer philosophischer Rückendeckung bedürfen – im Gegenteil, ich glaube zu sehen, dass die Philosophie den Naturwissenschaften folgt, und denke, das sollte auch so sein –, entnehme ich zahlreichen populärwissenschaftlichen Büchern, dass Philosophie ein Erfolg versprechender Ausgangspunkt für naturwissenschaftliche Darstellungen ist. Das ist deshalb so, weil auch die Vorstellungswelt des naturwissenschaftlich interessierten allgemeinen Publikums, an das sich diese Bücher richten, mehr durch die Philosophie als durch die Naturwissenschaften geprägt ist. Diejenigen, die wir erreichen wollen, lesen ohne Ausnahme das Feuilleton ihrer Zeitung – nicht alle aber die Wissenschaftsseite. Es kann sich folglich auszahlen, die Philosophie als Zugpferd vor den Karren der Naturwissenschaften zu spannen, und ich sehe keinen Fehler darin, dies zu tun.

Nichts niemand nirgends nie – Einleitung

Das Thema dieses Vortrags sind Räume, die so leer sind, wie das im Einklang mit den Naturgesetzen überhaupt nur möglich ist. Solche Räume enthalten das physikalische Nichts, was aber nicht bedeutet, dass sie im wörtlichen Sinn leer sind (in diesem Fall gäbe es über sie nichts weiter zu berichten als dass sie eben leer sind). Otto von Guericke ist es als einem der Ersten gelungen, alle Atome – und damit auch Moleküle – bis auf einen Rest von vielleicht zehn Prozent aus Raumbereichen zu entfernen. Werden alle Atome aus einem Raumbereich entfernt, ist sozusagen das »Vakuum der Chemie« erreicht. Dem stehen keine prinzipiellen Gründe entgegen; denn zwischen den Sternen einer Galaxie enthalten makroskopische Raumbereiche kein einziges Atom. Trotzdem sind sie nicht leer: In jeder Sekunde fliegen durch sie – wie auch durch die ganze Galaxie – Abermilliarden von Lichtteilchen (Photonen), Neutrinos und andere bekannte und unbekannte Teilchen. Doch weil die atomfreien Zonen von ihnen zumindest im Prinzip abgeschirmt werden können, befinden sich auch Räume ganz ohne Atome und sie durchfliegende Teilchen im Einklang mit den Naturgesetzen.

Bisher besteht also noch keine Diskrepanz zwischen einem im wörtlichen Sinn leeren Raum und einem physikalisch Leeren Raum. Die Physik, so scheint es, gibt und nimmt ohne Unterschied: Kaum hat sie die Atome, Photonen, Elektronen, Neutrinos usw. entdeckt oder vorweggenommen, fügt sie hinzu, dass es zwar Raumbereiche mit ihnen geben kann, aber nicht unbedingt geben muss. Die Diskrepanz zwischen dem im wörtlichen Sinn leeren Raum unserer Vorstellung und dem Leeren Raum der Physik entsteht dadurch, dass die Physik außerdem »Dinge zwischen Himmel und Erde« entdeckt hat, die allgegenwärtig sein müssen.

Ich eile, eine persönliche und sehr zweckmäßige Terminologie einzuführen: Als »leer« klein geschrieben bezeichne ich einen Raum, der im wörtlichen Sinn »nichts«, ebenfalls klein geschrieben, enthält. Hingegen soll ein Raum mit »Nichts« als Inhalt so »Leer« sein, wie es die Naturgesetze erlauben. Wenn es – bitte auf die Groß- und Kleinschreibung achten! – leeren Raum geben kann, so befindet sich seine Existenz im Einklang mit den Naturgesetzen, und eben deshalb ist er auch Leer. Ist er aber Leer, muss er nicht gleichzeitig leer sein. Kein Raum kann leerer sein als leer, es kann – und wird – sich aber herausstellen, dass es keinen leeren Raum geben kann; ein Leerer Raum also nicht leer ist. Analoges gilt für »nichts« vs. »Nichts«. Über einen Vortrag am Museum für Gestaltung in Basel, in dem ich diese Terminologie ebenfalls verwendet habe, hat die Baselländische Zeitung mit der Schlagzeile »Nichts ist viel mehr als nichts« berichtet – ungeachtet dessen, dass am Satzanfang sowieso groß geschrieben wird.

Zunächst noch im Einklang mit den Vorstellungen sowohl von einem physikalisch Leeren als auch von einem im wörtlichen Sinn leeren Raum, muss ein abgeschirmter Raum ohne Atome nicht so Leer sein, wie es die Naturgesetze erlauben. Denn er enthält die Wärmestrahlung, die seiner Temperatur entspricht, und diese nimmt mit der Temperatur ab. Also ist ein Raum erst dann so Leer, wie es mit den Naturgesetzen vereinbar ist, wenn er erstens von allen trivialen Inhalten wie Atomen und (durch Abschirmung) Strahlung befreit wurde und er zweitens so kalt ist, wie überhaupt möglich – d. h. er muss die nur durch Extrapolation erreichbare Temperatur »absolut Null« von –273 Grad Celsius aufweisen. Ist damit ein Raum erreicht, der dem leeren Raum unserer Vorstellung gleicht? Keinesfalls. Eine Restmenge Wärmestrahlung, die als elektromagnetische Strahlung in Abhängigkeit von der Temperatur in verschiedenen Formen – auch als Licht – auftritt, verbleibt unabwendbar im Leeren Raum und ist damit das erste von der Physik entdeckte Objekt, das es auch im Leeren Raum geben muss (Abb. 1).

Ein Raum, der so Leer ist wie im Einklang mit den Naturgesetzen möglich, ist also nicht im wörtlichen Sinn leer. Der große schottische Physiker und Entdecker der nach ihm benannten Grundgleichungen der Elektrodynamik, James Clerk Maxwell, hat in einem Resümee genauso wie wir »Leeren Raum« als einen Raum defi-

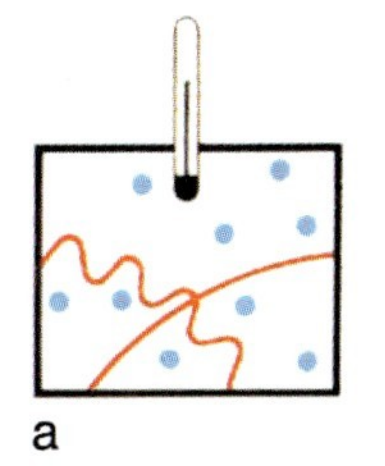

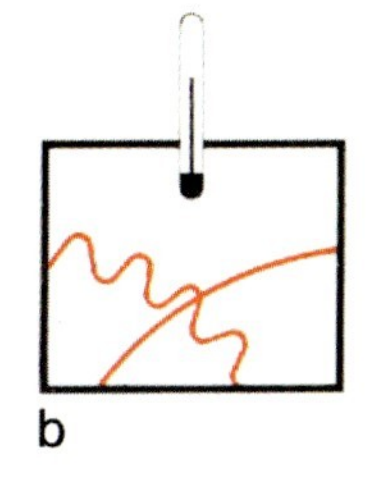

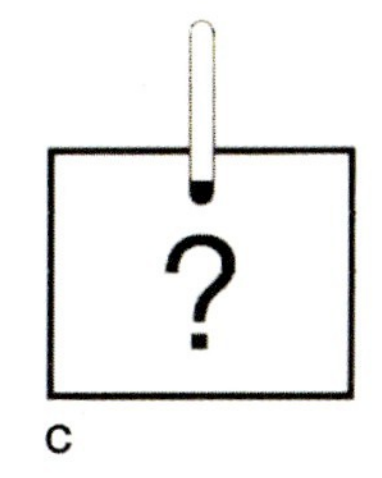

Abb. 1 Ein mit Luft gefüllter Behälter oberhalb des absoluten Nullpunkts der Temperatur von –273 °C enthält Moleküle und Wärmestrahlung (a). Wenn wir die Moleküle mit einer idealen Pumpe entfernen, bleibt die Wärmestrahlung (b). Der Raum, der bleibt, wenn wir die Temperatur durch Extrapolation auf die unerreichbare Temperatur von –273 °C absenken, ist das physikalische Vakuum (c); diesem Raum haben wir alles entnommen, das wir ihm im Einklang mit den Naturgesetzen entnehmen können.

niert, dem alles entnommen wurde, »was ihm entnommen werden kann«. Anders aber als wir, hat Maxwell gedacht, elektromagnetische Wellen wie Licht bedürften zu ihrer Existenz einer mechanischen Trägersubstanz namens Äther, die schwingt, wenn sich die Wellen ausbreiten, und dieser Äther könne aus keinem Raumbereich entfernt werden, sodass ein Raumbereich dann so Leer sei wie mit den Naturgesetzen vereinbar, wenn er ausschließlich den Äther enthielte.

Während Maxwell dachte, es müsse zwar das Substrat »Äther elektromagnetischer Schwingungen« aber nicht die elektromagnetischen Schwingungen selbst geben – der Äther sollte im Leeren Raum ruhig daliegen –, wissen wir heute, dass es zwar kein Substrat »Äther der Schwingungen« gibt, die Schwingungen selbst aber unabwendbar vorhanden sind. Denn um 1900 – genauer: ab dem Beweis der Unmöglichkeit, dem Äther eine Geschwindigkeit zuzuordnen durch das Experiment von Michelson und Morley in den Jahren 1881 bis 1887 – hat sich die Weltsicht der Physik grundlegend geändert. Schienen ihr bis dahin mechanische Abläufe zur Implementation des Verhaltens ihrer mathematischen Objekte wie elektromagnetischen Wellen unabdingbar zu sein, wurde sie ab dann durch den Fehlschlag des Ätherkonzepts zunehmend gezwungen, mathematischen Objekten eine selbstständige Existenz zuzusprechen: Eine Welle ist eine Welle ist eine Welle. Und es sind die Wellen, die in jedem Raum unabwendbar auftreten.

Wir müssen drei Typen von Objekten im Leeren Raum unterscheiden. Erstens Fluktuationen: Ein Raum mag noch so Leer sein, zur Ruhe kommen kann er nicht. Der Leere Raum der Quantenmechanik stimmt zwar netto mit dem leeren Raum unserer Vorstellung überein, aber nicht brutto. Nehmen wir einen armen Schlucker, der weder brutto noch netto etwas besitzt, weil alle seine Konten jederzeit leer sind, und vergleichen ihn mit einem Pumpgenie, dessen Konten insgesamt und immer ebenfalls die Bilanzsumme Null ergeben, einzeln aber mal hier mal dort große positive oder negative Beträge aufweisen. Der leere Raum unserer Vorstellung ist leer wie die Konten des armen Schluckers – der Leere Raum der Physik gleicht hingegen den Konten des Pumpgenies.

Als Beispiel für physikalische Effekte dieser Art sollen uns elektrische Ladungen dienen. Wie wir wissen ist ein Stück gewöhnlicher Materie nicht deshalb elektrisch neutral, weil es weder positive noch negative elektrische Ladungen enthält, sondern weil es gleich viele von beiden enthält. Ebenso verhält es sich mit dem netto, aber nicht brutto leeren Raum der Physik: In ihm tauchen gleichzeitig »aus dem Nichts« an derselben Stelle einander kompensierende elektrische Ladungen auf, bewegen sich ein kleines Stück voneinander fort und vereinigen sich schließlich mit ihrem ursprünglichen oder einem anderen Partner zu abermals Nichts (Abb. 2). Der Leerste mit den Naturgesetzen vereinbare Raum enthält unvermeidlich fluktuierende, einander kompensierende elektrische Ladungen, die auch »virtuell« genannt werden, weil sie ohne Energiezufuhr von außen nicht manifest werden können.

Hierzu und zu den Unschärferelationen der Quantenmechanik, die bewirken, dass dies so ist, folgt weiter unten noch mehr. Der zweite Typ von Objekten, die den Leeren Raum bevölkern, tut das aufgrund einer auf den ersten Blick paradoxen Ursache. Jedes physikalische System, das Energie an andere Systeme abgeben kann, wird genau das machen – nämlich Energie abgeben. Es geht, wie Physiker

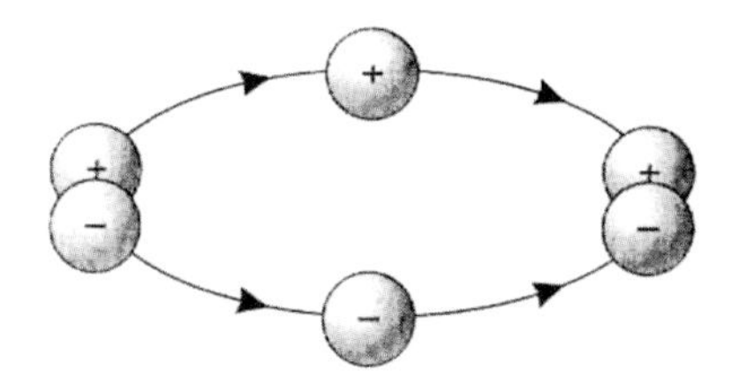

Abb. 2 Erzeugung und Wiedervernichtung eines Elektron-Positron-Paars im physikalischen Vakuum.

sagen, in einen »energetisch günstigeren« Zustand über, wie eine gespannte Feder, die sich entspannen kann. Ein Pendel, das ohne Antrieb im lufterfüllten Raum schwingt, gibt seine Bewegungs- und Lageenergie durch Reibung als Wärme an die Luft ab, und kommt – bis auf unvermeidliche Schwankungen – zur Ruhe. Eine Batterie, die eine Lampe leuchten lässt, gibt die in ihr gespeicherte Energie in Form von Wärme und Licht ab; und Wasser, das gefriert, setzt Kristallisationswärme frei. Dies ermöglicht es der Physik, jedem physikalischen System Zustände zuzuweisen, in denen seine Energie so gering ist wie überhaupt möglich. Ich verwende bewusst den Plural, weil es Systeme gibt, die mehrere Zustände mit derselben niedrigsten Energie besitzen. Das ist für unser Thema zwar wichtig, kann aber aus Zeit- und Platzgründen nicht vertieft werden. Tatsächlich ist die Energie für die Physik ein ganz besonderer Saft. Erstens bleibt sie erhalten – die Summe aller Energien im Universum ist zu allen Zeiten dieselbe[1)]. Und das obwohl Energie in verschiedenen Formen auftritt und sich von einer Form in andere umwandelt und umgewandelt werden kann. Ihre Erhaltung ist zudem eine lokale: Wir können ihren Weg durch den Raum von Ort zu Ort im Laufe der Zeit verfolgen. Anders gesagt: Es kann nicht sein, dass Energie hier auf der Erde verschwindet und gleichzeitig auf dem Mond wieder auftaucht. Für unser Thema besonders wichtig sind aber zwei weitere Eigenschaften der Energie. Erstens ist sie eine wohldefinierte Größe für *alle* Systeme, sodass sie ohne Einschränkung, wenn auch unter Formänderung, von jedem System auf jedes andere übergehen kann. Zweitens kann sie Systemen entnommen oder zugeführt werden, ohne dass dadurch das System selbst geändert wird – geändert wird dadurch nur der Zustand, in dem es sich befindet. Um ein System aus einem *beliebigen* Zustand in einen *beliebigen anderen* zu versetzen, reicht ein Hinzufügen bzw. eine Entnahme von Energie übrigens nicht aus – Impuls und Drehimpuls müssen hinzukommen. [12]

Nehmen wir noch einmal ein Pendel, das nun aber reibungsfrei im luftleeren Raum schwingen soll. Ihm kann ich Energie entnehmen und durch sie ein Gewicht

1) Genauer muss das nur für Prozesse *im* Universum gelten. Wenn das *Universum selbst* expandiert oder kollabiert, kann sich seine Gesamtenergie ändern. Expandiert das Universum insbesondere aufgrund der Beschleunigung durch ein positives Λ (s. Fußnote 2), so besitzt der neu gewonnene Raum dieselbe Vakuumenergie*dichte* wie der Raum, von dem er abstammt, während die manifeste Gesamtenergie ungeändert bleibt, also mehr und mehr ausgedünnt wird. Seltsam bis unbegreiflich ist in dem Fall, dass *gerade jetzt* innerhalb der »unendlichen« Geschichte des Universums die Dichten beider Energien vergleichbar groß sind. Möglicherweise verliert auch die auf dieser Seite erwähnte »lokale Erhaltung der Energie« in Anbetracht der Allgemeinen Relativitätstheorie ihren Sinn, da diese es nicht in allen Fällen erlaubt, von Energiedichte zu sprechen (z. B. Penrose in *The Philosophy of Vacuum* [15]).

anheben. Hierdurch wird Energie von dem System »Pendel« auf das System »Gewicht« übertragen – beide befinden sich im Schwerefeld der Erde. Die Systeme sind dieselben geblieben, lediglich ihre Zustände wurden verändert. Wenn ich nun aber von außen Masse zur Erde hinzufüge und dadurch alle Gewichte an ihrer Oberfläche vergrößere, verändere ich dadurch die Systeme selbst und nicht nur ihre Zustände. Angewendet auf abgeschirmte Raumbereiche bedeutet dies, dass erst dann von dem System Leerer Raum gesprochen werden kann, wenn einem Bereich alle Atome entnommen wurden. Atome in einem abgeschirmten Raumbereich können ein Gas, eine Flüssigkeit oder einen Festkörper bilden. Sie sind damit zwar alle Systeme der Physik, keinesfalls aber Leerer Raum. Erst wenn die Atome – und durch Abschirmung die Strahlungen etc. – entfernt wurden, können wir von einem *System Leerer Raum* zu sprechen beginnen. Bis hin zu dem unerreichbaren absoluten Nullpunkt der Temperatur können wir diesem System Energie entnehmen und durch Extrapolation versuchen, die Frage zu beantworten, wie ein Raum bei dieser Untergrenze möglicher Temperaturen, ausgestattet mit der geringstmöglichen Energie, beschaffen wäre. Welche Eigenschaften besäße das System Leerer Raum, wenn ihm so viel Energie entnommen worden wäre wie möglich? Wenn es sich in seinem Zustand niedrigster Energie – genauer: in einem seiner Zustände niedrigster Energie – befände? Übrigens ermöglicht erst die Quantenmechanik die Festschreibung von Zuständen niedrigster Energie für beliebige Systeme. Gälte sie nicht, würden Systeme existieren, denen beliebig viel Energie entnommen werden könnte, die also keinen Zustand besäßen, in dem ihre Energie minimal wäre. Ein Beispiel wäre bereits ein Planetensystem aus einer punktförmigen Sonne und einem punktförmigen Planeten: Würde für ein solches System die Quantenmechanik nicht gelten, könnten Sonne und Planet einander beliebig nahe kommen, wobei das System beliebig viel Energie abgeben und folglich keinen Zustand niedrigster Energie besitzen würde. Jeder Zustand niedrigster Energie eines beliebigen Systems heißt passend »sein Vakuumzustand«.

Der Vakuumzustand des Systems Leerer Raum ist der Zustand, den es beim absoluten Nullpunkt der Temperatur annehmen würde, wenn dieser nur erreicht werden könnte. In der Theorie kennen wir diesen Zustand jedoch, und durch die Extrapolation von Beobachtungen können wir die Theorie überprüfen.

Der auf den ersten Blick paradoxe Grund für das Auftreten gewisser Objekte im Leeren Raum ist, dass der Raum mit ihnen energieärmer ist als er es ohne sie wäre. Das muss ich erläutern. Wenn Wasser gefriert, setzt es Energie als Kristallisationswärme frei, die von der kälteren Umgebung aufgenommen wird. Die Wassermoleküle, die sich in flüssigem Wasser ungeordnet bewegen, nehmen im Eis relativ zueinander im Mittel die geordneten Positionen aus Abb. 3 an. Wie Kugeln, die in Mulden rollen, besitzen die Wassermoleküle nach dem Übergang weniger Lageenergie als vorher und bewegen sich zunächst einmal schneller: Lageenergie wurde in Bewegungsenergie umgewandelt, die beim Übergang von flüssigem Wasser zu Eis als Wärmeenergie in Erscheinung tritt. Diese muss als Kristallisationswärme abgeführt werden, damit sich das Eis erhalten kann.

Nun erfordert die schiere Existenz der Wassermoleküle eine Energie, die unermesslich viel größer ist als jene, die durch das Sich-Ordnen der Moleküle freigesetzt

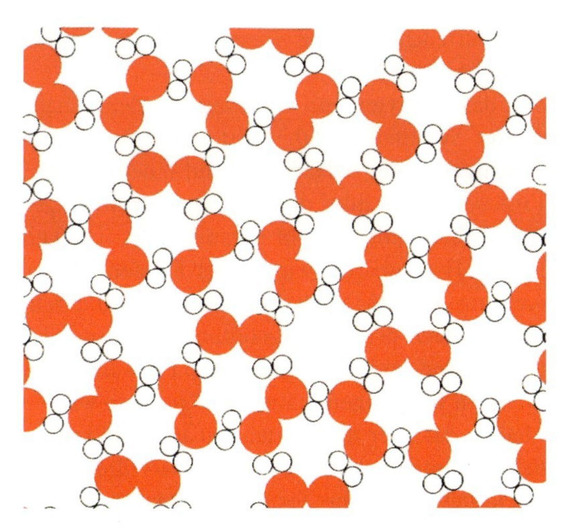

Abb. 3 Innenansicht von Eis bei millionenfacher Vergrößerung. Die Moleküle des Wassers (H_2O) bestehen aus zwei Atomen Wasserstoff (H, weiße Kreise) und einem Atom Sauerstoff (O, rote Kreise). In flüssigem Wasser bewegen sich die Moleküle ungeordnet durcheinander; im abgebildeten Eis schwingen sie um Ruhelagen herum. Die Abbildung ist vereinfacht, weil sie »ebenes Eis« zeigt. Wirkliches Eis ist dagegen dreidimensional.

wird. Muss das aber bei allen Objekten so sein? Könnte es nicht Objekte geben, deren Existenz so wenig Energie erfordert, dass insgesamt Energie gewonnen würde, wenn sie im Raum auftreten und einen geordneten Zustand annehmen würden – einen Zustand, der so energiearm wäre, dass insgesamt durch die Prozedur Energie freigesetzt werden würde? So ist es selbstverständlich nicht bei Wasser, das zudem für sein Auftreten im Leeren Raum die gleiche Menge an Antiwasser erfordern würde, wohl aber bei gewissen Feldern der Elementarteilchentheorie – vornehmlich bei dem Feld des zur Zeit meistgesuchten Teilchens, des Higgsbosons.

Weniger Energie kann also mehr «Etwas« bewirken. Das aber nur, wenn – wie bei der Bildung von Eis aus flüssigem Wasser – die Temperatur so niedrig ist, dass sie das Sich-Ordnen erlaubt. Je höher die Temperatur, desto rascher und damit energiereicher sind die ungeordneten Bewegungen alles Vorhandenen. Erst wenn die Temperatur niedrig genug ist, können sich geordnete Strukturen entgegen den zerstörerischen Stößen behaupten. Diese Strukturen sind – abermals wie beim Wasser – energetisch günstiger als das bei höheren Temperaturen herrschende Durcheinander. Vielleicht haben sich in der Frühgeschichte des Universums verschiedene Higgsfelder ausgebildet, und es bildet sich zur Zeit – seit etwa dem halben Weltalter – zudem ein weiteres Feld namens Quintessence[2]; aus. Aber das eine Higgsfeld,

2) Beobachtungen der letzten drei Jahre haben gezeigt, dass das Universum *beschleunigt* expandiert und flach ist. Das bedeutet, dass die Gesamtenergie des Universums derzeitig zusätzlich zur manifesten Energie der Himmelskörper, Gase, Staube, Strahlung und Dunklen Materie – kurz der Elementarteilchen und Felder – eine vergleichbar große Energie enthält, die auch dann vorhanden wäre, wenn die manifeste Energie ganz fehlen würde, das Universum also so wenig Energie besäße wie mit den Naturgesetzen vereinbar. Eine Möglichkeit hierfür würde eine positive Kosmologische Konstante Λ, die Einstein eingeführt und verworfen hat, eröffnen und eine andere Möglichkeit ein das Universum durchsetzendes Feld, für das sich der Name Quintessence (englisch; nach dem 5. Element des Aristoteles, Quintessenz) einbürgert. Sekundenbruchteile nach dem Urknall hat laut gegenwärtigem Verständnis ein Feld namens Inflaton, das zugleich das Higgsfeld der elektroschwachen Symmetriebrechung sein kann, ein rasches Aufblähen des Universums bewirkt. Auf die elektroschwache Symmetriebrechung selbst kann ich aus Zeit- und Platzgründen nicht eingehen.

das in dem Standardmodell der Elementarteilchentheorie einen festen Platz besitzt, ist das der elektroschwachen Symmetriebrechung.

Warum Symmetriebrechung? Weil das Auftreten von Ordnung aus dem Chaos unabwendbar mit einer *Reduktion* von Symmetrie einhergeht. Auch dies muss erläutert werden. Stellen wir uns frisch geworfene Mikadostäbe auf einem runden Tisch vor. Wenn wir den Tisch um irgendeinen Winkel drehen, kann ein flüchtiger Beobachter durch Betrachtung des Stäbchenhaufens nicht herausfinden, um welchen Winkel – und ob überhaupt! – der Tisch gedreht wurde: Der Haufen vor der Drehung ähnelt dem nach der Drehung wie ein Teller Spaghetti dem anderen. Ganz anders ist es aber, wenn die Stäbe nach dem Spiel geordnet nebeneinander liegen: Symmetrie ist verloren gegangen und Ordnung eingekehrt. Die »anderen« Ordnungen (also die Ordnungen nach den Drehungen) hätten sich genauso wie die tatsächliche herausbilden können, haben das aber nicht getan. So auch die Innenansichten von Wasser und Eis: Wie auch immer man flüssiges Wasser dreht und wendet, seine Innenansicht bleibt im Mittel die gleiche. Eis ist jedoch aus Kristallen aufgebaut, und diese zeichnen gewisse Richtungen im Raum vor anderen aus (Abb. 3): Eis ist geordneter als Wasser aber eben deshalb weniger symmetrisch. So steht es auch um das Higgsfeld: Bevor es zu einem realen, geordneten Feld werden konnte, musste sich entscheiden, in welche Richtung seine Kristalle zeigen sollen – Kristalle nun in dem abstrakten Raum der Teilcheneigenschaften, nicht im gewöhnlichen Raum. Der Energiegewinn aus Kristallisation resultiert aus dem Übergang von einem symmetrischen, chaotischen Zustand in einen weniger symmetrischen, geordneten und energetisch günstigeren Zustand.

Bisher kennen wir also zwei unvermeidliche Formen von »Etwas« im Universum. Die eine beruht auf unvermeidlichen Fluktuationen und die andere darauf, dass ein Raum mit »Etwas« im geordneten Zustand energieärmer sein kann als derselbe Raum ohne es. Auch dieses »Etwas« fluktuiert, verändert dadurch aber nur wenig den Energieunterschied, der auf seiner schieren Existenz im geordneten Zustand beruht. Drittens treten nach Auskunft der Allgemeinen Relativitätstheorie im Raum Krümmungen und Verwerfungen auf, die ihm eine selbstständige Existenz als agierendes und reagierendes »Etwas« verleihen. Raum ist also – erstens und zweitens – keinesfalls mit einer leeren Bühne vergleichbar, auf der Dinge auftreten können aber nicht müssen. Und drittens kann der Raum nicht unabhängig von den Dingen stets derselbe sein.

Ein Raum ohne Objekte, die abwesend sein können, – ein Leerer Raum – kann sowohl flach als auch gekrümmt sein. Die tatsächliche Beschaffenheit des Leeren Universums hängt von seiner Energie ab. Ein Beitrag hierzu, Einsteins Kosmologische Konstante Λ, tritt in den Gleichungen der Allgemeinen Relativitätstheorie als Naturkonstante auf – so wie die Lichtgeschwindigkeit c eine Naturkonstante ist. Anders aber als c, können wir Λ (zumindest bis heute) nicht direkt beobachten. Denn die beobachtbaren Effekte hängen nur von der *Summe* aller Beiträge zur Energie des Leeren Raums ab. Zu Λ hinzu kommen die Energien der Inhalte des Leeren Raums, die wir bereits kennen – die der Fluktuationen und Felder. Während nun aber Λ ohne Einschränkung durch die Theorie jeden positiven oder negativen Wert besitzen kann, liefert die Theorie für die anderen Einzelbeiträge Abschätzungen, die dem Betrag nach um viele, viele, viele ... Größenordnungen über dem experimentell höchstens erlaubten Betrag der Summe liegen. Dass die Addition aller Einzelbeiträge bis auf einen winzigen Rest Null ergeben muss, ist das wohl größte Problem der gegenwärtigen Physik des Kosmos und der Elementarteilchen: Von allen Einzelbeiträgen dürfen in der Summe nur Stellen nach den ersten 100 Stellen übrig bleiben und das Resultat bestimmen. Keine Berechnung eines Einzelbeitrags kann jemals ein so genaues Ergebnis liefern. Bis zu einer Theorie, die die *Summe* festlegt – zwar nicht als Null, wohl aber, erschwerend, gemessen an den Einzelbeiträgen extrem nahe bei Null –, wird das Sich-Aufheben zahlreicher Beiträge zur Gesamtenergie des Leeren Universums unverstanden bleiben. Eine solche Theorie ist jedoch nicht in Sicht. Sie müsste die Quantenmechanik mit der Allgemeinen Relativitätstheorie vereinen – auch noch im 21. Jahrhundert eine Jahrhundertaufgabe.

Die drei Typen von Beiträgen zu Energie und Krümmung des Leeren Universums folgen aus drei voneinander unabhängigen Theorien der gegenwärtigen Physik. Erstens die Beiträge der Fluktuationen. Sie beruhen – zusätzlich zur Speziellen Relativitätstheorie, die immer einbezogen wird – nur auf der Quantenmechanik. Zweitens die Beiträge von Feldern wie dem Higgsfeld. Sie (wenn es sie denn gibt) folgen aus der klassischen Feldtheorie. Weder die Quantenmechanik noch die Allgemeine Relativitätstheorie ist zum Verständnis ihres Auftretens erforderlich. Wird die Quantenmechanik einbezogen, führt sie zu Fluktuationen dieser Felder und ihrer Teilchen, die sich grundsätzlich nicht von den bereits besprochenen unterscheiden: *Alle* Felder und zugehörigen Teilchen, die in den Gleichungen der Physik auftreten, fluktuieren im Leeren Raum. Drittens ist der Raum auch deshalb kein eigenschaftsloses, von den Dingen unabhängiges nichts, weil für ihn die Gesetze der Allgemeinen Relativitätstheorie gelten. Die Materie – so die Formulierung des amerikanischen theoretischen Physikers John Archibald Wheeler – befiehlt dem Raum, wie er sich zu krümmen hat, und der Raum befiehlt der Materie, wie sie sich bewegen muss. Aber auch abgesehen von den durch die Quantenmechanik erzwungenen, und den durch die Feldtheorie ermöglichten Beiträgen zur Energie des Leeren Raums kann dieser allein aufgrund der Allgemeinen Relativitätstheorie gekrümmt sein und eine von Null verschiedene Energiedichte besitzen. Wie bereits angedeutet, konnte ein zusammenfassendes Verständnis aller Beiträge bisher nicht erreicht werden, weil wir keine konsistente und experimentell im Detail überprüfte vereinigte Theorie von Quantenmechanik und Allgemeiner Relativitätstheorie besitzen.

Was sich dem Nichts entgegenstellt – Historischer Überblick

Die Frage, ob es leeren Raum geben kann, haben im Abendland zuerst die altgriechischen Naturforscher und Philosophen vor Sokrates – die Vorsokratiker – gestellt. Sie haben gefragt, wie leerer Raum *gedacht* werden könne, und sind zu unterschiedlichen Ergebnissen gekommen. Die Idee der »Plenisten«, dass »Etwas« verbleiben müsse, kann auf den frühesten altgriechischen Philosophen Thales von Milet zurückgeführt werden. Für ihn war die Welt erfüllt, ein Plenum – und zwar erfüllt mit Wasser in seinen verschiedenen Modifikationen, da er Wasser für den allgegenwärtigen Grundstoff hielt. Bis zur wissenschaftlichen Revolution des 16. Jahrhunderts verfestigte sich dann unter der Bezeichnung *horror vacui* (Abscheu der Natur vor dem Leeren) der philosophische Gedanke, dass es keinen leeren Raum geben könne. Die Natur, so diese Doktrin, lässt nicht zu, dass leerer Raum entsteht, greift aber immer zu dem mildesten Mittel, das seine Entstehung verhindern kann: Aus der Klepshydra des Empedokles bei seinem berühmten Experiment (Abb. 4) fließt zur Verhinderung eines leeren Raums das Wasser nicht heraus; anstatt dass der Trinkhalm zerbricht, steigt der Trunk in ihm in die Höhe; ein Blasebalg, der bei geschlossener Tülle geöffnet werden soll, zerbricht, weil sonst ein Vakuum entstünde usw. Die entgegengesetzte Doktrin der »Atomisten«, die den leeren Raum für die Bewegungen ihrer Atome brauchten, fristete neben der – im wörtlichen Sinn! – herrschenden, von Aristoteles abstammenden und von der Kirche nebst Inquisition übernommenen Lehre des *horror vacui* ein Schattendasein.

Als es zur Zeit der wissenschaftlichen Revolution Forschern wie dem Italiener Evangelista Torricelli, dem Deutschen Otto von Guericke, dem Franzosen Blaise

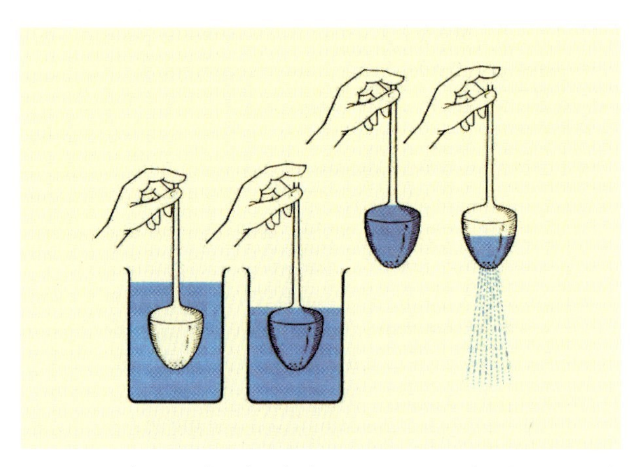

Abb. 4 Wir können das Klepshydra-Experiment des Empedokles in vier Schritte zerlegen. Ist erstens der Hals des eingetauchten Wasserhebers namens Klepshydra geschlossen, dringt kein Wasser durch die Löcher am Boden in ihn ein. Wird zweitens der Hals geöffnet, geschieht gleichzeitig zweierlei: Wasser tritt von unten ein, und Luft entweicht nach oben als »dichtgedrängter Strom«. Bereits hier kann Empedokles seinen wichtigen Schluss ziehen, dass Luft eine Substanz ist, denn Luft und Wasser können sich nicht gleichzeitig in demselben Raum befinden. Erst wenn die Luft aus der Klepshydra entweicht, kann Wasser in sie eintreten. Die dritte Teilbeobachtung ist spektakulär. Sie hat das Klepshydra-Experiment für 2000 Jahre berühmt gemacht: Wird die mit Wasser gefüllte Klepshydra bei wieder geschlossenem Hals aus dem Wasser gehoben, verbleibt das Wasser in ihr. Erst wenn die obere Öffnung freigegeben wird, fließt viertens das Wasser heraus und »stürmt die Luft brausend mit wildem Schwalle nach«. Dieses Verbleiben des Wassers in der Klepshydra wurde von den Plenisten auf den *horror vacui* zurückgeführt – während es doch, wie Torricelli mit seinem Experiment als Erster gezeigt hat, auf dem äußeren Luftdruck beruht (wäre der Hals der oben geschlossenen Klepshydra mit Wasser gefüllt und länger als 10 Meter gewesen, wäre das Wasser bis zu dieser Marke aus ihr herausgeflossen).

Pascal, dem Engländer Robert Boyle und anderen erstmals gelang, alle Luft bis auf einen Rest von vielleicht zehn Prozent aus Behältern zu entfernen, wurde schlagartig klar, dass der äußere Luftdruck mit einer Ausnahme[3]; für alle Phänomene verantwortlich ist, die auf dem *horror vacui* beruhen sollten. Jedes Phänomens beraubt, für das er verantwortlich gemacht werden konnte, ist der *horror vacui* bald auch als Idee untergegangen. Dass die auf dem Druck der Luft beruhenden Effekte als solche erkannt, also nicht mehr auf ein metaphysikalisches Prinzip zurückgeführt wurden, das ohne einen verständlichen Mechanismus geisterhaft in die Welt hineinwirkte, gehört zu den ersten wichtigen Erfolgen der wissenschaftlichen Revolution. Wie selbstverständlich war die Luft zu einer Substanz geworden, die ohne Ersatz durch ein anderes Medium abwesend sein konnte und in dem Weltall Newtons tatsächlich abwesend war. Der Raum mochte leer sein können oder eine feine, alles durchdringende Substanz namens Äther enthalten – merkliche mechanische Wirkungen konnte diese Substanz nicht besitzen. Die heutige Physik weiß jedoch, dass es keinen im wörtlichen Sinn leeren Raum geben kann, sodass die Erfolge der wissenschaftlichen Revolution auch auf dem *Beiseitelegen einer an sich richtigen Idee* beruhten. Dieses Beiseitelegen konnte deshalb zu Triumphen des Verständnisses führen, weil alle Prozesse, die überhaupt Gegenstand einer naturwissenschaftlichen Erklärung durch die Forscher der wissenschaftlichen Revolution bis spät ins 19. Jahrhundert hinein sein konnten, unabhängig davon ablaufen, ob der Raum, in dem sie sich ereignen, im wörtlichen Sinn leer ist oder nur so Leer, wie es die heutige Physik erlaubt. Erst durch die Anerkennung der Möglichkeit eines leeren Raums wurde es nach dem Vorbild der antiken Atomisten wieder denkbar, dass sich Körper wie die Himmelskörper Newtons oder die Atome des modernen Atomismus widerstandslos im Raum bewegen.

Die sich immerfort selbst erzeugen – Das Quantenvakuum

Durch quantenmechanische Fluktuationen, Klassische Felder und Effekte der Allgemeinen Relativitätstheorie, Krümmungen und Λ, die im Nichts auftreten, unterscheidet sich dieses vom nichts. Für die Atome – allgemeiner: die Elementarteilchen –, deren Felder fluktuierend zusammen mit ihnen im Nichts erscheinen und wieder verschwinden, sind von den drei Vakuumeffekten nur die der Quantenmechanik von Belang. Ihnen wende ich mich jetzt zu. Anders als die beiden anderen, sind diese Effekte experimentell und theoretisch bestens erforscht. So vielfältig sie auch sind, beruhen sie doch alle auf den Unschärferelationen der Quantenmechanik.

Pendel der klassischen, nicht-quantenmechanischen Physik können ununterbrochen regungslos herunterhängen. Ein Pendel der Quantenmechanik kann das nicht – es *muss* um seine Ruhelage zittern. So seltsam diese Konsequenz der Unschärfe-

3) Die einzige mir bekannte Ausnahme ist, dass in ein Gefäß eingeschlossenes Wasser beim Gefrieren das Gefäß zerstört. Wie selbstverständlich wurde angenommen, dass Wasser beim Gefrieren schrumpft, sodass ohne den Gewaltakt des Zersprengens ein Vakuum entstehen müsste. Tatsächlich aber dehnt sich Wasser beim Gefrieren aus und zersprengt dadurch das Gefäß (Abb. 3).

relation zwischen Ort und Geschwindigkeit auch sein mag, muss ich die Leser doch bitten, sie als ein Ergebnis der letzten 100 Jahre Physik zur Kenntnis zu nehmen. Aus Zeit- und Platzgründen kann ich die Unschärferelation zwar nicht begründen, hoffentlich aber verständlich machen, was sie besagt. Nämlich, dass es keinen Zustand eines Objekts der Quantenmechanik gibt, in dem es sowohl einen bestimmten Ort als auch eine bestimmte Geschwindigkeit besitzt. Analoges gilt für alle schwingungsfähigen Gebilde – so auch für eingespannte Saiten. Jede Saite der klassischen Physik kann sich ununterbrochen in ihrer unausgelenkten Ruhelage befinden. Sie gleicht dann einem waagerechten geraden Strich (Abb. 5a). Die Saite der Quantenmechanik aber muss – wie das Pendel – unaufhörlich um ihre Ruhelage zittern (Abb. 5e).

Ein analoges Verhalten zeigen auch elektromagnetische Wellen wie Licht, Radiowellen oder Röntgenstrahlen in einem von Metallplatten begrenzten Hohlraum (Abb. 6). Weil Metalle elektrische Leiter sind, können elektromagnetische Wellen in ihnen nicht auftreten, sodass Metalloberflächen auf sie wie Einspannungen auf Saitenschwingungen wirken: Es kann nur Schwingungen mit Knoten an den Einspannungspunkten bzw. an den Metalloberflächen geben (Abb. 5b–e). Wellen, die ein Hindernis nicht überwinden können, werden von ihm reflektiert und üben deshalb wie Teilchen Druck auf das Hindernis aus – so auch elektromagnetische Wellen auf Metallplatten.

Den unbegrenzten Leeren Raum erfüllen Schwankungen des elektromagnetischen Feldes mit kontinuierlich vielen Wellenlängen zwischen Null und Unendlich. Angenommen, zwei Metallplatten – Spiegel für elektromagnetische Wellen, die von diesen einen Rückstoß erfahren – stehen sich im ansonsten Leeren Raum parallel gegenüber (Abb. 6a). Dann können zwischen den Platten nur jene Nullpunktsschwingungen auftreten, deren Wellenlängen an den Zwischenraum angepasst sind. Von außen aber branden Nullpunktsschwingungen mit beliebigen Wellenlän-

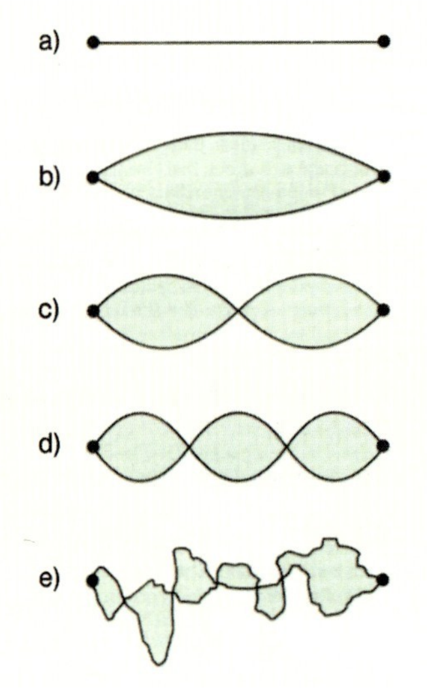

Abb. 5 Die eingespannte Saite kann nach Auskunft der klassischen Physik in der ausgestreckten Stellung (a) ruhen oder mit unendlich vielen Frequenzen und zugeordneten Wellenlängen schwingen. Die drei Schwingungsformen mit den niedrigsten Frequenzen sind die Grundschwingung (b) ohne Schwingungsknoten und die ersten beiden Oberschwingungen mit einem Knoten (c) oder zwei Knoten (d). Wie das Pendel seine klassische Ruhelage aufgrund der Unschärferelation nicht annehmen kann, so auch die Saite: Ständig umzittert sie mit den ihr möglichen Frequenzen die Ruhelage (e).

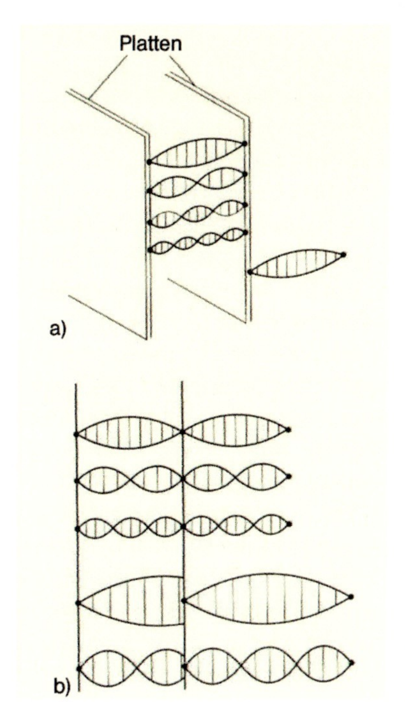

Abb. 6 (a) Zwischen elektrisch leitenden Platten können sich nur elektromagnetische Wellen ausbilden, die Knoten an den Oberflächen der Platten besitzen; im Außenraum sind dagegen Wellen mit beliebigen Wellenlängen möglich. Dies veranschaulicht (b) durch mögliche und unmögliche Schwingungen einer einseitig unendlichen Saite, die an ihrem Ende und an einem anderen Punkt eingespannt ist: Die oberen drei Schwingungen sind sowohl im Außen- als auch im Innenraum möglich, die beiden unteren nur im Außenraum.

gen an die Platten heran. Da sie zahlreicher sind, üben sie mehr Druck auf die Platten aus als Nullpunktsschwingungen von innen: Die Platten werden aufeinander zugetrieben – mit anderen Worten, sie ziehen sich an. Abb. 6b veranschaulicht diesen Effekt durch eine sich nach rechts ins Unendliche erstreckende schwingungsfähige Saite, die an ihrem Anfangspunkt sowie an einem anderen Punkt eingespannt ist.

Bemerkt sei, dass dieses anschauliche Argument mit Vorsicht verwendet werden muss, weil es zwei *unendliche* Größen voneinander abzieht (den Innen- von dem Außendruck), die beide bei kurzen Wellenlängen divergieren. Dass die Komplikationen, die das Unendliche mit sich bringt, bei der Reflexion elektromagnetischer Wellen an Oberflächen ernst genommen werden müssen, zeigt bereits die Tatsache, dass bei manchen komplizierteren Geometrien als der von zwei gegenüberstehenden Platten der Gesamtdruck der elektromagnetischen Wellen auf Abstoßung statt auf Anziehung führt. Hierauf gehe ich jedoch nicht ein.

Die Endformel für die Kraft pro Fläche, mit der sich zwei leitende Platten anziehen, die einander in einem gewissen Abstand gegenüberstehen, ist bemerkenswert einfach: Neben reinen Zahlen und dem Abstand selbst, enthält sie nur zwei Naturkonstanten: die Lichtgeschwindigkeit c und das Plancksche Wirkungsquantum h. Ihr Auftreten zeigt, dass Quantenmechanik und Relativität zusammen für die Anziehung verantwortlich sind. Die Existenz des Effekts hat der niederländische Theoretische Physiker H. B. G. Casimir im Jahr 1948 vorausgesagt [1] – experimentell nachgewiesen (allerdings mit großen Fehlern) wurde er zehn Jahre später durch

M. J. Sparnaay [19]. Erst 1997 ist ein überzeugender Nachweis mit kleinen Fehlern gelungen (S. K. Lamoreaux [17, 18]).

Ein Raum, der so Leer ist wie im Einklang mit den Naturgesetzen überhaupt möglich, ist also nicht leer im naiven Sinn des Wortes. Zusätzlich zu den elektromagnetischen Wellen bzw. den ihnen entsprechenden virtuellen Teilchen, den Lichtteilchen oder Photonen, deren Vorhandensein durch den Casimir-Effekt experimentell nachgewiesen wurde, enthält der Leere Raum als virtuelle Teilchen und Wellen alles, was als Konsequenz der Naturgesetze auch real auftreten kann. Abb. 2 hat vorweggenommen, dass Elektronen nur zusammen mit ihren Antiteilchen, den Positronen, im Leeren Raum auftreten können. Das ist so, weil sich Leerer Raum sonst »spontan« elektrisch aufladen würde – und das erlauben die Naturgesetze nicht. Wenn massive Elementarteilchen in Fluktuationen auftreten, erfordert dies wegen Einsteins $E = m c^2$ zumindest die Energie, die ihrer Masse entspricht. Diese steht für kurze Zeiten zur Verfügung, weil auch die Energie aufgrund einer Unschärferelation – der zwischen Energie und Zeit – fluktuieren muss. Man sagt, das Vakuum *verleiht* Energie – viel für kurze, wenig für lange Zeit. Je größer die Energie ist, die die schiere Existenz von Objekten erfordert, desto kürzer ist die Dauer von Fluktuationen, in denen sie auftreten. Die leichtesten elektrisch geladenen Teilchen, die Elektronen, sind zusammen mit ihren Antiteilchen also häufiger im Leeren Raum anzutreffen als andere geladene Teilchen wie Protonen oder gar ganze Atomkerne. Je mehr Masse ein Teilchen besitzt, desto weniger Energie steht ihm in einer Fluktuation von vorgegebener Dauer als Energie oberhalb der seiner Masse entsprechenden Energie als Bewegungsenergie zur Verfügung. Umgerechnet auf die Geschwindigkeit der Teilchen in der Fluktuation, die abermals mit der Masse abnimmt, und dann auf die Größe des Raumbereichs, den sie durch ihre Existenz vor der gegenseitigen Wiedervernichtung beeinflussen können, ergibt sich eine starke Abnahme mit steigender Masse der auftretenden Teilchen. Folglich spielen bei der Berechnung von Vakuumeffekten Elektron-Positron-Paare eine herausragende Rolle. Vor ihnen selbstverständlich noch die masselosen Photonen. Allein deren Wirkung kann daher in Casimir-Experimenten nachgewiesen werden.

Eine weitere Manifestation des Inhalts des Leeren Raums, die zu dem zweifelsfreien Bestand der gegenwärtigen Physik gehört, ist die Vakuumpolarisation. In den Leeren Raum, in dem elektrisch geladene Teilchen und ihre Antiteilchen mit der Gesamtladung Null herumschwirren, werde ein reales elektrisch geladenes Teilchen eingebracht. Unter dem Einfluss der beispielsweise positiven Ladung werden sich die im Vakuum verborgenen Ladungen neu anordnen – nämlich so, wie es Abb. 7a zeigt: Die eingebrachte positive Ladung zieht die negativen Ladungen des Vakuums an und stößt die positiven ab. Im zeitlichen Mittel bildet sich die Ladungsverteilung von Abb. 7a heraus. Innerhalb einer Kugelschale um die zentrale positive Ladung befinden sich also immer mehr negative als positive Ladungen, sodass das Feld des *polarisierten Vakuums* das Feld der eingebrachten Ladung schwächt. Diese selbst ist also größer als die in einigem Abstand beobachtete Ladung: Je näher wir dem Teilchen in der Mitte kommen, desto größer ist die Ladung, die wir beobachten.

Der Effekt tritt auf, weil sich die virtuellen Ladungen im Vakuum während ihrer Existenz bewegen können. Nun wissen wir, dass die Lebensdauern und Bewegungs-

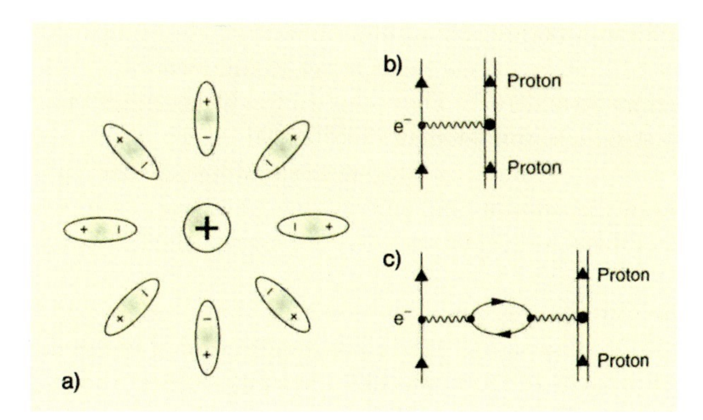

Abb. 7 Eine in das Vakuum eingebrachte elektrische Ladung zieht die im Vakuum fluktuierenden Ladungen mit entgegengesetztem Vorzeichen an und stößt solche mit dem gleichen Vorzeichen ab. Dadurch polarisiert sie das Vakuum (a): Die Ladungswolke schwächt das Feld der ins Vakuum eingebrachten Ladung. Die Wellenlinien der Abbildungen (b) und (c) stellen Photonen dar, die an elektrisch geladene Teilchen koppeln.

möglichkeiten schwerer virtueller Teilchen geringer sind als die von leichten virtuellen Teilchen. Folglich wird das leichteste elektrisch geladenene Teilchen, das Elektron, mit seinem Antiteilchen, dem Positron, eine in das Vakuum eingebrachte Ladung am stärksten abschirmen. Das Myon, das zweitleichteste elektrisch geladene Teilchen, ist um den Faktor 201 schwerer als das Elektron.

Was wir landläufig die Ladung eines Protons nennen – die Elementarladung e, den Betrag der negativen Ladung $-e$ eines Elektrons – und in das Coulombsche Gesetz eintragen, ist die vollständig durch virtuelle Paare abgeschirmte Ladung in der Entfernung unendlich. Die Abnahme der Abschirmung bei Annäherung an das Proton wirkt sich zum Beispiel auf die Elektron-Proton-Streuung aus: Umso mehr, je näher sich das Elektron und das Proton kommen. Gäbe es die virtuellen Paare geladener Teilchen und ihrer Antiteilchen nicht, müssten nur die virtuellen Photonen[4)]; bei der Berechnung der Streuung berücksichtigt werden; den einfachsten derartigen Feynman-Graphen zeigt Abb. 7b. Feynman-Graphen spielen ganz allgemein in der Physik der Elementarteilchen eine herausragende Doppelrolle. Erstens stellen sie Prozesse zwischen Elementarteilchen bildlich dar und zweitens können von ihnen Vorschriften zur Berechnung der Häufigkeiten, mit denen die Prozesse auftreten, abgelesen werden. Wird in die dem Graphen aus Abb. 7b entsprechende Formel zur Berechnung der Streuung eines Elektrons an einem Proton als Ladung des Elektrons $-e$ und als die des Protons e eingetragen, kann die Streuung von Elektronen an Protonen bis hin zu jener Energie berechnet werden, bei der das Elektron dem Proton so nahe kommt, dass individuelle virtuelle Ladungen aus dem Rauschen aller herauszutreten beginnen. Oberhalb dieser Energie müssen Feynman-Graphen mit Teilchen-Antiteilchen-Paaren berücksichtigt werden, die auf deren Existenz im vermeintlich leeren Raum beruhen. Ein Beispiel zeigt Abb. 7c.

4) Was tatsächlich beobachtet wird, hängt auch von der inneren Struktur des Protons ab. Hierauf gehe ich jedoch nicht ein.

Analoges gilt auch für andere, experimentell triumphal bestätigte Ergebnisse der Berechnungen von Feynman-Graphen, die die Beiträge der Vakuumteilchen einbeziehen. Zu nennen sind hier insbesondere die Eigenschaften von Elektronen als einzelne Teilchen oder als Bestandteile von Atomen. Spektakulär ist der Erfolg der Berechnung einer Größe namens »Anomales Magnetisches Moment« des Elektrons: Das theoretische Ergebnis stimmt mit einer Genauigkeit von mehr als 11 signifikanten Stellen innerhalb der Fehler mit dem experimentellen Ergebnis überein.

Hierher gehört auch die Berechnung der »Lamb-Verschiebung« von Spektrallinien des Wasserstoffatoms als Eigenschaft von Elektronen im Atom sowie die Berechnung der Streuung von Licht an Licht. Wie die elektromagnetische Ladung, hängt auch die »Starke Ladung« der Quarks und Gluonen vom Abstand ab. Aufgrund der anderen Form der Wechselwirkung und Anzahl mitwirkender Teilchen nimmt die Starke Ladung bei Vergrößerung des Abstands aber nicht ab, sondern zu – »Asymptotische Freiheit« und »Infrarote Sklaverei« sind die Folge. Es fehlen Zeit und Platz, um dies gebührend darzustellen. Eine populärwissenschaftliche Darstellung findet der Leser auf den Seiten 295ff. der Taschenbuchausgabe von *Die Entdeckung des Nichts* [6].

Nothing ist real – Woher die Energie?

Den im Vakuum fluktuierenden Teilchen fehlt nichts als Energie, die sie nicht zurückgeben müssen, um als reale Teilchen hervortreten zu können. Diese Energie kann ihnen auf verschiedene Arten und Weisen zur Verfügung gestellt werden. Am signifikantesten wäre es, wenn die »Paarbildung in starken elektrischen Feldern« nachgewiesen werden würde. Dies auch deshalb, weil sie die an den Beispielen der Kristallisationswärme von Wasser und des Higgs-Feldes bereits vorgestellte Möglichkeit realisieren würde, dass – landläufig – »Etwas« energieärmer sein kann als »Nichts«. Wenn dem so wäre, würde es sich energetisch auszahlen, wenn »Etwas« aus »Nichts« entstünde.

Gegeben sei eine große positive, in einem engen Raumgebiet konzentrierte elektrische Ladung (Abb. 8). Ein Beispiel könnte ein Ladungsklex mit der elektrischen Ladung von zwei Kernen des Atoms Uran sein, insgesamt also 184 Elementarladungen. Solch ein Ladungsklex kann entstehen, wenn Urankerne mit so großer Energie aufeinander geschossen werden, dass sie sich trotz ihrer gegenseitigen Abstoßung aufgrund ihrer elektrischen Ladung durchdringen und für eine gewisse Zeit zusammenbleiben.

Experimente mit kollidierenden Kernen werden zur Zeit an mehreren Orten durchgeführt und/oder geplant. Ein Ziel ist die Beantwortung der Frage, ob sich tatsächlich hoch geladene künstliche Kerne bilden, die für gewisse Zeiten bestehen bleiben, und in deren starken elektrischen Feldern Elektron-Positron-Paare auftreten. Elektronen sind in Atomen an Kerne gebunden, weil sich die negative Ladung des Elektrons und die positive Ladung des Kerns anziehen. Mit anderen Worten: Es ist Energie erforderlich, um das Atom zu ionisieren, Elektron und Kern also von-

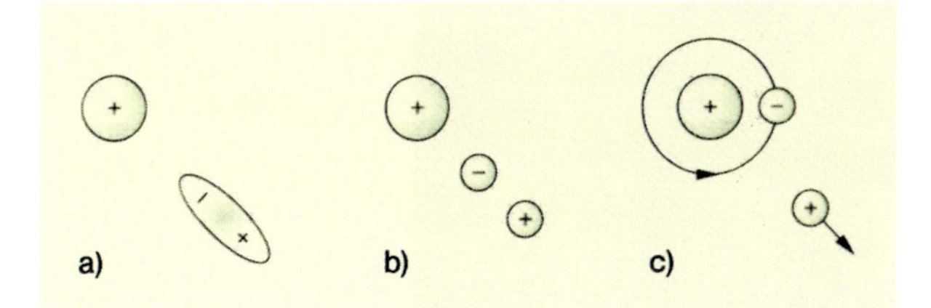

Abb. 8 Spontane Bildung eines realen Elektron-Positron-Paars aus einem virtuellen Paar in dem starken elektrischen Feld einer großen positiven Ladung (a). Einmal erzeugt (b), bildet das Elektron mit der großen positiven Ladung ein Atom, und das Positron wird emittiert (c). Die dadurch frei werdende Energie ist größer als die nach Einsteins $E = m\,c^2$ in Energie umgerechnete Masse des erzeugten Elektron-Positron-Paars.

einander zu trennen. Diese Energie wächst mit der Ladung des Kerns rasch an. Denn erstens ist die Kraft, mit der das Elektron und der Kern sich bei gegebenem Abstand anziehen, zur Kernladung proportional. Und zweitens (aus demselben Grund) wird die Bohrsche Bahn, auf der das Elektron den Kern umkreist, enger und enger, wenn die Kernladung wächst, sodass die Ionisationsenergie abermals mit der Kernladung ansteigt. Umgekehrt bedeutet dies, dass ein Elektron bei Annäherung an den Kern Energie abgibt – in der Form von »Spektrallinien« des Atoms.

Nun sei bei einem geeignet gewählten Kern wie Doppeluran der Energieunterschied zwischen ihm nebst seinem starken elektrischen Feld und dem Atom, das aus demselben Kern, einem Elektron nebst dem durch die Ladung des Elektrons abgeschwächten (also energieärmeren) Feld besteht, größer als die Energie, die gemäß Einsteins $E = m\,c^2$ ein Elektron und ein Positron für ihre Existenz benötigen. Dann wird es sich energetisch auszahlen, wenn in oder aus dem elektrischen Feld des Kerns ein insgesamt elektrisch neutrales Elektron-Positron-Paar entsteht, das Elektron sich mit dem Kern zu einem Atom verbindet und das Positron ins Unendliche entweicht. Die experimentelle Realisation dieses Prozesses wäre zugleich die schönste Illustration dessen, dass das Vakuum nicht leer, sondern mit fluktuierenden Feldern und Teilchen angefüllt ist.

Eine direkte und routinemäßig erfolgreiche Methode, den im Vakuum fluktuierenden virtuellen Teilchen-Antiteilchen-Paaren die Energie zur Verfügung zu stellen, die sie benötigen, um zu realen Teilchen zu werden, ist der Beschuss von Materie mit Photonen. Abb. 9 zeigt eine Aufnahme eines solchen Paarerzeugungsprozesses. Am Ursprungsort der Spuren ist ein Photon, das als elektrisch neutrales Teilchen keine Spur hinterlässt, mit einem Wasserstoffatom zusammengestoßen. Die dabei und dadurch entstandenen drei Spuren sind erstens die wenig gekrümmte Spur des Elektrons, das vormals in das Wasserstoffatom eingebunden war, sowie zweitens und drittens die stark gekrümmten Spuren eines Elektron-Positron-Paars aus dem Vakuum, auf das durch den Prozess soviel Energie und Impuls übertragen wurde, dass es zu einem Paar realer Teilchen werden konnte.

Prozesse wie die Paarerzeugung – sei es nun in starken Feldern oder durch Zusammenstöße von Photonen mit Atomen – sind keine reinen Vakuumprozesse, weil sie die Anwesenheit von Atomen und/oder ihren Kernen als Katalysatoren

Abb. 9 Aufnahme von zwei Paarerzeugungsprozessen, die durch ein von unten einfallendes Photon induziert wurden. (Übernommen aus *The Particle Explosion* [2]).

erfordern. Mit einem energetisch angereicherten Vakuum (und nichts als ihm) konfrontieren uns Prozesse, die mit der Vernichtung eines Teilchen-Antiteilchen-Paars *beginnen*. Hierfür gibt es zahlreiche Beispiele bei niedrigen Energien. Wichtiger für unser Thema sind jedoch Prozesse, die durch Zusammenstöße von energiereichen Elektronen und Positronen mit nachfolgender gegenseitiger Vernichtung Gebiete reiner Energie erzeugen, aus denen zahlreiche virtuelle Teilchen als reale Teilchen hervortreten können, aber nicht müssen: Auch wenige energiereiche Teilchen wie ein zusammen mit seinem Antiteilchen erzeugtes Myon können die Energie davontragen. Um solche Prozesse in Gang zu setzen, sind Maschinen erforderlich, die Strahlen von Elektronen und Positronen große Bewegungsenergien verleihen und die Strahlen dann so gegeneinander lenken, dass der Prozess der gegenseitigen Vernichtung von Elektronen und Positronen einsetzen kann. Eine solche Maschine war bis zu seiner Stillegung im Jahr 2000 der Large Electron Positron Collider (LEP) am Europäischen Labor für die Physik der Elementarteilchen CERN in Genf.

Wenn ein Elektron und ein Positron in einem Detektor in einer der Wechselwirkungszonen des LEP zusammentrafen und reagierten, entstand fast immer zuerst ein Gebiet mit einer Energiedichte, die der des ganzen heute beobachtbaren Universums 10^{-10} Sekunden nach dem Urknall gleicht. Das Universum war zu dieser Zeit etwa so groß wie das Sonnensystem heute und 10^{15} °C heiß. Im Weltall liefen damals eben jene Prozesse ab, die gegenwärtig durch Zusammenstöße von Teilchen und deren Antiteilchen in Beschleunigern wie LEP initiiert werden können. Seitdem er 1989 in Betrieb genommen wurde, hat LEP bis zu seiner endgültigen Abschaltung im Jahre 2000 mehr als eine Million Male einen Mini-Urknall ausgelöst.

Am Anfang jedes dieser Prozesse steht die gegenseitige Vernichtung eines Elektrons und eines Positrons mit dem Ergebnis, dass ihre gesamte ursprüngliche Energie, die bei LEP mehr als 200 Protonenmassen entsprach, den im Vakuum fluktuierenden Teilchen als Energie zur Verfügung steht, die sie nicht zurückgeben müssen. Dies ermöglicht es ihnen, zu realen Teilchen zu werden, die in den Nachweis-

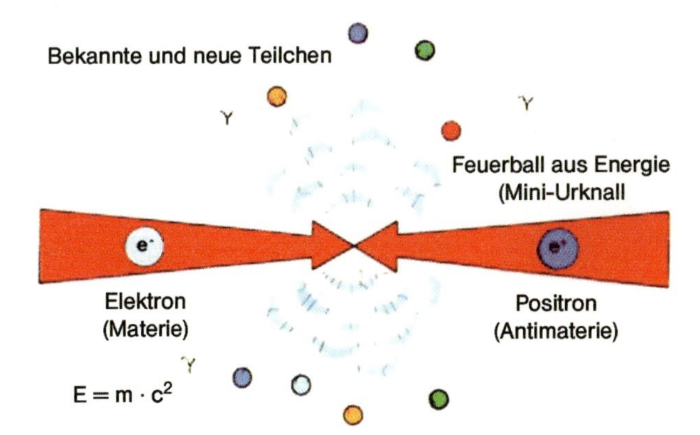

Abb. 10 Bei dem Zusammenstoß und der nachfolgenden gegenseitigen Vernichtung zweier Elementarteilchen entsteht ein Feuerball aus reiner Energie. Diese Energie steht den im Vakuum fluktuierenden Teilchen als Energie, die sie nicht zurückgeben müssen, zur Verfügung und ermöglicht es ihnen, zu realen Teilchen zu werden, die in den Detektoren der Physiker Spuren hinterlassen. (Abbildung in Anlehnung an *Materie und Antimaterie* [16].)

geräten der Physiker auftreten (Abb. 10 und Abb. 11). Welche und wie viele es jeweils sind, in welche Richtungen sie fliegen, und wie viel Energie die einzelnen Teilchen mitbekommen, kann nicht berechnet werden. Aber das – selbstverständlich quantenmechanische – Standardmodell der Starken und Elektroschwachen Wechselwirkungen ermöglicht die Berechnung der Wahrscheinlichkeiten, mit denen gewisse Prozesse auftreten. Abb. 11 zeigt ein solches Resultat des Zusammenstoßes eines Elektrons mit einem Positron in dem DELPHI genannten Detektor am LEP. Aus dem Vakuum sind in dem Prozess zwei isolierte Bündel von Teilchen, die zusammengefasst Jets heißen, hervorgetreten. Aber die Vielzahl der Teil-

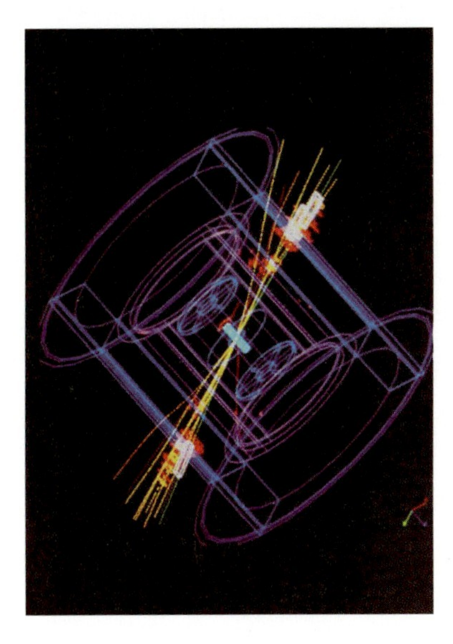

Abb. 11 Anlässlich der Vernichtung eines Elektron-Positron-Paars entstehen isolierte Bündel (Jets) von Teilchen. (Quelle: DELPHI am CERN.)

chen, die bei den meisten Prozessen über alle Winkel verteilt auftreten, spiegelt mehr als alles andere den Kuddelmuddel des Vakuums selbst wider: Wie alle Beschleuniger und Detektoren, die Prozesse von Elementarteilchen bei großen Energien auslösen bzw. beobachten, ist – jetzt natürlich: war – LEP mit seinen Nachweisgeräten vor allem eine Maschine zur Erforschung des einfachsten, aber immer noch ungemein komplizierten Systems, das die Naturforschung kennt – das des Physikalischen Vakuums.

Literatur

1 H. B. G. Casimir, On the attraction between two perfectly conducting plates, *Proc.Kon.Ned.Akad.Wetenschap* **1948**, *51*, 793

2 F. Close, M. Marten und C.Sutton, *The Particle Explosion*, Oxford **1987**

3 H. Genz, *Symmetrie – Bauplan der Natur*, Piper, München **1987** (Originalausgabe); **1992** (Taschenbuchausgabe)

4 H. Genz, *Etwas und Nichts*, Mannheimer Forum, **1994** , S. 127

5 H. Genz, *Wie die Zeit in Welt kam*, Hanser, München **1994** (Originalausgabe); Rowohlt, Reinbek **1999** (Taschenbuchausgabe)

6 H. Genz, *Die Entdeckung des Nichts*, Hanser, München **1994** (Originalausgabe); Rowohlt, Reinbek **1999** (Taschenbuchausgabe); *Nothingness – The Science of Empty Space*, Perseus, Reading **1998**

7 H. Genz, *Gedankenexperimente*, Wiley-VCH, Weinheim **1999**

8 H. Genz, »Vakuum« im *Lexikon der Physik*, Spektrum, Heidelberg **2000**, Vol.5, S.352ff

9 H. Genz, Die Lehre vom Leeren vor Relativität und Quantenmechanik, *Praxis Naturwiss.-Physik* **2001**, *50*(3), 2

10 H. Genz, Die quantenmechanischen Grundzustände physikalischer Systeme, *Praxis Naturwiss.- Physik* **2001**, *50*(3), 10

11 H. Genz, Eine kleine Geschichte des Raumes, *Praxis Naturwiss.-Physik* **2001**, *50*(3), 21

12 H. Genz, *Grundzustände- die Vacua der Physik*, Wiley-VCH, Berlin, in Vorbereitung

13 H. Genz, *Wie die Naturgesetze Wirklichkeit schaffen- Physik und Realität*, Hanser, München **2002**

14 H. Genz und R. Decker, *Symmetrie und Symmetriebrechung in der Physik*, Vieweg, Braunschweig **1991**

15 S. Saunders und H.R.Brown (Hrsg.), *The Philosophy of Vacuum*, Clarendon, Oxford **1991**

16 H. Schopper, *Materie und Antimaterie*, Piper, München **1989**

17 S.K. Lamoreaux, Demonstration of the Casimir force in the 0.6 to 6 μm range, *Phys. Rev. Lett.* **1997**, *78*, 5

18 S.K. Lamoreaux, Resorce letter cf-1: Casimir force, *Amer.J.Phys.* **1999**, *67*, 850

19 M.J. Spaarnaay, Measurement of the attractive force between flat plates, *Physica* **1958**, *24*, 751

Henning Genz (Jahrgang 1938) hat an den Universitäten München und Göttingen Physik studiert und in München 1967 mit einer Arbeit über Mehrbahn-Operatoren in relativistischen Streutheorien promoviert. Zur Habilitation wechselte er dann an die Universität Karlsruhe (TH), wo er seit 1976 eine Professur am Institut für Theoretische Teilchenphysik innehat und über »Symmetrie und Symmetriebrechung« sowie über das »Vakuum« forscht. Daneben hat er sich immer wieder um »verständliche Wissenschaft« bemüht. Im Literaturverzeichnis zum voranstehenden Beitrag sind seine diesbezüglichen Buchveröffentlichungen aufgeführt, außerdem war er an der Herstellung mehrerer wissenschaftlicher Filme sowie an Fernsehproduktionen zum Thema »Symmetrie« und »Kosmische Katastrophen« maßgeblich beteiligt.

Chemie trifft Physik oder Die kleinsten Schalter

Günter Schmid

Die Vorstellungen der breiten Öffentlichkeit über die Aufgaben der Chemie beschränken sich zumeist auf die Herstellung neuer Produkte. Chemie »erfindet« neue Verbindungen, nämlich »Chemikalien«, denen im Allgemeinen ein eher negatives Image anhaftet: Chemikalien belasten die Umwelt, vergiften die Nahrungsmittel und bringen Entsorgungsprobleme mit sich. An Medikamente – die »Chemikalien« der Medizin – oder all die Stoffe, die uns im Alltag begegnen und die jedermann gerne und selbstverständlich benutzt wie Waschmittel, moderne Kleidung, Treibstoffe oder Farben, wird dagegen nur relativ selten gedacht. Ebenso findet es die Mehrzahl der Bevölkerung noch immer absonderlich, dass auch den »natürlichen« Vorgängen in Lebewesen nichts anderes zugrunde liegt als komplexe chemische Reaktionen. Diese Missverständnisse ergeben sich aus einer weitgehend fehlenden oder unzulänglichen naturwissenschaftlichen Bildung.

Im Folgenden soll die Bedeutung und Attraktivität der Chemie am Beispiel eines modernen und insbesondere jungen Menschen nahe stehenden Gebietes verdeutlicht werden. Die Rede ist von den Möglichkeiten der Chemie, in der zukünftigen Informationstechnologie eine herausragende Rolle zu spielen. Hier treffen sich Chemie und Physik, denn beide Schwesterdisziplinen bemühen sich derzeit intensiv um den künftigen Standard neuer Speichermedien. Längst ist klar, dass die heutige Siliciumtechnologie ein natürliches Ende finden wird, weil Silicium bei einer weiteren Verkleinerung der Struktureinheiten – der einzelnen Transistoren – aus physikalischen Gründen seine Halbleitereigenschaften verliert. Ohnehin stellt sich die Frage, ob auch in Zukunft die »Top-Down«-Verfahren – also die heutigen Techniken, bei denen man aus großen Strukturen kleine Strukturen erzeugt – dominieren werden. »Bottom-Up«-Techniken, bei denen umgekehrt aus Kleinem Großes gemacht wird, sind vielversprechender. Hier schlägt deswegen die Stunde der Chemie, die schon immer aus kleinsten Bausteinen, im Extremfall aus Atomen, größere Gebilde aufgebaut hat. Schließlich funktioniert jede chemische Synthese nach diesem Prinzip!

Facetten einer Wissenschaft. Herausgegeben von Achim Müller

ISBN: 3-527-31057-6

Die neue Rolle der Chemie

Nasschemische Verfahren haben während der vergangenen 15 bis 20 Jahre zu einer Fülle so genannter Clusterverbindungen geführt. In ihnen sind einige wenige bis hunderte von Metallatomen zu kleinen »Metallkügelchen« – so genannten Clustern – verbunden. Um zu verhindern, dass sie größer werden, muss man sie vor gegenseitiger Anziehung schützen. Dazu bestückt man ihre Oberfläche mit geeigneten Molekülen, so genannten Liganden, die meist organischer Natur sind. Im Prinzip sind Cluster nichts anderes als unvorstellbar winzige Ausschnitte aus größeren Metallkristallen. Abb. 1 zeigt einige der im Institut für Anorganische Chemie der Universität Essen synthetisierten Cluster, wobei die schützenden Ligandhüllen hier nicht dargestellt sind.

Abb. 2 erläutert den prinzipiellen Synthesevorgang. Lösungen entsprechender Metallionen werden mit einem geeigneten Reduktionsmittel versetzt, um aus den positiv geladenen Ionen neutrale Atome zu machen, die schnell zu Clustern aggregieren. Die Kunst besteht darin, möglichst lauter gleich große Teilchen entstehen zu lassen – was nur in wenigen Fällen zufriedenstellend gelingt. Wichtig ist die Gegenwart geeigneter Liganden, damit das Wachstum der Teilchen rechtzeitig stoppt.

Zahlreiche physikalische Untersuchungen von Clustern unterschiedlicher Größe während der vergangenen 10 bis 15 Jahre haben gezeigt, dass Cluster im Größenbereich von 1 bis 2 Nanometer (nm) (1 nm = 10^{-9} m) überraschende Eigenschaften besitzen, die ihnen möglicherweise eine dominierende Rolle in neuen Speichertech-

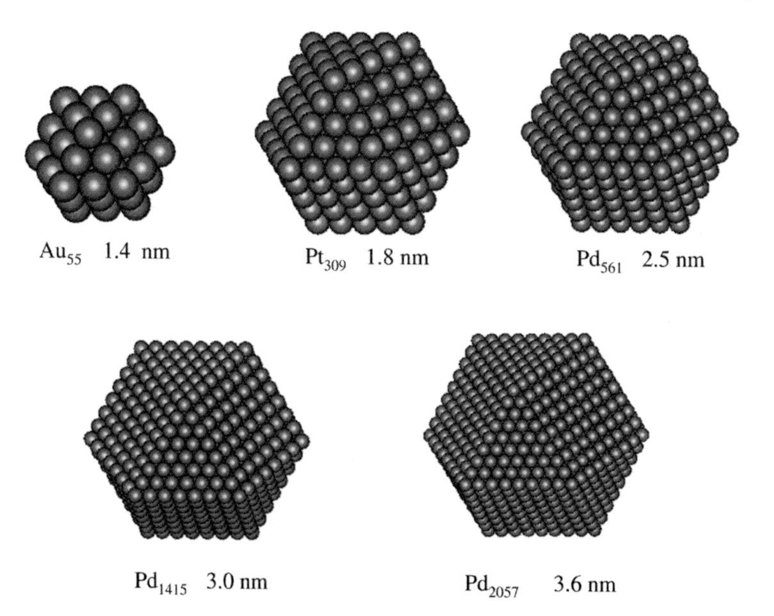

Abb. 1 Beispiele für Metallnanocluster, die zwischen 1 und 4 nm groß sind. Die Anzahl der Metallatome in einem Cluster resultiert aus ihrer Packungsart.

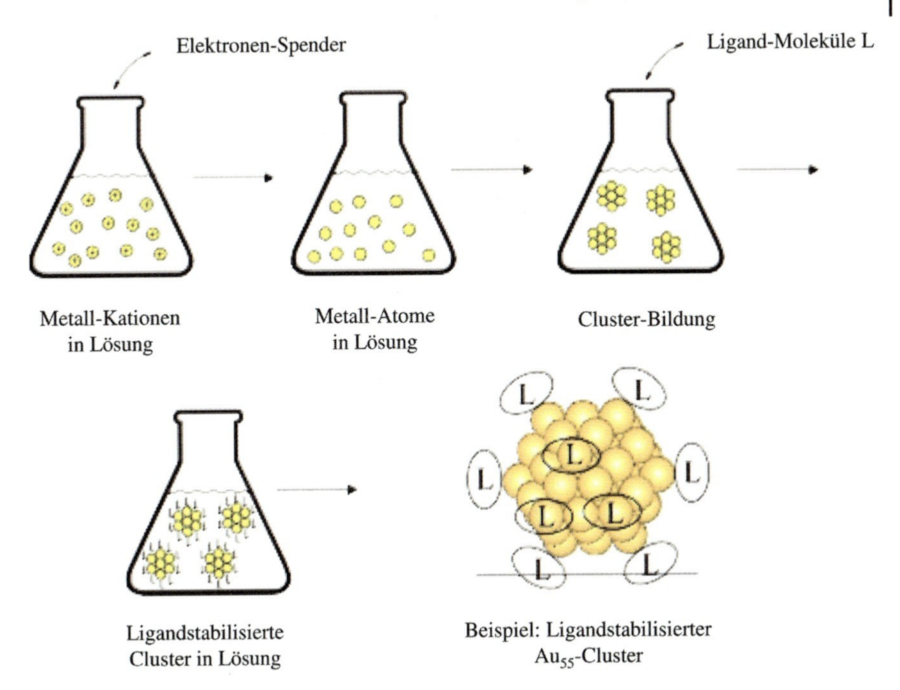

Abb. 2 Vereinfachte Darstellung des Synthesevorgangs für ligandgeschützte Metallnanopartikel [1].

nologien zukommen lassen könnten: Teilchen dieser Größenordnung – so genannte Nanopartikel – verhalten sich nämlich nicht mehr wie typische Metalle, sondern nehmen quasi die Eigenschaft von Halbleitern an. Bei Temperaturen in der Nähe des absoluten Nullpunkts war dies zuvor auch schon bei größeren Metallpartikeln beobachtet worden. Im Fall der 1 bis 2 nm kleinen ligandgeschützten Nanopartikel tritt dieser Effekt jedoch schon bei Raumtemperatur auf – und genau darauf beruht die Hoffnung, sie als kleinstmögliche Transistoren einsetzen zu können.

Die Gründe für diese vielversprechende Verwandlung vom Metall zum Halbleiter haben überwiegend mit der veränderten elektronischen Situation in solchen Teilchen im Vergleich zu massiven Materialien (so genannten Bulk-Materialien) zu tun. Abb. 3 erläutert die elektronischen Unterschiede in drei extremen Situationen. Sie zeigt skizzenhaft die elektronischen Zustandsdichten in massivem Metall (3c), in einem aus nur wenigen Atomen bestehenden kleinen Cluster (3a) und in einer Situation zwischen diesen beiden, also in einem Nanopartikel (3b). In dem molekularen Cluster können den Elektronen diskrete Energieniveaus zugeschrieben werden. Dagegen sind im Bulk-Zustand die Energieniveaus der unendlich vielen Elektronen zu einem Energieband »verschmiert«. Im Nanoteilchen sind ebenfalls diskrete Energieniveaus erkennbar, jedoch nicht von der Schärfe wie beim Molekülcluster. Mit anderen Worten: Wird ein Metallteilchen klein genug, so verliert es seine typischen Materialeigenschaften – mehr oder weniger diskrete elektronische Energieniveaus lösen das »Elektronengas« im massiven Bulk-Metall ab. Diese Erkenntnis hat noch eine weitere wichtige Konsequenz: Nanopartikel sind nach den Regeln der

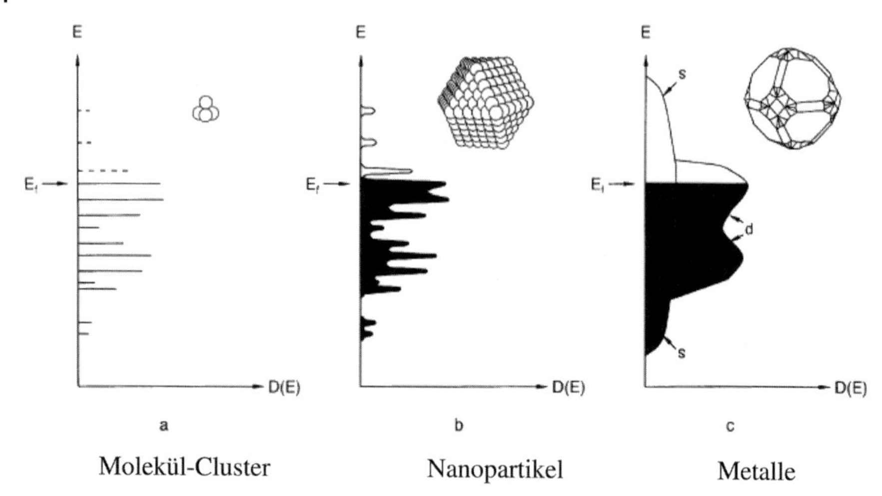

Abb. 3 Die elektronischen Zustandsdichten in drei unterschiedlichen Teilchengrößen: (a) in einem Molekülcluster mit diskreten Energieniveaus, (b) in einem Metallnanopartikel mit verbreiterten, aber immer noch diskreten Energiezuständen und (c) in massivem Metall mit elektronischen Energiebändern.

Quantenmechanik zu behandeln. Oder vereinfacht ausgedrückt: Ein entsprechend kleines Metallpartikel kann physikalisch als sehr großes Atom angesehen werden. Gelegentlich findet man in der Literatur auch den Ausdruck »künstliches Atom«. Allgemein bezeichnet man Teilchen, die diesen Bedingungen gehorchen, als Quantenpunkte.

Physikalische Bedingungen

Wie lässt sich denn nun feststellen, ob ein Partikel als Quantenpunkt oder doch noch als Metallteilchen aufzufassen ist? In den vergangenen Jahren wurden vielerlei Untersuchungen an Nanopartikeln durchgeführt, und alle haben zur Beantwortung der fundamentalen Frage nach dem Metall-Halbleiter- bzw. -Nichtleiterübergang beigetragen. Hier kann jedoch nur auf eine von ihnen, die wohl aber die wichtigste Charakterisierungsmethode ist, eingegangen werden: Es ist die Aufzeichnung der so genannten Strom-Spannungskennlinie an einzelnen Nanopartikeln. Die experimentelle Anordnung für solche Messungen ist vereinfacht in Abb. 4 dargestellt. Die feine Spitze eines Rastertunnelmikroskops ist über einem einzelnen ligandgeschützten Partikel positioniert. Das Teilchen befindet sich auf einer leitfähigen Unterlage, die auch aus einer zweiten Spitze bestehen kann. Zwischen beiden Kontakten wird nun eine variable Spannung angelegt und der daraus resultierende Strom gemessen. Wäre das zu vermessende Teilchen metallischer Natur, würde eine lineare Strom-Spannungs-Abhängigkeit, entsprechend dem Ohmschen Gesetz, resultieren. Handelt es sich dagegen um ein quantenmechanisch determiniertes Teilchen, sollte es zu einer so genannten Coulomb-Blockade (CB) kommen. Die

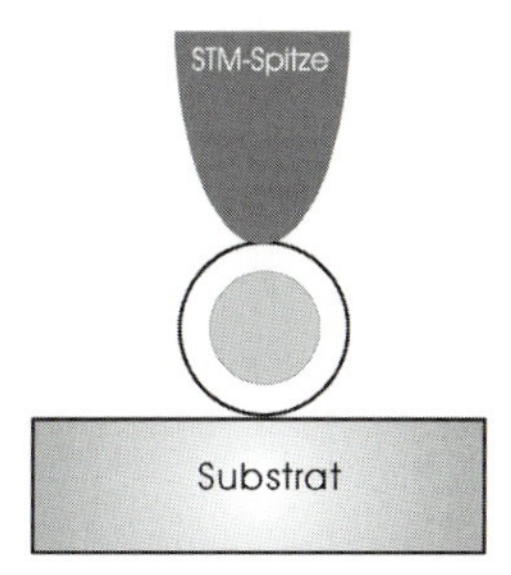

$$\frac{e^2}{2C} >> k_B T$$

C = Kapazität des Tunnelkontaktes
$C = \varepsilon\varepsilon_o \frac{A}{d}$
ε = Dielektrische Konstante
ε_o = Elektrische Feld-Konstante
A = Oberfläche der Elektrode
d = Abstand der Elektroden

Abb. 4 Vereinfachte Darstellung eines so genannten Tunnelkontakts.

Sache kompliziert sich allerdings, weil der Vorgang temperaturabhängig ist. Bei niedrigen Temperaturen können selbst relativ große Teilchen eine Coulomb-Blockade zeigen, während sie bei Raumtemperatur als Bulk-Metall agieren. Dieses temperaturabhängige Verhalten konnte durch ein sehr elegantes Experiment gezeigt werden [3].

In Abb. 5 ist mittels einer elektronenmikroskopischen Aufnahme ein 15 nm großes Palladiumteilchen zwischen zwei Spitzen gezeigt, an die eine Spannung angelegt werden kann. Die dazugehörigen experimentellen Daten zeigen deutlich, dass bei 295 K metallisches Verhalten vorliegt, während bei 4,2 K eine ausgeprägte Coulomb-Blockade auftritt. Sie bedeutet, dass im Spannungsintervall zwischen ca. –0,1 und +0,1 Volt der Übergang weiterer Elektronen auf das Teilchen nicht möglich ist, weil ein dort lokalisiertes einzelnes Elektron dies durch die Coulomb-Abstoßung so lange blockiert, bis eine genügend hohe Spannung erreicht ist (hier also +0,1 Volt), um die Ladung auf die Gegenelektrode zu übertragen. Dieser Vorgang entspricht der Schaltung mit einem einzelnen Elektron und erklärt das eingangs erwähnte große Interesse an derartigen Teilchen. Allerdings können 4,2 K, die Temperatur von flüssigem Helium, nicht als attraktive Arbeitstemperatur akzeptiert werden.

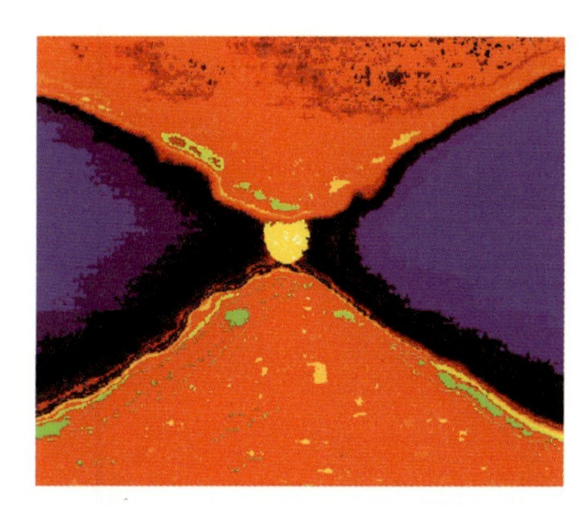

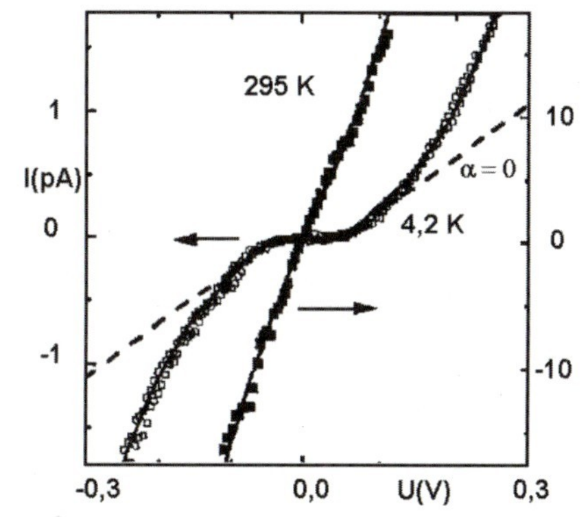

Abb. 5 Rasterelektronenmikroskopische Abbildung eines 15 nm Pd-Teilchens zwischen zwei Platin-Tunnelspitzen *(links)*. Strom-Spannungskurven bei Raumtemperatur (295 K) und bei 4,2 K *(rechts)*.

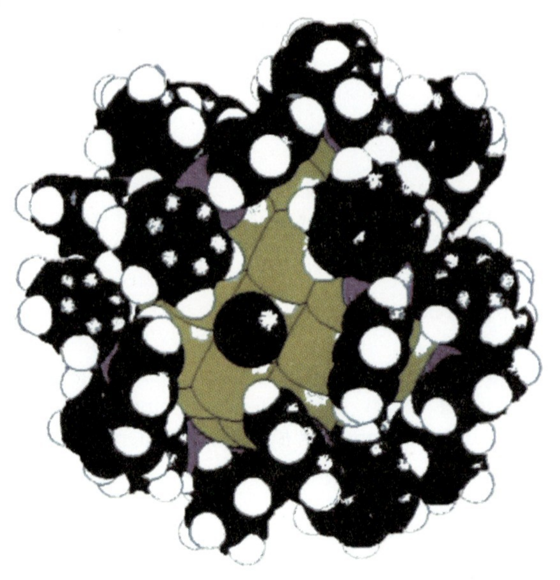

Abb. 6 Kalottenmodell des Clusters $Au_{55}[P(C_6H_5)_3]_{12}Cl_6$

Deshalb muss die Teilchengröße drastisch reduziert werden. Wie schon erwähnt, lassen sich nasschemisch beliebig kleine Cluster herstellen. Die Frage ist, wie klein oder wie groß muss ein Partikel werden, damit bei Raumtemperatur eine Coulomb-Blockade auftritt? Wir wissen heute: Ein Cluster mit einem Durchmesser von

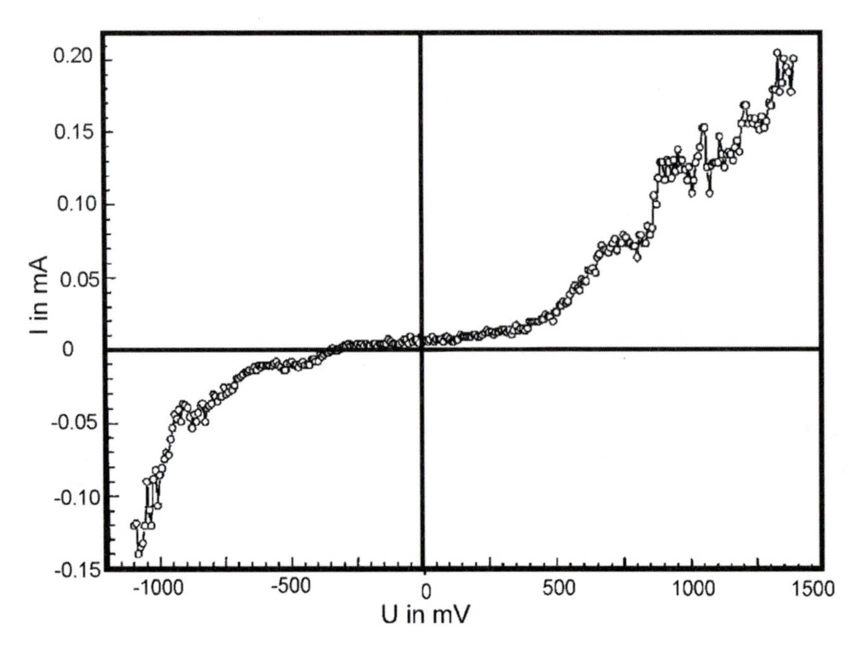

Abb. 7 Strom-Spannungskurve für einen $Au_{55}[P(C_6H_5)_3]_{12}Cl_6$-Cluster mit Coulomb-Blockade bei Raumtermperatur.

1,4 nm, der aus 55 Atomen besteht und eine Ligandhülle aus 12 Triphenylphosphinmolekülen $[P(C_6H_5)_3]$ sowie 6 Chloratomen hat, erfüllt alle Voraussetzungen, um bei Raumtemperatur als Einelektronenschalter zu fungieren. Abb. 6 zeigt ein Kalottenmodell dieses Nanoteilchens, das einschließlich seiner Ligandhülle einen Durchmesser von etwa 2,3 nm aufweist.

In Abb. 7 ist die Strom-Spannungskurve dieses Clusters bei Raumtemperatur abgebildet. Sie ist durch eine ausgeprägte Coulomb-Blockade zwischen –500 und +500 mV ausgezeichnet [4]. An dieser Stelle ist der wichtige Hinweis angebracht, dass die diesen Beobachtungen zugrunde liegenden Eigenschaften durch die Kombination von Metallteilchen und Ligandhülle zustande kommen. Da die auf der Cluster-Oberfläche befindlichen Ligandmoleküle durch starke kovalente Bindungen fixiert sind, beeinflussen sie naturgemäß auch die elektronische Natur des Metallkerns.

Die nächsten Schritte

Haben wir nun unser Ziel schon erreicht? Leider noch lange nicht. Nehmen wir den oben genannten Cluster $Au_{55}[P(C_6H_5)_3]_{12}Cl_6$ als Beispiel für die anstehenden Aufgaben. Diese chemische Verbindung lässt sich relativ leicht herstellen und steht somit in ausreichend großen Mengen zur Verfügung. Der Aufwand für ihre Herstellung ist mit den heute üblichen lithographischen Methoden in der Siliciumtechnologie überhaupt nicht zu vergleichen. Ein Chemiestudent im 3. Studienjahr kann diese Quantenpunkte ohne Schwierigkeiten erzeugen. Die entscheidende Frage ist jedoch: Wie kann man aus dem braunen, unscheinbaren Pulver eine beispielsweise für Speicherzwecke nutzbare Einrichtung herstellen? Dazu bedarf es in jedem Fall

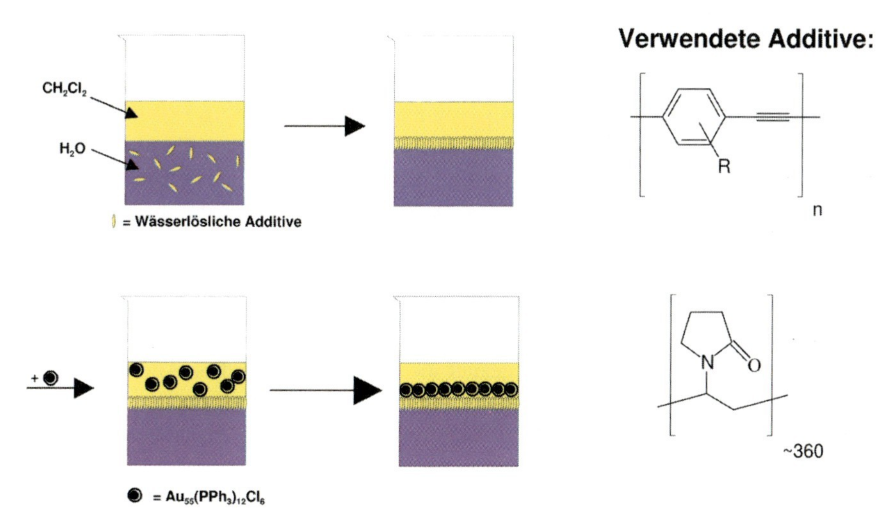

Abb. 8 Vereinfachte Darstellung der Erzeugung geordneter Cluster-Monolagen an einer flüssig-flüssig-Phasengrenze.

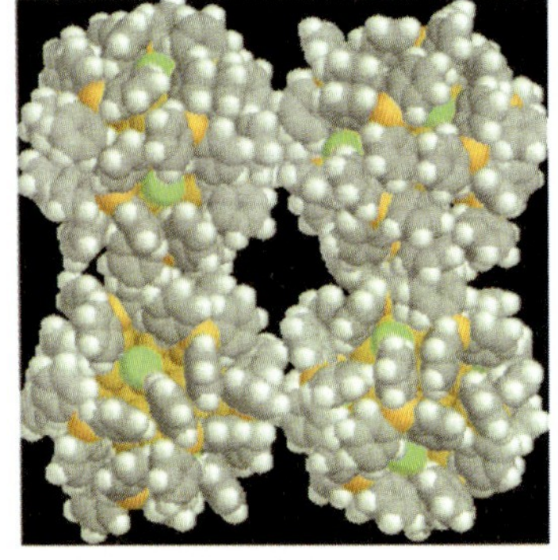

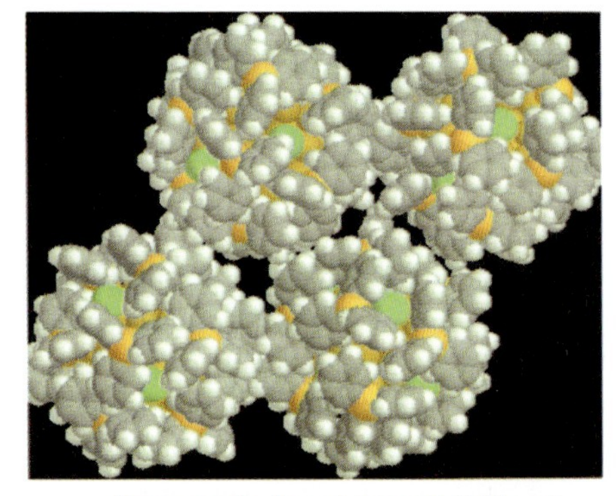

Abb. 9 Computersimulation der zwei beobachteten Anordnungsarten von $Au_{55}[P(C_6H_5)_3]_{12}Cl_6$.[6]

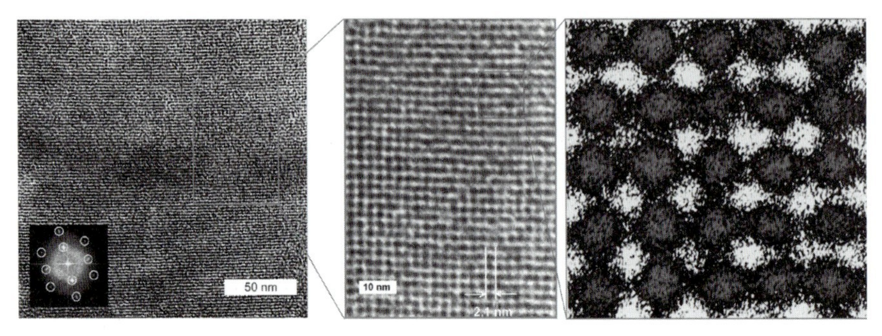

Abb. 10 Transmissionselektronenmikroskopische Aufnahme einer planarquadratisch geordneten Cluster-Monolage in zunehmenden Vergrößerungsschritten.

eines geordneten Arrangements der Einelektronenschalter auf einer geeigneten Oberfläche. Wiederum ist zunächst die Chemie gefragt. Wie kann man die Cluster in Reih und Glied zweidimensional anordnen? Nach langen Bemühungen ist uns der in Abb. 8 skizzierte Zugang gelungen [7]. An der Phasengrenze zwischen Wasser und dem mit Wasser nicht mischbaren Dichlormethan wird durch Zugabe geeigneter Polymermoleküle (zwei sind in der Abbildung gezeigt) eine Art »Teppich« erzeugt, auf dem sich dann die Cluster aus der oberen Phase in nahezu perfekter Anordnung absetzen. Abb. 9 zeigt im Modell die zwei Anordnungsmöglichkeiten der Cluster, die in der Tat auch beide gefunden werden. Noch haben wir allerdings keine Technik entdeckt, um gezielt die eine oder die andere Anordnungsart zu erzeugen. In Abb. 10 sind elektronenmikroskopische Aufnahmen von Monolagen aus Einelektronentransistoren in zunehmender Vergrößerung dargestellt [5,7].

Wo stehen wir?

Mit dieser Methode sind wir derzeit in der Lage, mehrere Quadratmikrometer (μm^2) große, perfekt geordnete Schichten zu erzeugen, was – gemessen an der Dimension der Cluster – einer riesigen Ausdehnung entspricht: Mit 1 mg $Au_{55}[P(C_6H_5)_3]_{12}Cl_6$ ließe sich eine Fläche von 40×40 cm^2 mit 40.000.000.000.000.000 Quantenpunkten belegen. Das entspricht 4,5 Millionen Gigabyte! Abb. 11 verdeutlicht noch einmal, wo wir Dank dieser chemischen Entwicklungen im Prinzip heute stehen. Eine derzeitige Struktureinheit auf einem Silicium-Chip hat eine Dimension von ca. 200 nm. Bei jedem Schaltvorgang werden ungefähr 500.000 Elektronen bewegt! Der winzige eingezeichnete Ausschnitt des Transistors entspricht der Fläche, die etwa 25 der hier vorgestellten Einelektronenschalter einnehmen. Das bekannte Moorsche Gesetz, das die Verdoppelung der Leistung von Computern nach jeweils 18 Monaten vorhersagt (und bisher damit Recht hatte), würde im Falle der Realisierung von Computern auf der Basis der hier beschriebenen Einelektronenschalter oder ähnlicher Techniken nicht mehr gelten. Der zu erwartende Sprung betrüge wesentlich höhere Größenordnungen. Leider sind wir allerdings noch immer weit von diesem Ziel entfernt. Warum?

Noch gilt es, zahlreiche Schwierigkeiten zu beheben und Fragen zu beantworten. So ist die Frage nach der Kontaktierung unserer Winzlinge noch völlig ungeklärt. Zwar gibt es Vorstellungen, wie Information ein- und ausgelesen werden könnte – von praktischen Erfahrungen ist man jedoch noch weit entfernt. Es muss ein Weg zur Verbindung der Nanowelt mit der makroskopischen Außenwelt gefunden werden. Durch mechanische Kontaktierung einzelner Cluster wird dies nicht zu schaffen sein, denn das hieße Erbsen mit Baumstämmen kontaktieren zu wollen.

Eine weitere Herausforderung besteht in der Erzeugung ganz definierter Anordnungen von Quantenpunkten. So schön die oben gezeigten zweidimensionalen Strukturen auch sein mögen – sie werden in dieser Form für Rechenoperationen nicht zu gebrauchen sein, weil ebenso wie in heutigen Computern ganz bestimmte Anordnungsstrukturen erforderlich sind. Wir müssen also lernen, die Cluster

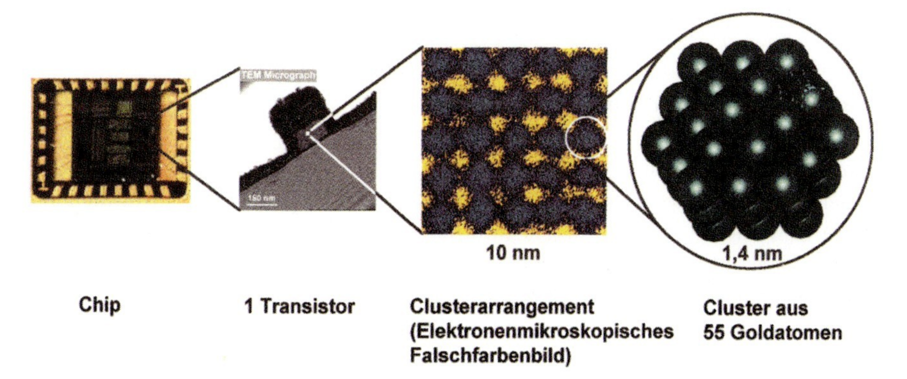

Abb. 11 Vergleich heutiger Transistordimensionen in Chips mit den prinzipiell einsatzfähigen Quantenpunkten.

gezielt zu deponieren und sie sich nicht nur über so genannte Self-Assembly-Prozesse organisieren zu lassen. Auch hierzu gibt es Ideen, die bislang aber noch nicht geprüft werden konnten.

Mit dem zunächst vordringlichsten Problem beschäftigen wir uns derzeit allerdings intensiv. Wir kennen die elektronischen Eigenschaften einzelner Nanoteilchen recht gut. Die Frage ist jedoch, wie sie sich im drei-, zwei- oder eindimensionalen Verbund verhalten. Hierzu einige erste Ergebnisse: Obwohl dreidimensionale Anordnungen der Einelektronenschalter für eine Anwendung nicht zur Debatte stehen, bieten sie die Möglichkeit für einige prinzipielle Untersuchungen. Da die $Au_{55}[P(C_6H_5)_3]_{12}Cl_6$-Cluster sehr leicht kleine Kristalle mit einer perfekten Anordnung der Teilchen bilden, ist es naheliegend, ihr elektronisches Verhalten zu studieren. Wir fanden heraus, dass die Aktivierungsenergie für den Ladungstransport zwischen den Clustern im Wesentlichen von ihrem Abstand abhängt. Wie kann man ihn variieren? Am einfachsten durch dickere Ligandhüllen oder durch so genannte Spacer-Moleküle. Das sind molekulare Abstandshalter, die durch chemische Bindungen zwischen den Clustern angebracht werden können. Auf Einzelheiten einzugehen, würde den Rahmen dieses Aufsatzes bei weitem sprengen. Entscheidend ist der Befund, dass man auf die Cluster aufgebrachte elektrische Ladung durch den Abstand zum nächsten Cluster sozusagen unterschiedlich fest lokalisieren kann – eben zu erkennen an der Energie, die benötigt wird, um ein Elektron auf benachbarte Teilchen zu übertragen. Dies erscheint zwar als Selbstverständlichkeit, musste jedoch erst einmal experimentell bestätigt werden.

Zurück zur zweidimensionalen Anordnung. Wir haben Netze zweidimensional angeordneter Cluster elektrisch kontaktiert und deren Strom-Spannungscharakteristik auf einer SiO_2-Schicht ermittelt. Es zeigte sich, dass zweidimensional angeordnete $Au_{55}[P(C_6H_5)_3]_{12}Cl_6$-Cluster insgesamt sehr schlecht leitende Systeme darstellen, was im Sinne einer späteren Nutzung als Speichermedium wünschenswert ist. Noch fehlen allerdings die entscheidenden Experimente, in denen – möglicherweise über eine Tunnelspitze – einzelne Cluster geladen werden und das Schicksal einzelner Elektronen am Netzwerk verfolgt wird. Erst danach wird sich zeigen, ob die Verwendung von Einelektronenschaltern in der künftigen Nanotechnologie möglich sein wird.

Zusammenfassung und Ausblick

Ziel dieses Beitrages sollte es sein, die Chemie – der gemeinhin völlig andere Aufgaben zugeordnet werden – als eine Wissenschaftsdisziplin vorzustellen, die eine wichtige Rolle in der künftigen Informationstechnologie spielen könnte. Ihre Chance liegt darin, dass sie in der Lage ist, mit relativ geringem Aufwand neuartige Materieteilchen herzustellen, die in ihren Eigenschaften eine Zwischenstellung zwischen dem molekularen Zustand und dem Bulk-Zustand einnehmen. Wir konnten für nanometergroße Metallpartikel zeigen, dass sie keine typischen metallischen Eigenschaften aufweisen, sondern sich vielmehr wie sehr große »künstliche« Atome verhalten. Mit anderen Worten: Solche Nanopartikel lassen sich mit den

Regeln der Quantenmechanik (wie Atome) beschreiben, nicht jedoch mit den Gesetzen der klassischen Physik, die nur für massive Materialien Gültigkeit haben. Ligandstabilisierte 1,4 nm große Au_{55}-Clustern können sogar bei Raumtemperatur als Einelektronentransistoren wirken. Damit sind die Grundlagen gegeben, aus derartigen leicht verfügbaren Quantenpunkten neue Generationen von Computern zu entwerfen, die um Größenordnungen leistungsfähiger wären als die schnellsten heutigen Rechner. Bis zur Realisierung dieses Ziels müssen allerdings noch zahlreiche große Hindernisse überwunden werden (was durchaus auch misslingen kann). Dazu gehört die Herstellung von gezielten Anordnungen dieser neuartigen Schalter auf geeigneten Oberflächen und nicht zuletzt die Entwicklung neuer Techniken, um Informationen ein- und auslesen zu können. Man könnte den derzeitigen Stand der Technik mit demjenigen vergleichen, als die Halbleiternatur des Siliciums entdeckt wurde. Es war ein langer, aber erfolgreicher Weg bis zur heutigen Generation von Computern, der sich ohne jeden Zweifel gelohnt hat.

Abschließend sei auf eine Vision des bekannten amerikanischen Physikers Richard Feynman hingewiesen, die er in einem berühmt gewordenen Vortrag im Jahr 1960 geäußert hat, und die fast auf den Tag genau eingetroffen ist – nachzulesen in Abb. 12 [8]. Die auf dem Bild gezeigte Einleitung des erwähnten Vortrags wurde im Jahr 2000 mit der Spitze eines Tunnelmikroskops geschrieben. Als »Tinte« dienten einfache Moleküle mit SH-Gruppen, so genannte Thiole, die sich in dem aus Luftfeuchtigkeit auf der Spitzenoberfläche gebildeten Wassermeniskus lösen und auf eine Goldoberfläche übertragen werden. Die Buchstaben sind zwischen 60 und 400 nm breit, also immer noch vergleichsweise riesig. Und trotzdem: Mit dieser Schrift ließe sich das gesamte Vaterunser auf einen Stecknadelkopf schreiben (siehe Text in Abb. 12)!

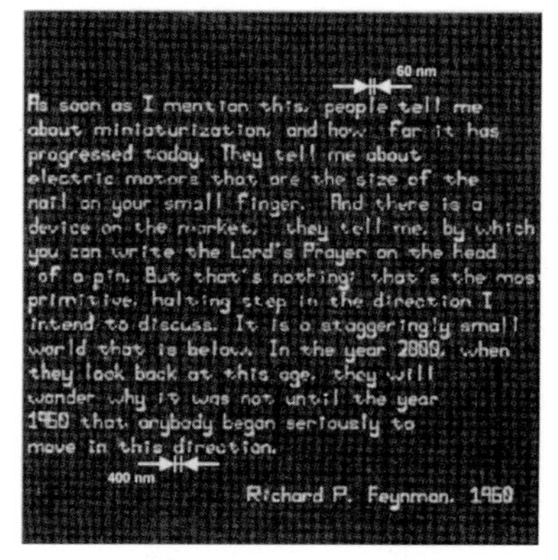

Abb. 12 Ausschnitt aus R. Feynmans berühmtem Vortrag aus dem Jahr 1960, geschrieben mit einer Tunnelspitze und Thiolmolekülen auf einer Goldoberfläche.

Literatur

1 G. Schmid, *Kultur und Technik (Deutsches Museum)* **2000**, *1*, 23
2 J. de Jongh, in *Physics and Chemistry of Metal Cluster Compounds.* (Ed. J. de Jongh), *Kluwer Academic Publisher* **1994**, 107.
3 A. Bezryadin, C. Dekker, G. Schmid, *Appl. Phys. Lett.* **1997**, *71*, 1273.
4 G. Schmid, L. F. Chi, *Adv. Mater.* **1998**, *10*, 515.
5 G. Schmid, N. Beyer, *Eur. J. Inorg. Chem.* **2000**, 835.
6 M. Bühl, F. Terstegen, MPI für Kohlenforschung, Mülheim/Ruhr.
7 G. Schmid, M. Bäumle, N. Beyer, *Angew. Chem.* **2000**, *112*, 187; *Angew. Chem. Int. Ed.* **2000**, *39*, 181.
8 S. Hong, J. Zhu, Ch. Mirkin, *Science* **1999**, *286*, 389 + 523.

Günter Schmid (Jahrgang 1937) hat in München Chemie studiert und 1965 bei H. Nöth promoviert. Er wechselte dann an die Universität Marburg und hat sich dort habilitiert. Seit 1977 hat er eine Professur für Anorganische Chemie an der Universität Essen. Seine Forschungsinteressen gelten neben der Synthese ligandstabilisierter Metallcluster dem Einsatz von Metallclustern und -kolloiden in der heterogenen Katalyse, der Untersuchung von Photo- und Elektrolumineszenz-Phänomenen sowie der ein-, zwei- und dreidimensionalen Organisation von Nanoclustern.

Eine weihnachtliche Experimentalvorlesung Chemie und Licht

Barbara Albert und Jürgen Janek

Was kommt heraus, wenn eine Anorganische Chemikerin und ein Physikalischer Chemiker eine gemeinsame Experimentalvorlesung in der Weihnachtszeit halten? So etwas wie eine Mischung aus Komödie und Tragödie ..., weder Fisch noch Fleisch? Wohl kaum! Entstanden ist ein »erleuchtender« Streifzug durch die Chemie – von den Quellen des Lichts hin zu Klassikern des Demonstrationsversuchs.

Wie kommt man auf die Idee, eine Weihnachtsvorlesung zum Thema »Chemie und Licht« zu halten?

Die Antwort ist einfach: Zum einen ist es in der Chemie gute Tradition, in der Weihnachtszeit eine besondere, öffentliche Vorlesungsstunde zu gestalten (Abb. 1). In dieser Vorlesungsstunde verlässt man den Rahmen der manchmal trockenen Pflichtvorlesungen und versucht, die eher humorvollen und sinnlichen Aspekte einer Wissenschaft zu vermitteln, die für viele Menschen nicht nur unverständlich, sondern oft auch fremd und angsteinflößend erscheint. Zum anderen spielt das

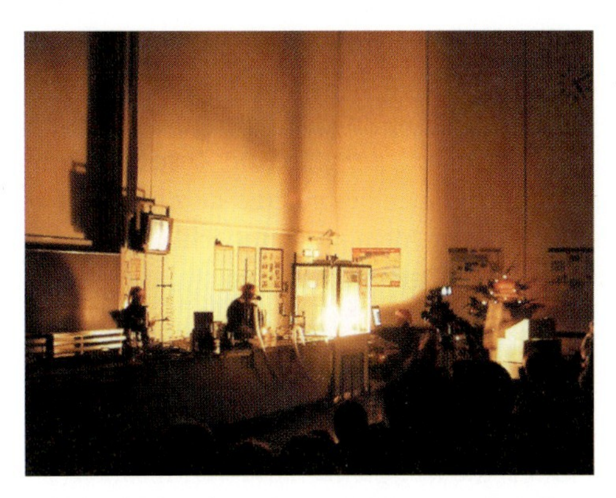

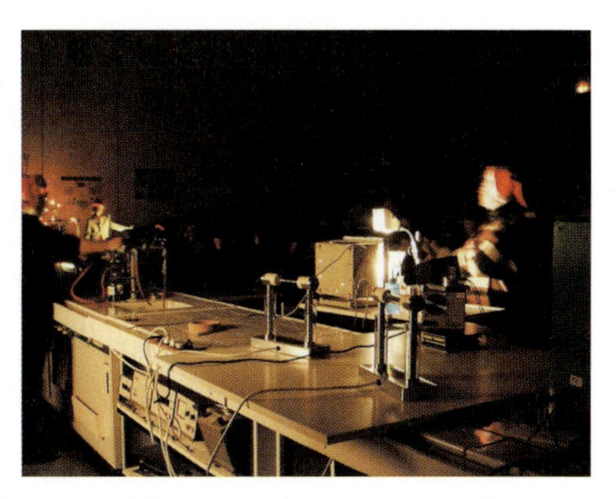

Abb. 1 Weihnachtsvorlesung 2000 im Großen Chemischen Hörsaal der Justus-Liebig-Universität Gießen.

Facetten einer Wissenschaft. Herausgegeben von Achim Müller

ISBN: 3-527-31057-6

Abb. 2 Gemälde »Die Anbetung durch die Drei Heiligen Könige« von Giotto (1267–1337); Cappella degli Scrovegni.

Thema »Licht« in der Weihnachtszeit eine besondere Rolle – sei es in Form von brennenden Kerzen am Weihnachtsbaum oder dem leuchtenden »Stern von Bethlehem«.

Um eine öffentliche chemische Vorlesung nicht zu spröde erscheinen zu lassen, brauchen wir Experimente. Wer die Chemie jedoch kennt, weiß, dass sich nur wenige Experimente zum »Show-Knaller« eignen. Oft sind die ablaufenden Reaktionen zu langsam, oder aber es passiert einfach nichts auffällig Sichtbares. Es hat somit seinen guten Grund, dass sich der Prototyp der chemischen Experimentalvorlesung der Explosion widmet!

Wir wollen uns dem Thema im Sinne des Weihnachtsfestes jedoch ein bisschen friedlicher nähern und uns chemischen Lichterscheinungen zuwenden, die nicht immer explosiv verlaufen müssen. Die Demonstration passender Experimente steht im Vordergrund, aber auch der Hintergrund dieser Experimente soll ein wenig »beleuchtet« werden. Sicherlich sind nicht alle Experimente für jeden faszinierend. Der Fundus wirklich bühnenfähiger Rezepte ist begrenzt und gehört zum Repertoire vieler Veranstaltungen. Dennoch hoffen wir, dass gerade die Verknüpfung von Theorie und Experiment – sowie der Bezug von Chemie zu kulturellen und geschichtlichen Aspekten – im Rahmen einer Weihnachtsvorlesung auf die Zuschauer und Zuhörer mit verschiedenen Erwartungshaltungen einen besonderen Reiz ausübt. Wir beginnen mit der Frage nach der grundsätzlichen Identität von »Licht«, um dann besonders eindrucksvolle chemische Lichterscheinungen vorzustellen.

Menschen und Licht

In einer Zeit, in der elektrisches Licht und seine fast grenzenlose Verfügbarkeit zu einer Selbstverständlichkeit geworden ist, bemerken wir die Allgegenwart künstlichen Lichts gar nicht mehr. Nur bei einem Stromausfall stellen wir unsere plötzliche Hilflosigkeit im Dunkeln fest. Für unsere Vorfahren war natürliches Licht – ausgehend von der Sonne und den Sternen – etwas Besonderes. Dementsprechend spielt die Darstellung des Lichts in allen Kunstformen – vor allem in der Malerei – eine wichtige Rolle. Ein wahrer Künstler im Umgang mit Licht war William Turner. In seinem Bild »Licht und Farbe« kommt dies am Beispiel des diffusen Sonnenlichts wunderschön zum Ausdruck. »Weihnachtliches Licht« in Form des »Sterns von Bethlehem« findet sich in dem berühmten Fresko von Giotto (Abb. 2), das die Anbetung des neugeborenen Christus durch die Heiligen Drei Könige darstellt.

Giotto selbst glaubte übrigens, dass der bekannte Halleysche Komet der Stern von Bethlehem gewesen sei. Er verdeutlicht dies in seinem Bild durch das Hinzufügen eines Kometenschweifs. Heute gehen wir eher davon aus, dass eine seltene Planetenkonstellation von Jupiter und Saturn – eine so genannte dreifache Konjunktion – die Ursache für eine besonders helle Lichterscheinung am Himmel zu Beginn des ersten Jahrtausends gewesen sein könnte [1].

Auch in der Musik gab es immer wieder Versuche, Licht und seine enorme Bedeutung darzustellen. Am eindrucksvollsten ist dies vielleicht Joseph Haydn in »Die Schöpfung« gelungen. In seiner Vertonung der Schöpfungsgeschichte nimmt die Erschaffung des Lichts musikalisch eine zentrale Rolle ein: Die Chorpassage »Es werde Licht!« wird dargestellt durch einen atemberaubenden C-Dur-Akkord. So wie wir heute die Allgegenwart von Licht gewohnt sind, sind wir auch akustisch unempfindlich geworden und können wohl kaum mehr die Erregung des Premierenpublikums im Österreich des Jahres 1798 aufgrund der ungeheuren Tonfolge nachvollziehen.

Licht = Energie

Für unser eher prosaisches Interesse an Licht ist es wichtig zu wissen, dass Licht nichts anderes als Energie ist. Lichterscheinungen sind in der Chemie ein unverkennbares Indiz für chemische Reaktionen, in deren Verlauf grundsätzlich auch Energie umgesetzt wird. Ein Blick auf einen Ausschnitt des elektromagnetischen Spektrums zeigt dies sehr deutlich. Sichtbares Licht mit seinen Wellenlängen zwischen etwa 380 nm und 780 nm entspricht Energien zwischen 1,6 eV und 3,3 eV. Umgerechnet in molare Energien ist dies der Bereich zwischen 154 kJ/mol und 315 kJ/mol. Genau in diesem Bereich liegen die Energien vieler wichtiger chemischer Bindungstypen (Infobox 1). Entsprechend kann sowohl beim Knüpfen als auch beim Spalten von chemischen Bindungen sichtbares Licht entstehen oder absorbiert werden.

Wichtig für unser heutiges Verständnis ist die Tatsache, dass Licht aus Quantenteilchen – den Photonen – besteht. Eine Lichtquelle ist daher nichts anderes als eine Quelle von Photonen. Welche Farbe und welche Helligkeit eine Lichtquelle zeigt, hängt von der Energie und der Menge der ausgesandten Photonen ab [2]. In den folgenden Experimenten werden wir eine ganze Reihe verschiedener Lichtquellen kennen lernen, die sich jeweils durch besondere Eigenschaften der abgegebenen

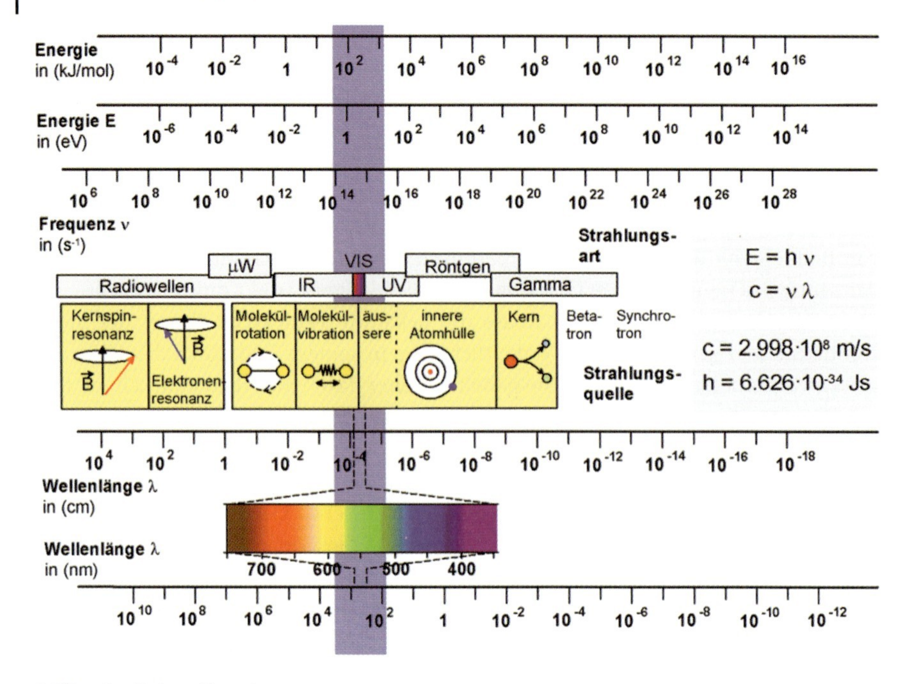

Infobox 1 Licht = Energie

Strahlung auszeichnen. Dabei unterscheiden wir zwischen »breitbandigen« Quellen, die Licht (bzw. Strahlung) über weite Wellenlängenbereiche hinweg aussenden, und »diskreten« Quellen, die nur ganz bestimmte Wellenlängen emittieren.

»Künstliches« Licht durch Verbrennung – Kerzen

Die chemische Lichterzeugung mithilfe einer Verbrennungsreaktion, die wir in der chemischen Fachsprache als Oxidation bezeichnen, stellt die älteste von Menschen genutzte Lichtquelle dar. Offene Flammen strahlen Licht und Wärme aus (Abb. 3).

Noch im 19. Jahrhundert waren Kerzen oder Öllampen als Lichtquellen weit verbreitet, was nicht immer ungefährlich war. So haben weltweit nur einzelne Theaterbauten der Barockzeit das Licht des elektrischen Zeitalters erblickt. Der Rest ist der barocken Kerzenpracht, die zur Beleuchtung von Bühne und Zuschauerraum notwendig war, zum Opfer gefallen und verbrannt.

Bis in die Gegenwart hinein verbrennen wir immer noch Paraffin, um mit dem Licht kleiner Kerzen eine romantische Atmosphäre zu erzeugen oder um Teekannen warm zu halten. Das dabei entstehende Licht ist kompliziert zusammengesetzt, und die Erforschung der Chemie von Flammen ist ein wichtiges Arbeitsgebiet der chemischen Kinetik in Gasen [3]. Prinzipiell kann man festhalten, dass wegen der hohen Flammentemperatur einerseits bestimmte charakteristische Wellenlängen emittiert werden (Abb. 7), andererseits aber auch heiße Rußpartikel zu glühen

Abb. 3 Kerzenlicht durch Verbrennung organischer Kohlenwasserstoffverbindungen

beginnen und Licht aussenden. Für die Chemie spielt natürlich die Gasflamme des Bunsenbrenners eine besonders wichtige Rolle. Hier wird der Einfluss der Verbrennungsbedingungen auf die Flammenfarbe sehr schön deutlich: Bei geringer Luftzufuhr beobachten wir eine leuchtend gelbe Flamme, bei intensiver Luftzufuhr wird kaum Licht emittiert.

»Künstliches« Licht – Elektrisches Licht

Ist das Kerzenlicht noch eine ziemlich chemische Angelegenheit, so wurde die Lichterzeugung mit der freien Verfügbarkeit von Elektrizität am Ende des 19. Jahrhunderts eher eine Domäne der Physik. Im Zentrum der klassischen elektrischen Lichterzeugung steht schlicht das elektrische Heizen. Und obwohl uns heute das Glühen von Metalldrähten, durch die Strom fließt, als Alltagsphänomen erscheint, war dessen vollständige Deutung der Beginn einer wissenschaftlichen Revolution – der Beginn der Quantentheorie.

Stromdurchflossene elektrische Leiter – in der Anwendung fast ausschließlich Metalle – erwärmen sich. Diese Erwärmung, auch als Joulescher Effekt oder Widerstandswärme bezeichnet, beruht auf der Übertragung von kinetischer Energie der bewegten Elektronen auf die im Kristallgitter auf festen Positionen »sitzenden« Metallatome. Diese werden hierdurch zu stärkeren Schwingungen angeregt, was einer höheren Temperatur entspricht. Bei jeder Temperatur geben die schwingenden Metallatome wiederum Energie in Form von Strahlung an ihre Umgebung ab. Bei hinreichend hohen Temperaturen wird ein Teil dieser Energie auch in Form von sichtbarem Licht ausgesandt. In einem so genannten »Schwarzen Strahler« ist das Strahlungsgleichgewicht zwischen Emission und Absorption eingestellt (Infobox 2). Das resultierende Emissionsspektrum ist charakteristisch für die Temperatur des schwarzen Strahlers und wurde erstmals von Max Planck (Nobelpreis für

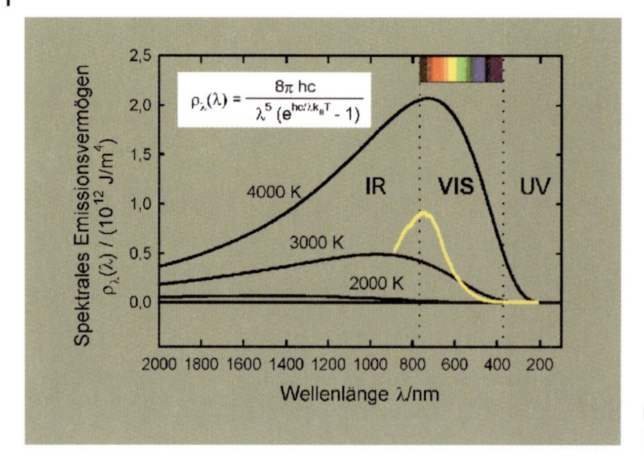

Infobox 2
Der schwarze Strahler.

Physik 1918) theoretisch vollständig gedeutet. Hierzu musste er eine neue Naturkonstante, das Plancksche Wirkungsquantum, einführen [4].

Eines der ersten elektrischen Leuchtmittel war die so genannte Kohlefadenlampe. Sie erzeugte zwar ein schönes Licht, war aber extrem empfindlich und teuer, da Kohlefäden bei hohen Temperaturen in Anwesenheit von Luft verbrennen, und die Glaskörper daher aufwändig evakuiert werden mussten.

Ein ungewöhnlicheres Leuchtmittel entdeckte der Physikochemiker Walter Nernst (Nobelpreis für Chemie 1920) kurz vor 1900 [5].

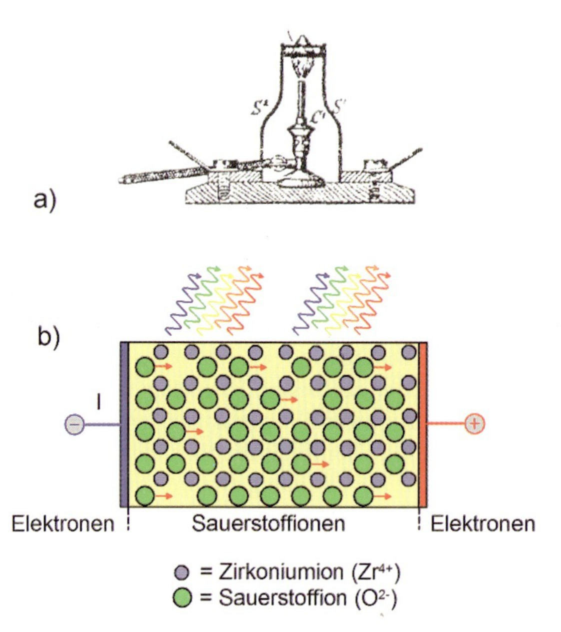

Infobox 3 Die Nernstlampe und ihre Deutung.

Nernst fand bei Untersuchungen zur elektrischen Leitfähigkeit farbloser keramischer Materialien (u. a. »Nernstmasse«) heraus, dass manche von ihnen bei hohen Temperaturen (über 500–600 °C) sehr gute Leiter werden – ein aus physikalischer Sicht ziemlich merkwürdiger Vorgang, denn die Materialien sind weder Metalle noch elektronische Halbleiter. Aufgrund dieser Untersuchungen und der nachfolgenden theoretischen Arbeiten von C. Wagner und W. Schottky wissen wir heute, dass der verwendete keramische Leuchtstift ein reiner Ionenleiter ist. Während dieses Material heute als Leuchtmittel bedeutungslos ist, hat das zugrunde liegende Zirkon(IV)-oxid mit einer Dotierung von ca. 10 % Yttrium(III)-oxid als Festelektrolyt eine große Bedeutung in der Sensorik (als Lambda-Sonde) und der Technik der Hochtemperatur-Brennstoffzelle. Das Nernstsche Experiment ist in Infobox 3 im Original zusammen mit einer einfachen Erklärung schematisch dargestellt. Die Nähe der Nernstlampe zur Chemie beruht auf der Nutzung der Beweglichkeit von Sauerstoffionen im Kristallgitter.

Eine moderne Nachbildung der ursprünglichen Nernstlampe und deren »Entzündung« zeigt Abb. 4. Nernst selbst sprach von seiner Erfindung als dem einzigen elektrischen Licht, das man »wie eine Kerze anzündet und ausbläst«.

Die Nernstlampe ist wegen der in ihr ablaufenden Ionenleitung ein hervorragendes elektrochemisches Demonstrationsexperiment. In den Jahren um 1900 war sie auch kommerziell erhältlich – allerdings nur mit kurzem Erfolg. Nernst meldete ca. 20 Patente im Zusammenhang mit der Nernstlampe an. Die AEG verkaufte mehrere 100.000 Stück dieses Leuchtmittels, bevor Edison mit der wesentlich günstigeren Wolframlampe, die wir auch heute noch nutzen, den Markt eroberte. Wie die Kohlefadenlampe basiert die Wolframfadenlampe wiederum auf der Widerstandsheizung durch bewegte Elektronen.

Auch unsere wichtigste Lichtquelle, die Sonne, ist ein »thermisches« Leuchtmittel. Die in der Sonne ablaufenden Kernreaktionen halten die Temperatur ihrer Oberfläche konstant auf ca. 6000 °C, und im Inneren der Sonne herrschen noch wesentlich höherere Temperaturen. Charakteristisch für alle »thermischen« Lichtquellen

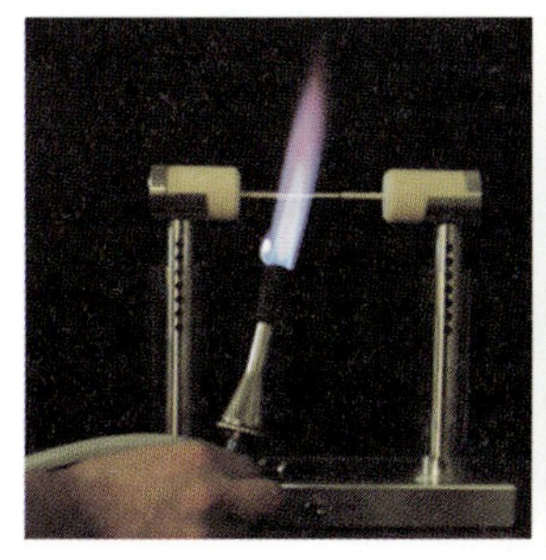

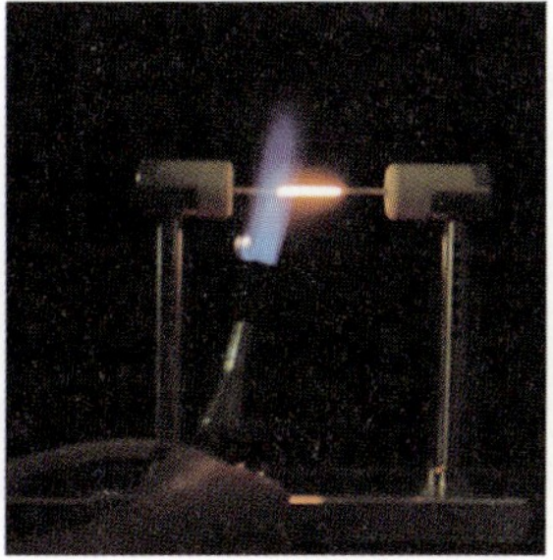

Abb. 4 »Anzünden« einer nachgebauten Nernstlampe mit einem Bunsenbrenner. Erst wenn der gesamte Stift aus YSZ (Yttrium-stabilisiertes Zirkonoxid) aufgrund einer hinreichend hohen Temperatur ionenleitend geworden ist, kann ein elektrischer Strom fließen. Nach kurzer Zeit brennt die Nernstlampe stabil und heizt sich selbst. Durch starkes Pusten kann die Temperatur des Stiftes soweit gesenkt werden, dass der Widerstand deutlich größer wird, die Eigenheizleistung abnimmt und die Lampe erlischt.

ist die Aussendung von Photonen verschiedener Energien (Infobox 2). Das sichtbare Licht ist nur ein sehr kleiner Bereich des gesamten Strahlungsspektrums. Wie wir aus dem Alltag wissen, geben alle »thermischen« Lampen auch IR-Strahlung (Wärme) und UV-Strahlung ab.

Zerlegung von weißem Licht und Photochemie

Da weißes oder nahezu weißes Licht thermischer Lichtquellen immer eine Mischung von Strahlung verschiedener Energien bzw. verschiedener Farben ist, können die einzelnen Farbbeiträge mithilfe der Lichtbrechung isoliert werden. Im Demonstrationsexperiment gelingt dies auf sehr einfache Weise mithilfe eines optischen Prismas. Licht verschiedener Farben bzw. Energien breitet sich in unterschiedlichen Medien verschieden schnell aus und wird beim Übertritt von einem Medium (z. B. Luft) in ein anderes Medium (z. B. Glas) gebrochen, also abgelenkt – und zwar umso stärker, je kleiner die Wellenlänge ist. In einem weiteren Experiment können wir nun zeigen, dass verschiedenfarbiges Licht tatsächlich unterschiedlichen Energiebeträgen entspricht. Mangels Sonne in den meisten chemischen Hörsälen empfiehlt es sich, das Licht einer hellen Dia-Lampe mit einer Sammellinse zu fokussieren und mit einem Prisma zu zerlegen.

Im nächsten Schritt versuchen wir, mit Licht eine chemische Reaktion zu zünden (Infobox 4). Hierzu füllen wir unter Beachtung der notwendigen Sicherheitsmaßnahmen eine Mischung von Chlor und Wasserstoff – eine so genannte Chlor-Knallgasmischung – in ein Reagenzglas mit nicht zu fest sitzendem Stopfen (Abb. 5). Chlor und Wasserstoff reagieren in einer Kettenreaktion miteinander zu Chlorwasserstoff (HCl). Hierzu ist als Startschritt die Spaltung eines Chlormoleküls (Cl_2) notwendig. Eine Rechnung zeigt, dass rotes Licht mit einer Wellenlänge von 600 nm keine hinreichend energiereichen Photonen bereitstellt. Blaues Licht und UV-Licht sollten hingegen in der Lage sein, das Chlormolekül zu spalten. Genau dies beobachten wir im Experiment: Unter rotem Licht bleibt die Gasmischung

Chlor-Knallgasreaktion

Nettoreaktion: $H_2 + Cl_2 = 2\ HCl$

Kettenreaktion:

$Cl_2 = 2\ Cl\cdot$ (Kettenstart)

$Cl\cdot + H_2 = HCl + H\cdot$ (Fortpflanzung)

$H\cdot + Cl_2 = HCl + Cl\cdot$ (Fortpflanzung)

$Cl_2 \xrightarrow{h\nu} 2\ Cl\cdot$ Aktivierungsenergie für Kettenstart:

$E_a = 340$ kJ/mol (~ 350 nm)

Infobox 4 Die Chlor-Knallgasreaktion.

Abb. 5 Knallgasreaktion

lange stabil; erst bei Bestrahlung mit energiereicherem Licht startet die Reaktion (Wichtig: Zusätzlich muss auch die Intensität des Lichtes groß genug sein). Die Gasmischung reagiert unter starker Energieabgabe, und der Stopfen fliegt durch den Hörsaal. Dieses einfache Experiment können wir als Prototyp aller photochemischen Reaktionen – also Reaktionen, die unter Bestrahlung mit Licht ablaufen – betrachten [6].

Musikalisch darf an dieser Stelle Richard Wagner nicht fehlen! Am Ende der Oper »Rheingold« betreten die mit ihrem eigenen Untergang beschäftigten Götter über eine leuchtende Regenbogenbrücke das neue Walhall. Der Regenbogen als Symbol des Glücks ist eine besonders eindrucksvolle und faszinierende Erscheinung im Zusammenhang mit der Zerlegung von natürlichem Licht.

Farbiges Licht einer bestimmten Energie?

Am Beispiel der verschiedenen thermischen Lichtquellen erkennen wir deutlich, dass Licht nicht gleich Licht ist, sondern vielmehr eine Mischung von Photonen verschiedener Energie darstellt. Außerdem sehen wir, dass chemische Reaktionen mit dem Umsatz ganz bestimmter Energiemengen bzw. Photonen verbunden sind. Also ist es logisch, zu versuchen, »sortenreines« oder »diskretes« Licht möglichst nur einer einzigen Energie bzw. Wellenlänge zu erzeugen.

Hierzu schauen wir uns in stark vereinfachter Form den Aufbau eines Atoms an (Infobox 5). Wir erkennen, dass der Wechsel von Elektronen zwischen verschiedenen Zuständen in einem Atom oder Molekül immer mit einer Energiedifferenz verbunden ist, die wiederum in Form von sichtbarem Licht ausgestrahlt werden kann.

Besonders einfach können wir elektronische Anregungen in Gasen durch Stöße mit freien Elektronen erzeugen. Hierzu füllt man in Glasröhren verschiedene (reine) Gase bei reduziertem Druck ab. Wenn wir an die so entstandenen Entladungsröhren eine Spannung im Bereich von etwa 1 kV und höher anlegen, kommt es zu einer so genannten Stoßionisation: Ionen und Elektronen, die in Gasen immer in geringer Konzentration vorhanden sind, werden im elektrischen Feld beschleunigt und erzeugen durch Stöße weitere Ionen. Bei der parallel ablaufenden Wiedervereinigung von Ionen und Elektronen wird Licht frei, das charakteristisch

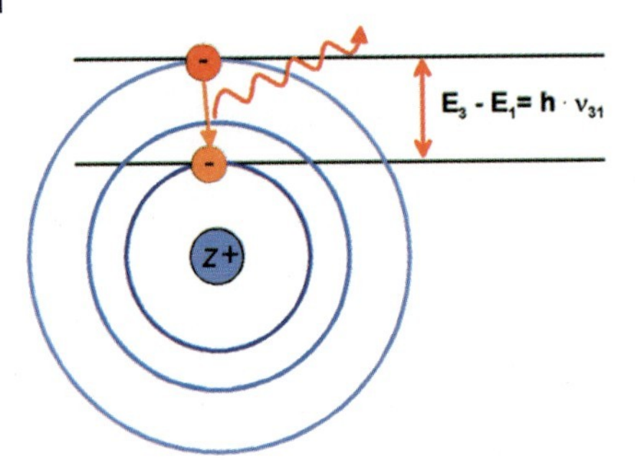

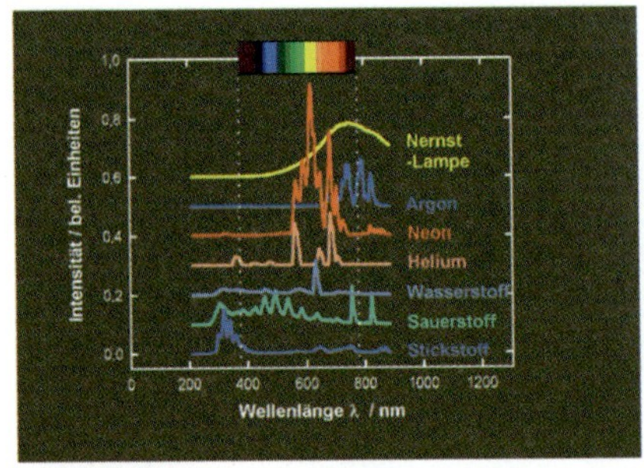

Infobox 5 Atom- und Molekülspektren

für das betreffende Gas ist. Die entstehenden Linienspektren können als Abbild des inneren Aufbaus der Elektronenhülle verstanden werden [7] und spielen für die Aufklärung der Struktur von Atomen und Molekülen eine große Rolle. So war die theoretische Deutung der Emissionsspektren von Wasserstoffatomen und größeren Atomen ein Meilenstein in der Quantenchemie im ersten Viertel des letzten Jahrhunderts.

In Abb. 6 sind nebeneinander die Glimmentladungen in Sauerstoff, Wasserstoff, Argon, Neon, Helium und Stickstoff dargestellt. Infobox 5 zeigt die entsprechenden Spektren. Die Unterschiede der ausgesandten Wellenlängen sind deutlich, und der Vergleich mit dem Spektrum der Nernstlampe als thermischem Leuchtmittel zeigt besonders klar den Unterschied zwischen kontinuierlicher und diskreter Emission.

Wird die Aussendung bestimmter Photonen besonders stark angeregt und durch Überlagerung verstärkt, erhält man einen Laser (Light Amplification by Stimulated

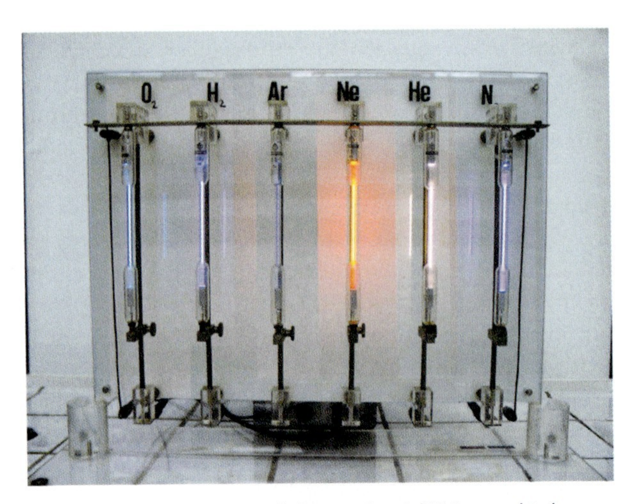

Abb. 6 Gleichspannungsentladungen (ca. 3 kV) in verschiedenen reinen Gasen bei reduziertem Druck. Die Farben der Abbildungen entsprechen nicht exakt dem Originalexperiment. Die Abbildung ist aus einzelnen Fotografien zusammengesetzt.

Emisssion of Radiation). Die Laser-Photochemie ist heute eines der besonders aktiven und modernen Gebiete der Chemie.

Wir können Licht also auf zweierlei Weisen erzeugen: Entweder thermisch – dann entsteht immer eine Mischung aus verschiedenfarbigem Licht, die allein von der Temperatur des Leuchtmittels abhängt. Als Nebeneffekt entsteht grundsätzlich immer auch Infrarot-Strahlung, die wir als Wärme wahrnehmen. Oder aber wir erzeugen Licht unter Nutzung von Elektronenübergängen in Atomen, Molekülen oder Festkörpern, wobei man farbreineres Licht erhält. Hier spielen Gase und Entladungen besonders im Bereich von Hochleistungsleuchtmitteln eine große Rolle. Dagegen haben Festkörper eher im Bereich lichtschwächerer Anwendungen eine Bedeutung, etwa bei Leuchtdioden.

Fiat Lux: Licht und kleine Geschichten [8–10]

Wir wenden uns nun den sinnlicheren Seiten chemischer Lichterscheinungen zu. Musik aus »*Zarathustra*« von Richard Strauss begleitet das Aufleuchten bunter Flammen in einem dunklen Raum (Abb. 7). Wie bereits beschrieben, tritt sichtbares Licht oft zusammen mit anderen Energieformen wie Wärme auf – beispielsweise beim Verbrennen von »Gesalzenem Alkohol«. Bei diesem Experiment werden Natriumsalze (gelb), Zink- und Magnesiumsalze (weiß), Kupfersalze (blau), Strontiumsalze (rotviolett) sowie Lithiumsalze (rot) in Methanol gelöst und angezündet. Die Metallatome werden durch die bei der Verbrennung entstehende Wärme elektronisch angeregt und emittieren Licht bestimmter Wellenlänge und damit bestimmter Farbe. Im Experiment zünden wir außerdem Borsäuremethylester an, der mit grüner Flamme verbrennt.

Licht ist lebensnotwendig. Die Photosynthese der Pflanzen, bei der aus Kohlendioxid und Wasser organische Stoffe synthetisiert werden, wäre ohne Licht nicht möglich. Vielleicht ist deshalb Licht für den Menschen schon immer etwas Positives gewesen. In den Religionen, in der Philosophie und in der Literatur wurden und werden Licht und auch Lichtgestalten häufig mit Weisheit und Schönheit gleichgesetzt. Licht, z. B. Sonnenlicht, spielt deshalb in unserer Geschichte seit Jahrtausenden eine besondere Rolle. So war das Charakteristikum der ersten monotheisti-

Abb. 7 »Bunte Flammen«

Abb. 8 König Echnaton, Königin Nofretete und eine der Töchter beim Gottesdienst vor Aton. Kalkstein-Relieffragment von einer Balustrade der Rampe des Aton-Tempels; Museum, Kairo [11].

schen Religion die Verehrung der Sonne (Aton) durch den ägyptischen Pharao Echnaton, der von 1364 bis 1347 v. Chr. lebte. Wir sehen ein Relief (Abb. 8), auf dem Echnaton nebst Familie die Sonne anbetend dargestellt ist, und hören in Gedanken »*Walk like an Egyptian*« von den Bangles.

Kann uns die Chemie auch einen »Sonnenuntergang« liefern? Zu »*Mirrors*« von Sally Oldfield und beleuchtet durch einen Overheadprojektor wirft ein Weihnachtsbaum-Scherenschnitt seinen Schatten auf die Reduktion von Thiosulfat zu elementarem Schwefel. Dieser scheidet sich kolloidal aus und streut das weiße Licht eindrucksvoll (Tyndall-Effekt). Dazu erklingt Echnatons Hymnos an den Sonnenball Aton [11]:

»Schön ist Dein Erscheinen im Lichtort des Himmels,
Du lebender Aton, der von Anbeginn lebte!
Dein leuchtendes Aufgehn im östlichen Lichtort
Erfüllt alle Lande in Deiner Schönheit;
Du bist groß, glanzvoll, und hoch über allen Landen,
Deine Strahlen umfassen die Länder bis zum Rand Deiner Schöpfung! ...
Wenn Du morgens im Horizonte aufsteigst,
Als Aton am Tage erglänzend,
So weicht Dir die Finsternis,
Sobald Du Deine Strahlen spendest. ...
Gehst Du unter im westlichen Lichtort,
Liegt die Erde im Dunkel, als sei sie erstorben.«

Echnatons Gebet an die Sonne findet sich heute als 104. Psalm in der Bibel. Die Religion, in der die Sonne verehrt wurde, ging jedoch nach seinem Tod wieder unter.

Nicht nur bei den alten Ägyptern, auch bei den alten Griechen waren Lichtgestalten etwas Göttliches. Phosphorus, der Morgenstern, gehörte zum Gefolge der griechischen Liebesgöttin Aphrodite. Phosphorus heißt »Lichtträger«. Wegen der besonderen Wohlgestalt von Phosphorus fand Aphrodite Gefallen an ihm und entführte ihn. Woher hat nun das chemische Element Phosphor seinen Namen? Es leuchtet!

Das Element, das der Alchimist Henning Brandt 1669 (Abb. 9) durch Einkochen großer Mengen von Urin entdeckte, zeigt an der Luft Lumineszenz. Dies ist eine Leuchterscheinung, die nicht mit Wärmeentwicklung einhergeht, sondern auf bestimmten elektronischen Übergängen beruht. Zu einem Lied von Sally Oldfield (*»Song of the Lamp«*) haben wir die »Phosphorlampe« von Brandt nachgestellt [13].

Weißer Phosphor ist allerdings nicht nur leuchtend und selbstentzündlich, sondern auch giftig, was man früher jedoch ignorierte. In Zeiten als Ärzte noch keine Chemie lernen mussten, wurde er gegen Koliken, Asthma, Tetanus, Schlaganfall, Gicht, Depression, Epilepsie, Tuberkulose und als Aphrodisiakum eingesetzt – ein deutliches Zeichen dafür, wie sehr man dem Licht Wunderwirkungen zuschrieb [14]. Die Bedeutung von Phosphor und Phosphorverbindungen für die Menschheit ist ambivalent: Phosphor kann die Krankheit »phossy jaw« verursachen, bei der der Kiefer abstirbt. Außerdem gibt es Nervengas und Bomben, die Phosphor enthalten. So wurde Hamburg, die Geburtsstadt des Entdeckers von Phosphor, 1943 durch Phosphorbomben zerstört. Positiv ist dagegen die Bedeutung

Abb. 9 »The Alchemist in Search of the Philosopher's Stone« von Joseph Wright (1734–1794); Derby Museum and Art Gallery.

von Phosphor in Düngemitteln, ohne die die Menschheit nicht ernährt werden könnte. Ebenfalls als nützlich gelten Phosphorverbindungen, die als Konservierungsmittel für Lebensmittel verwendet werden, sowie Phosphorverbindungen in feuerfesten Schlafanzügen, Coca-Cola, Streichhölzern und rostfreien Korsettstangen.

Brennen kalte Stoffe?

Im Periodensystem der Elemente sieht man, dass die Chemie heute 81 stabile Elemente kennt, aus denen sämtliche Materie, die uns umgibt, aufgebaut ist. Dem griechischen Philosophen Empedokles »ging schon früh ein Licht auf«. Er lebte von 490 bis 430 v. Chr. und kannte nicht 81, aber doch schon vier Elemente: Erde, Wasser, Luft und Feuer. Feuer wurde natürlich immer mit Licht verbunden – aber auch mit Wärme. Empedokles dachte sicher an das Feuer in Öfen und vielleicht noch an das Feuer der Vulkane oder der Sonne. Schließlich brennen kalte Stoffe nach unserer Erfahrung normalerweise nicht. In Abb. 10 brennt jedoch ein kondensiertes Gas, das eine Temperatur von –164 °C hat. Zu diesem »Tanzenden Feuer« ertönt »*Blinded by the light*« von Manfred Man's Earth Band. Wir entzünden außerdem ein »Feuerwerk mit Eis« – selbst in festem Trockeneis, das eine Temperatur von –78 °C hat, brennt es, wie man in Abb. 11 sieht.

Bei diesen chemischen Reaktionen handelt es sich um Oxidationen, also beispielsweise um Reaktionen mit Sauerstoff, die unter starker Energieabgabe verlaufen.

Und sogar Eisen verbrennt an der Luft! Man stelle sich vor, Eisenbahnschienen würden sich an der Luft plötzlich entzünden. Wenn Eisen fein verteilt ist, passiert genau das. Zu Musik aus »*Aus der neuen Welt*« von Antonin Dvorak verbrennt Stahlwolle (Abb. 12). Dies ist ein Korrosionsvorgang, eine heterogene Reaktion wie das

Abb. 10 »Tanzende Feuer«

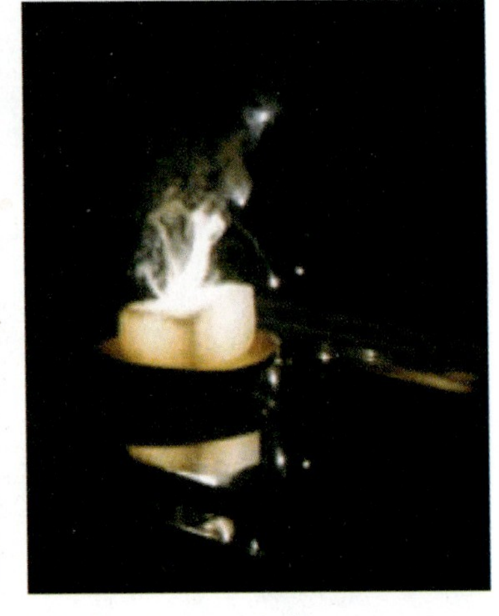

Abb. 11 »Feuer im Eisberg«

Abb. 12 »Weihnachtsbaum aus Stahl«

Abb. 13 »Wandernder Feuerball«

uns bekannte allmähliche Rosten, die unter Energieabgabe verläuft. Solche Reaktionen finden vor allem an den Grenzflächen zwischen den Reaktionspartnern statt – in unserem Experiment also an der Oberfläche der Stahlwolle, wo diese mit dem Sauerstoff aus der Luft in Berührung kommt. Wegen der großen Oberfläche der sehr kleinen Eisenteilchen in Stahlwolle läuft die Reaktion besonders schnell ab, und es wird unter Lichterscheinung viel Energie in kurzer Zeit abgegeben.

Der »Brennende Schneeball« hingegen ist nur ein Trick! Es brennt in Schnee eingebetteter Kampfer und nicht der Schnee selbst. Auch wenn man den »Wandernden Feuerball« zündet (Abb. 13), brennt eine organische Verbindung, nämlich Pentan. Dieser Versuch startet mit etwas Verzögerung. Man lauscht der *»Carmina burana«* von Carl Orff, während eine Kerze scheinbar harmlos in der Nähe des einen Endes eines meterlangen, gewundenen Schlauchs brennt und weit entfernt davon ein mit Pentan getränkter Bierdeckel, der sich in einem Trichter am anderen Ende des Schlauchs befindet, ruht. Plötzlich erscheint ein Lichtschweif: Es passiert das, was in der Kanalisation abläuft, wenn jemand am einen Ende der Stadt ein organisches Lösungsmittel wie Nitroverdünnung in den Abfluss schüttet. Ohne dass vor Ort etwas zu passieren scheint, bricht am anderen Ende der Stadt plötzlich ein Feuer aus.

Teuflische Lampen und himmlisches Licht

Der Grieche Empedokles hat diese Art von Feuer wahrscheinlich noch nicht gekannt, obwohl er ein richtig »heller Kopf« war. Er hat schon damals postuliert, dass sich Licht mit einer endlichen Geschwindigkeit durch den Raum bewegt. Heute wissen wir, dass die Lichtgeschwindigkeit ungefähr 3×10^8 m/s (= 300 Millionen Meter pro Sekunde) beträgt. Die Erde ist von der Sonne $1{,}5 \times 10^{11}$ m (= 150 Milliarden Meter) entfernt. Licht von der Sonne braucht also etwa acht Minuten, bis es bei uns ankommt. Die Sonne scheint jedoch nicht überall – in der Hölle kommt das Sonnenlicht beispielsweise nie an. Wie macht der Teufel also Licht? Der Teufel, auch Luzifer genannt, hat einen besonderen Trick: Er bereitet sich Tee zu

Abb. 14 »Tee des Teufels«

(Abb. 14). In der Hölle ist es ohnehin schon warm. Luzifer nutzt diese Hitze, um sich leuchtenden Pfefferminztee aufzubrühen. Das Licht des Tees ist ein kaltes Licht, das nicht mit Wärme gekoppelt auftritt. Es resultiert aus der Bildung von angeregtem Kohlendioxid bei der oxidativen Zersetzung von Oxalsäureestern. Bei der Relaxation des Kohlendioxids wird die rote Fluoreszenz des in den Pfefferminzblättern enthaltenen Farbstoffs Chlorophyll angeregt.

Übrigens bedeutet Luzifer auch »Lichtträger«. Luzifer ist der lateinische Name des Morgensterns, griechisch Phosphorus, der bereits oben erwähnt wurde. In der Bibel wurde Luzifer zum Lichtengel. Doch eines Tages benahm er sich unangemessen, indem er sich über Gott zu erheben versuchte, und wurde in die Unterwelt verbannt. Ohne Chemie wäre er »bei Licht besehen« da unten hilflos gewesen: kein Strom. Luzifer muss sich chemisch Licht gemacht haben. Er nutzt die Oxidation eines organischen Stoffs, der Tetrakis(dimethylamino)ethen heißt. Die Titelmusik von *»Star Wars«* erklingt, während die chemische Leuchtstoffröhre (Abb. 15) ihr grünliches Licht verbreitet.

Abb. 15 »Leuchtröhre ohne Strom«

Wie Luzifer ein gefallener Engel wurde (Jesaja 14):

»Auch du bist kraftlos nun wie wir, du bist uns gleich geworden?
11 Hinab in die Unterwelt fuhr deine Pracht, das Rauschen deiner Harfen.
Auf Moder bist du hier gebettet, Gewürm ist deine Decke.
12 Wie bist du vom Himmel geschmettert, du, der alle Völker versklavte!
13 Du plantest in deinem Herzen: ‚Zum Himmel will ich steigen, meinen Thron über Gottes Sterne setzen, auf dem Versammlungsberg im höchsten Norden will ich wohnen.
14 Ich will zu Wolkenhöhen mich erheben, gleich sein dem Allerhöchsten.
15 Doch hinabgestürzt bist du in die Unterwelt, die allertiefste Tiefe.«

In der christlichen Religion spielen Lichtgestalten eine große Rolle, schließlich sagt Jesus: »Ich bin das Licht.« Aber nicht nur in der Religion, auch in den Mythen und Märchen hat Licht eine besondere Bedeutung. Die Gebrüder Grimm schrieben um 1830 herum das Märchen »Das blaue Licht« nieder. Darin wird ein Soldat, der einem König lange treu gedient hat, aus dem Dienst in die Finsternis entlassen und macht sich große Sorgen um die Zukunft. Er verdingt sich bei einer Hexe, die ihm die Aufgabe gibt, ein wundersames blaues Licht aus einem Brunnen hervorzuholen. Der Soldat entdeckt die Wunderkraft dieses blauen Lichts und gelangt mit seiner Hilfe zu Reichtum. Noch dazu heiratet ihn die Königstochter, und alles wird gut. »Luminol« erzeugt blaues und grünes Licht – beruhigend und anregend zugleich. Wieder erklingt die Titelmusik von *»Star Wars«* (Abb. 16).

Dazu passt, was Novalis – ein Dichter der deutschen Romantik, der 1772 »das Licht der Welt erblickte« und etwa zur Zeit der Gebrüder Grimm lebte – in seinem *»Traktat vom Licht«* schreibt:

»Licht ist Symbol der echten Besonnenheit ...
Licht ist auf jedem Fall Aktion – Licht ist wie Leben, wirkende Wirkung ...
Licht macht Feuer
Leben ist wie Licht.
Alle Wirkung ist Übergang. Bei der Chemie geht beides ineinander verändernd über ...«

Abb. 16 »Luminol«

Abb. 17 »Chemische Kerzen« – Phosphorflamme (links) und Schwefelflamme (rechts)

Abb. 18 »Schießbaumwolle«

Novalis verknüpfte also die Begriffe Licht, Leben und (Al)Che(i)mie. Er erkannte das Wesentliche der Chemie. Chemie ist Veränderung. Veränderungen zu sehen und zu verstehen ist in unserem Leben essenziell. Weihnachten hat viel mit Licht zu tun. Das christliche Weihnachtsfest, aber auch das jüdische Hanukkah oder heidnische Sonnenwendfeste wie das Luziafest in Schweden, sind Lichterfeste. Wie bereits ersten Teil dieser Vorlesung besprochen, spielen Kerzen und warmer Lampenschein hierbei eine besonders große Rolle. Wir schließen mit chemischen Kerzen zum »*Alleluja*« aus »Exsultate jubilate« von Wolfgang Amadeus Mozart und verbrennen roten, ungiftigen Phosphor und Schwefel in reinem Sauerstoff (Abb. 17). »Schießbaumwolle« (Abb. 18) und »Bengalische Feuer« leuchten heim.

Zusammenfassung und Ausklang

In Carl Orffs Oper »Der Mond« aus dem Jahr 1939 entdecken vier Männer aus einem Land, in dem es nur Dunkelheit gibt, in einer fremden Welt zum ersten Mal den Mond und fragen: »Was ist das für ein Licht?« Wir wissen heute zum Glück mehr! Da der Mond »kalt« ist und keine eigene thermische Lichtquelle darstellt, müssen wir wohl oder übel erkennen, dass der Mond nur das Sonnenlicht reflektiert. Alle Lichtquellen beruhen entweder auf der kontinuierlichen »thermischen Emission« von Photonen durch Festkörper bei hohen Temperaturen (analog zum »Schwarzen Strahler«) oder aber auf der Emission bestimmter Photonen, die bei elektronischen Übergängen in Atomen, Molekülen oder Festkörpern ausgesendet werden (Gasentladungslampen, Laser).

Licht kann chemische Reaktionen auslösen: Entweder wird durch den Lichteintrag die Temperatur erhöht und dadurch die notwendige Aktivierungsenergie zur Verfügung gestellt. Oder eine bestimmte Reaktion wird gezielt durch Licht definierter Wellenlänge aktiviert. Das Wechselspiel ist faszinierend und führt bei intensiverer Beschäftigung schnell zu weitergehenden Fragen nach der chemischen Nutzung von Sonnenstrahlung, der Entstehung von Licht in modernen Leuchtdioden oder in Hochdruckentladungslampen.

Dass viele chemische Reaktionen unter Lichterscheinung verlaufen, ist jedem geläufig. Chemische Reaktionen, bei denen es leuchtet, stehen in großer Bandbreite für Demonstrationsversuche zur Verfügung: Wollen wir Explosionen sehen? Flammen? Kaltes Licht? Wir haben uns zu Weihnachten für die ruhigeren Varianten dieser Experimente entschieden und versucht, durch chemische Leuchterscheinungen hervorgerufene Effekte zu erklären und sie assoziativ in Zusammenhänge zu stellen [15], die auch Nicht-Chemikern eingängig sind.

Die Vorschriften sind der angegebenen Literatur entnommen, teilweise jedoch wie beschrieben abgewandelt worden. Zusätzliche Details können bei Wilfried Scheld (E-mail: Hoersaal@dekanat.fb08.uni-giessen.de) erfragt werden.

Warnhinweis: Bei der Durchführung der Experimente müssen die üblichen Sicherheits- und Entsorgungsvorschriften eingehalten werden, die in der angegebenen Literatur nachgelesen werden können. Das Nacharbeiten der Experimente erfolgt auf eigene Gefahr!

Bunte Flammen [9]
Die folgenden Substanzen werden in Form der gesättigten methanolischen Lösungen in verschiedene Porzellanschalen gegeben und mit glühenden Holzspänen gezündet:

$NaCl + NH_4Cl$
$H_3BO_3 + H_2SO_4$ (konz.)
$SrCl_2$
$CuCl_2 + NH_3$-Wasser (konz.)
$LiCl, SrCl_2 + NH_3$-Wasser (konz.)
$ZnCl_2$

Infobox 6 Experimente

Sonnenuntergang [8,10]
Natriumthiosulfat-Lösung (2%ig) und Salzsäure (5%ig) werden in eine schmale, hohe Glaswanne gegeben, an der ein aus Pappe ausgeschnittener Weihnachtsbaum lehnt. Licht eines Overheadprojektors fällt duch das Glasgefäß auf die Projektionsfläche.
$Na_2S_2O_3 + 2\ HCl \rightarrow H_2O + SO_2 + 1/n\ S_n + 2\ NaCl$

Phosphorlampe [10,14]
Ein großer Rundkolben, der mit einer Vakuumpumpe über einen Hahn verbunden ist, wird mit in Schwefelkohlenstoff gelöstem weißen Phosphor geschwenkt. Beim Öffnen des Hahns wird das Lösungsmittel abgezogen und die mit einer dünnen Phosphorschicht belegte Kolbenwand leuchtet bei Kontakt mit Luft auf.
Die Lumineszenz resultiert aus einer Oxidation von Phosphor über niedere Phosphoroxide zu P_4O_{10}.

Tanzendes Feuer [8]
Stadtgas wird in ein in flüssigen Stickstoff ragendes, großes Reagenzglas einkondensiert, angezündet und auf einen Labortisch geschüttet. Die brennenden Tropfen tanzen wegen des Leidenfrostschen Phänomens auf der Tischplatte.
$CH_4 + 2\ O_2 \rightarrow CO_2 + 2\ H_2O$

Feuerwerk mit Eis [8]
Eine Mischung von Zink und Ammoniumnitrat reagiert miteinander unter Flammenerscheinung, was durch H_2O (Eiswürfel) initiiert wird.
$Zn + NH_4NO_3 + NH_4Cl \rightarrow ZnO + NH_4NO_2 + NH_3 + HCl$

Feuer im Eisberg [8]
In einen Trockeneisblock wird ein Loch gebohrt, das mit Magnesiumpulver, -grieß und -spänen gefüllt wird. Die Mischung wird mit dem Brenner gezündet.
$2\ Mg + CO_2 \rightarrow 2\ MgO + C$

Weihnachtsbaum aus Stahl
Stahlwolle wird an einem Stativ dekorativ drapiert und mit dem Brenner angezündet.
$4\ Fe + 3\ O_2 \rightarrow 2\ Fe_2O_3$

Brennender Schneeball [10]
Ein Stück Kampfer wird in einen Schneeball gesteckt und angezündet.

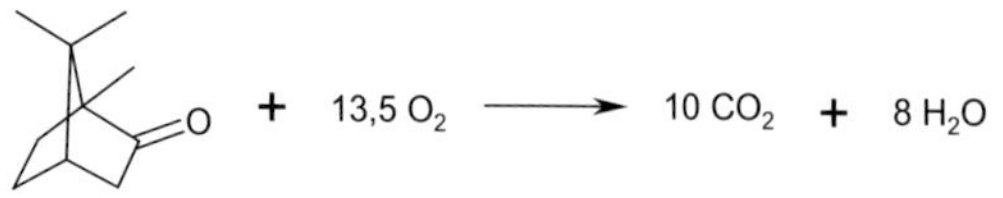

O $+ 13{,}5\ O_2 \longrightarrow 10\ CO_2 + 8\ H_2O$

Infobox 6 Experimente, Fortsetzung

Wandernder Feuerball [9]
Ein klarer PVC-Schlauch (Durchmesser 5 cm, Länge 5 m) wird so drapiert, dass beide Öffnungen nach oben zeigen und eine Schlaufe nach unten hängt. In eine der Öffnungen ragt ein Trichter, in den ein mit Pentan getränkter Bierdeckel gelegt wird. Vor dem Ende der zweiten Öffnung brennt eine Kerze. Wenn der Feuerball wandert, entzünden sich leicht flüchtige organische Stoffe, die schwerer sind als Luft, die Flamme schlägt durch den Schlauch zurück.
$C_5H_{12} + 8\,O_2 \rightarrow 5\,CO_2 + 6\,H_2O$.

Tee des Teufels [12]
Ethylacetat und Wasserstoffperoxid (30 %) werden im Volumenverhältnis von 10:1 gemischt und mit einer Spatelspitze Oxalsäure-bis-(2,4-dinitrophenylester) versetzt. Es entsteht elektronisch angeregtes CO_2, das chemolumineszert. Diese Reaktion liefert nur dann eine hohe Lichtausbeute, wenn ein Photosensibilisator zugesetzt wird. Als dieses fungiert Chlorophyll, das aus den Teeblättern durch Ethylacetat extrahiert wird. Nach Eintauchen eines Pfefferminzteebeutels beginnt die Lösung zu fluoreszieren.

Leuchtröhre ohne Strom [12]
Ein Filterpapierstreifen wird so zurechtgeschnitten, dass er in ein langes Glasrohr passt. Er wird mit Tetrakis(dimethylamino)ethen (TDAE) gesättigt und das Rohr wird mit Stopfen verschlossen. Das TDAE reagiert mit Sauerstoff unter grüngelber Chemoluminszenz.

$$((CH_3)_2N)_2C{=}C(N(CH_3)_2)_2 \xrightarrow{O2} ((CH_3)_2N)_2C{=}O + \left[O{=}C(N(CH_3)_2)_2\right]^*$$

Luminol [8]
In einen 10 l-Rundkolben oder eine Glasschale gibt man eine Lösung aus 30 g Natriumcarbonat, 5 l entmineralisiertem Wasser und 50 ml 10 n Natriumhydroxid-Lösung sowie 50 mg Luminol und fügt eine Lösung aus 10 mg Hämin und 15 ml verdünntem Ammoniakwasser, aufgefüllt mit entmineralisiertem Wasser auf 100 ml, hinzu. Nach Zugabe von 100 ml H_2O_2 (5%) beobachtet man blaue Chemolumineszenz. In einen zweiten Rundkolben gibt man 50 mg Fluorescein in 50 ml Ethanol. Wenn der Inhalt des ersten Kolbens in den zweiten gegeben wird, beobachtet man grüne Chemolumineszenz.

Infobox 6 Experimente, Fortsetzung

Chemische Kerzen
In zwei Standzylinder wird über einen Schlauch Sauerstoff geleitet. Sie werden durch Glasdeckel abgedeckt. In Verbrennungslöffel wird Schwefel bzw. roter Phosphor gegeben. Die beiden Substanzen werden nacheinander in der Brennerflamme erhitzt und in die Standzylinder gehängt.

$S + O_2 \rightarrow SO_2$

$2\,P + {}^5/_2\,O_2 \rightarrow P_2O_5$

Schießbaumwolle [10]
Aus Baumwollwatte (Drogeriebedarf) werden Stränge gedreht. Diese lässt man mit Nitriersäure reagieren und trocknet sie gut. Dann werden die Stränge auf dem Labortisch drapiert und an einem oder beiden Enden angezündet.

Bengalische Feuer [10]
Kaliumchlorat und Puderzucker werden vorsichtig gemischt. Die Mischung wird kurz vor Ende der Vorlesung mit Wunderkerzen angesteckt. Ein baldiges Verlassen des Hörsaals wird angeraten.

Infobox 6 Experimente, Fortsetzung

Literatur

1 K. Ferrari d'Occhieppo, *Der Stern von Bethlehem in astronomischer Sicht: Legende oder Tatsache?*, 2. Aufl., Brunnen-Verlag, Gießen **1994**.

2 G. Wedler, *Lehrbuch der Physikalischen Chemie*, 4. Aufl., Wiley-VCH, Weinheim **1997**, S. 104 ff.

3 A. Buschmann, U. Maas, J. Warnatz und J. Wolfrum, *Das Feuer im Computer und im Laserlicht* Phys. Bl. **52** (1996) 213.

4 M. Jammer, *The Conceptual Development of Quantum Mechanics*, McGraw-Hill, New York **1966**, S. 10ff.

5 H.-G. Bartel, G. Scholz und F. Scholz, *Die Nernst-Lampe und ihr Erfinder, Z. Chem.* **23** (1983) 277.

6 D. Woehrle, M.W. Tausch und W.D. Stohrer, *Photochemie: Konzepte, Methoden, Experimente*, Wiley-VCH, Weinheim **1998**.

7 vgl. Lit. [2]; als Klassiker sei empfohlen: G. Herzberg, *Atomic Spectra and Atomic Structure*, Dover, New York **1944**, sowie weitere Bücher von Gerhard Herzberg.

8 H. W. Roesky und K. Möckel, *Chemische Kabinettstücke*, 1.Aufl., VCH, Weinheim **1994**.

9 F. R. Kreißl und O. Krätz, *Feuer und Flamme, Schall und Rauch*, 1. Aufl., Wiley-VCH, Weinheim, **1999**.

10 G. Wagner, *Chemie in faszinierenden Experimenten*, 5. Aufl., Aulis-Verlag Deubner, Köln, **1984**.

11 K. Lange und M. Hirmer, *Ägypten*, 4. Aufl., Hirmer Verlag, München, **1985**.

12 Internetseite www.theochem.uni-duisburg.de/DC/material/lichtsp/info6.html und dort zitierteLiteratur.

13 R. L. Keiter und C. P. Gamage, *Combustion of white Phosphorous, J. Chem. Educ.* **78** (2001) 908.

14 R. J. Huxtable, *Hell-fire and medication, Nature* **405** (2000) 16.

15 K. Schneider, *Lexikon Programmusik: Stoffe und Motive*, Bärenreiter-Verlag, Kassel, **1999**.

Barbara Albert, 1966 in Bad Godesberg geboren, studierte Chemie an der Rheinischen Friedrich-Wilhelms-Universität Bonn, promovierte auf einem Gebiet der Anorganischen Festkörperchemie und habilitierte sich 2000 in Anorganischer Chemie. Seit Oktober 2001 ist sie Professorin für Anorganische Chemie – Schwerpunkt Anorganische Festkörperchemie/Materialwissenschaften, an der Universität Hamburg. Sie interessiert sich für die Synthese von neuen Metallboriden mit besonderen physikalischen Eigenschaften und faszinierenden, zum Beispiel durch dreidimensional verknüpfte Polyeder charakterisierte, Strukturen.

Jürgen Janek, 1964 in Bückeburg geboren, studierte Chemie an der Universität Hannover und promovierte bei Prof. Hermann Schmalzried am Institut für Physikalische Chemie und Elektrochemie mit einer Arbeit zur Festkörperkinetik. Er habilitierte sich 1997 in Physikalischer Chemie mit einer Arbeit über die Kinetik von Phasengrenzen in Ionenleitern und ist seit 1999 Professor für Physikalische Chemie an der Justus-Liebig-Universität Gießen. Seine fachlichen Interessen liegen auf dem Gebiet der Festkörperelektrochemie, der Transportprozesse in ionenleitenden Festkörpern, der Phasengrenzkinetik und der Plasmaelektrochemie.

Die Autoren (B. Albert, 2. von rechts, und J. Janek, 2. von links) bedanken sich besonders bei Wilfried Scheld (rechts), der im Großen Chemischen Hörsaal der JLU Gießen immer wieder kleine Wunder realisiert. Für die praktische Vorbereitung bedanken sie sich außerdem bei Samuel Freistein (links), Petra Grundmann, Christian Jesch, Bjoern Luerßen (3. von links) , Georg Mellau, Marcus Rohnke (3. von rechts) und Marieluise Wolff. Werner Ranft und Manfred Zahrt halfen bei der Aufnahme der Bilder.
Der vorliegende Text basiert auf einem in der Zeitschrift »Chemie in unserer Zeit« **35** (2001) 390 veröffentlichten Beitrag von B. Albert und J. Janek.

Rechts oder links

Henri Brunner

Spiegelschrift

Spiegelschrift sieht seltsam aus. Man liest sie nicht wie gewohnt von links nach rechts, sondern umgekehrt von rechts nach links, und viele Buchstaben erscheinen merkwürdig verändert (Abb. 1). Dabei sind Schrift und Spiegelschrift eigentlich gleichberechtigt. Durch die Symmetrieoperation der Spiegelung lassen sie sich ineinander überführen. Unsere Vorfahren haben die Schrift entwickelt, und daher schreiben wir Schrift. Hätten sie sich für die Spiegelschrift entschieden, würden wir heute Spiegelschrift schreiben, und Schrift würde uns ungewöhnlich vorkommen. Auch Spiegelschrift kann nützlich sein. Auf der Vorderseite von Rettungswagen findet man manchmal das Wort AMBULANZ in Spiegelschrift. Sieht der Autofahrer den Rettungswagen von hinten kommen, so liest er das Wort im Rückspiegel richtig und kann sein Verhalten danach richten. Der Blick in den Rückspiegel ist eine Spiegeloperation, die Spiegelschrift zu Schrift macht.

Abb. 1 Das Wort AMBULANZ in Schrift und Spiegelschrift geschrieben

Facetten einer Wissenschaft. Herausgegeben von Achim Müller

ISBN: 3-527-31057-6

Bild und Spiegelbild

Ebenso wie von Buchstaben und Schrift gibt es auch von jedem Gegenstand ein Spiegelbild. Es entsteht bei der Betrachtung im Spiegel, an einer Wasseroberfläche, einer Schaufensterscheibe oder durch Konstruktion, indem man jeden Punkt des Bildes an einer Symmetrieachse (zweidimensional) oder Symmetrieebene (dreidimensional) spiegelt. Bei hoch symmetrischen Körpern – sie enthalten so genannte Drehspiegelachsen einschließlich Symmetrieebene und Inversionszentrum – sind Bild und Spiegelbild identisch. Das Bild kann mit seinem Spiegelbild zur Deckung gebracht werden. Bild und Spiegelbild sind ein und dieselbe Form – der »langweilige« Fall. Für weniger symmetrische Körper – sie enthalten nur Drehachsen oder gar keine Symmetrieelemente – sind Bild und Spiegelbild verschieden und nicht miteinander zur Deckung zu bringen. Bild und Spiegelbild sind zwei verschiedene Formen – der »aufregende« Fall. Beispiele für den »aufregenden« Fall sind Hände, Füße und Ohren. Linke Hand und rechte Hand sind verschieden. Der Unterschied zwischen ihnen beruht nur auf ihrer Bild/Spiegelbild-Beziehung.

Bei einer weiteren Spiegelung des Spiegelbilds entsteht wieder die Ausgangsform. Spiegelt man eine linke Hand, so entsteht eine rechte Hand (Abb. 2). Bei einer neuerlichen Spiegelung der rechten Hand kommt man automatisch zur linken Hand zurück, denn mehr als Bild und Spiegelbild gibt es bei Spiegelungen nicht. Eine Hand ist entweder eine linke Hand oder eine rechte Hand. Andere Möglichkeiten sind nicht denkbar. Diese Alternative tritt bei jedem »aufregenden« Fall auf, wenn sich Bild und Spiegelbild, bedingt durch die zugrunde liegenden Symmetrieverhältnisse, voneinander unterscheiden. In Anlehnung an die beiden Hände wird das Bild/Spiegelbild-Phänomen als Händigkeit oder Chiralität bezeichnet (abgeleitet vom griechischen Wort $\chi\varepsilon\iota\rho$ für Hand), und die beiden Alternativen – im vorliegenden Aufsatz gelb und grün gekennzeichnet – werden häufig rechtshändig oder linkshändig genannt. In der Wissenschaft sind auch die lateinischen und griechischen Übersetzungen von rechts und links in Gebrauch: rectus und sinister, dextro und laevo bzw. die entsprechenden Abkürzungen R und S, d und l, D und L usw. Im Folgenden werden die Begriffspaare Bild/Spiegelbild und Rechts/Links-Formen als Synonyme verwendet.

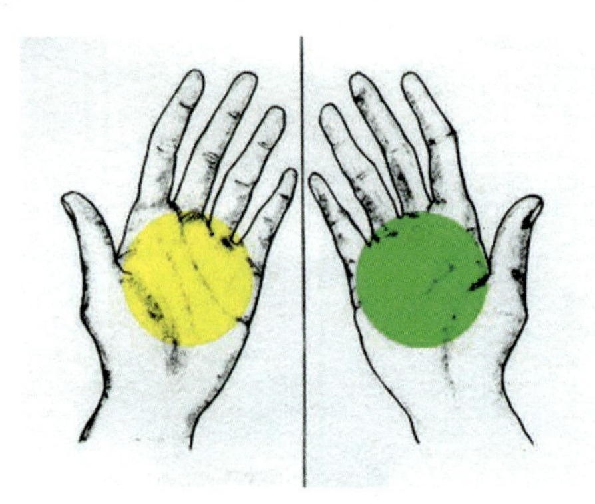

Abb. 2 linke Hand und rechte Hand – Bild und Spiegelbild

Wer den Ausführungen bis hierher gefolgt ist und nicht weiß, wie die Rechts/Links-Geschichte weitergeht, wird das Bild/Spiegelbild-Phänomen zwar interessant finden, sich aber des Eindrucks nicht erwehren können, dass es sich dabei um nicht mehr als eine abstrakte Spielerei handelt. Das stimmt jedoch keineswegs. Das Rechts/Links-Phänomen ist in Alltag, Natur und Kunst weit verbreitet. Beispielsweise erlangt es eine zunehmende Bedeutung in der Wirtschaft – insbesondere in der chemischen und pharmazeutischen Industrie, in der eine steigende Anzahl von Arbeitsplätzen daran hängt. Außerdem hat die Rechts/Links-Frage bei der Entstehung des Lebens eine ganz entscheidende Rolle gespielt.

Rechts oder links bei Barockaltären und in der Natur

Oft findet man Rechts/Links-Formen gleichberechtigt nebeneinander – etwa bei Barockaltären, an denen in der Regel auf der rechten Seite die rechtshändig gedrehten Säulen und auf der linken die linkshändig gedrehten Säulen stehen (Abb. 3). Manchmal dominiert aber auch eine der beiden Formen wie die Rechtshändigkeit bei Schrauben (Abb. 4), Muttern und Gewinden, die zu einer weltweiten Norm geworden ist. Im Buch des Autors *Rechts oder links in der Natur und anderswo* (Wiley-VCH, Weinheim, 1999) finden sich anhand von 230 Farbbildern viele Beispiele für Rechts/Links-Phänomene.

In der Natur kommen Rechts/Links-Strukturen häufig vor. Ihr Auftreten ist oft mit ausgeprägten Selektivitäten verbunden. Bei Schneckenhäusern sollten eigentlich die Rechts/Links-Formen gleichberechtigt sein (Abb. 5). Das ist aber nicht der Fall. Die allermeisten Schneckenhäuser sind rechtshändig, wie die Schnirkelschnecke in Abb. 6. Auch Schlingpflanzen sollte es an und für sich gleichgültig

Abb. 3 Barockaltar; Alte Kapelle, Regensburg

Abb. 4 Rechtshändige Schrauben

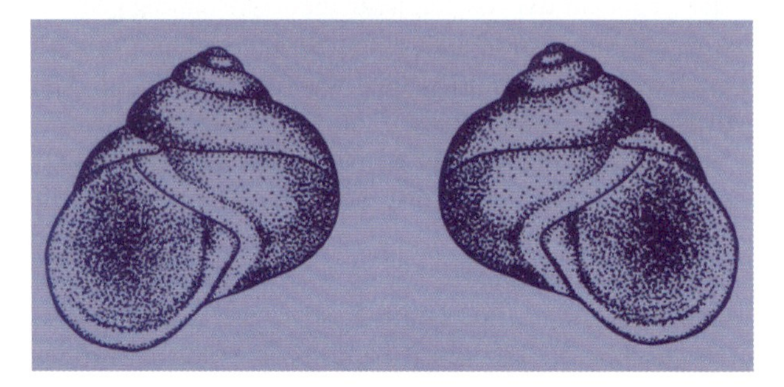

Abb. 5 Schneckenhäuser – Bild und Spiegelbild

Abb. 6 Gelbe Schnirkelschnecke – rechtshändig

sein, ob sie sich um ihre Stütze rechtshändig oder linkshändig emporwinden (Abb. 7). Dem ist jedoch nicht so. Jede Kletterpflanze weiß genau, wie herum sie zu klettern hat. So winden sich beispielsweise alle Hopfenpflanzen linkshändig um die in den großen Holzgestellen auf den Hopfenfeldern aufgespannten Eisendrähte

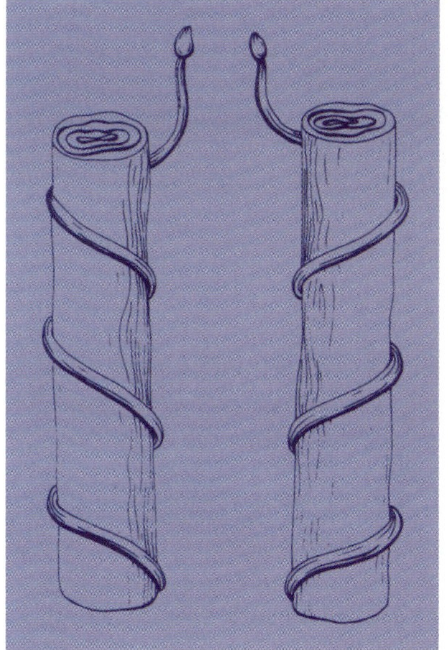
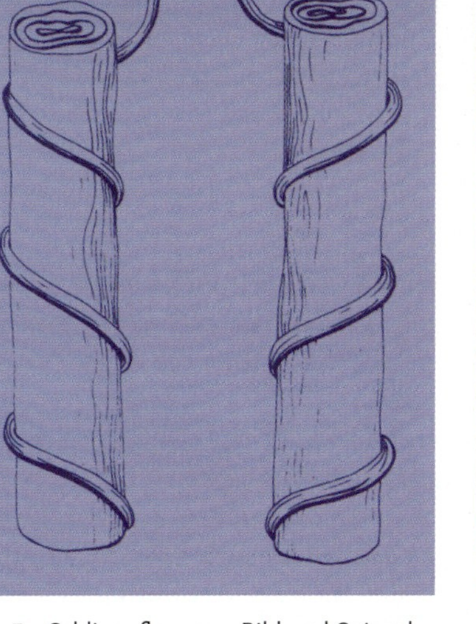

Abb. 7 Schlingpflanzen – Bild und Spiegelbild

Abb. 8 Hopfen – linkshändig

(Abb. 8). Auch diese Erscheinungen und ihre Erklärung sind in dem bereits angesprochenen Buch *Rechts oder links* ausführlich abgehandelt. Die Erklärung findet sich auf der Ebene der Atome und Moleküle und gründet im molekularen Aufbau und den Stoffwechselvorgängen von Mensch, Tier und Pflanze.

Links-Aminosäuren und Rechts-Zucker

Die Eiweißstoffe oder Proteine gehören zu den Hauptkonstruktionsmaterialien, ohne die das Leben auf der Erde nicht möglich wäre. Eiweißstoffe bauen nicht nur ganze Gewebe auf, zu ihnen gehören auch die Enzyme – die Biokatalysatoren, die die Stoffwechselvorgänge ermöglichen. Zur Bereitstellung der ungeheuren Vielfalt an tierischem und pflanzlichem Eiweiß verwendet die Natur nur 20 voneinander verschiedene Aminosäuren, die bis auf das achirale Glycin ausnahmslos der L-Konfigurationsreihe angehören (im Folgenden als Links-Aminosäuren bezeichnet). Die spiegelbildlichen Rechts-Aminosäuren kommen in der Natur sehr selten vor und erfüllen nur ganz spezielle Aufgaben. Abb. 9 zeigt als Beispiel Links-Alanin (gelb markiert) und Rechts-Alanin (grün markiert).

Entsprechendes beobachtet man bei den Zuckern. Die Zucker, auch Kohlenhydrate genannt, sind zentrale Bestandteile des Stoffwechsels. Sie sind am Aufbau der Erbsubstanz DNA beteiligt und bilden die Komponenten von Stärke und Zellulose. Stärke, ein häufiges Reservekohlenhydrat in Pflanzen, ist ein wichtiger Bestandteil unserer Nahrung, und die Form, in der unser Körper überschüssige Kohlenhydrate in der Leber speichert. Zellulose bildet die Grundlage aller pflanzlichen Stützgewebe und ist ein in riesigen Mengen anfallender nachwachsender Rohstoff. Auch bei den Kohlenhydraten stellt sich die Rechts/Links-Frage. Übersetzt man die chemische D-Konfiguration der Zucker (D von dextro = rechts) ins Allgemeinverständliche, so kann man von Rechts-Zuckern sprechen. Links-Zucker spielen in der Natur keine Rolle.

Die Homochiralität der Biologie

Es ist sensationell, dass die Natur bei Aminosäuren (Abb. 9), Zuckern und anderen Biomolekülen von zwei an sich gleichwertigen Alternativen nur eine verwendet. Diese Einheitlichkeit bezüglich Bild und Spiegelbild nennt man die Homochiralität der Biologie. Sie hat weit reichende Konsequenzen.

Ein Stoffwechsel mit den entgegengesetzten Molekülformen – im Fall der Aminosäuren z. B. mit dem in Abb. 9 grün markierten Rechts-Alanin – oder auch mit Gemischen von Rechts- und Linksformen wäre zwar theoretisch denkbar, kommt aber bei keinem Lebewesen auf der Erde vor. Es gäbe dafür auch keine Ernährungsgrundlage, denn alle Nahrungsketten sind auf den Stoffwechsel mit Links-Aminosäuren und Rechts-Zuckern ausgelegt. So enthält das Eiweiß in dem Steak auf der rechten Seite von Abb. 10 nur Links-Aminosäuren – von Alanin also nur die im Einschub gelb markierte Form. Die spiegelbildlichen Formen wären für unseren Stoffwechsel unbrauchbar, da er sie nicht in die ständig ablaufenden Aufbau-, Abbau- und Umbauvorgänge einschleusen könnte. Ein »gespiegeltes« Steak, wie auf der linken Seite von Abb. 10 dargestellt, das aus gespiegelten Aminosäuremolekülen aufgebaut wäre – z. B. aus Rechts-Alanin (im Einschub grün markiert) –, gibt es auf der ganzen Welt nicht. Solch ein »falsches« Steak wäre ein Unikum. Es würde ganz anders riechen und schmecken als sein normales Gegenstück, denn auch die Geruchsstoffe, die es abgäbe, und die Geschmacksstoffe, die es enthielte, hätten entgegengesetzte Händigkeit. Sie würden nicht zu unseren Rezeptoren in Nase und Mund passen wie die eines »richtigen« Steaks. Schlimmer noch: Das »falsche« Steak wäre unverdaulich und würde wie ein Stein im Magen liegen, weil unsere auf die Links-Aminosäurewelt eingestellten Verdauungsenzyme das Fleisch nicht angreifen und aufschließen könnten. Ein derartiges Rechts-Steak wäre die ideale Nahrung für einen Außerirdischen aus einer fiktiven Rechts-Aminosäurewelt.

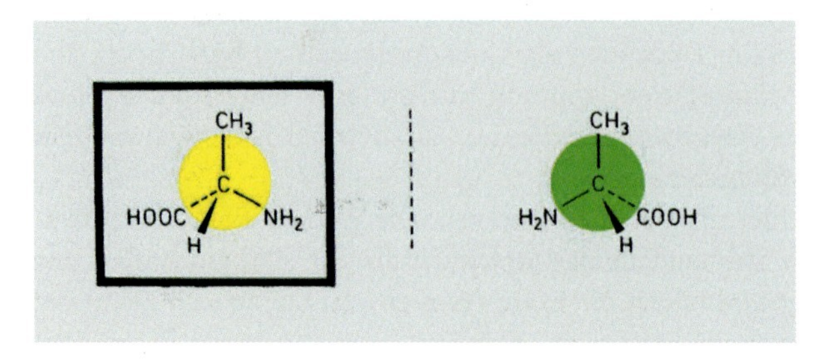

Abb. 9 Links-Alanin (gelb markiert) und Rechts-Alanin (grün markiert)

Abb. 10 »Rechts-Steak« und »Links-Steak«

Umgekehrt müsste ein Lebewesen aus einer Rechts-Aminosäurewelt auf der Erde verhungern, weil ihm das Nahrungsangebot einer Links-Aminosäurewelt nichts helfen würde. Solche Geschichten über Gäste aus der Rechts-Aminosäurewelt auf unserer Links-Aminosäureerde sind in vielfachen Variationen im Umlauf.

Wann hat sich die Natur für das Leben mit Links-Aminosäuren entschieden? Es muss ein sehr früher Zeitpunkt gewesen sein. Wenn es neben dem Aufbau des Lebens mit Links-Aminosäuren auch Experimente der Natur gegeben hat, ein Konkurrenz-Leben mit Rechts-Aminosäuren zu etablieren, so sind die Spuren dieser Versuche verschwunden. Die Existenz von Links-Leben und Rechts-Leben nebeneinander auf unserem Planeten würde zu einem heillosen Durcheinander führen, wie der Gebrauch von Schrauben und Muttern beider Händigkeit in der Technik. Daher hat man sich in der Technik weltweit auf die Rechtshändigkeit festgelegt. Eine ähnliche Entscheidung hat die Natur bei der Entwicklung des Lebens mit der Festlegung auf die Links-Aminosäuren und die Rechts-Zucker getroffen. Man stelle sich vor, es würden zwei Arten von Lebewesen – solche mit Proteinen aus Links-Aminosäuren und solche mit Proteinen aus Rechts-Aminosäuren – auf der Erde existieren. Jedes Lebewesen müsste dann genau wissen, ob seine Beute von der Händigkeit her zu ihm passt oder nicht. Verschlänge es die falsche Beute, könnte es sie nicht verdauen. Diese Unvereinbarkeiten hat die Natur dadurch vermieden, dass sie sich auf nur eine Art von Leben, und zwar auf die mit Links-Aminosäuren und Rechts-Zuckern, festgelegt hat. Dadurch sind die verschiedenen lebenden Systeme optimal aufeinander abgestimmt.

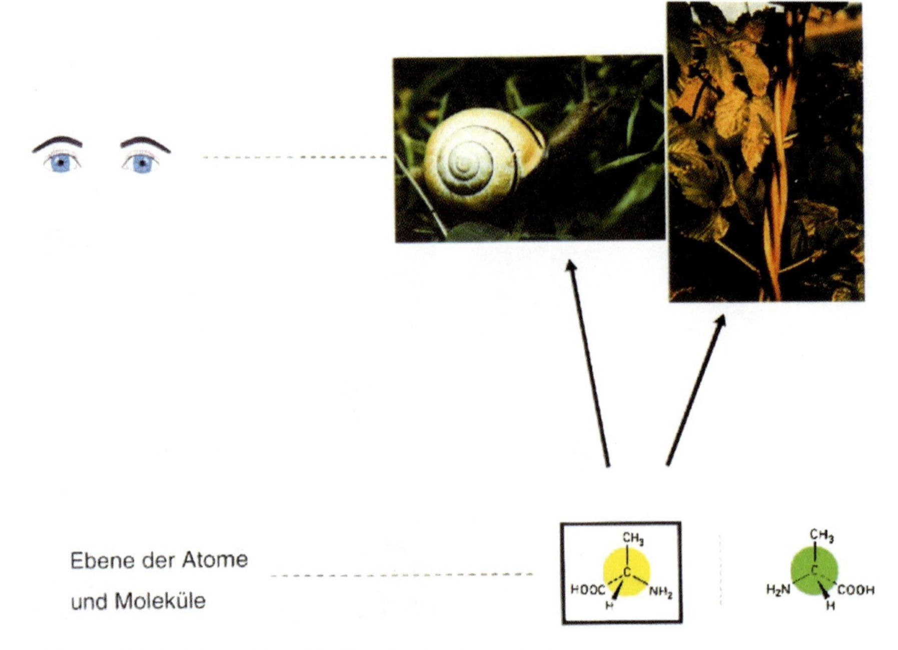

Abb. 11 Händigkeit der Biomoleküle und makroskopische Konsequenzen

Die weltumspannende Einheitlichkeit der Stoffwechselvorgänge mit nur jeweils einer Sorte händiger Moleküle ist eine Tatsache, und es gibt zahlreiche Theorien darüber, wie sie zustande kam. Sie erklärt auf einen Schlag einen Großteil der bisher erwähnten Selektivitäten – nämlich die Rechts/Links-Bevorzugungen in der Natur. Sowohl Schneckenhäuser als auch Schlingpflanzen sind Produkte von Stoffwechsel- und Wachstumsvorgängen, und folglich gehen die bevorzugten Richtungen letzten Endes auf die Festlegung der Natur auf Links-Aminosäuren und Rechts-Zucker zurück, wie die Pfeile in Abb. 11 andeuten. Hätte sich die Natur bei den Biomolekülen für die andere Händigkeit entschieden, wären Schneckenhäuser heute überwiegend linkshändig, und Hopfen würde rechtsspiralig klettern. Das ist auf unserer Welt jedoch eine Utopie.

Das folgende aktuelle Beispiel eines Rechts/Links-Problems in der Chemie, von dem aus sich ein zwangloser Bezug zu römischen Mosaiken herstellen lässt, hat der Autor kürzlich in den Nachrichten aus der Chemie **49** (2001), Seite 760 veröffentlicht.

Die DNA-Doppelhelix – mal rechts, mal links

Die Desoxyribonucleinsäure (DNA) ist der Träger der Erbinformation. Ihre Polymerkette besteht aus dem Zucker Desoxyribose und Phosphat. Die an den Zuckerresten hängenden Basen, die in Dreierkombinationen für Aminosäuren codieren, halten die beiden Stränge der Doppelhelix über Wasserstoffbrücken zusammen.

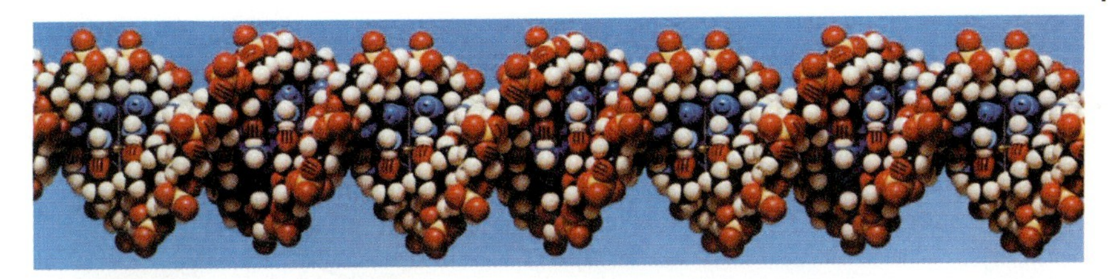

Abb. 12 Kalottenmodell linkshändiger DNA (*Chemical & Engineering News*)

Von den Bausteinen der DNA ist nur der Zucker händig. Wie alle natürlichen Zukker gehört die Desoxyribose der D-Konfigurationsreihe an. Desoxyribose in der dazu spiegelbildlichen L-Konfiguration tritt in der DNA von Lebewesen nicht auf.

Spiralen können rechts- oder linkshändig sein. Auch die DNA steht bei der Ausbildung der Doppelhelix-Struktur vor dieser Rechts/Links-Alternative, in die allerdings der D-Zucker ihres Rückgrats differenzierend eingreift. Natürliche DNA kommt in mehreren Modifikationen vor. Sie sind alle rechtshändig, bis auf die nur bei hohen Salzkonzentrationen stabile Z-Modifikation, deren biologische Funktion noch unklar ist. Deshalb sollte die DNA-Doppelhelix als Rechtsspirale dargestellt werden.

In der Ausgabe vom 31. Juli 2000 bildete die Zeitschrift *Chemical & Engineering News* auf der Titelseite ein schönes Kalottenmodell der linkshändigen DNA ab (Abb. 12). Mehrere Leser bemerkten diesen Händigkeitsfehler, den C. J. Welch mit folgendem Limerick attackierte:

›On your cover a very rare sight,
a helix that gave me a fright.
Did you forget that this spiral
called DNA is chiral,
and it normally twists to the right?«

Chemical & Engineering News korrigierte diesen Fauxpas im Heft vom 14. August 2000 auf Seite 8 mit »oops – an unacceptable error« und verweist darauf, dass solche Fehler auch schon Zeitschriften wie *Science* und *Nature* passiert sind.

Um dem Leser das Mitbestimmen von rechts oder links zu erleichtern, veranschaulicht Abb. 13 die Rechts/Links-Definition. Es sei darauf hingewiesen, dass man immer zum selben Ergebnis kommt – gleichgültig, von welchem Ende der Spirale man bei der Bestimmung ausgeht.

Es ist problematisch, Händigkeitsinformation aus Bildern zu entnehmen, wenn nicht auszuschließen ist, dass im Reproduktionsprozess eine Spiegelung stattgefunden hat. Enthält ein Bild Schrift, kann eine Spiegelung leicht erkannt und korrigiert werden – ohne Beschriftung bleibt sie dagegen oft unentdeckt.

Beispielsweise sind Schneckenhäuser auch in neueren Büchern gelegentlich seitenverkehrt dargestellt. Eine Erklärung dafür ist, dass das Foto von einem Negativ stammt, das vor dem Drucken versehentlich umgedreht wurde. Das Problem bestand aber schon lange vor der Zeit der Fotografie. Bei der Herstellung von Drucken und Stichen mussten die Vorlagen auf Stein-, Holz- oder Metallplatten seitenverkehrt angelegt werden, da beim Druck eine Spiegelung stattfindet. Damit gehörte das Bild/Spiegelbild-Phänomen zur Grundlage der Arbeit von Graveuren.

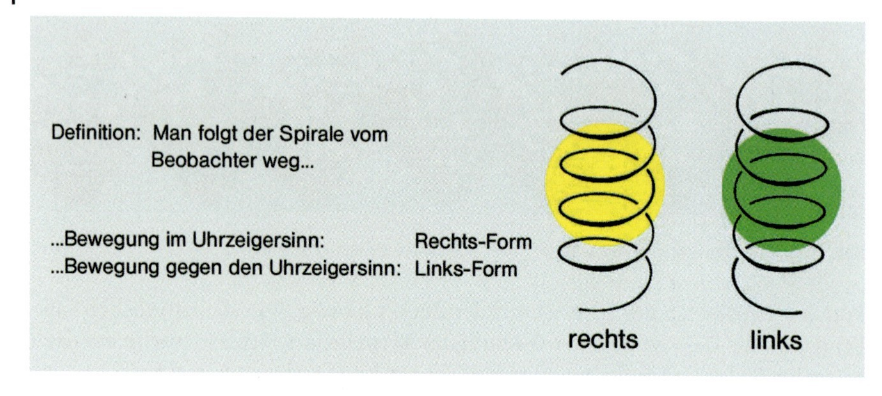

Abb. 13 Definition von rechts und links bei Spiralen

An einem Schriftzug konnte sich ein Kupferstecher keinen Fehler erlauben, aber hat er in seinem Kupferstich wirklich alle händigen Objekte invertiert – etwa dadurch, dass er sie in einem Spiegel betrachtend in seine Vorlage übernahm –, oder war er großzügig und hat sie so reproduziert wie sie waren? Hat der Drucker seine Skizze, falls eine vorhanden war, vielleicht *recto* und nicht wie es richtig gewesen wäre *verso* auf seiner Platte befestigt? S. J. Gould beleuchtet diese Frage in seinem Essay »Linke Schnecken und rechtes Denken« in *Ein Dinosaurier im Heuhaufen*, S. Fischer, Frankfurt/Main 2000, Seite 263. Er untersuchte die Abbildung von Schneckenhäusern in Büchern des 16. und 17. Jahrhunderts und fand überraschenderweise, dass die Mehrzahl der dominierend rechtshändigen Schneckenhäuser linkshändig dargestellt war. Umgekehrt waren die seltenen linkshändigen Schneckenhäuser rechtshändig abgebildet. Dies änderte sich erst in der ersten Hälfte des 18. Jahrhunderts, der Ära von Linné. Von diesem Zeitpunkt an sind die meisten Schneckenhausdarstellungen richtig. Offenbar hat man vorher dem Händigkeitsaspekt nur geringe Bedeutung beigemessen. Bei jedem Druckprozess kommt es zu einer Spiegelung. Daher besteht diese drucktechnische Fehlerquelle auch heute noch. Daneben gab und gibt es eine weitere Fehlerquelle – Unachtsamkeit.

Die Veröffentlichung des menschlichen Genoms in *Nature* war ein von allen Medien beachtetes Thema. Das ZDF ging am 11. Februar 2001 im *Heute Journal* darauf ein. Im Verlauf des Berichts wurden zwei verschiedene DNA-Doppelspiralen gezeigt – eine war rechtshändig, die andere linkshändig.

In den Ausgaben der Jahre 2000/2001 von *Chemie heute*, dem Wissenschaftsmagazin des Fonds der Chemischen Industrie, finden sich drei Aufsätze, die mit ansprechenden DNA-Darstellungen bebildert sind. Wie steht es hier mit der Rechts/Links-Richtigkeit? Im Artikel »Die winzigen Lebensretter« ist die sich aus dem Reißverschluß entwickelnde DNA im ersten Bild rechtshändig und im zweiten Bild linkshändig. Auch der Beitrag »Den Funktionen des Lebens auf der Spur« enthält mehr linkshändige als rechtshändige DNA-Darstellungen. Im Artikel »Damit unser Erbgut intakt bleibt« sind die ersten beiden Doppelspiralen linkshändig, nur die letzte ist rechtshändig (Abb. 14). Insgesamt ergibt sich damit für diese drei Aufsätze das für ein Chemie-Magazin beschämende Rechts/Links-Verhältnis von 5 : 9.

Kurz nach Fertigstellung der vorliegenden Betrachtung flog der Autor zu einem Kurzurlaub nach Tunis. Im Bardo-Museum untersuchte er die römischen Mosaiken auf Symmetrie und Asymmetrie. Einige bestehen nur aus Ornamenten, andere zeigen figürliche Darstellungen, die aber stets von Ornamenten umkränzt sind. Bei den Ornamenten wurde meistens auf Symmetrie geachtet – nicht jedoch beim gewundenen Doppelstrang. Er ist ein häufig verwendetes Ziermotiv und ist immer rechtshändig, wie Dutzende von Beispielen zeigten. Im ganzen Bardo-Museum war kein einziger linkshändiger Doppelstrang zu finden. Haben die Römer damit die Rechtshändigkeit der DNA-Doppelhelix bereits vorweggenommen?

Das Jagdfieber war nun entfacht. Nach der Rückkehr hat der Autor eine Reihe von Büchern der Regensburger Universitätsbibliothek mit Bildern von römischen Mosaiken in Nordafrika überprüft und bestätigt gefunden, was sich im Bardo-Museum angedeutet hatte: Alle Doppelstränge sind rechtshändig. Diese Angabe hat aufgrund der großen Zahl von untersuchten Beispielen eine hohe Verlässlichkeit. In Abb. 15 marschieren einige dieser rechtshändigen Doppelstränge auf.

Abb. 14 Links- und rechtshändige DNA-Doppelspiralen

Abb. 15 Rechtshändige Doppelstränge in römischen Mosaiken

Abb. 16 Römisches Mosaik aus El Jem (310 × 350 cm); Museum El Jem, Tunesien

Das phantastische Mosaik in Abb. 16 zeigt, wie an den Ecken, bei den Übergängen vom Rand zu den Medaillons und in den Winkeln geschlungen wurde, um immer wieder zur Rechtshändigkeit zurückzukommen. Hat die Rechtshändigkeit der gewundenen Doppelstränge in den alten Mosaiken irgendeine Bedeutung? Ist das Phänomen in Archäologie und Kunstgeschichte überhaupt bekannt? In verschiedenen Büchern finden sich Analysen der in den Mosaiken verwendeten Ornamenttypen. Dabei drängt sich allerdings der Verdacht auf, dass den Verfassern nicht klar war, dass das Doppelstrangmotiv zu den »aufregenden« Fällen gehört, bei denen Bild und Spiegelbild verschieden sind. Die Doppelstrang-Stereospezifität in den römischen Mosaiken überrascht umso mehr, als sich wie oben ausgeführt, die

Abb. 17 Linkshändiger Zier-Doppelstrang auf einem neuen Teppich

richtige Darstellung von Schneckenhäusern in Büchern bei uns erst in der ersten Hälfte des 18. Jahrhunderts durchgesetzt hat.

Einen Fehler hat der Autor im Bardo-Museum allerdings aufgespürt, und zwar in einem schlecht geknüpften Teppich, der ein römisches Mosaik nachbildete und in der Cafeteria zum Verkauf aushing. Im Gegensatz zu den echten Mosaiken zeigt das Teppichmuster einen linkshändigen Zier-Doppelstrang – so schnell kann man sich in Bezug auf rechts und links irren (Abb. 17).

Um wieder auf die DNA im Wissenschaftsmagazin des Fonds der Chemischen Industrie zurückzukommen: Die DNA in allen Lebewesen dieser Erde ist rechtshändig. Sollten wir Chemiker bei der Händigkeit der DNA nicht ein bisschen besser aufpassen?

Passt- und Passt-nicht-Kombinationen – die Diastereomerie

Bisher wurden Rechts/Links-Formen jeweils nur einzeln betrachtet. Bei der Wechselwirkung verschiedener Rechts/Links-Formen miteinander kommt eine neue Dimension ins Spiel – das Prinzip der Passt- und Passt-nicht-Kombinationen, das im bereits mehrfach angesprochenen Buch zunächst am Beispiel der Hände und Handschuhe erklärt wird.

Die linke Hand passt in den linken Handschuh von Abb. 18 (Passt-Kombination, gelb/gelb) jedoch nicht in den rechten Handschuh (Passt-nicht-Kombination, gelb/grün). In der Chemie nennt man dies eine Diastereomeriebeziehung. Im täglichen Leben wird dieser Ausdruck zwar nicht gebraucht, aber das Phänomen ist gängig und eigentlich trivial. Nichtsdestoweniger besitzt es eine ungeahnte Tragweite, denn was für eine Hand und die beiden Handschuhe gilt, gilt auch für die Bild/Spiegelbild-Mischung der Moleküle eines Medikaments und den menschlichen Körper.

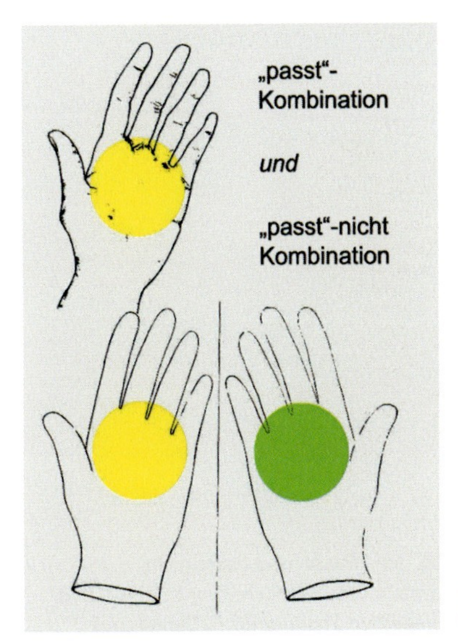

Abb. 18 Passt- und Passt-nicht-Kombination: linke Hand – linker/rechter Handschuh

Solche Passt- und Passt-nicht-Fälle ergeben sich immer und zwangsläufig, wenn man ein Rechts/Links-Paar mit der rechten oder linken Form eines anderen Paars kombiniert. Fährt man mit der linken Hand versehentlich in einen rechten Handschuh, so richtet man damit keinen Schaden an. Eine Passt-nicht-Kombination kann aber durchaus etwas Schlimmes, Nachteiliges bewirken. Ein Beispiel hierfür ist die Contergan-Katastrophe.

1956 brachte die Firma Grünenthal (Aachen) das Medikament Contergan auf den Markt, das den Wirkstoff Thalidomid enthielt. Das Medikament diente als Schlaf- und Beruhigungsmittel. Da es sich als besonders wirksam gegen die morgendlichen Magenprobleme von Schwangeren erwies, wurde es bevorzugt von Frauen während der Schwangerschaft eingenommen. Die Folgen sind bekannt. Es kam in mehreren tausend Fällen vor allem in Deutschland zu Wachstumsstörungen an den Gliedmaßen ansonsten gesunder Kinder (Phocomelie oder Robbengliedrigkeit). 1961 wurde das Medikament vom Markt genommen.

Das entscheidende Strukturmerkmal des Thalidomidmoleküls (Abb. 19) ist ein asymmetrisches Kohlenstoffatom in der Mitte, das in der linken Formel durch einen gelben Punkt und in der rechten spiegelbildlichen Formel durch einen grünen Punkt gekennzeichnet ist. Der ganze Unterschied zwischen dem linken und dem rechten Molekül ist die Bild/Spiegelbild-Beziehung. Alle Proteine, die der Mensch enthält, sind aus Links-Aminosäuren aufgebaut (in Abb. 19 durch die großen L und die gelben Punkte angedeutet). Wird ein Rechts/Links-Gemisch von Contergan eingenommen (in Abb. 19 gelb und grün markiert), kommt es zu einer Passt-Kombination (gelb/gelb) und zu einer Passt-nicht-Kombination (gelb/grün). Die Passt-Kombination führt zur gewünschten Beruhigung, die Passt-nicht-Kombi-

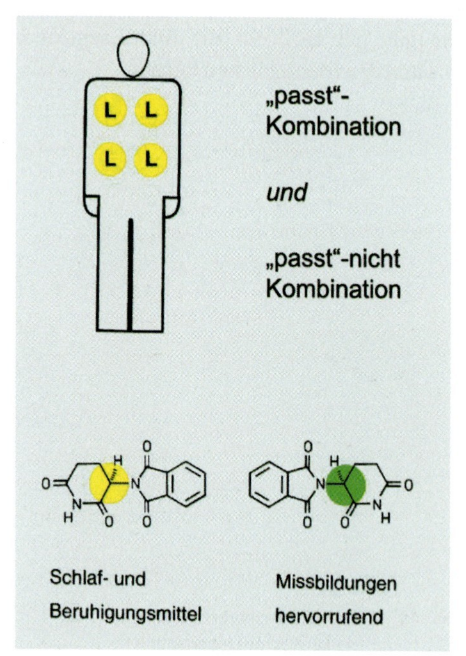

Abb. 19 Passt- und Passt-nicht-Kombination: menschlicher Körper – Bild/Spiegelbild Thalidomid (= Contergan)

nation zu verheerenden Wachstumsstörungen im Fötus, wenn Frauen das Medikament zwischen dem 20. und dem 35. Tag der Schwangerschaft einnehmen. Der Wirkstoff hatte vor seiner Zulassung alle vom Gesetzgeber vorgeschriebenen Tests ohne Beanstandung durchlaufen. Eine Untersuchung der Nachkommenschaft war im Testprogramm damals nicht vorgesehen. Inzwischen ist sie ein fester Bestandteil der Überprüfung jedes neuen Arzneimittels vor der Zulassung.

Man kennt heute den Mechanismus der Schädigung durch die Passt-nicht-Kombination genau. Die grüne Linksform des Conterganmoleküls lagert sich an den Rezeptor eines Enzyms an, das an der Knorpelbildung beteiligt ist. Dadurch wird das Enzym gehemmt, und es kommt zu den beobachteten Wachstumsstörungen. Die gelbe Rechtsform des Conterganmoleküls wirkt als Schlaf- und Beruhigungsmittel. Sie zeigt keine Affinität zum genannten Knorpelbildungsenzym. Dieser Wirkungsweise liegt somit ein Passt- und Passt-nicht-Fall auf molekularer Ebene zugrunde, der im Prinzip dem Unterschied zwischen den Paaren linke Hand/linker Handschuh und linke Hand/rechter Handschuh entspricht.

Was für Medikament/Körper und Hand/Handschuhe gilt, gilt auch für die Beziehung Fuß/Schuhe. Ein Beispiel dafür ist die folgende Geschichte von Goethe und Tischbein.

Waren Goethes Füße in Ordnung?

Das berühmte Gemälde »Goethe in der Campagna di Roma« (Abb. 20) von J. W. H. Tischbein (1751–1829) entstand 1786 in Rom auf Goethes Italienreise. Goethe selbst schreibt: »Tischbein mahlt mich jetzo. Ich laße ihn gehn, denn einem solchen Künstler muß man nicht einreden. Er mahlt mich Lebensgröße, in einen weisen Mantel gehüllt, in freyer Luft auf Ruinen sitzend und im Hintergrunde die Campagna di Roma. Es giebt ein schönes Bild, nur zu groß für unsre Nordische Wohnungen.«

Das Gemälde dient häufig zur Illustration von Abhandlungen über Goethe und die deutsche Klassik. Bildbeschreibungen sind in allen Epochen gemacht worden. Gerühmt werden »das ins Profil gewandte Gesicht und der in die Ferne schweifende Blick des Dichterfürsten«, aber auch »die sanften Züge der Albaner Berge im blauen Dunst der Ferne und das diffuse Licht des Himmels, das um Goethes Kopf einen blauen Ton erzeugt, sich aber rechts oben gleichsam kontrapunktisch in einer grauen Wolke verdichtet«.

Bei Christian Lenz (Tischbein, Goethe in der Campagna di Roma, Städelsches Kunstinstitut und Städtische Galerie Frankfurt am Main, 1979) heißt es weiterhin: »Ein Bein ruht auf dem Boden, das andere liegt hoch. Unter der Einhüllung des Mantels zeichnet sich der linke Arm ab, der zum rechten Knie geführt ist. Wie die Hand, so kommt dort auch das Bein mit der ockerfarbenen Bundhose und dem hellblauen seidenen Strumpf zum Vorschein.«

Die Rede ist vom rechten Bein, dessen Oberschenkel, Knie und Unterschenkel die untere Bildmitte füllen. Es folgt das Fußgelenk, das zu einer Sensation überleitet. Dort, wo der rechte Fuß in einem rechten Schuh stecken müsste, ist ein linker

Schuh zu sehen. Es gibt keinen Zweifel: der Gesamteindruck, die charakteristische Krümmung der Innenseite – es ist ein linker Schuh, wohl ausgeformt und aus solidem Leder. Hätte Goethe seinen rechten Fuß in diesen linken Schuh zwängen müssen, er hätte geschrien vor Schmerzen.

Am Fuß des linken Beins befindet sich ein linker Schuh. Hätte Tischbein einen modernen Computer gehabt, könnte man annehmen, er habe den linken Schuh vom linken Fuß an das rechte Fußgelenk kopiert und vergessen, die entsprechende Korrektur vorzunehmen. Aber vor mehr als 200 Jahren gab es noch keinen Computer.

Was hat Tischbein bewogen, an einer so ins Auge springenden Stelle seines Bildes statt eines rechten Schuhs einen linken zu malen? Handelt es sich um ein misslungenes oder absichtlich verunstaltetes Detail? Hat Tischbein einfach einen Fehler gemacht, oder wollte er Goethe auf die Probe stellen und seine Künstlerkollegen und Kritiker provozieren? Hat Goethe die ihm zugemalte Anomalie erkannt? Als er im April 1788 aus Rom abreiste, war das Bild noch nicht ganz fertig. Natürlich ist diese Absonderlichkeit gesehen worden, z. B. von den Malern, die Tischbeins Gemälde kopiert haben. K. Bennert (1817–1885) hält sich in seiner Kopie (Abb. 21), die fast genauso groß ist wie Tischbeins Gemälde, eng an das Original. Lediglich beim ominösen linken Schuh am rechten Fuß macht er Korrekturen, die dem Schuh seine Linksseitigkeit nehmen. Das Bild entstand zum 100. Geburtstag Goethes und hängt heute im Goethe-Museum in Rom, also in dem Haus, in dem das Original gemalt wurde. Wollte Tischbein mit seinem linken Schuh am rechten Fuß einen Scherz machen? Dagegen spricht vieles: der Aufwand, den ein Ölgemälde der Dimension 1,64 × 2,06 m auch für einen produktiven Maler bedeutet, und die Hochachtung, die Tischbein dem Dargestellten entgegenbrachte: »Das ist gewiss einer der Vortrefligsten Menschen die man sehen kann ... Goethe ist ein Werckliger Mann, wie ich in meinen ausschweifenten Gedancken ihn zu sehen mir wünschte. Ich habe sein Portrait angefangen, und werde es in Lebensgröse machen, wie er auf denen Ruinen sizet und über das Schicksal der Menschligen Wercke nachdencket.« Und Tischbein identifiziert sich in einem Brief an Goethe vom Juli 1788 aus Neapel mit seinem Bild: »Als ich under denen Sachen welche ich von Rom habe komen laßen Ihr Porträt sahe so hatt es mir noch recht gefallen. Und hir an die Liebhaber hatt es auch gefallen, wegen dem Gedancken, so bald ich kan werde ich es ferdig machen, ich habe eine rechte lust zu dießen Bild.« Der Vergleich einer Vorzeichnung (Museé Fabre, Montpellier) mit dem fertigen Gemälde zeigt, dass Tischbein selbst auf Kleinigkeiten geachtet hat. So jemand malt eigentlich nicht einen linken Schuh anstelle eines rechten.

Natürlich hatte Goethe nicht zwei linke Füße. Wahrscheinlich ist, dass sich Tischbein tatsächlich beim Malen vertan hat. Offenbar hat er sich später so stark an das Aussehen seines Werkes gewöhnt, dass er seinem Fehler gegenüber die Blindheit entwickelt hat, die viele beim Korrekturlesen eigener fehlerhafter Texte befällt. Es ist anzunehmen, dass niemand in seiner Umgebung Tischbein während der Entstehung des Gemäldes auf seinen Irrtum aufmerksam gemacht hat.

In Bildbeschreibungen wird Tischbeins Fehler nicht erwähnt. Die erste Würdigung stammt von Tischbeins Vetter L. Strack vom Juni 1787: »Ein anderes Stück, in deßen Vollendung nun Herr Tischbein begriffen, ... ist das Bildniß des H. von

Abb. 20 J. W. H. Tischbein: Goethe in der Campagna di Roma

Abb. 21 K. Bennert: Kopie von Tischbeins Gemälde

Göthe. Dieser Lieblingsschriftsteller unserer Nation, der sich seit einem halben Jahr in Rom aufhält, schenket unserem Künstler die Freundschaft, deßen Wohnung mit ihm zu theilen, und an deßen gewöhnlichem Tische vorlieb zu nehmen. Tischbein hatte also alle Muße, die Züge und den Karakter seines Gastfreundes zu studiren, um ein würdiges Bildniß von einem so vortrefflichen Manne zu entwerfen. Man sieht nemlich den Dichter, eingehüllt in einen weißen Mantel, den Hut auf dem Kopf in der Attitude von sitzen und liegen mit dem tiefdenkenden Blick über die Vergänglichkeit der Dinge, auf einem umgestürzten, und in Trümmer gegangenen Obelisk ruhen ... Über diese Revolutionen der Natur und der menschlichen Dinge staunet das Auge des philosophischen Dichters hin, und der schauervolle Gedanke der Vergänglichkeit scheinet auf seinem Gesichte zu schweben. Der Künstler hat sich bemüht die Ähnlichkeit und die karakteristischen Züge seines Urbildes so viel wie möglich zu treffen.« Kein Wort vom linken Schuh am rechten Fuß! Und so ist das auch in den vielen Bildbeschreibungen, die im Laufe der Zeit folgten. Zum 150. Todestag Tischbeins erschien das bereits erwähnte Buch von C. Lenz, aus dem die angeführten Zitate stammen. Es umfasst 67 Seiten und enthält detaillierte Angaben über die Entstehungsgeschichte des Bildes und seinen Weg bis zur Aufnahme im Städel (Städelsches Kunstinstitut, Frankfurt am Main) 1887, in dem es immer den zentralen Platz des Hauses einnahm: »In der vornehmsten Kunststätte der Heimatstadt des Dichters grüßt es den Eintretenden als erstes Bild.« Natürlich enthält das Buch auch eine ausführliche Bildbeschreibung – aber keinen Hinweis auf den linken Schuh am rechten Fuß.

Warum wird in Bildbeschreibungen Tischbeins Fehler totgeschwiegen? Vielleicht liegt das an der Tendenz früherer Epochen, nur das Gelungene zu zeigen und zu beschreiben, Unvollkommenheit dagegen zu verbergen und nicht anzusprechen. Unsere Zeit ist zu einem ungezwungeneren Umgang mit Behinderung, Leid und Gebrechen gekommen. Man kann daher heute Tischbeins Gemälde durchaus als schön, vorbildlich und richtungsweisend betrachten und trotzdem über den linken Schuh an Goethes rechtem Fuß lachen.

Der rechte Fuß im rechten Schuh wäre eine Passt-Kombination. Tischbeins Version – der rechte Fuß im linken Schuh – ist eine Passt-nicht-Kombination. In der Chemie würde man von zwei zueinander diastereomeren Situationen sprechen.

Henri Brunner (Jahrgang 1935) hat an der Universität München Chemie studiert und 1963 bei E. O. Fischer promoviert. Seit 1971 hat er einen Lehrstuhl für Anorganische Chemie an der Universität Regensburg. Seine Forschungsinteressen umfassen neben präparativer metallorganischer Chemie die Stereochemie metallorganischer Verbindungen (chirale Metallzentren), die enantioselektive Katalyse mit optisch aktiven Übergangsmetallkomplexen, die Synthese neuer optisch aktiver organischer Verbindungen und Pharmaka sowie die Krebstherapie mit cis-Platinderivaten (photodynamische Therapie).

Chemie – »Old Economy« oder »New Frontiers«?

Hans-Jürgen Quadbeck-Seeger

Sie ist zwar modern, aber immer noch umstritten: die bewertende Unterscheidung von Industriezweigen in die so genannte »Old Economy« und »New Economy«. Macht sie ökonomisch Sinn? Die Börsenentwicklung lässt jedenfalls Zweifel daran aufkommen. Zum Vergleich stelle man sich vor, die Medizin würde auf dieselbe Weise eingeteilt werden. Beinbruch, Blinddarmentzündung und Herzinfarkt fielen dann in den Bereich der »Old Medicine«, und die »New Medicine« würde sich um BSE, Alzheimer und AIDS kümmern. Für die Patienten hätte eine solche Einteilung wenig Nutzen.

Als Ordnungsprinzip in der Ökonomie ist dieses Konzept dennoch interessant. Zur »Old Economy« zählen die klassischen Industriezweige wie Stahl, Baugewerbe, Autobau, Elektrotechnik und auch die Chemie. Kennzeichnend sind Investitions-

Abb. 1 In der Finanz- und Wirtschaftswelt hat sich die Unterscheidung in »Old Economy« und »New Economy« fest etabliert. Ist diese Unterscheidung sinnvoll, und wo steht die Chemie?

Facetten einer Wissenschaft. Herausgegeben von Achim Müller

ISBN: 3-527-31057-6

intensität (bei Stahl und Eisen), ausgereifte Technologien, durchstrukturierte Organisation, langjährige Erfahrung sowie ein relativ hoher Substanzwert der Unternehmen. Die Märkte sind etabliert, und zumindest mittelfristig ist die Zukunft abschätzbar (Abb. 1).

Ganz anders sieht es in der »New Economy« aus. In diesen meist kleinen und flexiblen Unternehmen spielen Wissen und Information die Hauptrolle. Die entscheidenden Erfolgsfaktoren bestehen in der Erarbeitung neuer Problemlösungen, in der Entwicklung von neuartigem Know-how sowie in der Gewinnung von Talenten. Perspektiven und Phantasie dominieren sowohl die Bewertung der Firmen als auch der Märkte, die in der Regel erst geschaffen werden müssen. Für die »New Economy« bedeutet die Zukunft keine Extrapolation der Gegenwart, sondern es wird daran gearbeitet, dass diese eine ganz andere werden soll (Abb. 2).

Nun bleiben die fünf Grundbedürfnisse des Menschen – Nahrung, Gesundheit, Wohnung, Kleidung und Kommunikation – auch in Zukunft unverändert. Zu einer Arbeitsteilung in dem Sinn, dass die »Old Economy« die Basisversorgung abdeckt und die »New Economy« sich vor allem mit Kommunikation und Gesundheit befasst, wird es sicher nicht kommen, zumal auch in den traditionellen Industriezweigen Technologiesprünge und Innovationsschübe die Entwicklung bestimmen. In der Chemie beispielsweise nutzt die Bevölkerung diese »hidden innovations« wie ganz selbstverständlich, ohne sie jedoch als solche wahrzunehmen – so sind Alltagsgegenstände wie moderne Babywindeln oder Textilien aus Mikrofasern ausge-

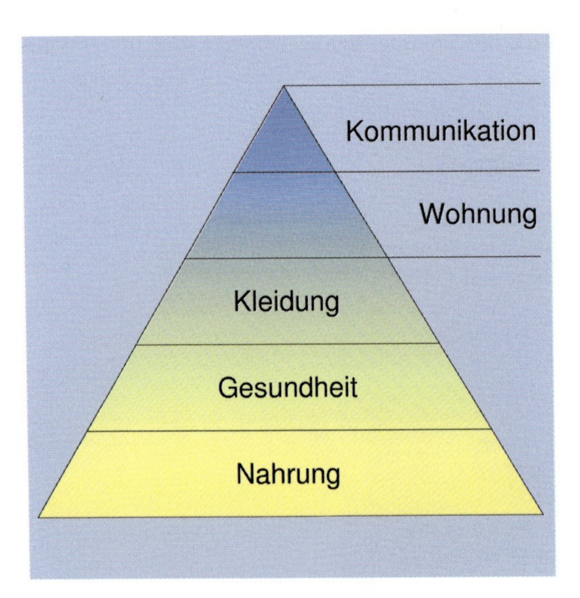

Abb. 2 Die Natur hat eine Vorliebe für die Zahl Fünf. Beispielsweise haben wir fünf Finger und fünf Sinne, Seesterne besitzen fünf Arme, und ein Apfelgehäuse hat fünf Samenfächer. Ganz ähnlich kann man fünf Grundbedürfnisse des Menschen definieren, wobei »Kommunikation« auch die intellektuellen, spirituellen und Freizeit-Bedürfnisse umfasst.

sprochene Hightech-Produkte. Der Innovationsdruck wird in der »Old Economy« mit der Globalisierung sogar noch steigen. Wer sich auf den Weltmärkten ohne Spitzentechnologie durchsetzen will, der wird – betriebswirtschaftlich – sein »rotes« Wunder erleben. Die Notwendigkeit zu Innovationen ist folglich in beiden Bereichen gegeben.

Die so populäre Unterscheidung zwischen »Old« und »New Economy« ist eigentlich der Ausdruck einer wahrgenommenen Veränderung von anderer, grundsätzlicher Art. In den letzten zwei Jahrhunderten haben wir uns vom *Agrarstaat* zur *Industrienation* gewandelt, und nun sind wir auf dem Weg in die so genannte *Wissensgesellschaft*. Wie immer man diese definieren mag – Wissenserwerb sowie kluger Umgang und effektive Nutzung von Wissen werden die Kernkompetenz für erfolgreiches wirtschaftliches Handeln. Dabei taucht ein besonders schwieriges und bisher ungelöstes Problem auf: die Bewertung von Wissen. Die Börsen-Achterbahn in der »New Economy« war und ist im Kern die Folge einer unzulänglichen Einschätzung des Wissens in den neuen Unternehmen. Im Spekulationsfieber wurden sogar die beiden Hauptsätze der Ökonomie vergessen. Der erste Hauptsatz lautet: Von Nichts kommt nichts (*de nihilo nihil*, wie schon die alten Römer wussten). Der zweite Hauptsatz ist ebenso elementar: Es gibt nichts umsonst (*there is no free lunch*, wie die Amerikaner so schön sagen) (Abb. 3).

Kehren wir zurück zur Grundsatzfrage: Welche Position, welchen Stellenwert wird die Chemie in der Wissensgesellschaft haben? Die chemische Industrie ist bekanntlich aus der Anwendung wissenschaftlicher Erkenntnisse entstanden, und

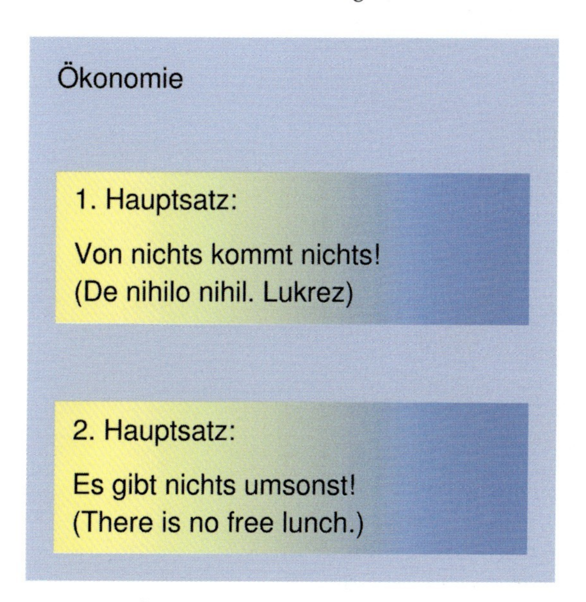

Abb. 3 Die Übertragung von Prinzipien der Thermodynamik auf die Ökonomie sei hier aus didaktischen Gründen erlaubt. Die Grenzen werden jedoch offensichtlich, wenn Geldmenge und Entropie verglichen werden. Beide nehmen zwar ständig zu, streben aber eine gegensätzliche Verteilung an.

sie ist und wird »science-driven« bleiben. Wie sieht es aber mit dem Zuwachs an neuen Erkenntnissen aus? Die Zahl der Publikationen und die der in den *Chemical Abstracts* beschriebenen Verbindungen steigt weiterhin eindrucksvoll. Viel wichtiger ist jedoch, dass sich neue Quellen für den Erkenntniszuwachs auftun und sich neue Wissensfelder entwickeln.

Betrachten wir zunächst die Erkenntnisrevolution, die der Computer ausgelöst hat. Die Wissenskultur hat im 6. Jahrhundert v. Chr. mit den Vorsokratikern begonnen, als diese die Welt nicht mehr mystisch deuten, sondern logisch verstehen wollten. Der Erkenntnisgewinn durch logisches Denken, also durch Deduktion, war ein gewaltiger Schritt für die Menschheit. In der Renaissance wurden jedoch die Grenzen offenkundig. Mit Francis Bacon und Galileo Galilei erhielt das Experiment den Vorrang. Die Induktion, also die Schlussfolgerung aus dem beobachteten und gedeuteten Experiment, erwies sich als ungeheuer effektiv und beherrscht bis heute die Naturwissenschaften. Mit der zunehmenden Leistungsfähigkeit der Computer kommt nun ein dritter Erkenntnisweg hinzu: die Simulation. Es waren übrigens die Chemiker, die den Computer als erste für bildhafte Darstellungen nutzten, weil sie sich klarere Vorstellungen von Molekülen und Kristallstrukturen machen wollten. Heute ist diese Technologie weit verbreitet. Ironischerweise ist die Unterhaltungsbranche derzeit der Schrittmacher für diese virtuelle Welt – der Mensch lässt sich nun mal lieber unterhalten als unterrichten (Abb. 4).

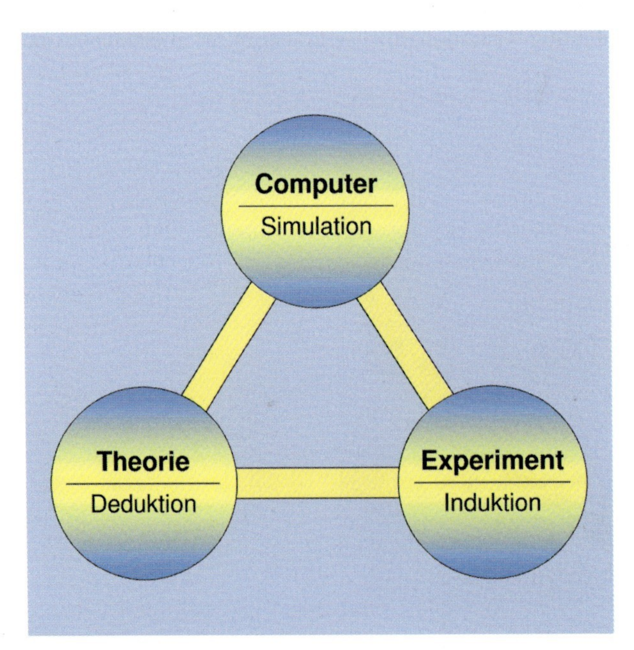

Abb. 4 Die traditionellen Quellen der Erkenntnis – Deduktion und Induktion – werden zunehmend wirkungsvoll durch die Simulation ergänzt. Die wachsende Leistungsfähigkeit der Computer lässt kaum vorausahnen, wie weit die Möglichkeiten einmal reichen werden. Schon heute ist jedoch sicher, dass sich für Naturwissenschaft und Technik eine neue Dimension von Wissenserwerb und Wissensumgang eröffnet.

Die Simulation nimmt aber auch in Wissenschaft und Technik als »Computer-Modelling« rasant an Bedeutung zu. Bevor beispielsweise mit einem neuen Auto-Typ ein realer Crash-Test durchgeführt wird, werden zunächst hunderte virtuelle Crashs am Computer simuliert. Auch die Suche nach neuen Medikamenten ist ohne die Simulation von Wechselwirkungen virtueller Moleküle mit möglichen Zellrezeptoren nicht mehr denkbar. Das Gleiche gilt für Katalysatoren, Pigmente und sogar Kunststoffe. Praktisch alle neuen Produkte kommen zunächst auf den virtuellen Prüfstand. In einem Satz: Die Simulation mithilfe immer leistungsfähigerer Computer wird der Chemie einen Erkenntnisschub geben. Das Experiment wird dadurch nicht ersetzt, aber es wird gezielter eingesetzt und effektiver ausgewertet.

Eine zweite Entwicklung von grundlegender Bedeutung beginnt mit der Automatisierung (Robotisierung) und Mikronisierung. Hier war und ist die Molekularbiologie Schrittmacher. Die Entschlüsselung des menschlichen Genoms mit seinen rund 3 Milliarden Basenpaaren war nur durch den massiven Einsatz hochgradig automatisierter Analyse-Roboter möglich, die im Mikromaßstab arbeiten. Weil es sich dabei um chemische Vorgänge handelt, wurde diese Technologie zwangsläufig auch für chemische Probleme genutzt. Bei der Suche nach neuen Medikamenten besteht sogar eine enge Wechselwirkung. Die Testmodelle auf Basis von Enzymen und Rezeptoren wurden so leistungsfähig, dass die traditionelle Synthese von neuen Molekülen als Testkandidaten hoffnungslos überfordert war. Die Lösung des Problems lieferte die kombinatorische Chemie. Synthese-Roboter stellen durch Kombination von Reaktanten – also verschiedenartigen Molekülen, die miteinander reagieren – so genannte Substanz-Bibliotheken her. Die Substanzmengen sind zwar klein, reichen jedoch für die hoch sensiblen biochemischen Tests aus. Inzwischen gibt es Methoden, die mit 10 Picolitern (10^{-12} Liter) auskommen. Ein Dosierapparat, der in jeder Sekunde eine solche Menge abgibt, bräuchte ca. 800 Jahre, um ein Weinglas (250 ml) zu füllen. Auch die mühevolle Screening-Arbeit kann praktisch nur noch von Robotern geleistet werden, und die Auswertung erfolgt über ausgefeilte Computerprogramme. Diesem Biochip-Konzept wird die Zukunft gehören – und zwar sowohl bei der Suche nach neuen Wirkstoffen als auch bei der Diagnose. Die neuartigen »High-through-put«-Systeme sind zwar intellektuell eine Rückkehr zum alten Versuch-und-Irrtum-Prinzip, aber auf einer höheren und effektiveren Ebene. Sie bringen auch neuartige Probleme mit sich. So ist es schwierig, unter den zahlreichen »Treffern« den besten Kandidaten auszuwählen. Wurde früher nach der Nadel im Heuhaufen gesucht, so muss man nun die goldene Nadel in einem Haufen von Nadeln finden. Zumindest müssen die Zusammenhänge so weit geklärt werden, dass die Suche nach maßgeschneiderten Wirkstoffen erfolgreich unterstützt wird. Auf jeden Fall bringen diese neuen Technologien die Chemiker einem ihrer Traumziele ein ganzes Stück näher: aus dem wachsenden Meer von Verbindungen (über 20 Millionen sind derzeit beschrieben) die menschenfreundlichsten Moleküle gezielter herauszufischen.

Zur Frage der menschenfreundlichsten Moleküle (homophilic molecules) gehen die Meinungen übrigens weit auseinander. Kandidaten sind beispielsweise NH_3 (100 Mio Tonnen pro Jahr, ca. 2 bis 3 Milliarden Menschen können ernährt werden) sowie Acetylsalicylsäure (40.000 Tonnen pro Jahr) und viele andere Medikamente. Auch Ethanol, im Volksmund Alkohol, hat eine große Anhängerschaft; die genaue Produktionsmenge ist wegen der hohen Dunkelziffer jedoch nicht ermittelbar. Diese »Geschmacksfrage« kann hier nicht weiter erörtert werden. Es geht vielmehr um eine Betrachtung aus der Satellitenperspektive. Was sind die großen erkennbaren Trends der Chemie? (Abb. 5)

Neben den beiden schon erwähnten Megatrends Simulation und Automatisierung gibt es auch in der Chemie selbst dynamische Entwicklungen. An erster Stelle steht ein Paradigmenwechsel in der Betrachtungsweise. Im 20. Jahrhundert hat die Chemie die Frage interessiert: Wie *reagieren* die Moleküle miteinander? Heute fordert uns die Frage heraus: Wie *kooperieren* Moleküle miteinander? Die Erkenntnisse über die Selbstorganisation von Molekülen in lebenden Systemen haben eine große Faszination ausgelöst. Wie werden aus Molekülen molekulare Systeme und aus diesen wiederum funktionale molekulare Strukturen? Wie sind Information und Molekülstruktur miteinander verknüpft? Beim Doppelstrang der DNA muss man – um bei biologischen Begriffen zu bleiben – geradezu von einem Paarungsverhalten der Moleküle sprechen, das ihre Stabilität und Vermehrung sichert. Wir sind auch noch weit davon entfernt zu verstehen, wie sich, ausgehend von der DNA, über die Proteine ein Organismus entwickelt. Erste Prinzipien wie Information und Struktur zusammenhängen sind jedoch bereits erkennbar – etwa bei der Proteinfaltung.

Das führt direkt zu einem weiteren Trend: besser und mehr von der Natur lernen. Chemiker haben immer von der lebenden Natur gelernt, aber je besser wir sie

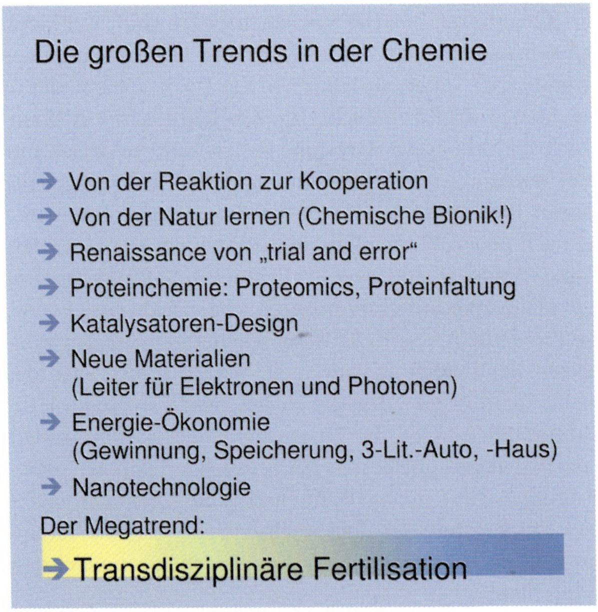

Die großen Trends in der Chemie

- → Von der Reaktion zur Kooperation
- → Von der Natur lernen (Chemische Bionik!)
- → Renaissance von „trial and error"
- → Proteinchemie: Proteomics, Proteinfaltung
- → Katalysatoren-Design
- → Neue Materialien (Leiter für Elektronen und Photonen)
- → Energie-Ökonomie (Gewinnung, Speicherung, 3-Lit.-Auto, -Haus)
- → Nanotechnologie

Der Megatrend:

→ Transdisziplinäre Fertilisation

Abb. 5 Über die Trends und ihre Relevanz in der Chemie gibt es in der »Chemical Community« zwangsläufig unterschiedliche Meinungen. Diese Liste stellt Fortschrittsfelder zusammen, für die ein hoher Konsens besteht. Die Reihenfolge ist keine Aussage über ein Ranking, sondern spiegelt den Aufbau des vorliegenden Beitrags wider.

verstehen, desto mehr können wir von ihr lernen. Die Kunst – es ist wirklich eine Kunst – der organischen Synthese ist heute so weit fortgeschritten, dass praktisch jedes in der Natur vorkommende Molekül (sogar jedes grundsätzlich mögliche Molekül) im Labor synthetisiert werden kann. Aus den letzten Jahren gibt es eindrucksvolle Beispiele. Allerdings hinken wir enorm hinter der Natur her, denn sie synthetisiert die kompliziertesten Verbindungen unter mildesten Bedingungen. Hätten wir die gleichen Randbedingungen – Raumtemperatur, Wasser als Lösungsmittel, Atmosphärendruck und einen pH-Wert von 6,5 bis 7,5 –, dann sähe es in unseren Labors ganz schön arm aus. Hier weist uns die Molekularbiologie den Weg. Die Evolution hat in ca. 3,5 Milliarden Jahren unvorstellbar viel in die Entwicklung von Enzymen – also Biokatalysatoren – investiert. Wir sind von der Informationsfülle des Genoms fasziniert und machen uns selten bewusst, dass das ganze Genom letztlich ein riesiges Nachschlagewerk für die Herstellung von Biokatalysatoren ist.

Damit sind wir bei einem weiteren spannenden Thema – den Katalysatoren. Es ist nach wie vor ein faszinierendes und geheimnisvolles Prinzip der Natur, dass Stoffe Reaktionen zwischen Molekülen ermöglichen, ohne sich selbst dabei zu verändern. Mit viel Empirie und Geduld sind große Fortschritte erzielt worden. Weit über 90 Prozent aller chemischen Produkte haben bei ihrer Herstellung Kontakt mit Katalysatoren gehabt. Was aber auf molekularer Ebene abläuft, beginnen wir gerade erst ansatzweise zu verstehen. Bei den anorganischen Katalysatoren hilft die Simulation weiter, bei den organischen Katalysatoren sind wir Lehrlinge der Natur. Bisher sind über 5000 Enzyme in ihrer Wirkung und (meistens) in ihrer Struktur bekannt. Bei rund 120 industriellen Prozessen werden bereits Enzyme oder Ganzzell-Katalysatoren genutzt. Das ist schon eine recht erfreuliche Bilanz. Aber wenn wir uns mit der Natur vergleichen, wo Multienzymkomplexe und selbstregelnde Synthesezyklen das Feld beherrschen, werden wir ganz bescheiden. Trotzdem besteht kein Grund zur Resignation. Mit dem wachsenden Verständnis verbessert sich auch die Chance, die Natur sogar effektiv zu übertreffen. Das haben zum Beispiel die Penicilline und Antibiotika-Entwicklungen gezeigt. Auch im Fall der Enzyme gibt es hoffnungsvolle Ansätze, sie teilweise sogar dramatisch in ihrer Effektivität und Effizienz zu steigern. Unter dem Begriff »Bionik« verstehen wir in der Regel, im makroskopischen Bereich von der Natur zu lernen: Flügel bauen nach dem Vorbild der Vögel oder Schiffsrümpfe, die Delphinen ähneln. Daneben hat sich eine »chemische Bionik« entwickelt, die Reaktions- und Strukturprinzipien aus der Natur nutzt und weiterentwickelt. Hier stehen wir noch ganz am Anfang, und deshalb ist auf diesem Gebiet noch viel zu erwarten.

Eine besondere Herausforderung stellt die Energiegewinnung dar. Zweifellos war die Photosynthese eine grundlegende Erfindung der Evolution. Mit unseren Systemen der Photovoltaik sind wir noch weit entfernt vom Wirkungsgrad der höheren Pflanzen und Algen, und vermutlich wird man wohl nie auf die Syntheseleistung nachwachsender Rohstoffe verzichten können. Noch ist die Energieversorgung zwar kein brennendes Problem, wenn die wachsende Menschheit bei steigendem Lebensstandard jedoch weiter so ungehemmt Erdöl und Erdgas verbraucht, kann sie bald ein solches werden. Langfristig, weil die Reserven irgendwann zur Neige gehen werden, und möglicherweise kurzfristig, weil die Atmosphäre als Senke für das CO_2 überfordert wird. Auch im Sinne der Lebenschancen folgender Generationen ist es dringend geboten, den Energieverbrauch zu senken. Mit dem 3-Liter-Auto und dem 3-Liter-Haus (derzeit beträgt der Ölverbrauch pro Quadratmeter Wohnfläche und Jahr durchschnittlich 20 Liter) sind wir auf dem richtigen Weg. Diese Ziele sind jedoch nur durch den massiven Einsatz von Hightech-Produkten der Chemie zu erreichen. Hier zeigt sich deutlich, dass die Chemie, die früher als einer der großen Verursacher von Umweltproblemen galt, heute und in Zukunft als hoffnungsvoller Problemlöser gesehen werden muss und zunehmend auch gesehen wird.

Es geht aber nicht nur um Energiegewinnung und -einsparung. Energiespeicherung und -leitung sind ebenfalls große Herausforderungen. So sind Batterien die am schnellsten wachsende Warengruppe in der Weltwirtschaft. Aus eigener Erfahrung wird wohl jeder bezweifeln, dass sie schon heutzutage ihre optimale Struktur haben. Für die Hochtemperatursupraleiter und die leitfähigen Kunststoffe sind in den letzten Jahren jeweils Nobelpreise auf dem Gebiet der Energieleitung vergeben worden. Zwar läuft die Entwicklung zäher als erwartet – aber die Ziele sind hoch, und so rechtfertigen sich hohe Anstrengungen, die eben ihre Zeit brauchen.

Die Beiträge der Chemie zur Elektronik gehören zu den »hidden innovations«. So ist die Herstellung eines Mikrochips ohne höchst anspruchsvolle Chemie

Abb. 6 Bei der Entwicklung von Mikrochips hat man sich mithilfe der Chemie und Physik an die Grenzen der Nanowelt »heruntergeätzt«. Die Natur geht den umgekehrten Weg. Sie beginnt in der Nanowelt und wächst in die höheren Skalenbereiche. Wie weit wir noch voneinander entfernt sind, zeigt das Bild. Die beiden Transistoren stehen für 2 Bits. Dagegen enthalten die *E. coli*-Bakterien jeweils DNA mit über 3 Millionen Bits, die nur einen Bruchteil des Bakterienvolumens einnehmen.

unmöglich. Auch bei dem erwarteten Technologiewandel zur Optoelektronik oder gar zum optischen Computer ist die Chemie mit neuartigen Materialien gefordert. Es wird ein spannender Wettlauf, ob schließlich Elektronen oder Photonen das Rennen machen werden. In der Informationsspeicherung hat das Photon die Magnete praktisch schon verdrängt (siehe Magnetband gegen CD). Ebenso könnte das Elektron bei der Informationsverarbeitung den Kürzeren ziehen, wenn es der Chemie gelänge, die Materialien mit den gewünschten optischen Eigenschaften bereitzustellen (Abb. 6).

Auch bei der Herstellung von Mikrochips zeichnen sich Grenzen für die integrierten Schaltkreise ab, weil die Dimensionen die Grenzen der Nanowelt erreichen. Die so genannte Nanowelt hat in letzter Zeit große Popularität und viel Interesse gewonnen – und das zu Recht. Wir erleben den Beginn eines großen technologischen Umbruchs. Eigentlich ist das paradox, denn »nanos« heißt auf Griechisch »Zwerg«. Aber die Potenziale sind riesig. Woran liegt das?

Zunächst einige Anmerkungen, worüber wir reden. Ein Nanometer ist der milliardste Teil eines Meters (10^{-9} m) oder der millionste Teil eines Millimeters (10^{-6} mm). Das klingt vielleicht nachvollziehbar, aber diese Dimension ist die Größenordnung der Atome und für uns ebensowenig konkret vorstellbar wie die Weite des Universums. Wir helfen uns deshalb mit Gedankenmodellen. In der Nanowelt geraten wir dabei in die »Demokritische Falle«. Demokrit hat bekanntlich zusammen mit seinem Lehrer Leukipp das Gedankenexperiment beschrieben, ein Stück Materie immer weiter zu teilen, bis er schließlich auf ein unteilbares Teilchen stoßen musste, das er als »atomos« definierte, eben das Unteilbare. Dabei ging er – und später alle Menschheit – davon aus, dass die Eigenschaften der Materie gleich bleiben würden, also unabhängig von der Größe der Teilchen wären. Und genau das ist falsch! Materialien in der Größe von Nanopartikeln verlieren ihre makroskopischen Eigenschaftsprofile, und neue, oft völlig unerwartete Merkmale treten auf. Das ist keine Zauberei, sondern es liegt daran, dass wir uns in dieser Dimension im Übergangszustand von der klassischen Mechanik zur Quantenmechanik befinden. Diese Übergänge können gleitend oder sprunghaft sein – auf jeden Fall stecken sie voller Überraschungen. Nanopartikel, seien es Kristalle, Katalysatoren oder Emulsionströpfchen, haben erheblich andere Eigenschaften als ihre makroskopischen Pendants. Das lässt sich schön an einem Alltagsphänomen demonstrieren: Die langweiligen optischen Eigenschaften einer Seifenlösung ändern sich schlagartig, wenn wir diese in einen Film von einigen hundert Nanometern bringen. Mit dem Pusten von Seifenblasen gelingt sogar Kindern dieser triviale und dennoch faszinierende Ausflug in die Nanowelt.

Und wenn wir das Leben betrachten, wird es noch spannender. Alles Leben beginnt und vollzieht sich molekular in der Nanowelt. Proteine oder Enzyme sind Nanopartikel. Besonders aufregend ist die DNA. Das menschliche Genom ist mit ca. 2 m Länge zwar makroskopisch lang, hat aber nur einen Durchmesser von 20 nm. Stellen Sie sich zur Veranschaulichung einen 2 m langen Faden mit einem Durchmesser von 200 nm vor. Wäre dieser Faden eine Röhre, würde von allen 6,2 Milliarden derzeit lebenden Menschen jeweils einer ihrer DNA-Stränge bequem dort hineinpassen.

In Anbetracht der Möglichkeit gezielter Änderungen von Eigenschaften ist es verständlich, dass die Nanowelt für alle Naturwissenschaften attraktiv ist. Der berühmte amerikanische Physiker Richard Feynman hat schon vor vielen Jahren vorausahnend formuliert: «There is much room at the bottom.« Aber nicht nur das. Faszinierend ist auch das Zusammenwirken der traditionellen Disziplinen auf diesem Gebiet. Die Themen durchdringen sich derart, dass man – ganz im biologischen Trend – von einer »interdisziplinären Fertilisation« sprechen könnte (Abb. 7).

Fokussieren wir den Blick wieder auf die Chemie. Nicht nur die hier angesprochenen Themenfelder, die zwangsläufig nur eine begrenzte Auswahl sein konnten, sind relevant. Auf viele Aspekte musste aus Platzgründen verzichtet werden. Überall findet Wandel und Fortschritt statt – auch wenn vieles in den frühen Phasen der Entwicklung zunächst nur für den Fachmann erkennbar ist. So wie Persil eben Persil bleibt, weil es sich ständig ändert, so bleibt die Chemie ein fortschrittlicher Industriezweig, weil sie sich ständig neuen Herausforderungen stellt. Wo immer man genauer hinschaut: »New Frontiers« überall. Wer unter diesem Gesichtspunkt die Chemie als »Old Economy« abtut, der – so würde die Internet-Generation vermutlich sagen – hat wohl nicht alle Bits im Speicher. Es ist eher treffend, die Chemie dem zuzuordnen, was man als »Smart Economy« bezeichnen könnte. Sie entwickelt Bewährtes weiter, sucht nach Neuem und verbindet beides zu intelligenten Problemlösungen.

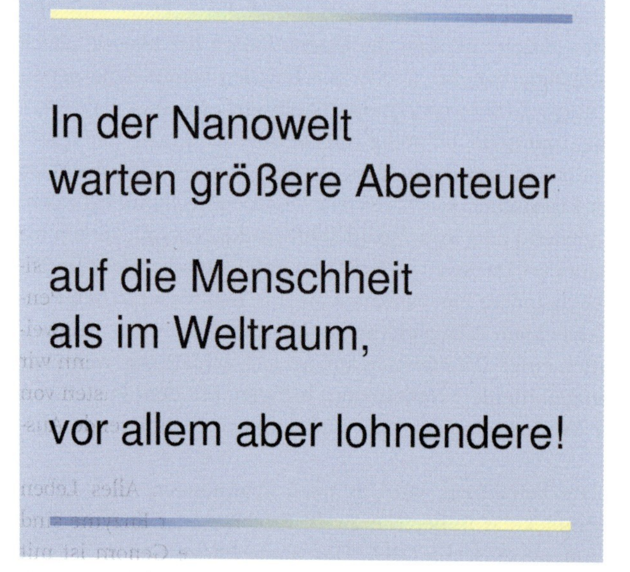

Abb. 7 In der so genannten Nanowelt findet der Übergang von der Quantenmechanik zur klassischen Mechanik statt. Dabei können sich die Eigenschaften der jeweiligen Materie sprunghaft ändern. Dies bietet ungeahnte neue Chancen und fordert zugleich die traditionellen Wissenschaftsdisziplinen zu völlig neuen Kooperationsformen heraus.

Abb. 8 Die Metaphern von Theoriegebäuden und dem Tempel der Wissenschaft verleiten zu der Frage nach der Architektur. Bisher gab es drei tragende Säulen: die Hochschulen, die Forschungsinstitute und die Industrie.

Abb. 9 Die Architektur der Wissenschaft hat sich in den letzten zwei Jahrzehnten in aufregender Weise verändert. Aus vielen Start-up-Unternehmen kommen wesentliche Impulse auf den Gebieten der Physik, Informatik und Molekularbiologie. Auffallend ist auch das dichte Netzwerk von effektiven Kooperationen dieser Unternehmen untereinander. Für die Wissenschaftskultur sind daraus nachhaltige Effekte zu erwarten.

Hiermit sind wir wieder bei der Ökonomie angelangt, der diese Betrachtung besonders gewidmet ist. Zum Abschluss soll deshalb noch ein struktureller Aspekt angesprochen werden, der große Bedeutung für die Industrienationen haben könnte. Es geht um die Frage, aus welchen Institutionen und Strukturen neues Wissen kommt. Traditionsgemäß waren es die Universitäten, die staatlichen und privaten Forschungsinstitute sowie die Industrieforschung. Wesentliche Erkenntnisfortschritte in der Farbstoffchemie, im Pharmabereich, in der Hochdrucktechnik und bei den Polymeren kamen beispielsweise aus Industrielabors. Diese traditionelle Triade erfährt nun eine aufregende Erweiterung. Besonders in den USA, aber auch in Europa, etabliert sich ein hochaktives Netzwerk von innovativen und kreativen »Start-ups«.

In den Biowissenschaften ist der Prozess besonders ausgeprägt. Diese weltweit vielleicht viertausend bis fünftausend kleinen und kleinsten Firmen tragen einen zunehmenden Teil zum Wissensfortschritt bei. Auch wenn manche Firmen mit ihren Erfolgsprodukten groß werden, erstaunt es, wie viele Produkte (insbesondere biologische Pharmaprodukte, so genannte »Biologicals«) ihren Ursprung in solchen zunächst kleinen Unternehmen hatten. Man denke nur an humanes Insulin, tPA, Interferone, Wachstumshormone, EPO und verschiedene Impfstoffe. Der Tempel der Wissenschaft, um wieder an den griechischen Ursprung zurückzukehren, hat eine vierte Säule dazubekommen. In der Chemie ist das Phänomen der »Start-ups« (noch) nicht sehr ausgeprägt, aber dennoch gibt es zahlreiche interessante Ansätze (Abb. 9).

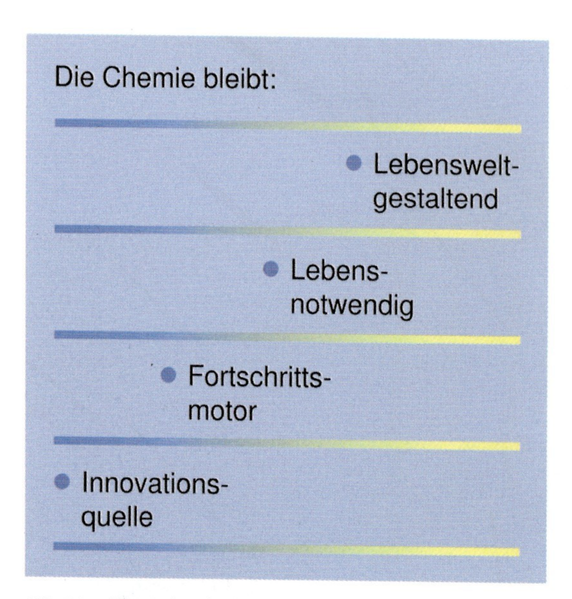

Abb. 10 Alles Leben hat eine materielle Basis. Sollen die Lebensbedingungen verbessert werden, müssen die materiellen Grundlagen dafür erarbeitet werden. Auch wenn wir nichts Genaues über die Zukunft wissen können, so ist doch sicher, dass große Herausforderungen zu bewältigen sein werden. Der Beitrag der Chemie wird unverzichtbar sein.

Ziehen wir die Konsequenzen. Die Chemie bleibt eine fortschrittsorientierte Innovationsquelle. Sie ist der Fortschrittsmotor für viele andere Industriezweige. Für die Menschheit ist sie unverzichtbar und lebensnotwendig (Abb. 10). Dennoch müssen wir uns nach wie vor um Akzeptanz bemühen. Es gibt keinen Ansehensbonus mehr wie früher einmal. Aber es gibt auch keinen Grund zur Resignation oder gar für Pessimismus. In diesem Zusammenhang wird gerne angemahnt, Industrie und Wissenschaft hätten der Gesellschaft gegenüber eine »Bringschuld«, wie ein ehemaliger Bundeskanzler den Forschern ins Stammbuch schrieb. Eine solche Forderung ist keine glückliche Erweiterung der so genannten Berichtspflicht, die zu den Dienstaufgaben eines deutschen Professors gehört, weil sie nicht in die richtige Richtung weist. Vielmehr ist eine Kommunikationskultur nötig, in der Bringfreude herrscht. »Du bist zeitlebens für das verantwortlich, was du dir vertraut gemacht hast«, lässt Antoine de Saint-Exupéry den Fuchs zum kleinen Prinzen sagen. Dazu sollten auch wir uns bekennen. Wir haben allen Grund dazu, diese Herausforderung mit Zuversicht anzunehmen.

Hans-Jürgen Quadbeck-Seeger (Jahrgang 1939) hat an der Universität München Chemie studiert und dort 1967 promoviert. Anschließend trat er in die BASF AG, Ludwigshafen, ein. Nach verschiedenen Stationen im Unternehmen und bei Tochtergesellschaften wurde er 1990 schließlich in den Vorstand der BASF berufen, wo er für die Forschung verantwortlich war. 1997 schied er aus gesundheitlichen Gründen aus dem Berufsleben aus. Mitglied einer Enquete-Kommission des Deutschen Bundestages, Honorarprofessor der Universität Heidelberg, Mitglied des Senats der Deutschen Forschungsgemeinschaft und der Max-Planck-Gesellschaft, Präsident der Gesellschaft Deutscher Chemiker sowie Aktivitäten in zahlreichen weiteren wissenschaftlichen und karitativen Organisationen zeigen sein hohes Engagement für Wissenschaft und Gesellschaft. Dafür wurde ihm das Bundesverdienstkreuz 1. Klasse verliehen. In seinem Ruhestand betätigt sich der vielseitig interessierte und humorvolle Ostpreuße literarisch.

Ohne Zink kein Leben

Heinrich Vahrenkamp

Unscheinbar und unbekannt – das ist das Schicksal des Metalls Zink. Kaum einer kennt es, und kaum einer nimmt es wahr. Dabei gehört es zu den wichtigsten Metallen in der praktischen Anwendung – auf Schritt und Tritt begegnet uns Zink in seiner Eigenschaft als Korrosionsinhibitor. Und wenn es in unserem Körper nicht als wichtiger Bestandteil der Spurenelemente vorhanden wäre, könnten wir nicht leben.

Leitplanken, Laternenpfähle, Autokarosserien und viele andere Gegenstände aus Eisen und Stahl werden zum Schutz vor Verrosten mit Zink beschichtet. Auf diese Weise hilft Zink dabei, schöne eiserne Gegenstände aus der Vergangenheit zu bewahren, wie das in Abb. 1 gezeigte Symbol der Stadt Freiburg auf der dortigen Schnewlinbrücke. Durch das Verfahren der Verzinkung sichert Zink somit den Erhalt von Eisen – eigenartigerweise obwohl es ein weniger edles Metall als Eisen ist und deshalb eigentlich leichter korrodieren sollte. Aufgrund seiner immer noch nicht ganz verstandenen chemischen Natur ist dem jedoch nicht so. Zink widersetzt sich der Korrosion, oder chemisch ausgedrückt: Es will nicht oxidiert werden.

So wie metallisches Zink die Oberfläche von Eisen schützt, schützen wir unsere eigene Oberfläche – die Haut – mit Zinksalben, Zinkpflastern und Zinkleimverbänden. Der schützende Bestandteil darin ist Zinkoxid. Die Analogie der Schutzfunk-

Abb. 1 Verzinkte Eisenornamente der Schnewlinbrücke in Freiburg im Breisgau

Facetten einer Wissenschaft. Herausgegeben von Achim Müller

ISBN: 3-527-31057-6

tion von Zink in der belebten Natur und bei unbelebter Materie geht noch weiter: Die Abneigung des Zinks gegen Oxidation hat eine unmittelbare Entsprechung in zinkabhängigen Lebensvorgängen. Sehr wahrscheinlich hat die Natur Zink und nicht Eisen oder Kupfer usw. für die weiter unten beschriebenen Lebensprozesse gewählt, weil Zink von allen Spurenmetallen in lebenden Organismen das Einzige ist, das bei chemischen Umwandlungen in Lösung seinen Oxidationszustand nicht ändern kann.

Zink ist überall, Zink ist unentbehrlich, Zink ist multifunktionell – diese Thesen sollen im Folgenden mit Beispielen belegt werden. Zu Beginn gleich ein amüsantes und für Zink typisches Beispiel, das alle drei Thesen auf einmal umfasst: Zink ist auch da, wo man es nicht vermutet – etwa im ehemaligen deutschen Pfennig oder im amerikanischen Cent. Beide Münzen sind scheinbar aus Kupfer. Wenn man sie aufschneidet, erkennt man aber, dass sie nur eine ganz dünne Kupferauflage besitzen. Der massive Teil beider Münzen besteht aus Zink, was seinen Grund nicht nur in dem niedrigeren Preis von Zink, sondern auch in seiner einfacheren Verarbeitung hat. Wie man in Abb. 2 sieht, gilt auch für andere Münzen, dass nicht alles Gold ist, was glänzt.

Abb. 2 Zink als Münzmetall

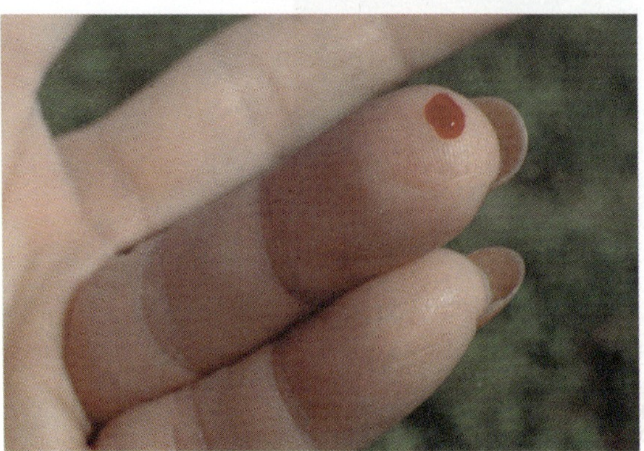

Abb. 3 Blut enthält das zinkhaltige Enzym Carboanhydrase

Dieser Aufsatz handelt von der Bedeutung des Zinks bei Lebensprozessen. Auch dafür soll zunächst ein Beispiel angeführt werden, das wieder der Unscheinbarkeit des Zinks entspricht. Der Blutstropfen in Abb. 3 (meine Frau hat sich tapfer in den Finger gestochen, um ihn zu produzieren) macht durch seine kräftige rote Farbe sofort darauf aufmerksam, dass Blut Eisen enthält. Als essenzieller Bestandteil des Hämoglobins sorgt es im Körper für den lebensnotwendigen Transport von Sauerstoff. Das weiß jeder. Jedoch wissen nur wenige, wie der Transport des »Abgases« Kohlendioxid geschieht, das das Verbrennungsprodukt der körpereigenen Umsetzungen von Sauerstoff ist. Es ist das zinkhaltige Enzym Carboanhydrase, das Kohlendioxid an seinem Entstehungsort ins Blut bringt und in der Lunge dafür sorgt, dass Kohlendioxid ausgeatmet werden kann. Hiervon wird später noch die Rede sein.

Zink im Körper

Alle Lebewesen brauchen Zink – Tiere, Pflanzen und Mikroorganismen. Für den Menschen ist Zink nach Eisen (ca. 7 g im Körper) das zweitwichtigste Spurenelement. Der Körper eines normalen Erwachsenen enthält ungefähr 2,5 g Zink. Wieviel das ist, verdeutlicht Abb. 4. Diesmal ist es die Hand des Autors, und die Menge des metallischen Zinks darin beträgt genau 2,5 g. Das Bild zeigt auch, dass Zink ein schönes Metall ist – glänzend wie Silber und schwerer als Eisen. Das winzige kleine Körnchen rechts unten wiegt 15 mg. Dies ist der tägliche Bedarf eines Menschen, der mit der Nahrung zugeführt werden muss. Genauso viel scheidet der Organismus pro Tag auch wieder aus – das meiste davon mit dem Stuhl und nur knapp 1 mg über Urin und Schweiß. Wird zuwenig Zink mit der Nahrung angeboten oder funktioniert die Aufnahme im Darm nicht richtig, treten Zinkmangelerscheinungen (siehe unten) auf. Nierenerkrankungen, Alkoholismus und übermäßiger Gebrauch bestimmter Medikamente können eine erhöhte Zinkausscheidung bewirken, was zu den gleichen Mangelerscheinungen führt.

Abb. 4 2,5 Gramm elementares Zink

Abb. 5 Zink sammelnder Taubenkropf

Die Aufnahme von Zink aus dem Darm in den Körper ist nicht sehr effektiv – ca. 70 bis 80 % werden unverändert wieder ausgeschieden. Der wahre tägliche Bedarf beträgt daher nur 3 bis 5 mg. Der Mensch ist also ein schlechter Zinkverwerter und muss deshalb mit der Nahrung vielmehr Zink aufnehmen als eigentlich nötig wäre.

Das Gleiche gilt für die meisten tierischen Lebewesen. Unter den Pflanzen gibt es allerdings einige, die geradezu gierig auf Zink sind. Eine von ihnen kann man am Wegesrand finden: den bescheidenen Taubenkropf (Abb. 5). Er ist in der Lage, Zink in Mengen von bis zu 3 % seines Trockengewichts anzusammeln, und wächst deshalb gut in der Nähe alter Bergwerke. Auch der Knöterich besitzt diese Fähigkeit. Man hat ermittelt, dass er aus zinkverseuchten Böden über 300 kg Zink pro Hektar und Jahr extrahieren kann. Warum die beiden Pflanzen diese Eigenschaft haben ist bislang unbekannt – jedenfalls benötigen sie nicht mehr Zink als andere Pflanzen auch. Das Phänomen verdeutlicht aber einen wichtigen Aspekt der Biologie des Zinks: Zink hat eine sehr geringe Giftigkeit, und alle Lebewesen vertragen sehr große Überschüsse davon.

Zink kommt im Körper in sämtlichen Organen vor – allerdings sehr ungleichmäßig verteilt, wie Abb. 6 zeigt. Fast könnte man sagen, dass Zink nicht das »Element der Intellektualität« ist, sondern eher das »Element der Fortpflanzung«. Gehirn und Nerven weisen die niedrigsten Zinkkonzentrationen auf, während die Fortpflanzungsorgane die höchsten haben. Die Köperflüssigkeiten mit den höchsten Zinkkonzentrationen sind Muttermilch und Sperma. Das Vorkommen von Zink in allen Organen zeigt, dass es tatsächlich in allen Körperteilen – und somit für alle Formen von Lebensprozessen – gebraucht wird. Beinahe das gesamte Zink ist fest in den Organen gebunden, das meiste in Muskeln und Knochen. Nur weniger als 1 % zirkuliert im Blut.

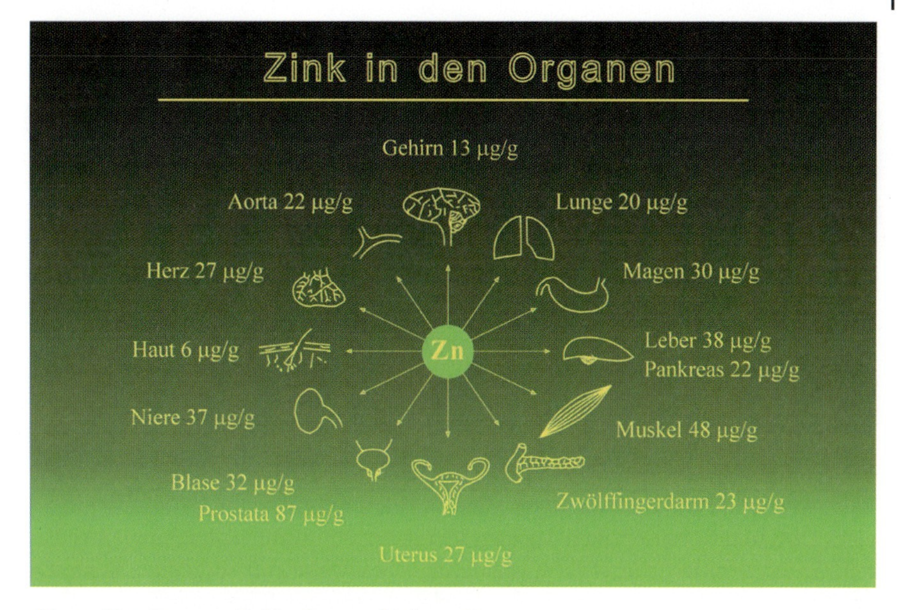

Abb. 6 Verteilung von Zink in den verschiedenen Organen

Der tägliche Zinkbedarf muss mit der Nahrung zugeführt werden. Eine normale Lebensweise deckt ihn, und nur in ungewöhnlichen Situationen ist eine zusätzliche Zinkzufuhr notwendig. Wie Abb. 7 zeigt, finden sich die höchsten Konzentrationen an Zink in Fleisch und Innereien – Fleisch, das heute als Lebensmittel so unpopulär geworden ist, erhält hier also eine Rechtfertigung als wichtiges Nahrungsmittel.

Zink in der Nahrung

Gehalte in mg/kg

tierische Nahrung		pflanzliche Nahrung	
Leber	50	Weizen (ganzes Korn)	20
Rindfleisch	40	dunkles Brot	5-15
Schweinefleisch	25	Kartoffeln	5
Geflügel	15	Karotten	7
Fisch	10	grünes Gemüse	2-5
Eier, Käse	10-15	Tomaten	2
Milch, Butter	1-5	Obst	0-2

Abb. 7 Durchschnittlicher Zinkgehalt unserer Nahrung

Abb. 8 »gezinktes« Milchpulver aus China

Käme es nur auf das Zink an, dann wären Austern mit ungefähr 0,5 g Zink pro kg ideal. Obst und Gemüse haben dagegen sehr geringe Zinkkonzentrationen. Aus diesem Grund erfordert eine strikt vegetarische Lebensweise eine sorgfältige Kontrolle der Zinkzufuhr, da sie sonst zu Zinkmangelerscheinungen führen kann.

Überhaupt scheint Zinkmangel, der schwer zu diagnostizieren ist (siehe unten), gar nicht so selten zu sein. Deshalb ist es auch nicht mehr ungewöhnlich, wenn Nahrungsmittel mit einem Zinkzusatz als besonders wertvoll angepriesen werden. Ein internationales Beispiel hierfür zeigt Abb. 8: Auf seinen Reisen in China musste der Autor lernen, dass es dort praktisch keine frische Milch gibt. Dafür kann man Milchpulver kaufen – und zwar in der abgebildeten »wertvollen« Form. In anderen Zusammenhängen ist ein Zinkunterschuss nicht so amüsant: Unsere fleischerzeugenden Tiere leben alle vegetarisch, und das Gras als »Gemüse« enthält nun einmal sehr wenig Zink. So ist es in unserer heutigen industrialisierten Landwirtschaft zur Regel geworden, die Futtermittel für Rinder und Schweine kräftig mit Zinkpräparaten anzureichern.

Bedarf und Mangel

Abb. 9 zählt oben die Personengruppen mit gesteigertem Zinkbedarf und unten die Aspekte des Zinkmangels auf. Als erstes muss das genannt werden, was schon bei der Verteilung des Zinks in den Organen angedeutet wurde: Neu entstehende und heranwachsende Lebewesen brauchen besonders viel Zink. Der Vorgang der Befruchtung, die Schwangerschaft und das Kindheitsstadium sind durch einen hohen Zinkumsatz gekennzeichnet. Der Embryo steigert den Zinkbedarf der Mutter, und die Muttermilch befriedigt den Zinkbedarf des Säuglings. Gleichermaßen brauchen schwer arbeitende Personen mit einem hohen Energieumsatz im Körper und Operationspatienten, bei denen Fleisch nachwachsen muss, besonders viel Zink. In allen anderen Fällen ist der gesteigerte Zinkbedarf darauf zurückzuführen, dass die Zinkaufnahme im Körper nicht mehr richtig funktioniert oder dass krank-

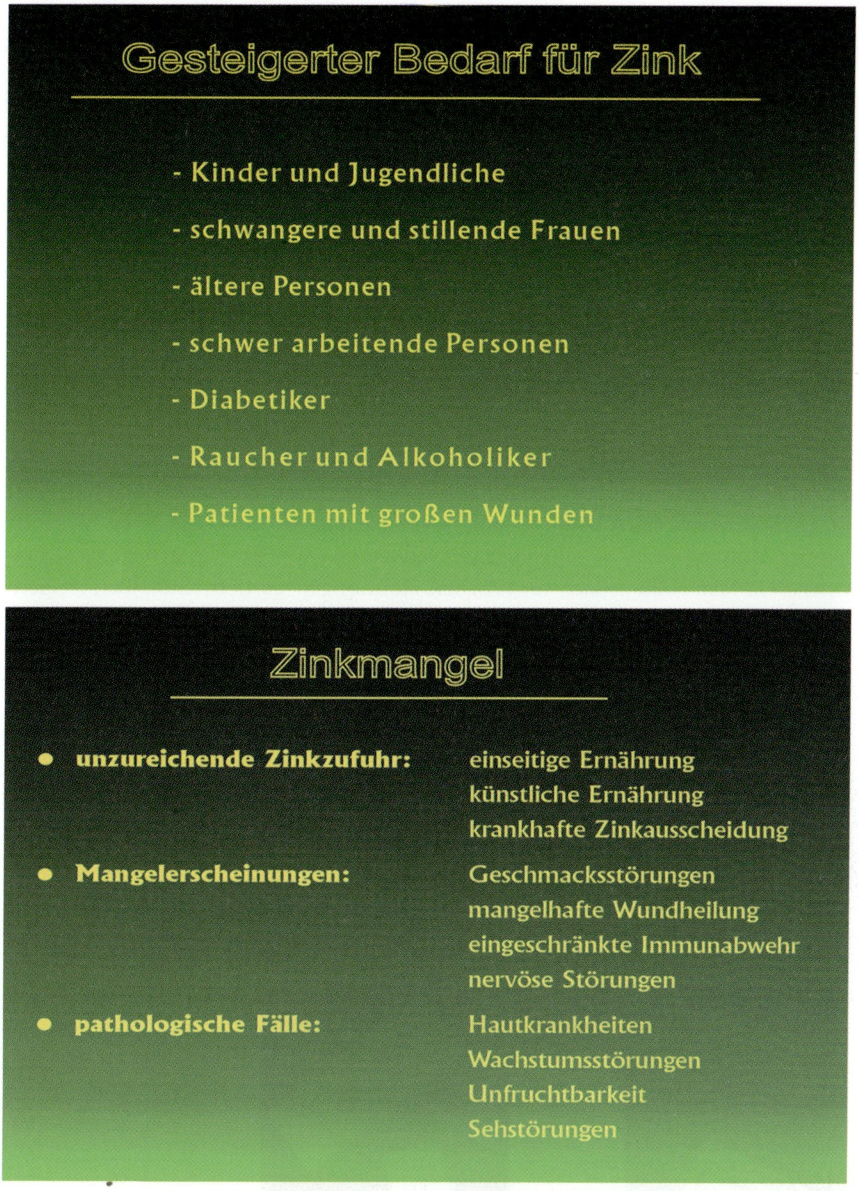

Gesteigerter Bedarf für Zink

- Kinder und Jugendliche
- schwangere und stillende Frauen
- ältere Personen
- schwer arbeitende Personen
- Diabetiker
- Raucher und Alkoholiker
- Patienten mit großen Wunden

Zinkmangel

• **unzureichende Zinkzufuhr:**	einseitige Ernährung künstliche Ernährung krankhafte Zinkausscheidung
• **Mangelerscheinungen:**	Geschmacksstörungen mangelhafte Wundheilung eingeschränkte Immunabwehr nervöse Störungen
• **pathologische Fälle:**	Hautkrankheiten Wachstumsstörungen Unfruchtbarkeit Sehstörungen

Abb. 9 Gesteigerter Zinkbedarf bei einigen Personengruppen und Symptome bei Zinkmangel.

heitsbedingt zuviel Zink ausgeschieden wird. Wie bereits erwähnt kann auch eine einseitige Ernährungsweise (Fastfood, strenges Vegetariertum, armutsbedingte Einseitigkeit in Entwicklungsländern) zu Zinkmangel führen.

Obwohl latenter Zinkmangel ein verbreitetes Problem zu sein scheint, bleibt er oft unbemerkt. Denn weil Zink an allen Körperfunktionen beteiligt ist, kann nicht das Ausfallen einer bestimmten Funktion als Anzeichen für einen Zinkmangel dienen. Die in Abb. 9 aufgezählten Symptome können jeweils auch andere Ursachen als einen Zinkmangel haben. Eines der sichersten Indizien ist tatsächlich das erstgenannte – die Beeinträchtigung des Geschmackssinns. Wenn dies zusammen mit einem der anderen Symptome auftritt, dürfte die Diagnose Zinkmangel sicher sein. In Abb. 9 fällt auch wieder die schon ganz am Anfang erwähnte Bedeutung von Zink für unsere schützende Hautoberfläche ins Auge (Wundheilung, Hautkrankheiten).

Einmal erkannt, ist Zinkmangel leicht zu beheben. Einfache Zinksalze können der Nahrung oder der Infusionsflüssigkeit zugesetzt werden. Ursprünglich nahm man hierfür Zinksulfat, das aber zu Magenproblemen führt. Deshalb werden heute meistens Zinksalze organischer Säuren wie Zinkglutamat, -aspartat, oder -orotat verwendet. Abb. 10 zeigt einige der Präparate, die man in jeder Apotheke kaufen kann. Recht hohe Dosen bis zu mehreren 100 mg Zink pro Tag können eingesetzt werden, und unvorteilhafte Nebenreaktionen sind sehr selten. Wer dem Bedürfnis, jeden Tag ein paar Pillen zu schlucken, nicht widerstehen kann, sollte ruhig auch Zinkpräparate nehmen. Sie bekämpfen den Kater nach einer zu lebhaften Party (denn das Enzym, das Alkohol abbaut, ist ein Zinkenzym), und bei älteren Personen können Zinkpräparate die altersbedingt reduzierte Aufnahme in den Körper kompensieren. Man sollte jedoch vor falschen Hoffnungen warnen: Zinkpillen steigern nicht die Potenz, sie machen aus einem Magersüchtigen keinen Muskelmann, und sie sind auch gegen Frühjahrsmüdigkeit wirkungslos.

Umgekehrt ist es aber auch ungefährlich, eine Zinktablette zuviel zu nehmen, denn Zink besitzt die niedrigste Toxizität aller Schwermetalle (Abb. 11). Als therapeutische Breite bezeichnet man den Bereich, unterhalb dessen Krankheitssymptome durch Mangel und oberhalb dessen Krankheitssymptome wegen Vergiftung auftreten. Für Zink ist diese therapeutische Breite ungewöhnlich groß. Außergewöhnlich hoch sind auch die tödlichen Dosen, wenn man bedenkt, dass manche Schwermetalle schon in Milligramm-Mengen tödlich wirken. Hinzu kommt, dass sich der Körper hoher Mengen von Zinksalzen (typisch ist Zinksulfat) durch Erbrechen entledigt, bevor sie giftig wirksam werden können. Charakteristischerweise

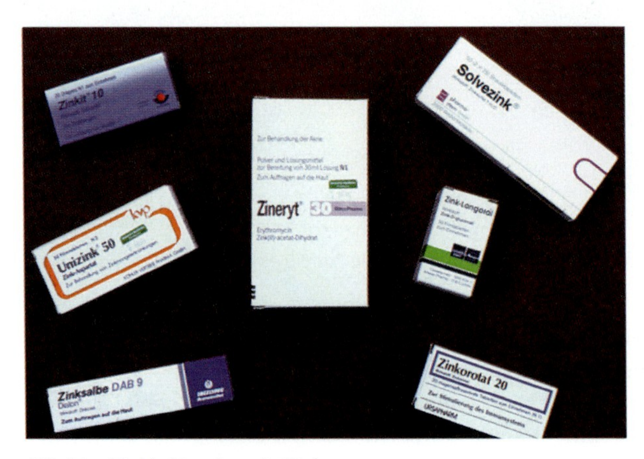

Abb. 10 Zinkhaltige Arzneimittel

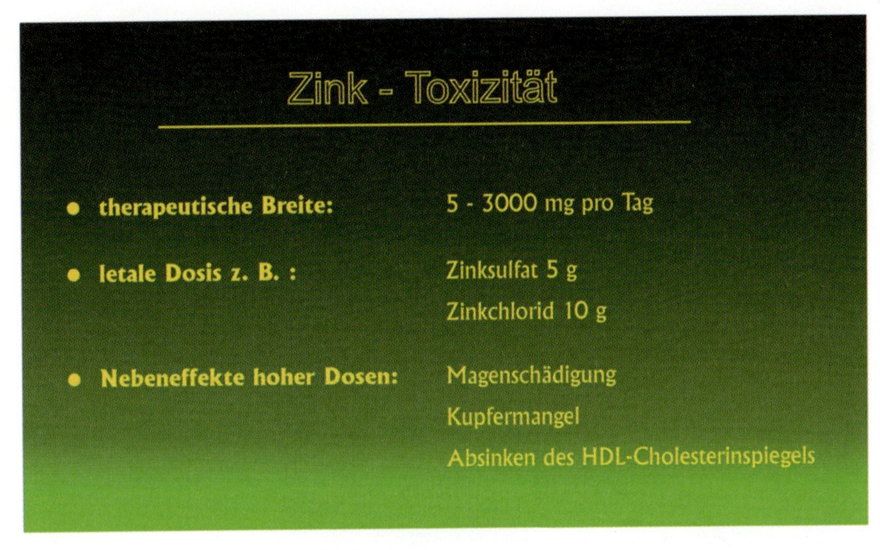

Abb. 11 Die Toxizität von Zink

zählt Abb. 11 zwar die Nebeneffekte hoher Dosen von Zinkpräparaten auf, aber sie nennt keine einzige Krankheit, die durch Zink verursacht wird – es gibt nämlich keine. Selbst das früher oft erwähnte Zinkfieber, das Arbeiter in Gießereien befiel, die zuviel Zinkstaub eingeatmet hatten, verging auf dem Krankenlager schneller als ein normales Fieber.

Wirkungen von Zink

Es wurde schon mehrfach erwähnt: Zink ist an sämtlichen Lebensprozessen beteiligt. Oft weiß man allerdings nur, dass Zink in den betreffenden Organen vorkommt oder dass die betreffenden chemischen Reaktionen in Abwesenheit von Zink nicht funktionieren. Auch eine seiner wesentlichen Funktionen – die positive Wirkung auf das Immunsystem, d. h. die köpereigene Krankheitsabwehr – ist noch völlig unverstanden. An anderen Stellen weiß jeder von den Vorteilen des Zinks, weil er die betreffenden Heilmittel selbst benutzt oder beim Namen nennt: die Zinksalbe, das Zinkpflaster usw. (Abb. 12). Zink kommt in allen Medikamenten, Cremes, Salben, Pulvern und Schutzverbänden vor, mit denen wir unsere Haut behandeln. Jedes Pflaster, jeder Babypuder, jede Schönheitscreme enthält Zink in der Form von Zinkoxid. Die Zinkkomponenten in diesen Anwendungen besitzen mehrere Eigenschaften. Sie unterstützen den Heilungsprozess, und sie helfen bei der Abwehr der Mikroorganismen, die die offene Wunde befallen wollen. Der Heilungsprozess ist im Prinzip ein Wachstumsprozess und damit einer der Vorgänge, die besonders viel Zink benötigen. Im weiteren Sinne gilt dies für die Wundheilung ebenso wie für die Behandlung von Hautkrankheiten oder schlicht für die Schönheitspflege. Und da Schönheit auch eine Form von Gesundheit ist, ist die geringe

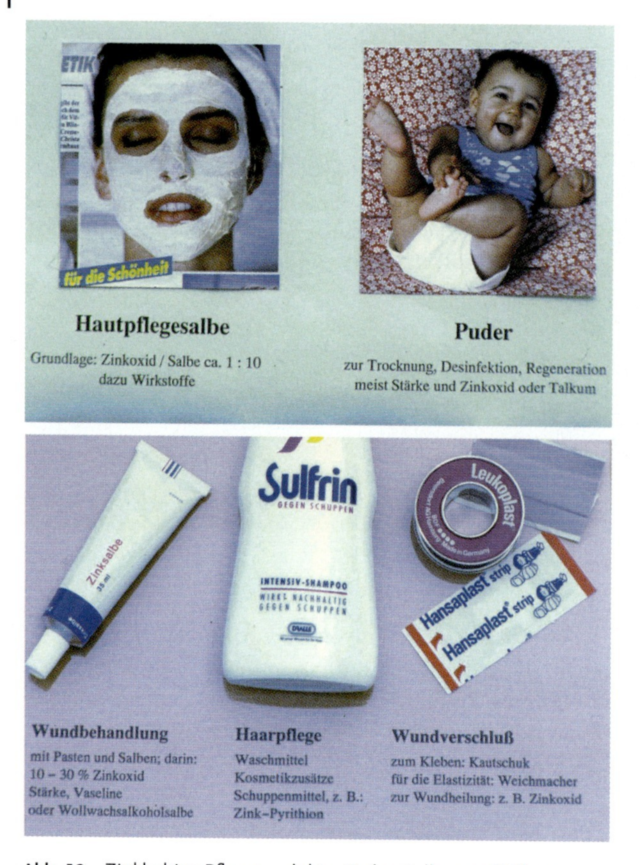

Abb. 12 Zinkhaltige Pflegeprodukte, Puder, Salben und Pflaster

Giftigkeit des Zinks auch hier wieder erwähnenswert. Zink in kosmetischen Präparaten kann in die Haut eindringen, ohne eine Gefahr zu verursachen. Das Baby darf seinen Puder verspeisen, und die Dame darf versehentlich ihre Schönheitscreme verschlucken – bezüglich des Zinks muss man hier nichts befürchten.

Die Wundheilung ist ein Wachstumsprozess bei erwachsenen Menschen. Das Wachstum an sich beginnt mit der Entstehung des Lebens und ist in den ersten Tagen, Monaten und Jahren besonders intensiv. Wie schon mehrfach erwähnt ist gerade bei Wachstumsvorgängen das Zink immer dabei. Abb. 13 fasst die wesentlichen Aspekte davon zusammen.

Es beginnt mit der Befruchtung. Wir haben schon erwähnt, dass die menschlichen Fortpflanzungsorgane ungewöhnlich hohe Zinkkonzentrationen aufweisen, mit dem höchsten Wert im Sperma. Bis jetzt ist das eine empirische Beobachtung, die noch auf ihre wissenschaftliche Durchleuchtung wartet. Aber die nächsten Schritte sind bereits verstanden. Sie betreffen die elementaren Prozesse der Vererbung und Fortpflanzung, also die Übertragung der genetischen Information. Jedesmal wenn in einem lebenden Organismus etwas Neues entsteht, muss der Plan dafür von den Genen abgelesen werden (Transkription). Viele der Proteine, die an

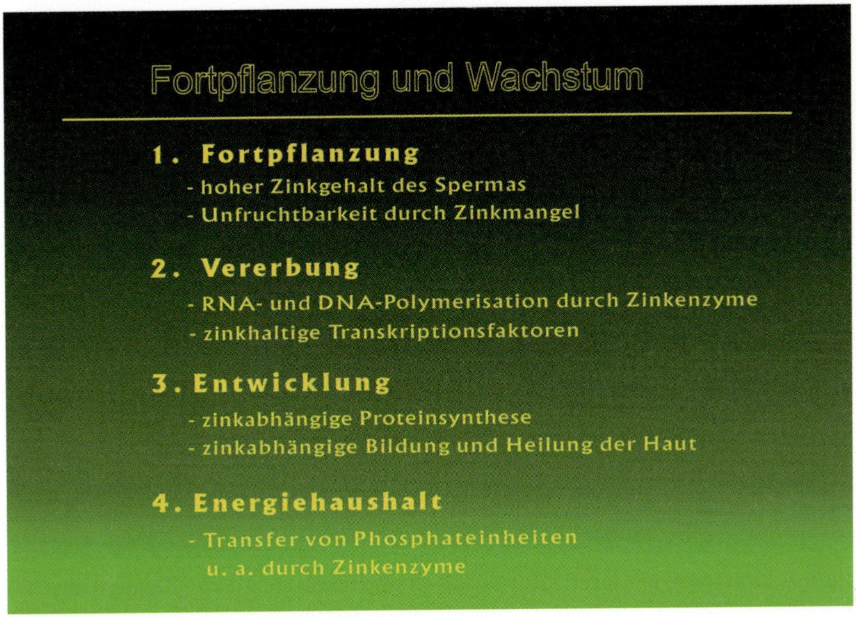

Fortpflanzung und Wachstum

1. **Fortpflanzung**
   - hoher Zinkgehalt des Spermas
   - Unfruchtbarkeit durch Zinkmangel

2. **Vererbung**
   - RNA- und DNA-Polymerisation durch Zinkenzyme
   - zinkhaltige Transkriptionsfaktoren

3. **Entwicklung**
   - zinkabhängige Proteinsynthese
   - zinkabhängige Bildung und Heilung der Haut

4. **Energiehaushalt**
   - Transfer von Phosphateinheiten u. a. durch Zinkenzyme

Abb. 13 Die Rolle von Zink bei Fortpflanzung, Vererbung, Entwicklung und beim Energiehaushalt von Organismen

diesem Vorgang mitwirken, sind so genannte Zinkfinger-Proteine. Dabei handelt es sich um komplizierte Moleküle, die aufgrund ihrer Gestalt entsprechend dem Schlüssel-Schloss-Prinzip ganz bestimmte Stellen auf der DNA-Helix erkennen können. Auch für die auf die Transkription folgende Proteinbiosynthese sind zahlreiche Enzyme nötig, die Zink als aktiven Bestandteil enthalten. Dies gilt übrigens genauso für den umgekehrten Prozess, den Abbau von Proteinen durch Verdauung. Alle diese Vorgänge erfordern Energie. Anders als bei technischen Prozessen, bei denen durch Verbrennung sehr große Energiemengen umgesetzt werden, muss der lebende Organismus die Energie in kleinste Häppchen zerlegen. Diese kleinen Portionen sind chemische Bindungen zwischen Phosphatmolekülen, die gebildet (Energiespeicherung) oder gespalten (Energiefreisetzung) werden. Zinkhaltige Enzyme spielen auch bei diesen beiden Prozessen eine Rolle, womit die Beteiligung von Zink an allen Aspekten der Fortpflanzung komplettiert wird.

Wenn die zinkhaltigen Bestandteile von Organismen so wichtig für das Entstehen, den Aufbau und den Erhalt der lebenden Materie sind, müssen sie besonders unempfindlich gegen Zerstörung sein. Dass dies tatsächlich so ist, wurde kürzlich mit Methoden der modernen Archäologie bewiesen. Abb. 14 zeigt eine 2300 Jahre alte Mumie aus den Beständen der Universität Tübingen. Aus ihren Knochen konnten Tübinger Biochemiker ein zinkhaltiges Enzym isolieren, das noch genauso wirksam war wie Isolate aus den Knochen heute lebender Menschen. Während es wohl vermessen wäre, zu behaupten »mit Zink lebt man länger«, ist die These »Zink lebt länger« damit jedoch bewiesen.

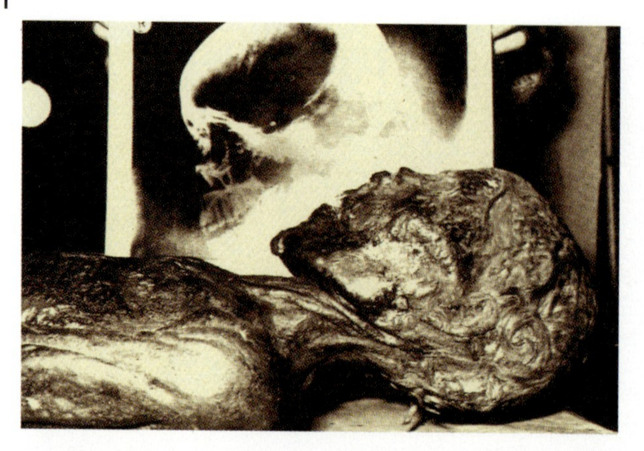

Abb. 14 Zinkhaltige Enzyme sind auch noch nach 2300 Jahren aktiv

Ein Blick aufs Detail

Zum Schluss sollen in diesem Aufsatz doch noch zwei chemische Formeln abgebildet werden; denn alle Lebensvorgänge beruhen letztendlich auf chemischen Reaktionen. Abb. 15 zeigt Insulin, das der Körper braucht, um seinen Zuckerhaushalt zu regulieren. Diabetikern fehlt es, und sie müssen sich deshalb Insulinlösungen spritzen. Die chemische Formel zeigt die Speicherform des Insulins, so wie sie in den Langerhansschen Inseln der Bauchspeicheldrüse vorliegt. Das Material ist kristallin, und Zinkionen (der weiße Punkt in der Mitte) halten die Insulinmoleküle zusammen – eine sehr bescheidene Funktion des Zinks, denn es nimmt an der Kontrolle des Blutzuckerspiegels gar nicht teil. Trotzdem geht es nicht ohne Zink, weil das Insulin dann nicht auskristallisieren kann.

Ebenfalls eine wichtige Rolle spielt Zink in dem in Abb. 16 gezeigten Enzym Carboanhydrase. Wie bereits erwähnt, kommt dieses Enzym zusammen mit Hämoglobin in den roten Blutkörperchen vor. Am Zinkatom der Carboanhydrase findet der

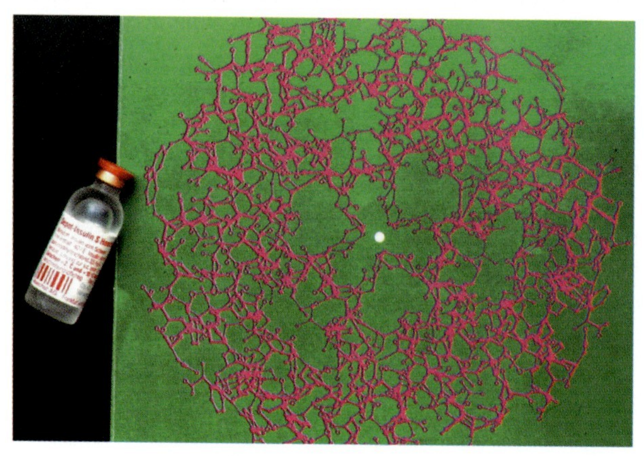

Abb. 15 Insulin

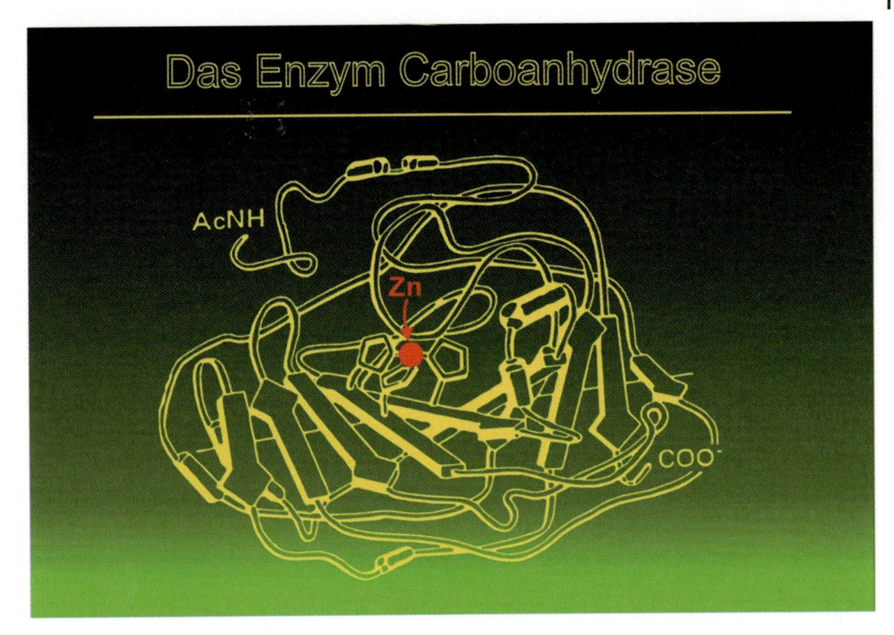

Abb. 16 Carboanhydrase

entscheidende chemische Prozess statt, der für den raschen Transport des Kohlendioxids sorgt. In den Organen entsteht das Verbrennungsprodukt Kohlendioxid als CO_2. Um im Blut transportiert werden zu können, muss es unmittelbar durch Hydratisierung in Bicarbonat (HCO_3^-) überführt werden. Dies bewirkt die eine Form des Enzyms. In der Lunge muss es genauso schnell, nämlich in Sekundenbruchteilen, wieder in gasförmiges CO_2 zurückverwandelt werden. Erneut ist das Zink – in einer leicht veränderten Form der Carboanhydrase – für diese Aufgabe zur Stelle.

Mit ein bisschen chemischer Erfahrung und der Möglichkeit, die nötigen Chemikalien zu erhalten, kann man sich die Fähigkeit von Blut, Kohlendioxid umzuwandeln, selbst an einem Experiment mit einem Blutstropfen vorführen. Dieses Experiment, in dem Mineralwasser die Rolle des im Blut vorhandenen Kohlendioxids übernimmt, ist im Textkasten weiter unten geschildert.

Die hier im chemischen Detail gezeigten Beispiele sind nur zwei von hunderten, vielleicht sogar tausenden, bei denen Zink eine bescheidene, aber essenzielle Rolle bei Lebensprozessen wahrnimmt. Sie unterstreichen noch einmal die Verwandtschaft der Funktionen von Zink in der belebten Natur mit denen in der alltäglichen Welt von Technik und Zivilisation. Wenn man nicht auf es aufmerksam gemacht wird, bemerkt man Zink meist gar nicht. Es ist ein unscheinbares, ja fast schon langweiliges Element. Und dennoch ist es wahrscheinlich das wichtigste aller Spurenelemente. Abb. 17, die die wesentlichen Aussagen dieses Aufsatzes noch einmal zusammenfasst, soll daran erinnern.

Das verzinkte Eingangstor einer Winzerei am Kaiserstuhl in Abb. 18 macht deutlich, dass die dienende Rolle (Verzinkung zum Korrosionsschutz) auch eine schöne

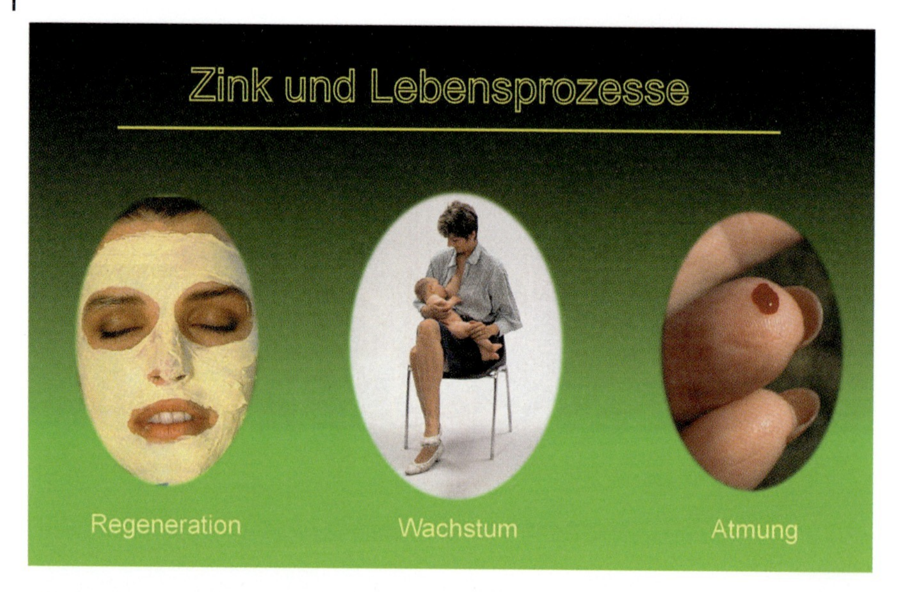

Abb. 17 Zusammenfassung »Zink in Lebensprozessen«

Rolle sein kann. Wie viele schöne Eisenkonstruktionen (vgl. Abb. 1), die eigentlich längst verrostet wären, dürfen wir bewundern. Wie oft ist Zink hinter etwas anderem versteckt (vgl. Abb. 3 und Abb. 15), das trotzdem nur durch Zink seinen Wert bekommt. Wie gut, dass das Zink in der Schönheitscreme hilft, das zu erhalten, was wir alle am meisten lieben.

Abb. 18 Verzinktes Eingangstor einer Winzerei am Kaiserstuhl

Demonstrationsversuch zur Katalyse der CO_2-Hydratisierung durch das Enzym Carboanhydrase im Blut

Für diesen Versuch braucht man ein Mineralwasser, das keine Säuren enthält, und das man durch eventuelles kurzzeitiges Öffnen der Flasche und Aufbewahren im Kühlschrank auf die CO_2-Konzentration gebracht hat, die (durch Ausprobieren) für den Versuch richtig ist. Das benötigte Blut kann Rinderblut aus dem Schlachthof oder ein Tropfen eigenes Blut (durch Stich in den Finger mit einer sterilisierten Nadel) sein. Als Indikator wird Bromthymolblau (20 mg pro 25 ml Ethanol) benutzt. Zu Vergleichszwecken stellt man je 40 ml verdünnte HCl und verdünnte NaOH in 100-ml-Gefäßen bereit, die mit je 3 Tropfen Indikator angefärbt sind.

Man legt in zwei 100-ml-Gefäßen je 40 ml des Mineralwassers vor, die man mit je 3 Tropfen Indikator gelb färbt. In einen der Kolben gibt man einen kleinen Tropfen Blut. In beide Lösungen wird unter Umschwenken gleichzeitig je 1 ml einer 2-molaren NaOH-Lösung gegeben, wobei die Indikatorfarbe nach blau umschlägt. Nun registriert man die Zeit, die verstreicht, bis die Indikatorfarbe erneut umschlägt, nachdem alles NaOH durch die überschüssige Kohlensäure verbraucht wurde. Die endgültige Indikatorfarbe ist gelbgrün. Das Blut in der einen Lösung bewirkt einen leicht veränderten Farbton. Die normale Reaktionszeit (d. h. die Zeit zur Umwandlung des CO_2 in H_2CO_3 bzw. HCO_3^-, die durch NaOH sofort deprotoniert werden) sollte etwa 30 Sekunden betragen, mit Blut wird sie auf etwa 10 Sekunden reduziert. Neben der schwierig einzustellenden CO_2-Konzentration der Lösung (siehe oben) hat die Menge des eingesetzten Mineralwassers (z. B. 30 statt 40 ml) starken Einfluss auf die Reaktionszeit.

Heinrich Vahrenkamp
(Jahrgang 1940) hat 1967 bei H. Nöth an der Ludwig-Maximilians-Universität München promoviert. Seit 1973 ist er Professor für Anorganische Chemie an der Universität Freiburg. Zu seinen Forschungsinteressen zählen neben Zinkchemie Untersuchungen an Elektronentranssfersystemen und polynuklearen Metallcarbonylen. Daneben beschäftigt sich H. Vahrenkamp mit einigen Problemen aus der angewandten Chemie, nämlich mit Sensoren und Katalysatoren.

Reizvolle Riesenmoleküle[1, 2)]

Achim Müller[3)]

Die Komplexität der Natur – ihre faszinierende Formen-, Farben-, Funktions- und vor allem Adaptionsvielfalt – resultiert aus der Verschiedenartigkeit der Funktionalitäten von Stoffen auf molekularer Ebene, speziell der Nanowelt. Die entsprechenden Zusammenhänge werden von der modernen Naturwissenschaft, insbesondere der Chemie, untersucht. Noch stehen die Möglichkeiten, über die der Chemiker im Labor verfügt, weit hinter dem Potenzial der Natur zurück. Das gilt beispielsweise für die Synthese von Stoffen mit außerordentlich komplexen Strukturen wie sie in Lebewesen vorkommen – man denke etwa an die Proteine. In biologischen Systemen werden derartige Produkte im Allgemeinen stufenweise durch eine Abfolge programmierter chemischer Prozesse aufgebaut. Es stellt sich die Frage: Unter welchen Bedingungen kann molekulare Komplexität und Funktionalität durch Selbstaggregationsprozesse im Labor entstehen? Hier soll u. a. über ein molekulares Riesenrad mit komplexen Strukturdetails berichtet werden, das weltweit durch Kommentare in Zeitungen und Magazinen für Aufsehen gesorgt hat und nach seiner Erwähnung im Magazin *Der Spiegel* sogar wegen seiner ästhetischen Schönheit von einer Künstlerin gemalt wurde. Ein besonders attraktiver Bericht zu diesem Thema erschien im Magazin *New Scientist* mit dem Titel »Big Wheel Rolls Back the Molecular Frontier« und *Die Welt* schrieb: »Deutsche Chemiker entdeckten das Rad neu.«

1) Der Aufsatz entspricht der veränderten Fassung einer Publikation, die in der Reihe »Forschung an der Universität Bielefeld« (Nr. 14/1996, S. 2) mit dem Koautor J. Meyer erschienen ist.

2) Professor Hans-Jürgen Quadbeck-Seeger gewidmet.

3) Eine Kurzbiographie von A. Müller findet sich in seinem Kapitel zum Public Understanding of Science.

Facetten einer Wissenschaft. Herausgegeben von Achim Müller

ISBN: 3-527-31057-6

Möglichkeiten zur Erzeugung komplexer molekularer Gebilde

Die Natur ist als ein System von Stufen zu betrachten, deren eine aus der andern nothwendig hervorgeht.
(G. W. F. Hegel)

In der überwiegenden Zahl der Fälle ist der Chemiker gezwungen, große komplexe Moleküle Schritt für Schritt aus den einzelnen Komponenten nach einer Art Baukastenprinzip zu synthetisieren – etwa vergleichbar mit dem Vorgang, Teile eines Puzzles aneinander zu fügen. Hierzu müssen die einzelnen Bausteine in definierter Weise, d. h. über bestimmte geeignete Verknüpfungspunkte (Atome oder Atomgruppen), miteinander verbunden werden. Das Problem kann durch geschickte chemische Modifizierung, beispielsweise durch Funktionalisierung der Bausteine, gelöst werden und erfordert in der Regel eine große Zahl aufeinander folgender Reaktionen: Zwanzig oder mehr Einzelschritte sind bei der Synthese wichtiger Arzneimittel und komplexer Naturstoffe im Labor keine Seltenheit.[4)]

Die Natur hat sehr elegante Methoden zur Synthese der Vielfalt ihrer komplexen Funktionsträger, die äußerst komplizierte Aufgaben übernehmen, erfunden: Hier laufen die Reaktionen in einer spezifisch aufeinander abgestimmten Folge von Einzelschritten ab. Und dies zur jeweils richtigen Zeit in speziell dafür vorgesehenen Reaktionsräumen – also unter optimierten Bedingungen, die im Labor (noch?) nicht entsprechend nachvollzogen werden können. Beispielsweise synthetisieren Zellen Proteine stufenweise aus Aminosäuren. Dieser Prozess erfolgt mithilfe der Ribosomen und läuft nach einem Programm ab, das in der DNA – dem allgegenwärtigen Informationsträger der belebten Natur – gespeichert ist.

Eine für den Chemiker interessante und prinzipiell der Natur nachempfundene Methode, um größere molekulare Systeme zu erzeugen, besteht darin, die Affinität von Grundbausteinen zueinander – im Hinblick auf ihre Neigung sich selbsttätig zu größeren Aggregaten zusammenzulagern – auszunutzen. Man spricht in diesen Fällen von Selbstaggregation. Die Wahl der Ausgangsstoffe und der Reaktionsbedingungen spielt bei diesen Prozessen eine wichtige Rolle. Bei Kenntnis der spezifischen Wechselwirkungen zwischen den Bausteinen können in speziellen Fällen, wie im Folgenden gezeigt wird, »gigantische« komplexe Strukturen[5)] erzeugt werden – oder besser gesagt, sie entstehen durch Selbstaggregation.

4) Naturstoffe und Arzneimittel greifen entsprechend ihrer Funktionalität in biochemische Prozesse ein. Hierbei kann es sogar zu äußerst spezifischen und folgenreichen Reaktionen kommen, selbst zu solchen, die in soziale Systeme eingreifen. Ein faszinierendes Beispiel ist, dass Ameisen der Art *Dinoponera quadriceps* ihre Rivalinnen bestrafen, indem sie diese mit einem speziellen Sekret markieren. Die markierten Ameisen werden dann von rangniederen Artgenossen erkannt, attackiert oder sogar getötet (T. Monnin, F. L. W. Ratnieks, G. R. Jones, R. Beard: Nature 419 (2002) 61–65).

5) Eine sinnvolle Charakterisierung des in diesem Artikel häufig benutzten Begriffs der Komplexität ist nach unserer Ansicht: Die Komplexität eines Systems wird größer mit zunehmender Anzahl der Elemente des Systems, mit der Zunahme ihrer Unterschiedlichkeit sowie mit der Anzahl und der Verschiedenartigkeit der Verknüpfungen zwischen ihnen.

Die Unterbrechung des molekularen Wachstums durch Konkurrenzreaktionen muss verhindert werden

Bei Selbstaggregationsprozessen im Labor zeigt sich häufig eine Tendenz, die der Erzeugung von differenzierten molekularen Gebilden entgegenwirkt, da sich in potenziellen Konkurrenzreaktionen polymere oder kristalline Verbindungen mit vernetzten Strukturen bilden können, bevor es zur Entstehung des gewünschten Moleküls kommt. Bevorzugt bilden sich nämlich identische Einheiten, so genannte Elementarzellen, die noch keine »voll ausgewachsenen« molekularen Strukturen enthalten und sich stattdessen in nahezu unbegrenzter Zahl aneinander reihen. Die Reihung lässt sich als eine regelmäßige Verschiebung (Translation) der Elementarzellen in ein, zwei oder drei Richtungen beschreiben, sodass ein derartiger Prozess durch einen sehr einfachen mathematischen Algorithmus beschrieben werden kann. Typische Beispiele für vernetzte Strukturen sind Kristalle wie Quarz, Metalle und Oxide von Metallen, die man auch als Mineralien in der Natur findet (Abb. 1).

Nur durch geschickte präparative Kunstgriffe lässt sich vermeiden, dass sich die Bauelemente zu wachsenden molekularen Gebilden verknüpfen. Ein wachsendes

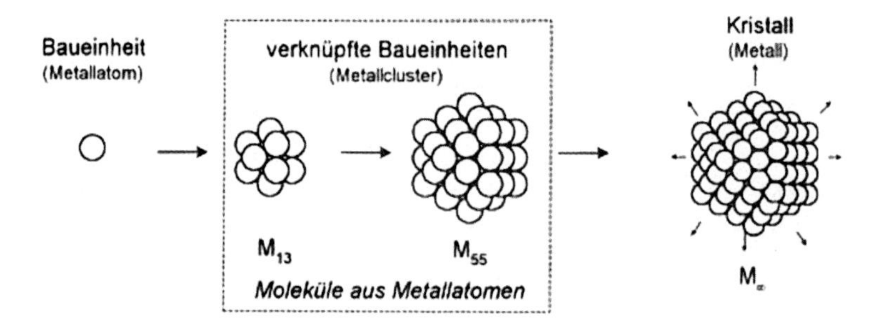

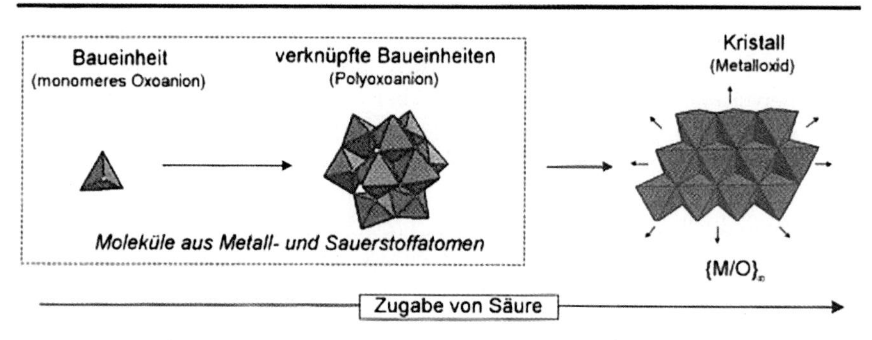

Abb. 1 Das obere Beispiel zeigt den Übergang vom hoch symmetrischen Metallatom über symmetrische molekulare Aggregate (so genannte Cluster) bis hin zum kristallinen Metall mit Translationssymmetrie. Bei den im Aufsatz besprochenen Metall-Sauerstoffaggregaten bildet sich durch spezifische Verknüpfung von polyederförmigen Baueinheiten unter einfachen Reaktionsbedingungen in Gegenwart von Säuren eine große Vielfalt molekularer Spezies. In sehr sauren Lösungen erhält man allerdings vernetzte Strukturen, d. h. kristalline Verbindungen (unten).

Molekül bzw. Ion, d. h. ein geladenes Teilchen, kann beispielsweise durch eine Schicht aus nichtreaktiven peripheren Atomen oder Atomgruppen vor Vernetzung geschützt werden. Dann können beim Wachstum diskrete, im molekularen Maßstab räumlich begrenzte Strukturen mit hoher Differenziertheit entstehen. Eine vorhandene Ladung schützt zusätzlich vor Vernetzung, da sich gleichartig geladene Teilchen abstoßen.

Metall-Sauerstoffaggregate: Makromolekulare Systeme hoher Komplexität

Materie als Schoß der Formen[6]

In unserer Arbeitsgruppe haben wir uns in den letzten Jahren mit einer Substanzklasse beschäftigt, deren Vertreter sich aufgrund ihres intrinsischen Bauplans selbst vor Vernetzung schützen können. Es handelt sich um molekulare Systeme, die hauptsächlich aus Metall- und Sauerstoffatomen aufgebaut sind und sehr komplexe Strukturen aufweisen. Wegen ihrer Zusammensetzung werden sie Polyoxometallate genannt und bevorzugt von den Elementen Vanadium, Molybdän und Wolfram gebildet, die sowohl in der belebten Natur als auch bei industriellen Prozessen eine Rolle spielen. Als gemeinsames Strukturelement besitzen diese diskreten Gebilde nach außen gerichtete, wenig reaktive Sauerstoffatome, die – in Analogie zu den Stacheln eines Igels – abschirmend wirken (Abb. 2 und Abb. 3) und so die Bildung vernetzter Verbände verhindern können.

Zur Synthese der Polyoxometallate geht man in der Regel von sehr einfachen Bausteinen aus, die ein von wenigen Sauerstoffatomen umgebenes Metallzentrum enthalten (Abb. 1, unten). Durch spezifische, aber einfache Veränderung der Reaktionslösung – beispielsweise durch gezielte Säurezugabe – verknüpfen sich die einfachen Baueinheiten im Rahmen von Selbstaggregationsprozessen zu größeren, komplexeren Gebilden. Dabei kann in Abhängigkeit von den experimentellen Randbedingungen eine faszinierende Vielfalt unterschiedlicher Strukturen realisiert werden. Hiervon wäre der arabische Naturforscher und Philosoph Averroës begeistert gewesen, nach dem »in der Möglichkeit des Stoffs keimartig alle Formen beschlossen und versammelt liegen«.[6] Averroës war übrigens ein Verehrer seines berühmten griechischen Vorgängers Aristoteles, der bekanntlich als erster die Idee hatte, Ordnung in das Wissen zu bringen und nach Zusammenhängen zu suchen.

Erst in sehr stark sauren Lösungen bilden sich vernetzte Strukturen, d. h. Oxide der genannten Metalle, mit praktisch beliebig vielen in identischer Weise aneinander gefügten Einheiten, die keine diskreten Moleküle enthalten, sondern ein Gesamtsystem bilden – den Kristall.

6) Zitiert nach E. Bloch: *Das Materialismusproblem, seine Geschichte und Substanz*, Kapitel ›Materie als Schoß der Formen, als Prinzip der Individuation und Quantität, als Fundament‹ (Werkausgabe Bd. 7). Suhrkamp, Frankfurt am Main 1985, S. 152–153.

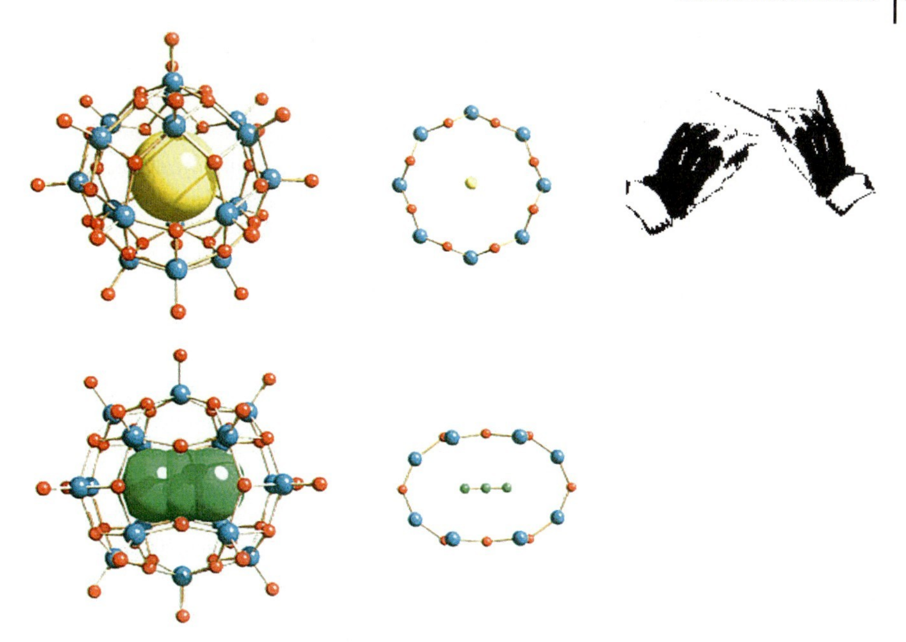

Abb. 2 Schalenförmige Moleküle *(links)*, die sich mithilfe geeigneter Templates (Dirigenten) aus einfachen Einheiten bilden. Im Zentrum befindet sich jeweils, quasi als »Gast«, das Templat (gelb: ein kugelförmiges Halogenidion, grün: ein längliches Azidion). Die Hüllen (»Wirte«) bestehen aus Vanadiumatomen (blau) und Sauerstoffatomen (rot). Durch die Template wird die Verknüpfung der Metall-Sauerstoff-Fragmente in der Reaktionslösung gesteuert. Bei den Fragmenten handelt es sich um quadratische Pyramiden (»ägyptische Pyramiden«) aus fünf Sauerstoffatomen mit einem Metallatom im Zentrum. Die entstehenden schalenförmigen Moleküle erinnern an die bekannten, nur aus Kohlenstoffatomen bestehenden käfigartigen Fullerene (Abb. 4). Form und Größe der Schale hängen von der Art der zugegebenen Template ab. Die Komplementarität zwischen »Wirt« und »Gast«, die wie Schlüssel und Schloss zueinander passen, lässt sich anhand der Querschnitte durch die Moleküle verdeutlichen *(rechts)*.

Abb. 3 Die äußere Struktur der Moleküle aus Abb. 2 erinnert an die Stacheln eines Igels. Die dort gezeigten peripheren Sauerstoffatome (rot) verhindern, dass unerwünschte vernetzte Gebilde entstehen und schützen das Molekül beim Wachstum wie die Stacheln den Igel.

Ordnungsprinzipien bei Aggregationsprozessen: Dirigenten komplexer Strukturen

Wie können im Rahmen von Selbstaggregationsprozessen aus den erwähnten einfachen Baueinheiten oder deren Abkömmlingen geordnete Systeme entstehen? Oder anders gefragt: Wie lässt es sich erklären, dass die in der Reaktionslösung »herumvagabundierenden« Einheiten zu Gebilden mit wohldefinierter Ordnung verknüpft werden? Leider sind die in Lösungen ablaufenden Strukturbildungsprozesse noch nicht bis ins Detail verstanden. Es ist jedoch offensichtlich, dass viele dieser Prozesse unter dem Einfluss von so genannten Templaten verlaufen. Von einem Templat spricht der Chemiker, wenn Reaktionen in Gegenwart eines bestimmten Stoffs (Templat) einen andersartigen Verlauf nehmen als in seiner Abwesenheit (Abb. 2). Diese Funktion können beispielsweise kleine Moleküle oder Ionen übernehmen, die gleich einem Dirigenten die Mobilität der in der Lösung vorhandenen Bausteine regulieren und sie zu einer wohldefinierten Struktur zusammenführen. Je nach Art der Größe und Gestalt des Templats entstehen dabei ganz unterschiedliche molekulare Architekturen. Wie bereits erwähnt, können zum Beispiel kleine negativ geladene Teilchen als Template die Bildung schalenförmiger Moleküle induzieren, die das Element Vanadium enthalten (Abb. 2).

Bei den Beispielen in Abb. 2 hängen Form und Größe der Schale von der Wahl des zugegebenen Templats ab. Bei den dort gezeigten molekularen Gebilden, die mit dem Anthropomorphismus »Wirt-Gast-Systeme« beschrieben werden können, handelt es sich um Strukturen, in denen ein kleiner Gast in einen größeren Wirt eingebettet ist, wobei Gast und Wirt komplementär zueinander sind. Der Gast fühlt sich also im Wirtsmolekül wohl, da er zu ihm passt. Aufgrund ihrer Gestalt und Größe erinnern die erwähnten Systeme an die bekannten Fullerene – große, nur aus Kohlenstoffatomen aufgebaute Moleküle, die beispielsweise die Form eines Fußballs haben können (Abb. 4).

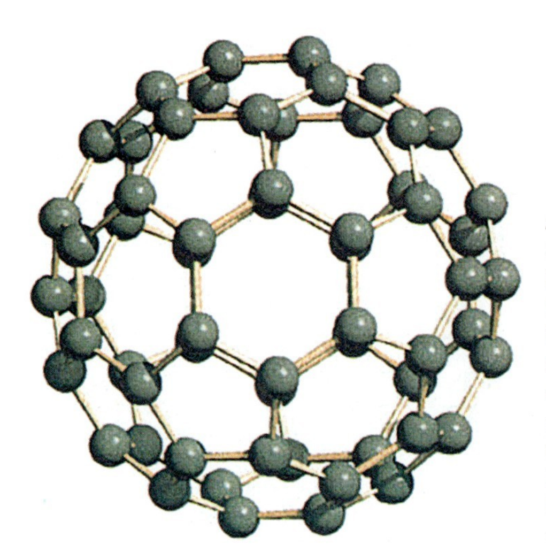

Abb. 4 Eine Kombination aus Fünf- und Sechsecken: Das gezeigte Fullerenmolekül, das aus 60 Kohlenstoffatomen besteht und die Form eines Fußballs mit fünf- und sechseckigen Oberflächensegmenten hat, kann in seinem Inneren (wie die Moleküle in Abb. 2) Gäste aufnehmen. Der Name Fulleren geht auf den amerikanischen Architekt und Philosoph Richard Buckminster Fuller zurück. Fuller hat geodätische Kuppelbauten entworfen, die eine ähnliche Struktur aufweisen.

Auf dem Weg zu »gigantischen« Molekülen und ein reizvolles molekulares Riesenrad

Der chemische Prozess ist das »Höchste, wozu die unorganische Natur gelangen kann«.
(nach G. W. F. Hegel)[7)]

Viele große molekulare Systeme entstehen durch die Verknüpfung größerer präformierter zusammengesetzter Fragmente im Rahmen von Selbstaggregationsprozessen. Ein Beispiel für einen derartigen Prozess ist die Genese des Tabakmosaikvirus, bei der sich zwei Phasen unterscheiden lassen: In der ersten Phase entstehen nach einem genetischen Programm große Protein-Baueinheiten, die sich in der zweiten Phase selbsttätig zu einer wendeltreppenartigen Struktur zusammenlagern (Abb. 5). Der Vorgang ist sogar im Reagenzglas nachvollziehbar.

Auch in nichtbiotischen Systemen können sich große, in der Reaktionslösung entstandene präformierte Fragmente (später) zu komplexen Gebilden mit differenzierten Strukturen formieren.[8)] So bauen sich die in Abb. 6 gezeigten, schon relativ großen Moleküle aus zwei bzw. drei gleichen präformierten Fragmenten mit 17 Molybdänatomen auf, die über verschiedene kleinere Gruppen miteinander verknüpft sind. Auch hier sind wieder »in der Möglichkeit des Stoffs (den präformierten Fragmenten) keimartig alle Formen beschlossen und versammelt«.[6)]

Es gelang uns, aus Bausteinen der gerade beschriebenen Art ein extrem großes, radförmiges Molekül zu synthetisieren, das ca. 24.000-mal schwerer ist als ein Wasserstoffatom (das leichteste Atom) und somit die Größenordnung eines Proteins erreicht. Zur Zeit seiner erstmaligen Synthese war es das größte strukturell charakterisierte Molekül, das nicht der belebten Natur nachempfunden ist (Abb. 7). Mehr als 700 Atome formen einen Ring, der aus vierzehn gleichen Segmenten besteht und einen großen zentralen Hohlraum umgibt, dessen Öffnung einen Durchmesser von etwa zwei Nanometer aufweist. Bemerkenswerterweise entspricht die Größe dieser Öffnung exakt dem Außendurchmesser des linken Moleküls aus Abb. 6. Da dieses Molekül in dem gleichen Reaktionssystem wie das molekulare Riesenrad vorkommt, dient es offensichtlich als Templat bei der Organisation der ringförmigen Struktur.

Das Riesenmolekül weist eine große innere Oberfläche und eine große Anzahl mobiler Elektronen auf – fast vergleichbar mit einem metallischen Leiter. Eine aktuelle Bezeichnung für es wäre »*Multi-Property*-Material«, da sich an wohldefinierten

7) Zitiert nach A. Anzenbacher: *Einführung in die Philosophie*, Herder, Freiburg 1992, S. 87. Vgl. auch: A. Müller, H. Hörz: *Philosophische Aspekte der Chemie. Ihr Wesen: Universalität und Beständigkeit des Wandels.* In: A. Müller, A. Dress, F. Vögtle (Hrsg.): *From Simplicity to Complexity in Chemistry – and Beyond.* Part I. Vieweg, Braunschweig 1996, S. 193–234.

8) Vgl. A. Müller, H. Reuter, S. Dillinger: *Supramolekulare Anorganische Chemie: von Gästen in kleinen und großen Wirten.* Angewandte Chemie 107 (1995) 2505–2539; A. Müller: *Supramolecular inorganic species: An expedition into a fascinating, rather unknown land mesoscopia with interdisciplinary expectations and discoveries.* Journal of Molecular Structure 325 (1994) 13–35; A. Müller, P. Kögerler, C. Kuhlmann: *A variety of combinatorially linkable units as disposition: from a giant icosahedral Keplerate to multi-functional metal-oxide based network structures.* Chemical Communications (1999) 1347–1358.

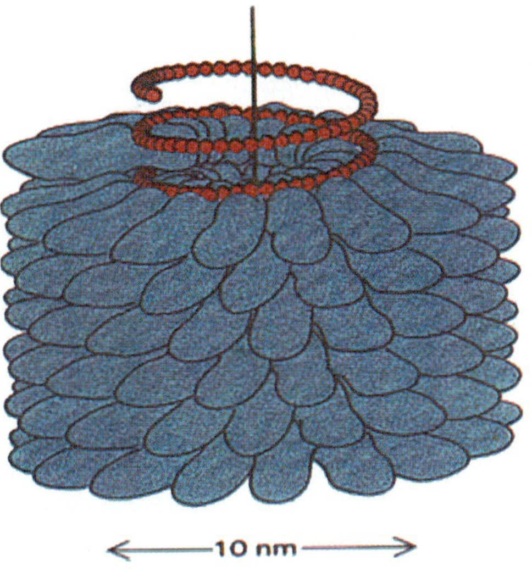

Abb. 5 Die Hülle des Tabakmosaikvirus (schematische Darstellung eines Teils) mit ihrer wendeltreppenartigen Struktur besteht aus 2130 identischen präformierten Einheiten – formal ist sie vergleichbar mit der Situation der Moleküle in Abb. 6.

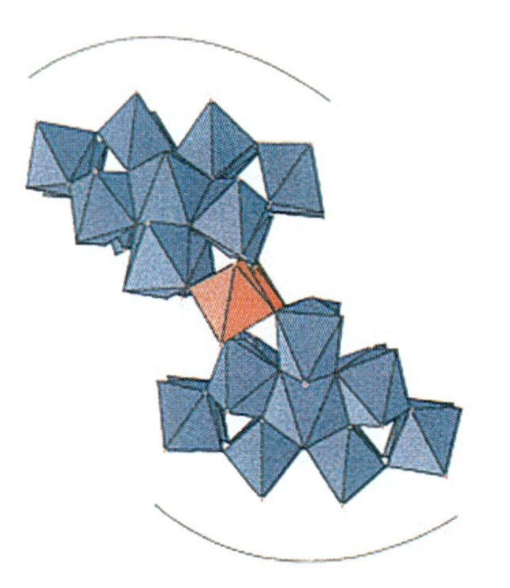

Abb. 6 Zur Entstehung verschiedener relativ großer Moleküle mit differenzierten Strukturen aus gleichen präformierten Baueinheiten (blau): Beispielsweise lassen sich zwei *(links)* oder drei *(rechts)* dieser präformierten Bausteine, die im Wesentlichen aus Oktaedern bestehen, durch verschiedene Abstandhalter (rot und violett) verknüpfen. Jedes Oktaeder wird aus sechs Sauerstoffatomen gebildet und enthält im Zentrum ein Molybdänatom (vgl. auch Abb. 1). Die Oktaeder werden durch Ecken, Kanten und Flächen zu den präformierten Einheiten verknüpft.[9]

Positionen spezifische Reaktionen durchführen lassen. Wegen des zentralen Hohlraums, in dem sich ebenfalls Reaktionen durchführen lassen, ist auch der Begriff »Nanoreaktor« gerechtfertigt.

9) Ein Oktaeder sieht aus wie eine an der Grundfläche gespiegelte (ägyptische) Pyramide, wobei die entstehende neue Spitze nach unten weist.

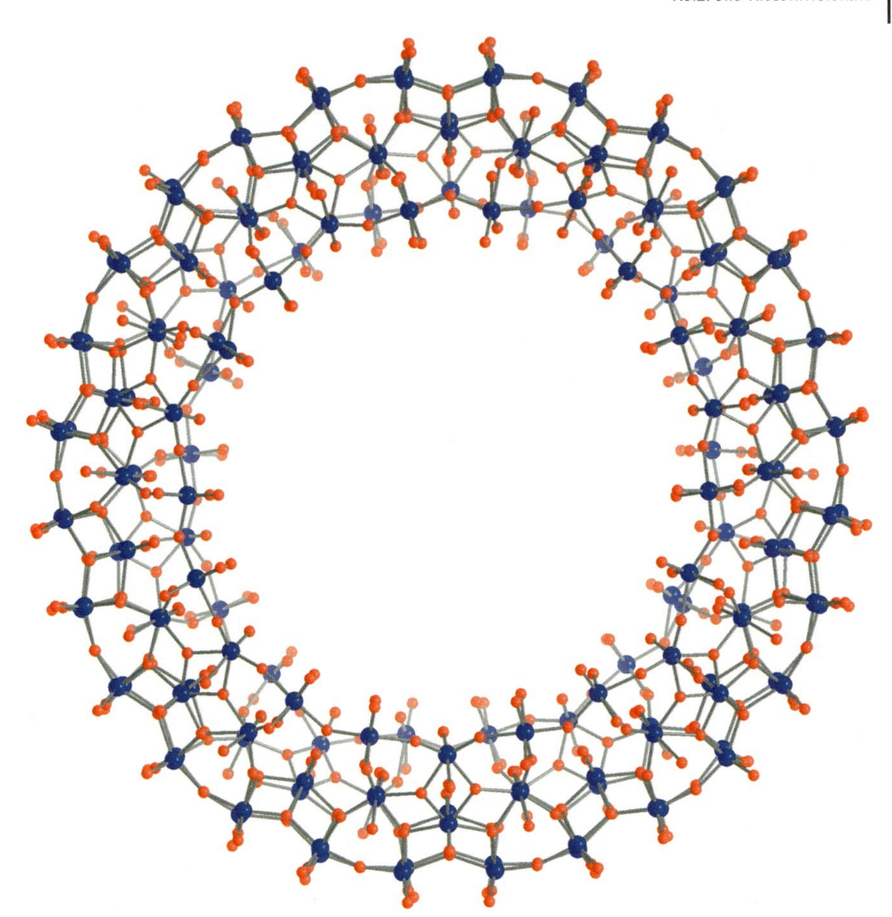

Abb. 7 Ein molekulares Riesenrad, das nach seiner Erwähnung im Magazin *Der Spiegel* wegen seiner ästhetischen Schönheit von einer Künstlerin gemalt wurde. Dieses Riesenmolekül besteht aus Molybdän-, Sauerstoff- und Wasserstoffatomen und ist ca. 24.000-mal schwerer als das leichteste Atom, das Wasserstoffatom. Bemerkenswert ist der für molekulare Dimensionen extrem große zentrale Hohlraum mit einem Durchmesser von etwa einem zweitausendstel Mikrometer (= zwei Nanometer) sowie die große innere und äußere Oberfläche. Das linke Molekül aus Abb. 6 passt genau in den Hohlraum und hat offensichtlich Templatfunktion bei der Synthese.

Die Wirkung von Substanzen wird geprägt von ihrer Differenziertheit hinsichtlich *Form* und *Funktion*. Die Verwendung dieses korrelierten Begriffspaars ist im Kontext vor allem sinnvoll, weil der große vorhandene Hohlraum ein charakteristisches Funktions- bzw. Reaktionsverhalten zeigt. Allgemein gesprochen gewinnt der Faktor Form für die Funktion eines Moleküls mit zunehmender Größe an Bedeutung. Dies gilt speziell für Proteine, wo erst durch die Faltung die biologisch aktive Form erreicht wird. Man kann bei zunehmender Differenziertheit bzw. Komplexität von Molekülen sogar metaphorisch vom Übergang zu einer »Individualisierung« sprechen.

Bei meinen Vorträgen wurde ich häufig danach gefragt, wo die Grenze des molekularen Wachstums für das hier betrachtete Reaktionssystem liegt. Leider kann man diese Frage nicht eindeutig beantworten. *Die Chemie ist immer für Überraschungen gut.* Ein eindrucksvolles Beispiel, das von mir in diesem Buch im Aufsatz »Pythagoras, die Geometrie und moderne Chemie« geschildert wird, bezieht sich auf die zufällige Entdeckung der faszinierenden und nicht für möglich gehaltenen Quasikristalle.

Wer nichts als Chemie versteht, ...! – Bio und das Feste

Rüdiger Kniep

Prolog

»Gedanken zur Bedeutung der Naturforschung«. Vorbericht des Prologs zur 122. Versammlung der Gesellschaft Deutscher Naturforscher und Ärzte, Martin-Luther-Universität Halle-Wittenberg, September 2002

Der Höhepunkt der Alchemie des Abendlandes datiert um das Jahr 1250 mit der von Albertus Magnus (1206–1280) entwickelten Vier-Element-Lehre. Obwohl Albertus Magnus selbst bereits Zweifel anmeldete, ob eine Transmutation von Stoffen überhaupt möglich wäre, blühte in der Folgezeit die Goldmacherei, die Suche nach dem »Stein der Weisen« oder einem Unsterblichkeitselixier sowie auch das Bestreben nach der Herstellung eines »Homunculus« (also letztendlich der Herstellung von »Leben«). Als Neu-Dresdner verweise ich in diesem Zusammenhang natürlich gern auf Johann Friedrich Böttger (Alchemist, 1682–1719), der als Gefangener des Kurfürsten August des Starken von Sachsen mit dem Auftrag eingesperrt wurde, Gold zu machen. Dies gelang bekanntermaßen nicht, aber seine Bemühungen wurden mit der Herstellung von (weißem!) Hartporzellan gekrönt (später: Meißner Porzellan).

Die Gelehrten der damaligen Zeit waren bevorzugt universell orientiert und repräsentierten (vereinigten) Naturforschung, Medizin, Theologie und Philosophie in einer Person. Je stärker sich das Bedürfnis nach einer auf Erfahrung und Vernunft gegründeten Naturerkenntnis entwickelte, um so mehr wurde von der Universalität abgegangen. So verwundert es nicht, dass das Ende der Alchemie um das Jahr 1780 von Johann Christian Wiegleb (1732–1800), einem Gelehrten, der »lediglich« Pharmazie und Chemie studiert hatte, mit seinem Buch *Historisch-kritische Untersuchung der Alchemie* eingeleitet wurde. Es folgte die Zeit der Phlogistontheorie, mit der bereits die Denkansätze zum Verständnis von Redoxprozessen gelegt wurden. An dieser Thematik beteiligte sich auch der Physiker und Philosoph Georg Christoph Lichtenberg (1742–1799), dem wir den vollständigen – im Titel nur angefangenen – Satz verdanken:« ..., *der versteht auch die nicht recht!*«

Facetten einer Wissenschaft. Herausgegeben von Achim Müller

ISBN: 3-527-31057-6

Johann Wolfgang von Goethe (1749–1832) mischte sich übrigens auch in die Phlogistondiskussion ein, ganz im Geiste eines »Universalgenies«, wie er uns heute in der Vielfalt seiner geleisteten Beiträge (auch zur Geologie, Mineralogie und Meteorologie!) [1] erscheint.

Bemerkenswert ist nun, dass wir Goethe – dem Universalgenie – in seiner Funktion als Minister für Kunst und Wissenschaft in Thüringen, nicht zuletzt wohl angestoßen durch intensiven Gedankenaustausch mit Johann Wolfgang Döbereiner (1780–1849, Chemiker und Pharmazeut), eine (die erste?) einschneidende Studienreform verdanken, mit dem Ziel, die »Entflechtung« von Chemie, Physik, Mathematik und Philosophie zu bewerkstelligen [2].

Damit nahm die Diversifizierung der Fächer und Fachgebiete an den Universitäten und Hochschulen ihren unaufhaltsamen Lauf. Das Ergebnis kennen wir: Entartete (in chemisch-physikalischem Sinne!) Fächer – allein in der Anorganischen Chemie beispielsweise: Molekülchemie, Koordinationschemie (Komplexchemie), Festkörperchemie, Bioanorganische Chemie usw.! Das heute bestehende Dilemma kennen wir ebenfalls: Allerorten ist der Ruf nach Interdisziplinarität zu vernehmen!

Was tun? Sicher werden wir nicht versuchen (können), die Uhr vollständig zurückzudrehen, um das Fächersprektrum wieder auf einen Punkt zu fokussieren. Aber: Warum sollten wir nicht eine Reinkarnation der NATURFORSCHUNG anstreben!? [3] In eben diesem Sinne ist auch der vorliegende Beitrag zu sehen, der Aspekte der »belebten« und »unbelebten« Natur miteinander verknüpft.

Das Feste: Hierunter sollen feste anorganische Stoffe (Verbindungen) verstanden werden, die man in Form einphasiger Bestandteile der Erde (genauer: der uns zugänglichen Erdkruste) *Minerale* nennt. Mit Mineralen beschäftigt sich der Wissenschaftszweig der Mineralogie, ein Fachgebiet mit langer Tradition und essenzieller Bedeutung für Bergbau- und Hüttenkunde. Die Verfügbarkeit (Gewinnung) von Metallen aus natürlichen Erzvorkommen war schon immer ein wesentlicher Technologie- und Reichtumsfaktor. Zu Zeiten der Renaissance und der Reformation in Deutschland ist mit der Entwicklung der Berg- und Hüttenkunde der Name Georgius Agricola (1494–1555) untrennbar verknüpft. Agricola war nicht nur der Begründer der wissenschaftlichen Mineralogie und der damit verbundenen Technologien, sondern auch einer der fortschrittlichsten Ärzte seiner Zeit und »nebenbei« noch Bürgermeister von Chemnitz. Also wieder ein Beispiel für die Universalität jener Zeit.

Die Faszination des Mineralreichs beruht nicht zuletzt darauf, dass die Objekte des Interesses Größen von Zentimetern (z. T. sogar Metern) erreichen, also mit bloßem Auge zu erkennen sind. Da der weitaus überwiegende Teil der Minerale kristalliner Natur ist und frei gewachsene Individuen von ebenen Flächen begrenzt sind, entwickelten sich aus Betrachtungen der auftretenden Flächenkombinationen erste Ansätze zur Kristallographie (Gesetz der Winkelkonstanz, Rationalitätengesetz, Symmetrieoperationen ohne Translation, Kristallklassen, usw.) [4]. Aus diesen makroskopischen Beobachtungen wurde dann lange vor dem experimentellen Nachweis des Gitteraufbaus kristalliner Materie (Beugung von Röntgenstrahlen an Kristallen: Max von Laue, München 1912) geschlossen, dass kristalline Materie aus periodisch angeordneten kleineren Bausteinen bestehen sollte (René Just Haüy,

1743–1822). Diese ersten systematischen Vorstellungen sind in Abb. 1 gezeigt und lassen bereits erkennen, dass der feste, kristalline Zustand der Materie von strengen Gesetzmäßigkeiten und Periodizität bestimmt wird. Man wird auch unmittelbar einsehen, dass die Existenz solcher kristallinen Individuen (nach ihrer Bildung) von unbegrenzter Dauer sein kann. Insgesamt sind kristalline Systeme also fernab von »lebenden« Systemen: Perenne nil nisi solidum! [5]

Die im Titel genannte Komponente »**Bio**« repräsentiert letztendlich genau das Gegenteil von »das Feste«. Hier geht es um lebende Systeme, die aus Zellen aufgebaut sind. Darunter versteht man kleine membranbegrenzte Einheiten, in denen Moleküle und Ionen unterschiedlicher Art in hoch konzentrierten Lösungen zusammenwirken und neue Qualitäten – beispielsweise Zellteilungen – erzeugen (Abb. 2). Wir sind weit davon entfernt, die auf molekularer Ebene ablaufenden Vorgänge in Zellen vollständig zu begreifen. Dieser Anspruch wäre auch vermessen. Durch intensive Forschung zur Molekularbiologie der Zelle [6] eröffnen sich lediglich Teilaspekte und lassen uns die Komplexität dieser »kleinen« Einheiten gerade

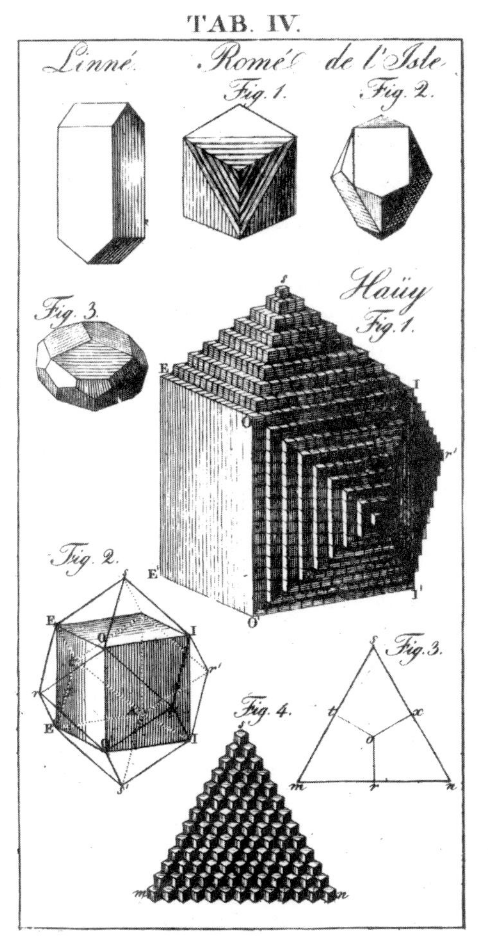

Abb. 1 Erste Vorstellungen zum Gitteraufbau von Kristallen. Aus: C.M. Marx, *Geschichte der Crystallkunde*, Erstausgabe von 1825.

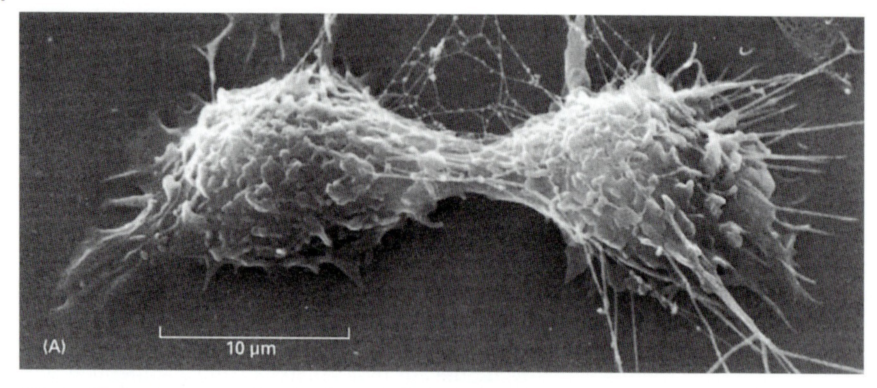

Abb. 2 Rasterelektronenmikroskopische Aufnahme einer tierischen Zellkulturzelle während der Teilung. Aus: *Molekularbiologie der Zelle* [6].

erahnen. Diese selbstorganisierten Systeme sterben eines natürlichen (oder unnatürlichen) Todes. Ihre Existenz ist also zeitlich begrenzt.

Bio und das Feste: Sind diese Systeme (Zustände) miteinander zu verknüpfen? Funktioniert so etwas im Laboratorium, und was kann man damit anfangen? Oder: Was zeigt uns die Natur bereits in dieser Sache?

Zunächst zum Laboratorium, aus dem es ein zukunftsträchtiges (utopisches?) Zusammenwirken von Physik, Chemie und Biologie zu berichten gibt [7]. In Abb. 3 ist eine Nervenzelle gezeigt, die sich auf einer linearen Abfolge von Feldeffekttransistoren auf einem Siliciumchip festgesetzt hat. So können ionische Signale von der Zelle auf den Halbleiter übertragen werden, der diese in Form elektronischer Signale weiterzuleiten vermag. Mit solchen intelligenten Biosensoren könnte beispielsweise eine schnelle Überprüfung der Wirkung von Arzneimitteln ermöglicht werden, oder es ließen sich krankhafte Veränderungen von Proteinen feststellen – und noch viele weitere Anwendungen sind denkbar. Die Tür zum Einstieg in eine

Abb. 3 Nervenzelle aus dem Hirn einer Ratte auf Feldeffekttransistoren eines Siliciumchips. Bildbreite etwa 40 µm. Foto: P. Fromherz, MPI für Biochemie, Martinsried. Aus: *Physik: Themen, Bedeutung und Perspektiven physikalischer Forschung* [7].

»Neuro-Elektronik« ist damit zumindest aufgestoßen. Intensiver und mutiger Interdisziplinarität sei Dank!

Im genannten Beispiel aus dem Laboratorium (Abb. 3) sind »vorgefertigte« Funktionselemente aus den Bereichen »Bio« und »das Feste« lediglich so zusammengebracht worden, dass sie miteinander kommunizieren können. Strukturveränderungen treten – zumindest makroskopisch – nicht auf. Eine grundsätzlich andere und komplexere Ebene liegt vor, wenn Biosysteme eigenständig anorganische Festkörper bilden (so genannte *Biomineralisation*) [8]. Die Prinzipien der Biomineralisation (in der Natur) lassen sich kurz wie folgt beschreiben:

- Keimbildung und Wachstum anorganischer Festkörper in biologischen Systemen
- kollektive Wechselwirkungen zwischen organischen und anorganischen Komponenten
- Das biologische System steuert Transportphänomene, Ort und Anzahl von Keimbildungszentren, die relative Orientierung zwischen organischer Matrix und anorganischem Festkörper und wirkt als Templat bzw. »Stempel«.
- Der anorganische Festkörper wird »gesteuert« hinsichtlich Phase (Modifikation), Morphologie (äußere Erscheinung, Form), Gefüge und Funktionalität (Eigenschaften). Die Ausdehnungen reichen vom mikroskopischen über den mesokopischen bis in den makroskopischen Bereich.

Es liegen somit *komplexe Systeme* vor, die geprägt sind von Selbstorganisation, Selbstähnlichkeit, Musterbildung und Informationsübertragung. Die Zeitskala der ablaufenden Prozesse liegt im »biologischen« Bereich (Stunden, Tage, Wochen, Monate, Jahre).

Wenn man sich mit derartigen Systemen wissenschaftlich auseinandersetzen möchte, sollte man Kenntnisse über den Zustand ihrer Komplexität besitzen. Komplexität bedeutet, dass die Wechselwirkungen zwischen den beteiligten (chemischen) Komponenten Zustände erzeugen, die insgesamt eine höhere Qualität aufweisen, als es allein der Summe der Komponenten (und ihrer Eigenschaften) entspricht [9].

So lässt sich etwa die Zunahme von Komplexität durch folgende Hierarchiesequenz veranschaulichen, wobei jeder Pfeil einfach das Wort »bilden« ersetzt: Elementarteilchen $\rightarrow$ Atome, Atome $\rightarrow$ Moleküle, Moleküle $\rightarrow$ Supermoleküle, Supermoleküle $\rightarrow$ supramolekulare Anordnungen (z. B. Zellen), Zellen $\rightarrow$ Gewebe, Gewebe $\rightarrow$ Organismen, Organismen ... Gesellschaften und Umweltsysteme. Zugegeben, die Vereinfachungen sind fast unerträglich, aber in der Sequenz geben sie sehr wohl ein Gefühl dafür, auf welcher Hierarchieebene der Komplexität das betrachtete System in etwa anzusiedeln ist – die Biomineralisation erreicht hier mindestens die Stufe der Zellen.

Allein schon wegen ihrer Formenvielfalt und Schönheit (Ästhetik) sind Diatomeen (Abb. 4) besonders geeignet, um die von Biomineralen ausgehende Faszination zu verdeutlichen. Diatomeen sind einzellige Mikroorganismen, die hoch strukturierte Zellwände aus amorphem, wasserhaltigem Siliciumdioxid ($SiO_2 \cdot H_2O$) sozusagen als »Schutzpanzer« erzeugen. Für die Bildung dieser Strukturen sind

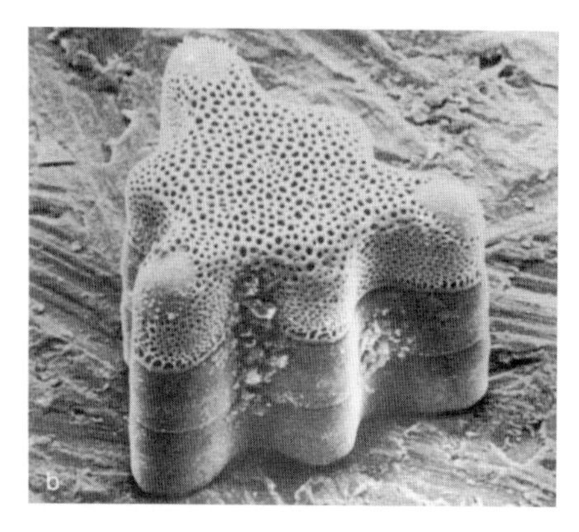

Abb. 4 Beispiele für Diatomeen-Zellwände aus amorphem, wasserhaltigem Siliciumdioxid ($SiO_2 \cdot H_2O$). Bildbreiten ca. 150 µm. Aus: *The Diatoms* [10].

Zellwandproteine verantwortlich, die Aufnahme, Transport und Abscheidung von »Kieselsäure« bewerkstelligen [10, 11]. Die unterschiedlichen Formen der anorganischen Diatomeen-Zellwände (Abb. 4) sind mit filigranen Mustern versehen, wie sie allein durch die »unbelebte« (anorganische) Natur nicht erzeugt werden können.

Biominerale werden von lebenden Systemen als Funktionsmaterialien gebildet und über »Evolutionsstrategien« optimiert (angepasst). Größtenteils gehören die als Biominerale bekannten anorganischen Festkörper »einfachen« Verbindungsklassen an, wie Oxiden, Carbonaten, Phosphaten oder Sulfaten. Hierzu einige Beispiele (von links nach rechts: Organismus → Mineral → Funktion):

- Vertebraten (Wirbeltiere, Menschen) → Hydroxyapatit $Ca_5(OH)[PO_4]_3$ → Zähne Endoskelett
- Diatomeen (Kieselalgen) → Siliciumdioxid (amorph), $SiO_2 \cdot H_2O$ → Exoskelett (Abb. 4)
- Magnetobakterien → Magnetit Fe_3O_4 → Magnetorezeptoren
- Echinodermen (Stachelhäuter) → Calcit $Ca[CO_3]$ → Stacheln
- Trilobiten (Dreilappkrebse, ausgestorben) → Calcit $Ca[CO_3]$ → Augenlinsen
- Fische → Aragonit $Ca[CO_3]$ → Otolithen (Schwerkraft-sensoren)
- Quallen → Calciumsulfat -hemihydrat $CaSO_4 \cdot 0{,}5\ H_2O$ → Schwerkraft-sensoren

Auch wenn die Summenformeln der in biologischen Systemen gebildeten anorganischen Festkörper (»Minerale«) einfach sind – ihr mikroskopischer Aufbau ist äußerst komplex. Selbst kristalline Biominerale enthalten organische Komponenten, sodass ihre Strukturen *anorganisch-organische (Nano)-Komposite* darstellen. Durch die geordnete Einlagerung von organischen (Makro-)Molekülen in das »anorganische« Biomineral werden besondere Materialeigenschaften erreicht, wie etwa das Beispiel der Seeigelstacheln verdeutlicht: Die hauptsächlich aus Calcit ($Ca[CO_3]$) bestehenden Skelettanteile zeigen im Gegensatz zu rein anorganischem Calcit, der perfekte Spaltbarkeit in Richtung der Rhomboederflächen aufweist, lediglich muscheligen Bruch, der auf eine erhöhte Festigkeit des Biominerals hindeutet. Diese für den Seeigel günstige (schützende) Eigenschaft wird durch orientierte Einlagerungen saurer Proteine erreicht, die durch ihre Anwesenheit und Positionierung das Fortschreiten von beginnenden »Rissen« (entlang der Spaltflächen des Calcits) verhindern. [12] Solche Verstärkungsprinzipien von Funktionsmaterialien spielen übrigens heute in High-Tech-Keramiken eine Rolle. [13]

Aus allem bisher Gesagten folgt eindeutig, dass die Beschäftigung mit Prinzipien der Biomineralisation einer intensiven interdisziplinären Wechselwirkung bedarf. Die zum Verständnis notwendigen und zu integrierenden Disziplinen umfassen auch ohne »Entartungszustände« (s. o.) ein erhebliches Spektrum:

- Chemie/Mineralogie/Kristallographie
- Physik/Materialforschung
- Biologie/Zoologie/Mikrobiologie/Paläontologie
- Medizin/Pharmazie
- Theorie/Molekulardynamik ...

Dies ist allerdings noch nicht alles! Das begeisternde Buch *Wie Schnecken sich in Schale werfen* [14] zeigt, wie (makroskopische) Musterbildung in der Natur streng mathematisch im Sinne dynamischer Prozesse (ohne jegliche Chemie!) beschrieben und auch nachvollzogen (modelliert) werden kann. Die Ergebnisse dieser Entwick-

Abb. 5 *Epitonium scalare* (Echte Wendeltreppe). Photographie *(links)* und zwei Modelle. Beim ersten Modell *(mitte)* sind die Rippen senkrecht zur generierenden Kurve ausgerichtet, beim zweiten Modell *(rechts)* dagegen (falsch!) entlang der Gehäuseachse. Aus: H. Meinhardt [14].

Abb. 6 *Oliva porphyria*. Photographie *(links)* und Modell *(rechts)*. Verzweigungen und Wellenbildung in den Pigmentmustern. Aus: H. Meinhardt [14].

lungen sind so überzeugend und ästhetisch zugleich, dass in Abb. 5 und 6 einige Beispiele zu Morphologie und Musterbildung (Pigmentierung) bei tropischen Meeresschnecken (die realen Gehäuse bestehen aus Calciumcarbonat als Biomineral) gezeigt sind.

Ein weiterer Aspekt, der eine mathematisch-psychologisch-philosophische Komponente beinhaltet, kommt bei Biomineralisation ebenfalls hinzu. Dieser Bereich ist treffend überschrieben mit »Goldener Schnitt und (natürliches) Wachstum« oder »Das irrationale Maß der Dinge« [15]. Jeder kennt den Goldenen Schnitt, der am Beispiel eines so genannten Goldenen Rechtecks durch die Eigenschaft definiert ist, dass das Verhältnis der beiden Seiten a (kurz) zu b (lang) gleich dem Verhältnis der langen Seite zur Summe der beiden Seiten (a + b) ist. Bemerkenswert ist nun, dass beispielsweise Bilderrahmen, die in ihren Abmessungen die Eigenschaft eines Goldenen Rechtecks aufweisen, vom Menschen als besonders schön empfunden werden (ein psychologisches Phänomen). Die so genannte Goldene Zahl – der Wert des Goldenen Schnitts – beträgt mit einer Genauigkeit von sechs Stellen 0,618033. Sie ist eine irrationale Zahl und steht in enger Verbindung mit ihrem Kehrwert 1,618037. Auch Johannes Kepler (1571–1630) schwärmte von der wunderbaren Natur der Goldenen Zahl, deren »wichtigste Eigenschaft darin besteht, dass man immer wieder eine in gleichen Teilen geteilte Strecke erhält, wenn man den größeren Teil zum Ganzen addiert, der größte Teil zum kleineren und, was vorher das Ganze war, zum größeren Teil wird.« Kepler führt in seinem Hauptwerk *Harmonices Mundi* weiter aus: »In diesem schönen Verhältnis liegt nun aber die Idee der Zeugung verborgen. Denn wie der Vater den Sohn erzeugt, der Sohn einen anderen, jeder einen ihm ähnlichen, so wird auch bei jeder Teilung die Proportion fortgesetzt, wenn man den größeren Abschnitt zum Ganzen hinzufügt.« Der Goldene Schnitt steht offenbar im Zusammenhang mit Lebensprozessen (Wachsen und Zeu-

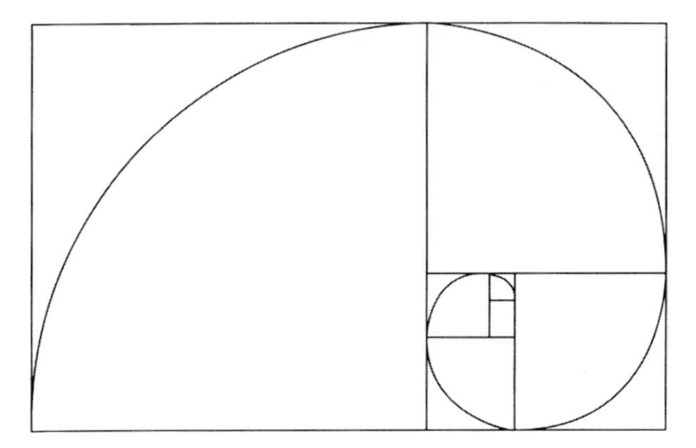

Abb. 7 Konstruktion einer Spirale aus kleiner werdenden Goldenen Rechtecken. Aus: E. P. Fischer [15].

gen), sodass hierin vielleicht die Erklärung dafür liegt, dass Lebewesen (hier: Menschen) diese Proportionen mit ihrer Selbstähnlichkeit im Sinne von Ähnlichkeit mit sich selbst (?) als schön empfinden.

Das Prinzip des Wachsens nach dem Goldenen Schnitt zeigt sich z. B. bei Spiralen (Abb. 7) [15]: Ein Goldenes Rechteck kann in ein Quadrat und ein zweites (kleineres und anders orientiertes) Goldenes Rechteck aufgeteilt werden. Mit diesem lässt sich der Prozess wiederholen, und er ist unbegrenzt fortsetzbar. In die Anordnung der kleiner werdenden Quadrate lassen sich Viertelkreise so einzeichnen, dass eine Spirale entsteht, die sich auf einen Punkt zubewegt. Die Spirale besitzt die Eigenschaft der Selbstähnlichkeit, die wiederum mit Schönheit verknüpft ist.

Eine weitere Wachstumsregel der Natur wurde um das Jahr 1200 von Leonardo von Pisa (Spitzname: Fibonacci) mit einer Zahlenreihe entwickelt, die heute in der Mathematik unter der Bezeichnung Fibonacci-Zahlen bekannt ist. Auch Johannes Kepler kannte diese Reihe, und ihm fiel auf, dass die Quotienten aus zwei jeweils benachbarten Zahlen mit steigenden Werten der irrationalen Zahl des Goldenen Schnitts zustreben. Die Reihe beginnt mit 1 und setzt sich dadurch fort, dass jede weitere Zahl der Summe der beiden vorhergehenden Zahlen entspricht:

1; 0+1=**1**; 1+1=**2**; 1+2=**3**; 2+3=**5**; 3+5=**8**; 5+8=**13**; 8+13=**21**;
34, **55**, **89**, **144**, **233**, **377** usw.

Der Quotient aus 233 und 377 beträgt bereits 0,618037! Die Fibonacci-Reihe wächst also relativ schnell, sie »explodiert« jedoch nicht. Eben dieses Verhalten war für Fibonacci besonders interessant, da er beispielsweise versuchte, die Vermehrung von Kaninchen mathematisch in Griff zu bekommen. Zurück zur Biomineralisation: Die Konstruktion der Wachstumsspirale einer Schnecke mit Markierung der Fibonacci-Zahlen ist in Abb. 8 dargestellt. Abb. 9 zeigt das (reale) Gehäuse einer Schnecke. Unsere Empfindung sagt einfach: schön!

An dieser Stelle soll der etwas lang geratene und zudem noch unvollständige Prolog enden. Beispielsweise wurde der wichtige Aspekt der »Symmetrie als Entwick-

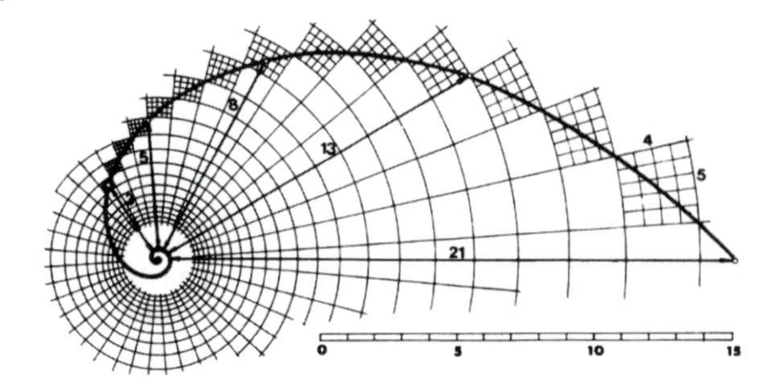

Abb. 8 Wachstumsspirale einer Schnecke mit Markierung der Fibonacci-Zahlen. Aus: E. P. Fischer [15].

Abb. 9 Schneckenschale mit sanft gewellter Oberfläche. Aus: H. Meinhardt [14]. Vgl. Form und Öffnung der Spirale mit Abb. 8.

lungsprinzip in der Natur« [16] nur kurz angerissen. Es war mir jedoch ein wichtiges Anliegen, zu verdeutlichen, welche Breite, Komplexität und Faszination mit Naturphänomenen zusammenhängt. Wir sind sicher gut beraten, die Uhr schnell in Richtung auf Konzepte der Naturforschung zurückzudrehen. Dies ist kein Rückschritt, sondern definitiv ein Fortschritt! Es ist an der Zeit, der Diversifizierung (Entartung) von Fachrichtungen entschieden entgegenzuwirken. Die Biomineralisation ist in diesem Sinne ein vorzüglich geeignetes Beispiel, um die unmittelbare Notwendigkeit zum Handeln zu verdeutlichen.

Knochen und Zähne als Biominerale (Biokomposite)

Knochen und Zähne sind essenzielle Funktionseinheiten des menschlichen Körpers. Ihre Konstitution wurde im Lauf der Evolution entwickelt und optimiert. Die Materialien repräsentieren im Zusammenspiel von organischen und anorganischen Komponenten hoch komplexe Systeme, die von Zellaktivitäten bestimmt werden.

Während Knochen von speziellen Zellen ständig umgebaut werden (Osteoblasten lagern Knochenmatrix ab, Osteoklasten lösen Knochenmatrix auf) [6], ist der Prozess der Zahnbildung sowohl für Milchzähne als auch für bleibende Zähne nach bestimmten Entwicklungszeiten einfach abgeschlossen [17].

Knochen und Zähne bilden sich in Bindegeweben (Knorpel bzw. Desmodont), deren Strukturen Kollagenfasern enthalten. Die Kollagenfasern beinhalten (tragen) die Keimbildungszentren für die Mineralisierung (auch Calcifizierung genannt). Dabei entsteht ein Komposit aus Apatit (einfachste Summenformel für Hydroxyapatit: $Ca_5(OH)[PO_4]_3$) und Kollagen, das die besonderen Eigenschaften dieser Funktionsmaterialien bedingt: Druck-, Zug-, Dehnungs- und Biegefestigkeit (Knochen) bzw. Härte und Elastizität (Zähne).

Hinter den beiden »eher dürren« Textabsätzen in diesem kurzen Abschnitt verbirgt sich ein immenses – wenn auch natürlich nicht vollständiges! – Kenntnispotenzial aus den Bereichen Medizin und (molekulare) Zellbiologie. Die Notwendigkeit für eine weitere intensive Forschungstätigkeit zeigt allein schon die Tatsache, dass sich beispielsweise Karies und Osteoporose zu Volkskrankheiten entwickeln (entwickelt haben). In meiner Arbeitsgruppe versuchen wir nun, einen Beitrag zum Thema zu leisten, indem wir das sehr komplexe Biosystem durch (erlaubte?) Vereinfachungen auf eine *sehr niedrige Ebene der Komplexität*, nämlich auf das System *denaturiertes Kollagen + wässrige Ionenlösung mit »Apatit-Komponenten«* reduzieren. Die »einfache« Frage lautet dabei: Welche Wechselwirkungen sind beim Wachstum von Apatit aus wässrigen Lösungen in Gegenwart von denaturiertem Kollagen (im weitesten Sinne also *Gelatine*) zu beobachten, und wie lassen sich die Phänomene naturwissenschaftlich erklären (einordnen)?

Apatit und Gelatine

Mit dem Mineralnamen *Apatit* wird ein Calciumphosphat bezeichnet, das aus wässriger Lösung bei pH-Werten ≥ 7 nach folgender Reaktionsgleichung gebildet wird:

$$3\ HPO_4^{2-} + 5\ Ca^{2+} + H_2O \rightarrow Ca_5(OH)[PO_4]_3 + 4\ H^+$$

Das Löslichkeitsprodukt des basischen Calciumphosphats (auch Hydroxyapatit genannt) ist unter diesen Bedingungen sehr klein ($K_{LP} = 5{,}5 \cdot 10^{-118}$ $(mol\ l^{-1})^9$), sodass die Ausfällung auch weitgehend quantitativ erfolgt. Die OH-Gruppe ist in Gegenwart von Fluoridionen partiell bis vollständig ersetzbar. Als Endglied dieser Substitution bildet sich dann der so genannte Fluorapatit ($Ca_5(F)[PO_4]_3$).

Hydroxyapatit und Fluorapatit sind häufig vorkommende Minerale in der »unbelebten« Natur (der uns zugänglichen Erdkruste). Ihre Kristalle können bis zu Meter-Größe wachsen – ein kleines Individuum von etwa 20 mm Länge zeigt Abb. 10. Die Farben von natürlichen Apatiten nehmen ein breites Spektrum ein (farblos, gelb, grün, violett, rot etc.), da die den Apatit bildenden »farblosen« Ionen (Ca^{2+}, OH^-/F^-, $[PO_4]^{3-}$) durch andere »farbgebende« Ionen ersetzt werden können. Selbstverständlich arbeitet die »unbelebte« Natur nicht unter »sauberen« Laborbedingungen, sondern hält eine Vielzahl von (gelösten) Elementen des Periodensystems simultan

Abb. 10 Fluorapatitkristall (Länge etwa 20 mm). Fundort: Cerro Mercado, Durango, Mexiko. Aus: *Der Kosmos Edelsteinführer* [18].

bereit. Entsprechendes gilt auch für biogenen Apatit, der z. B. bevorzugt Carbonationen $[CO_3]^{2-}$ in seine Kristallstruktur integriert.

Apatit kristallisiert in der hexagonal-bipyramidalen Kristallklasse 6/m (Hermann-Mauguin-Symbol). Dies bedeutet, dass ideal gewachsene Apatitkristalle als Symmetrieelemente eine sechszählige Drehachse und – senkrecht dazu – eine Spiegelebene aufweisen. Eine Auswahl charakteristischer Formen von Apatitkristallen enthält Abb. 11. Die relative Ausdehnung der Flächen zueinander kann stark variieren, sodass Apatitkristalle mit plattigem, säuligem oder auch nadeligem Habitus beobachtet werden. In der Vielzahl der auftretenden Farben und Formen von naturgewachsenem Apatit liegt auch der Mineralname begründet, der sich von »apatao« (griech.) = »ich täusche« ableitet, da das Mineral lange Zeit für Calcit oder Beryll gehalten wurde. Erst im Jahre 1788 stellte G. A. Werner fest, dass es sich beim Apatit um ein eigenständiges Mineral handelt [20].

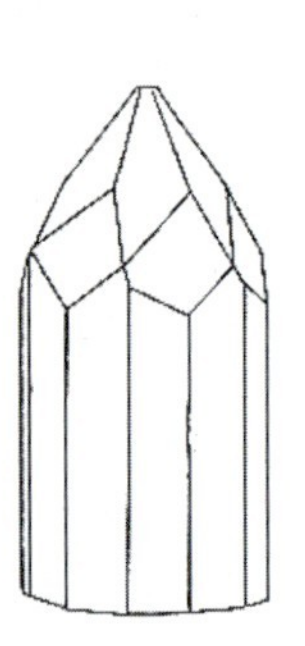

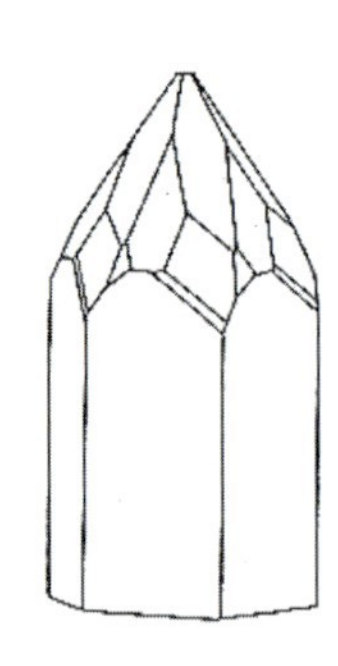

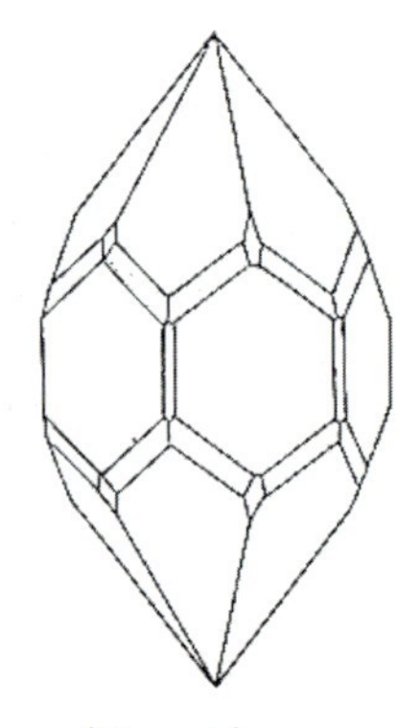

Abb. 11 Apatitkristallformen. Links: Prismen- und Pyramidenflächen (unvollständig wegen Aufwachsung auf irgendeinem Substrat). Rechts: Prismen- und Pyramidenflächen (vollständig, 6/m, siehe Text). Aus: D. McConnell [19].

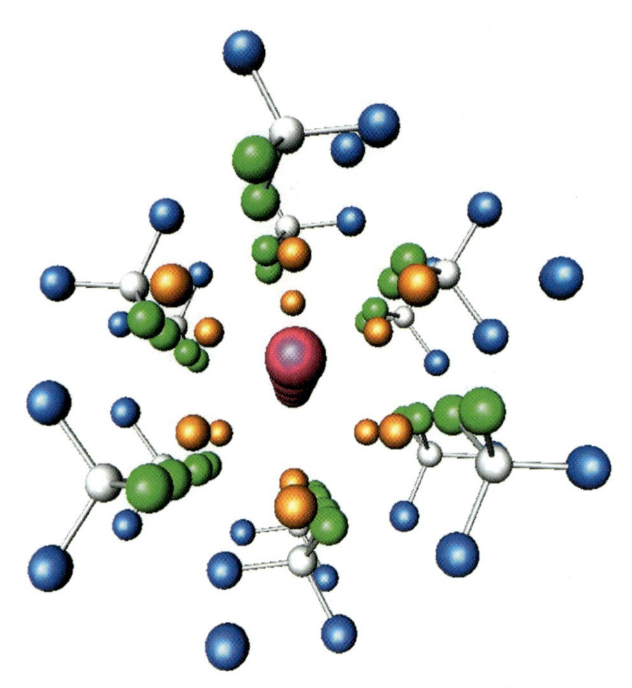

Abb. 12 Ausschnitt aus der Kristallstruktur von Apatit. Blickrichtung ungefähr entlang der hexagonalen c-Achse. Kugel/Stab-Darstellung der PO_4-Tetraeder (weiß, blau, grün). Calcium: goldgelb. OH^- bzw. F^-: rote Kugeln im Strukturkanal. Abgesehen von den grün dargestellten Sauerstoffpositionen der Phosphat-Tetraeder liegen alle Atome auf Spiegelebenen (Tiefenstaffelung parallel zur Papierebene) der Kristallstruktur.

Apatit ist mit einer Härte von 5 einer der Repräsentanten der Mohsschen Härteskala (Härte 1: Talk bis Härte 10: Diamant). [20] Wenn überhaupt, so weist Apatit eine kaum ausgeprägte Spaltbarkeit mit muscheligem (glasartig aussehendem) Bruch senkrecht zur sechszähligen Drehachse auf. Die Kristallstruktur (Abb. 12) enthält Phosphattetraeder und Calciumionen, die gemeinsam ein ionisches Gerüst bilden. Es ist von parallel zueinander verlaufenden Kanälen durchzogen, die entlang der sechszähligen Drehachse orientiert sind. Im hier betrachteten Zusammenhang ist die »Füllung« der Kanäle von besonderem Interesse. Die möglichen durch OH^- (im Falle von Hydroxyapatit) oder F^- (im Falle von Fluorapatit) besetzten Kanalpositionen liegen entweder *auf* oder lediglich *in der Nähe* der Spiegelebene senkrecht zur sechszähligen Drehachse. Befinden sich die Anionen in den Kanälen *auf* der Spiegelebene, so genügt diese Situation der Kristallklasse 6/m, sind sie jedoch in immer gleicher Richtung *aus der Spiegelebene herausgerückt,* wird die Symmetrie zur Kristallklasse 6 erniedrigt – einer polaren Kristallklasse mit besonderen physikalischen Eigenschaften. Auf diese Punkte (Spaltbarkeit/Bruch und Polarität) kommen wir später noch einmal zurück.

Schließlich noch eine weitere den Apatit betreffende Besonderheit: Seine Bildungsbedingungen beschränken sich nicht nur auf wässrige Lösungen bei moderaten Temperaturen (s. o.). Apatit ist auch ein weit verbreiteter Bestandteil von Tiefengesteinen (Bildungstemperatur z. B. 800 bis 900 °C) und kommt in Form besonders schön (und groß) ausgebildeter Kristalle in pegmatitisch (ca. 500 °C) oder hydrothermal (ca. 400 °C) überprägten Klüften (Spalten) bzw. Hohlräumen (Drusen) vor [20].

Nun zur *Gelatine*, die durch chemisch-thermische Verfahrensschritte aus Kollagenen, den Hauptproteinen der extrazellulären Matrix [6], gewonnen wird. Das wesentliche Merkmal eines typischen Kollagenmoleküls besteht in seiner starren dreisträngigen Helixstruktur, in der drei Kollagen-Polypeptidketten (so genannte α-Ketten) in Form einer Tripelhelix umeinander gewunden sind (Abb. 13). Jede einzelne helicale α-Kette besteht aus etwa 1000 Aminosäuren und weist eine Gesamtlänge von ca. 300 nm auf. Das tripelhelicale Molekül hat einen Durchmesser von 1,5 nm und ein Molekulargewicht von etwa 290.000. »Klassische Kollagentypen« (z. B. aus Haut, Knochen oder Sehnen) zeichnen sich durch aufeinander folgende Tripeptideinheiten mit der Sequenz Gly-X-Y aus, wobei Prolin in X- und Y-Position vorkommt, 4-Hydroxyprolin dagegen ausschließlich die Y-Position einnimmt. In natürlichen Bindegeweben organisieren sich die Kollagenmoleküle (Tripelhelices) zu so genannten Kollagenfibrillen, die aus aufeinander folgenden Molekülen in paralleler Anordnung bestehen und Fibrillendurchmesser zwischen 0,5 und 3 μm aufweisen. In longitudinaler Richtung sind die parallel zueinander orientierten Moleküle in den Fibrillen systematisch gegeneinander versetzt (Abb. 14). Im Elektronenmikroskop zeigt sich dies durch eine charakteristische Querstreifung mit einer Periodizität von 67 nm.

Die Nucleations- oder Keimbildungszentren für Apatit bei der in vivo-Calcifizierung von Bindegeweben wurden bereits genannt – es sind (in erster Linie) die Lücken zwischen den in Längsrichtung benachbarten Kollagenmolekülen der Kollagenfibrillen. Dabei besteht die Strukturkorrelation, dass die hexagonale c-Achse des

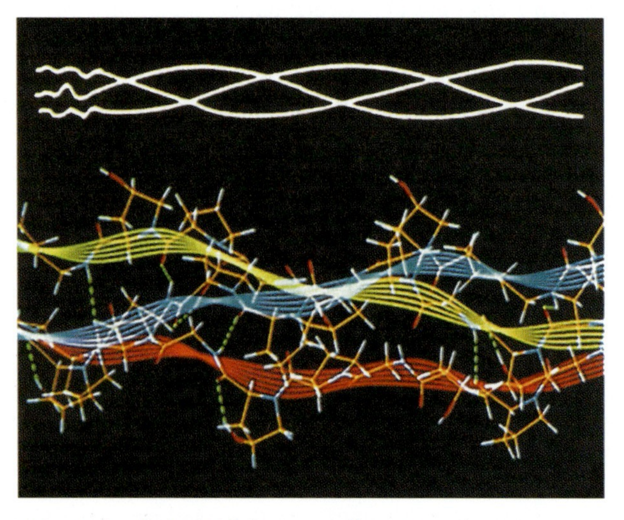

Abb. 13 Tripelhelicale Struktur von Kollagen (Ausschnitte). Oben: schematische Darstellung. Unten: Computermodell zur makromolekularen Organisation. Aus: W. Babel [21].

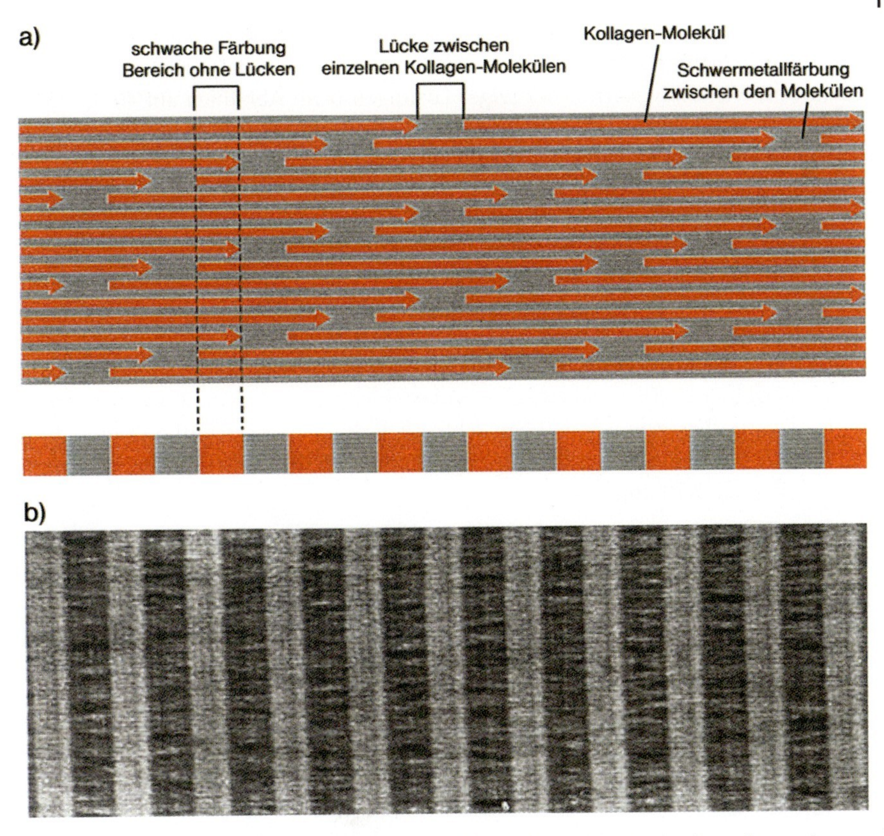

Abb. 14 (a) Versetzte Anordnung der Kollagenmoleküle in einer Kollagenfibrille.
(b) Durch die Schwermetallbehandlung zur elektronenmikroskopischen Untersuchung werden die Lücken zwischen den einzelnen Molekülen gefärbt. Dadurch resultieren die dunklen Banden in der elektronenmikroskopischen Aufnahme. Aus: *Molekularbiologie der Zelle* [6].

»sich bildenden/gebildeten« Apatits in Richtung der Fibrillenachse und damit in Richtung der langen Achsen der Kollagenmoleküle orientiert ist [8,22].

In natürlichen Bindegeweben entwickelt sich aus den Kollagenfibrillen über weitere hierarchische Stufen ein komplexer Strukturverband, der durch hochgradige Quervernetzungen einen wasserunlöslichen Zustand repräsentiert. Hierfür sind Zellreaktionen verantwortlich, die in unserem Beispiel jedoch nicht berücksichtigt werden sollen, da nur eine sehr niedrige Komplexitätsstufe angestrebt wird. Wenn nun Selbstorganisationsprozesse zwischen Kollagenmolekülen und wässrigen Ionenlösungen mit »Apatitkomponenten« ermöglicht werden sollen, ist es mindestens notwendig, die »Beweglichkeit« bzw. »Umorientierung« der Makromoleküle zu gewährleisten. Hier bietet sich als »vielseitiges Biopolymer« die wasserlösliche Gelatine, also »denaturiertes« Kollagen, an. Auf die etablierten Verfahrens- und Produktionsschritte zur Herstellung von Gelatine [21] muss nicht näher eingegangen werden – wichtig sind vielmehr ihre Eigenschaften.

Gelatinelösungen zeigen die Eigenschaft, thermoreversible Sol/Gel-Umwandlungen zu durchlaufen. Bereits bei einem Gelatinegehalt von 0,6 Gewichtsprozent nimmt die Viskosität warmer wässriger Lösungen beim Abkühlen auf 40 bis 35 °C drastisch zu. Bei weiterem Abkühlen bildet sich ein Gel. Es wird angenommen, dass der Gelierprozess in drei Stufen abläuft: [21]

- Aneinanderlagerung individuell gelöster α-Ketten über hydrophobe, (Gly-Pro-Hyp)-reiche Strukturelemente unter Ausbildung geordneter helicaler Strukturen.
- Assoziation von einigen wenigen geordneten Segmenten und Formierung von Bereichen mit lokaler Vorzugsorientierung.
- Stabilisierung der Struktur durch Bildung von Wasserstoffbrücken innerhalb einzelner Helices und zwischen unterschiedlichen Helices. Zusätzlich eingelagerte Wassermoleküle üben schließlich durch Wasserstoffbrückenbindungen mit hydrophilen, OH-Gruppen tragenden Aminosäuren eine gelstabilisierende Wirkung aus.

Die Umwandlungstemperatur für die thermoreversible Sol/Gel-Umwandlung wird als Erstarrungs- bzw. Schmelztemperatur bezeichnet. Je nach Qualität und Konzentration schmelzen handelsübliche Gelatinen zwischen 25 und 35 °C. Die Festigkeit des Gelatinegels hängt stark von der Gelkonzentration, vom molekularen Aufbau (Molmassenverteilung), vom pH-Wert und auch von der Temperaturführung beim Erstarren ab. Schon das Gelmedium selbst ist also ein komplexes System. Noch komplexer werden die Verhältnisse, wenn wasserlösliche Ionen hinzukommen.

Konzept und biomimetische Reaktionsführung

Es wurde bereits angesprochen, dass das von Zellaktivitäten (also von »Leben«) gesteuerte Biosystem »Bindegewebe/Knochen bzw. Zähne« auf eine sehr niedrige Ebene der Komplexität reduziert werden muss, wenn Möglichkeiten geschaffen werden sollen, um Wachstumsprozesse als Funktion der Zeit »überschaubar« zu machen. Deshalb betrachten wir hier lediglich das System »Gelatine + wässrige Ionenlösungen mit Apatitkomponenten« und benutzen dies als stark vereinfachtes Modell für die Biomineralisation von Apatit in Kollagen. Das einfache chemische System simuliert damit die Bedingungen, die über Evolutionsprozesse bereits optimiert und entwickelt wurden. Da das Löslichkeitsprodukt von Apatit unter physiologischen Bedingungen sehr klein ist ($K_{LP} = 5{,}5 \cdot 10^{-118}$ (mol l^{-1})^9), müssen die Apatit bildenden Komponenten zunächst getrennt voneinander in wässrigen Lösungen vorliegen, bevor die Lösungen durch Diffusion in ein Gelatinegel zusammentreffen und dort Reaktionen auslösen können.

Die experimentelle Anordnung zur Realisierung des Vorhabens ist denkbar einfach (Abb. 15) und ist als Gel-Doppeldiffusion oder Gel-Gegenstromdiffusion lange bekannt. [23] Diese Technik wird vor allem zur Züchtung von Kristallen schwerlöslicher Verbindungen genutzt. Dabei steuert das Gel die Ionendiffusion, ist darüber

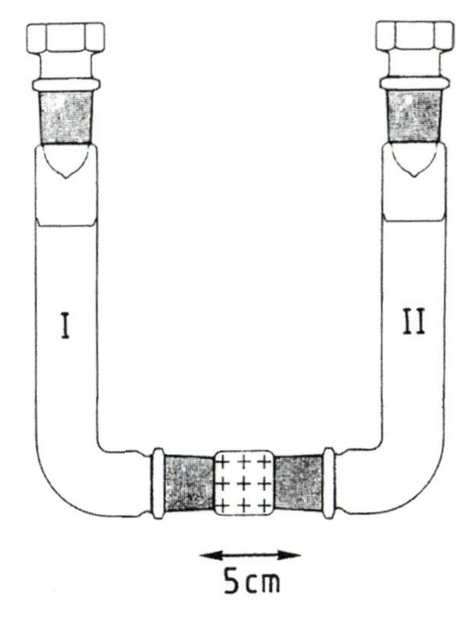

Abb. 15 Gegenstrom-Diffusionszelle mit einem Gelatine-Gelpfropfen (+ Symbole) im horizontalen Teil. In den Schenkeln I bzw. II befinden sich die Calcium- bzw. Phosphat-(Fluorid-)Lösungen.

hinaus jedoch *nicht* an den Kristallisationsprozessen beteiligt. Beim Wachstum von Apatit in Gelatinegel ist dies anders: Die Gelatine- bzw. Kollagenmoleküle greifen im Sinne von *Selbstorganisation und Musterbildung* aktiv in die Wachstumsprozesse ein. [24]

Die Bildung von Apatit im Gelatine-Gelpfropfen der Gegenstrom-Diffusionszelle ist am Auftreten so genannter Liesegangscher Bänder [25] zu erkennen (Abb. 16) und ist zeitlich abhängig vom anfänglich eingestellten pH-Wert der Gelatine (bei pH 5,5 ca. 1 Woche, bei pH 2,5 bis 3,5 ca. 2 Tage).

Die Calcium bzw. Phosphat (Fluorid) enthaltenden Lösungen (Schenkel I bzw. II der Diffusionszelle in Abb. 15) werden zu Beginn der Diffusionsexperimente auf den physiologischen pH-Wert von 7,5 eingestellt. Die Temperatur wird konstant auf 25 °C (Thermostat) gehalten. Unter diesen Bedingungen verlaufen die Reaktionen auf *»biologischer Zeitskala«*, d. h. im Bereich zwischen Tagen und Wochen. Zur

Abb. 16 Periodische Apatitbildung im Gelatinegel (Liesegangsche Bänder) [24]. Grössenskala: siehe Diffusionszelle in Abb. 15.

Untersuchung der Entwicklung der Reaktionsprodukte wird der Gelatinepfropfen (nach beliebigen Zeiten) aus dem Zentralrohr herausgedrückt und je nach Positionierung der Liesegangschen Bänder in einzelne Fraktionen zerschnitten. Zur Aufarbeitung der Fraktionen und Isolierung der festen Reaktionsprodukte wird mehrfach mit heißem Wasser gewaschen und zentrifugiert. Mit Röntgenpulvermethoden ist ausschließlich das für Apatit charakteristische Beugungsmuster festzustellen.

Bevor in den folgenden Abschnitten über Beobachtungen, experimentelle Befunde und Interpretation der in der Gelatinematrix ablaufenden Prozesse der Selbstorganisation und Musterbildung berichtet wird, sind noch zwei Punkte von Bedeutung:

- Die besondere Funktion der in der Gelatine enthaltenen Makromoleküle beim Apatitwachstum wird allein schon dadurch deutlich, dass in anderen organischen Gelmatrices (z. B. Polysaccharide, Agar oder Carragenan) unter ansonsten gleichen Reaktionsbedingungen Morphologien entstehen, die »konventionellen« Kristallaggregaten oder einfachen Präzipitaten entsprechen. Tendenzen zur Musterbildung durch Informationsübertragung bzw. Selbstorganisation sind in diesen Fällen nicht zu beobachten.
- Im Sinne eines Modellsystems zum Wachstum von Knochen und/oder Zähnen war natürlich zunächst geplant, das Wachstum von Hydroxyapatit (in Gelatine) zu untersuchen. Bereits die ersten Experimente mit dieser Zielsetzung zeigten allerdings, dass zwar außerordentlich schöne und ästhetische (sphärische) Hydroxyapatitaggregate gebildet werden, der Habitus der Einzelindividuen, die die Aggregate aufbauen, jedoch so kompliziert ausfällt (flockige/«ausgefranste« bzw. gebogene/gewellte Formen, Abb. 17), dass eine Detailuntersuchung zur Morphogenese ohne weitere Erfahrungen nicht »gewagt« wurde. (Wir beginnen erst jetzt mit entsprechenden Arbeiten im Rahmen der Dissertation von Frau Dipl.-Min. Caren Göbel, TU Dresden.)

Abb. 17 In Gelatinegel (Gegenstromdiffusion) gewachsenes sphärisches Aggregat aus Hydroxyapatit. Gebogene/«flockige« Form der Einzelindividuen (siehe Text).

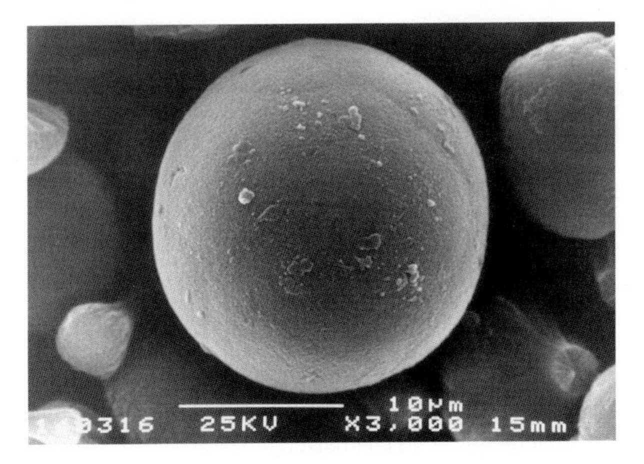

Abb. 18 In Gelatinegel (Gegenstromdiffusion) gewachsene Fluorapatitkugel. Die Kugel besteht aus selbstähnlichen Einzelindividuen mit elongiert hexagonal-prismatischem Habitus (siehe Text).

Als günstiger, und damit für eine Interpretation der Morphogenese erfolgversprechender, stellte sich das Wachstum von Fluorapatitaggregaten heraus, die im Endstadium ihrer Entwicklung ebenfalls als Sphäroide (Abb. 18) isoliert werden. Der entscheidende Unterschied zum Hydroxyapatit liegt nun darin, dass die Fluorapatitkugeln aus nadelförmigen, hexagonal-prismatischen Untereinheiten aufgebaut sind, bei denen die Feststellung ihrer kristallographischen Orientierung allein durch Betrachtung der äußeren Form (Flächenkombination) gelingt: Die hexagonale Achse des Fluorapatits verläuft parallel zu den Kanten der Prismenflächen und stößt durch die Basisfläche. Eine solche einfache und unmittelbare (kristallographische) Orientierungsmöglichkeit ist im Falle der »flockig/ausgefransten« Untereinheiten der Hydroxyapatitsphäroide nicht gegeben.

- Festzustellen bleibt also, dass der Einfluss von Fluorid auf die Morphologie (den Habitus) vom biogenem (biomimetischem) Apatit dramatisch ist und von »verbogenen« Plättchen zu hexagonal-prismatischen Nadeln führt. Festzustellen bleibt aber auch, dass wir uns von dem Ziel entfernt haben, ein möglichst eng an Knochen- und Zahnbildung angelehntes Modellsystem zu nutzen. Immerhin: *Haifischzähne* bestehen aus Fluorapatit [26] und wachsen wieder nach, wenn sie herausbrechen.

Soviel also zur Vorbereitung des eigentlichen Themas. Wir bleiben interdisziplinär und beschäftigen uns mit einem so aufregenden Phänomen wie Selbstorganisation. Grundsätzlich ist die »Selbstorganisation chemischer Strukturen« eine ältere Geschichte, die z. B. mit den Namen F. F. Runge (1794–1867), R. E. Liesegang (1869–1447), B. P. Belousov (1893–1970) und A. M. Zhabotinski (*1938) verbunden ist [25]. Heute erleben wir lediglich eine Renaissance und haben natürlich weitaus fundiertere Kenntnisse und Untersuchungsmethoden. Wenn man so will, können die Ergebnisse von Selbstorganisationsprozessen im Bereich Biomineralisation/Biomimetik unter dem Begriff »The Chemistry of Form« [27] subsummiert werden. Auch die Supramolekulare Chemie ist geprägt von »Selbstprozessen« [28].

Morphogenese von Fluorapatit-Gelatine-Kompositen: Phänomenologische Beobachtungen und Simulationen [24, 29, 30]

Das Wachstum – bzw. die zeitliche Entwicklung (Morphogenese) – der Fluorapatitkugeln (Abb. 18) wird über einen ungewöhnlichen Musterbildungsprozess gesteuert, der sich über mehrere Tage erstreckt. Auf der Mikrometerskala wird mit dem Rasterelektronenmikroskop als »Ausgangsform« für die Kugel ein perfekt ausgebildetes, elongiertes hexagonales Prisma (Kristallklasse 6/m!) beobachtet. Dieser »Keim« beginnt – nach Erreichen eines »kritischen Verhältnisses« von Länge : Durchmesser ~ 5 : 1 – an bei-

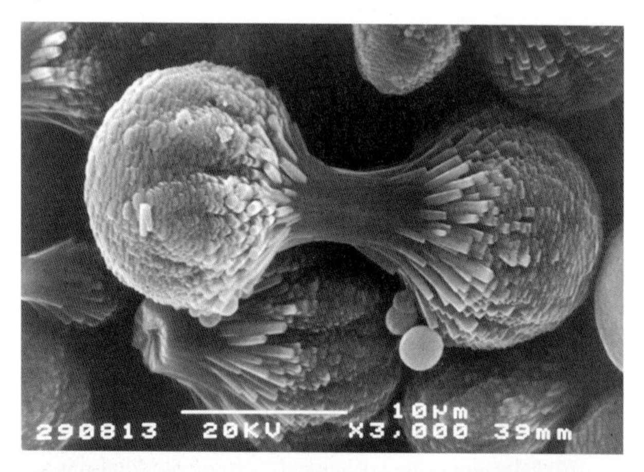

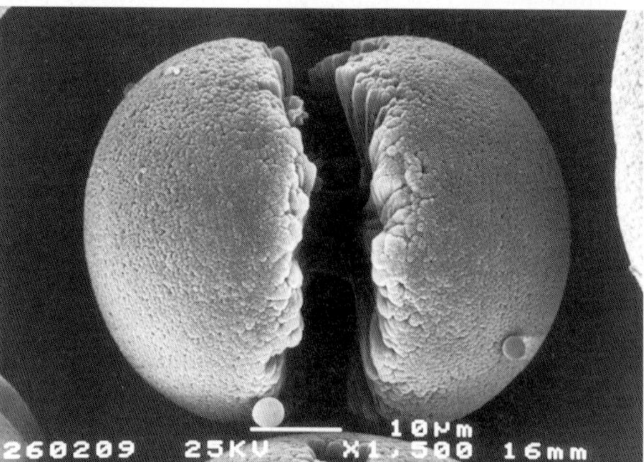

Abb. 19 Hantelzustände (oben »jung«, unten »älter«) von Fluorapatit-Kompositaggregaten aus Gelatinegelmatrices. Der »Griff« der Hanteln besteht aus einem morphologisch perfekt ausgebildeten hexagonal-prismatischen »Keim«.

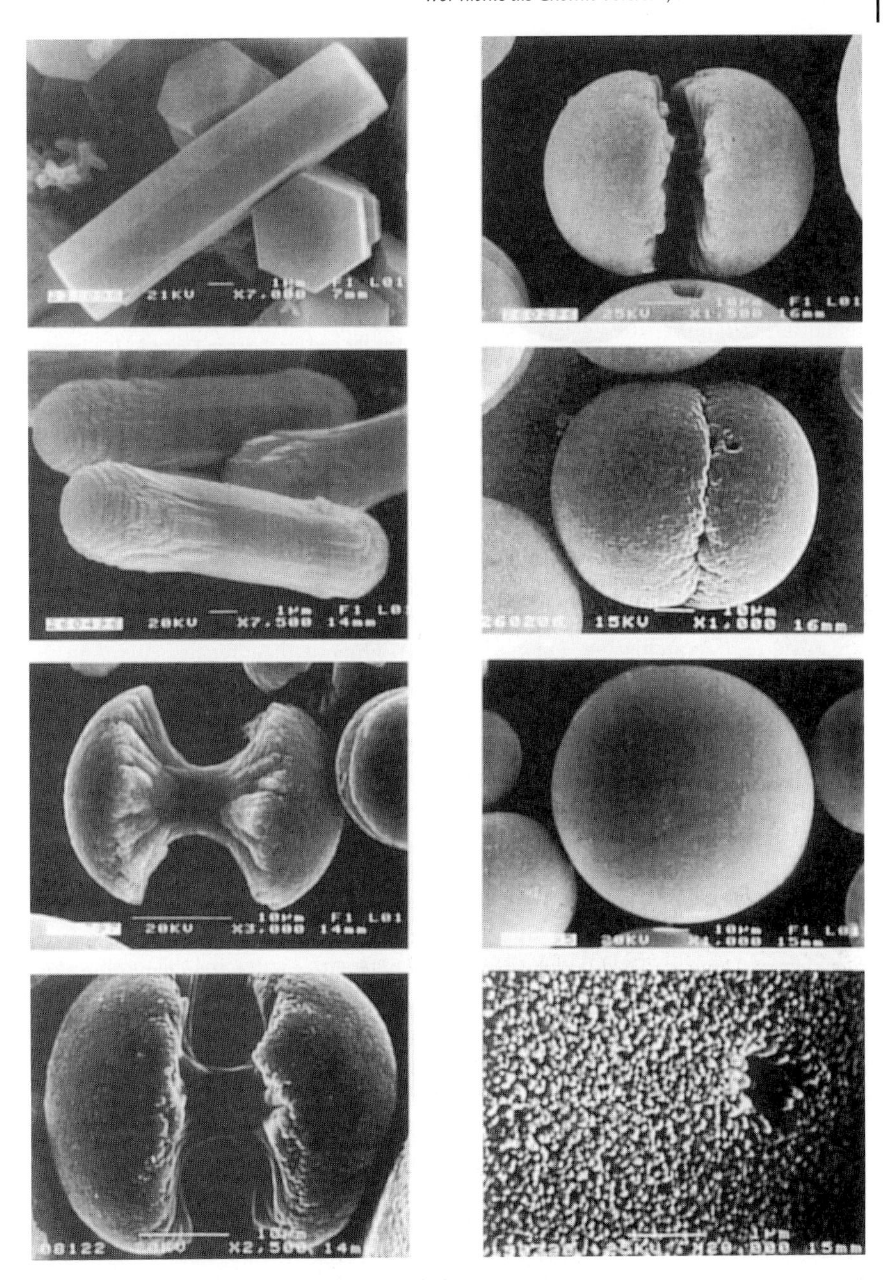

Abb. 20 Rasterelektronenmikroskopische Aufnahmen ausgewählter Wachstumsstadien von in einer Gelatinematrix gewachsenen Fluorapatitaggregaten: Vom hexagonal-prismatischen Keim *(oben links)* über Hantelstadien zur Kugel. Die Oberfläche einer gerade geschlossenen Kugel besteht ebenfalls aus stäbchenförmigen Einheiten *(unten rechts)*. Aus: S. Busch et al. [29].

den Enden Aufwachsungen zu produzieren, die ebenfalls aus (kleineren) hexagonal-prismatischen Einheiten bestehen. So entwickelt sich eine Hantelform, bei der linker und rechter Teil der Hantel immer in gleicher Größe ausgebildet sind und dem Augenschein nach auch gleiche Volumina aufweisen. Abb. 19 zeigt zwei Hantelzustände in unterschiedlichen Entwicklungsstadien. Hier ist sehr schön zu sehen, wie sich linke und rechte Hantelhälften im »Gleichklang« entwickeln – als ob eine strukturdirigierende Spiegelebene zwischen ihnen (senkrecht zum hexagonal-prismatischen »Keim«) wirksam wäre. Dieser bemerkenswerte Wachstumsprozess mit zunehmenden Hantelvolumina schreitet fort und ist in dem Stadium beendet, in dem die Hantelhälften zusammenstoßen, also eine Kugel gebildet haben. Gerade geschlossene Kugeln verraten ihre Bildungsgeschichte über Hantelzustände durch eine äquatoriale Einschnürung auf ihrer Oberfläche. Daher kann man sich leicht hinsichtlich der inneren Architektur der Kugeln orientieren: Die Äquatorebene der Kugel verläuft senkrecht zur Längsachse des hexagonal-prismatischen Keims. Oder: Die sechszählige Drehachse des hexagonal-prismatischen »Keims« steht senkrecht auf der Äquatorebene der Kugel und stößt damit durch ihren »Nord- und Südpol«. Hinsichtlich ihres inneren Aufbaus haben wir es also mit einer *anisotropen Kugel* zu tun.

Eine Abfolge ausgewählter Wachstumsstadien auf dem Weg vom hexagonal-prismatischen »Keim« zur Kugel ist in Abb. 20 dargestellt und verdeutlicht die selbstorganisierte (hierarchische) Entwicklung der Fluorapatitaggregate. Aus Abb. 20 (oben links und unten rechts) und Abb. 19 (oben) lässt sich gut erkennen, dass die das System aufbauenden Einzelindividuen einen stäbchenförmigen Habitus besitzen. Hier zeigt sich das Prinzip der *Selbstähnlichkeit*: Die Oberfläche der Kugel besteht ebenso aus (kleinen) stäbchenförmigen Einheiten, wie auch der zentrale »Keim« als (größeres) Stäbchen (hexagonal-prismatisch) ausgebildet ist.

Die Auswertung einer größeren Anzahl rasterelektronenmikroskopischer Aufnahmen von unterschiedlichen Morphogenesestadien der Fluorapatitaggregate führte auf der Basis der Selbstähnlichkeit der Einzelindividuen, die die Architektur aufbauen, zu drei wesentlichen *strukturgenerierenden Parametern*, deren Ursache derzeit ebenso wenig im Detail erklärt bzw. verstanden ist, wie das oben genannte »kritische Verhältnis« Länge : Durchmesser des »Keims« von ~ 0,5. Hier gibt es erste Vorstellungen und experimentelle Hinweise zum Einfluss intrinsischer elektrischer Felder, [29] die weiter unten noch einmal angesprochen werden. Das Vorliegen kristallographischer Orientierungen der Einzelindividuen zueinander – also etwa im Sinne von Epitaxie oder Zwillings-/Viellingsbildung – wurde nicht festgestellt. Sicher ist allerdings – und dies wird später noch näher erläutert –, dass die Einzelindividuen, die die Kugeln aufbauen, tatsächlich als *Nanokomposite aus Fluorapatit und »Gelatinemolekülen«* zu beschreiben sind. Dies gilt übrigens auch für den als perfektes elongiertes hexagonales Prisma ausgebildeten »Keim«, sodass Eigenschaften erwartet werden können, die sich von einem »reinen« Apatit-Einkristall signifikant unterscheiden.

Zur Einschätzung der strukturdirigierenden Wirkung der organischen Komponente im hier betrachteten, biomimetisch gewachsenen Komposit ist es notwendig, sich die folgende in aufwändigen Untersuchungen [30] bestimmte (vielleicht etwas ungewöhnlich geschriebene) Summenformel vor Augen zu führen:

$Ca_{5-x/2}(F_{1-y}(OH)_y)[PO_4]_{3-x}[HPO_4]_x \cdot 2{,}3(3)$ Gewichtsprozent Gelatine

Mit $x = 0{,}82$ und $0 \leq y \leq 0{,}1$ haben wir einen »nicht sehr stark« von der idealen Summenformel abweichenden Fluorapatit vorliegen. Bemerkenswert ist allerdings, dass ein Anteil von lediglich 2,3 Gewichtsprozent Gelatinemolekülen ausreicht, um diese besondere Morphogenese/Musterbildung eines im Wesentlichen aus einer (kristallinen) anorganischen Verbindung bestehenden Komposits zu bewirken.

Nun zu den strukturgenerierenden Parametern der Kugelaggregate:

1. Aufspaltungen (Aufwachsungen) an beiden Enden des »Keims« erfolgen mit maximalem Öffnungswinkel von 45(5)° (≙ maximaler Winkel zwischen den Prismenachsen der aufwachsenden Individuen und der Prismenachse des »Keims«).
2. Die maximale Länge der aufwachsenden Individuen ist im Vergleich zum »Keim« um den Faktor 0,68 (abgeschätzter Mittelwert; Fehler etwa 10 %) verkürzt.
3. Jedes »neue« Ende der aufgewachsenen Individuen führt zu selbstähnlicher Vervielfachung (siehe 1. und 2.).

Grundsätzlich haben wir es also mit einem fraktalen Wachstumsprinzip zu tun. Derartige Muster sind als fraktale Schirmbäume oder fraktale Baldachine bereits ausgiebig mathematisch-geometrisch behandelt worden (Abb. 21) [31]. Abb. 22 zeigt eine 2D-Simulation des fraktalen Wachstumsmodells für die Fluorapatit-Sphäroaggregate (s. o. 1. bis 3.). Unter der (sicher nicht realistischen, vereinfachten, das grundsätzliche Prinzip aber sehr wohl repräsentierenden) Annahme einer »lediglich« vierfachen Aufspaltung jeder neuen (aufwachsenden) Generation entsteht eine fraktale Architektur, in der auch noch die letzte (die zehnte) aufwachsende

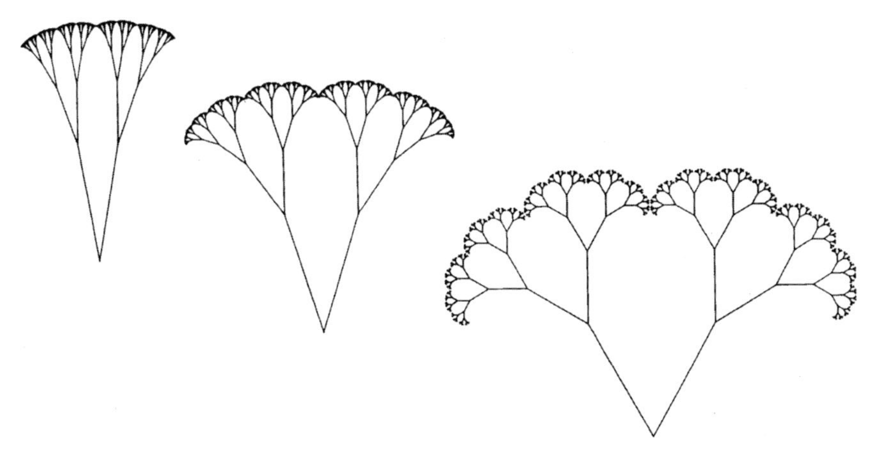

Abb. 21 Fraktale Schirmbäume bzw. fraktale Baldachine. Unendlich dünne Stämme mit durchweg gleichen Winkeln zwischen den Zweigen. Überschneidungen werden vermieden. Je nach Öffnungswinkel (Dimension) erweitern sich die Umrisse unter verstärkter Ausbildung von Einschnürungen oder »Falten«. Ähnlichkeiten (von links nach rechts) mit »Schneebesen → Besen → Brokkoli«. Aus B. B. Mandelbrot [30].

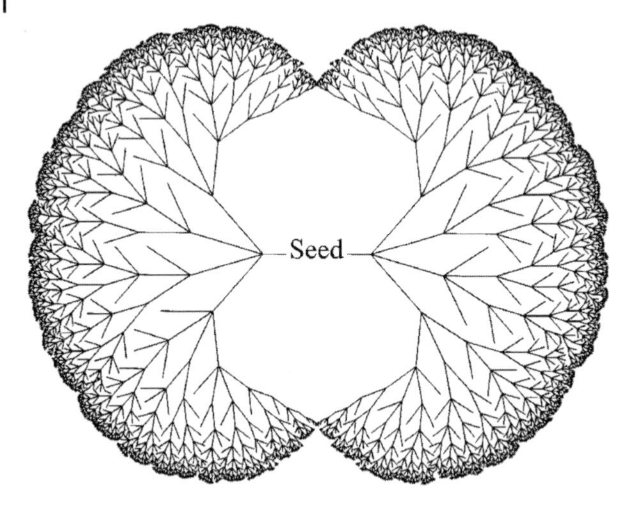

Abb. 22 2D-Simulation des fraktalen Wachstums von sphärischen Fluorapatitaggregaten in Gelatinematrices. Das »Gebilde« schließt sich mit der zehnten auf dem »Keim« aufgewachsenen Generation zur eingeschnürten Kugel. Aus: S. Busch et al. [29]. Weitere Erläuterungen im Text.

Generation beim Zusammenschluss der Hantelhälften zur (eingeschnürten) Kugel (optisch) aufgelöst erscheint. Der maximale Öffnungswinkel wurde bei 48° und der Längenreduktionsfaktor mit 0,7 festgehalten. Eine Durchkreuzung der Einzelindividuen wurde in Anlehnung an reale Wachstumsbedingungen über folgende Kriterien verhindert: (1) Alle Individuen weisen gleiche Wachstumsgeschwindigkeit auf. (2) Das Wachstum von Individuen höherer Generationen wird unterdrückt, wenn eine »Durchkreuzung« mit bereits gewachsenen Individuen niederer Generationen resultieren würde. (3) Falls Individuen derselben Generation einem Kreuzungspunkt gleichzeitig zustreben, entscheidet ein Zufallsgenerator, welches Individuum »weggelassen« wird. Falls eine »unsymmetrische« Kreuzungssituation entstehen würde, wird das Individuum bevorzugt, das den Kreuzungspunkt als erstes erreicht. (4) Eine innerhalb des wachsenden Hantelbereichs zunehmende Diffusionshemmung wird simuliert, indem alle Individuen mit einem Öffnungswinkel größer 160° (relativ zum »Keim«) unterdrückt werden.

Die simulierte Oberfläche des fraktalen Kugelaggregats besteht aus sehr kleinen nadelförmigen Einheiten – eine Beobachtung, die mit rasterelektronischen Aufnahmen von gerade geschlossenen Kugeln übereinstimmt. Die Oberflächenprismen weisen Durchmesser kleiner 0,1 μm auf (Abb. 20). Als weitere Besonderheit des fraktalen Kugelwachstums bildet sich ein torusförmiger Hohlraum um den hexagonal-prismatischen »Keim«. Auch in diesem Punkt entspricht die fraktale Simulation den realen Wachstumsbedingungen (Abb. 24).

Auch wenn das fraktale Modell die Wachstumsstadien gut beschreibt, darf man nicht vergessen, dass mit erheblichen Vereinfachungen gearbeitet wird. Die Einzelindividuen entsprechen sicher nicht unendlich dünnen Zweigen – es muss viel-

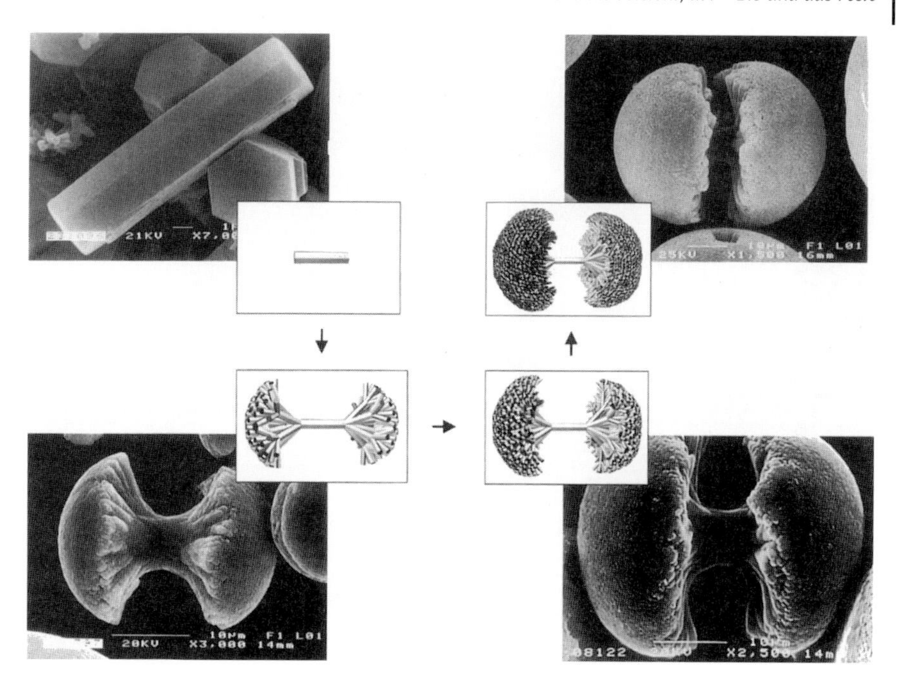

Abb. 23 Repräsentative Stadien der fraktalen Morphogenese von Fluorapatit-Gelatine-Komposit-Aggregaten. REM-Aufnahmen und 3D-Simulationen (beginnend oben links entgegen dem Uhrzeigersinn: »Keim«, »Keim« + 2, + 3, + 4 Generationen). Aus: S. Busch et al. [29].

mehr ein Durchmesser-Exponent berücksichtigt werden, um zu »Bronchien-Systemen« bzw. »Botanischen Bäumen« zu gelangen [31]. In unseren 3D-Simulationen wird entsprechend verfahren (s. u.). Alle hier dargestellten 2D- und 3D-Simulationen enthalten ja/nein-Entscheidungen bezüglich des Wachstums einzelner Individuen, um Durchkreuzungen zu vermeiden. Dies ist sicher nicht realistisch – die Individuen werden einfach aneinander stoßen. In den Simulationsabbildungen würde damit allerdings das fraktale Wachstumsprinzip nur noch schwer zu erkennen sein. Es muss auch festgestellt werden, dass das Aufwachsen von Folgegenerationen nicht – wie in den Simulationen angenommen – ausschließlich am unmittelbaren Ende der Vorgängergeneration (idealerweise also auf der Basisfläche der Prismen) beginnt, sondern bereits »unterhalb« der Basisfläche, also in Richtung auf die Prismenflächen verschoben (Abb. 20). Und schließlich noch ein ganz wichtiger Punkt: Die Kugel besteht als selbstabbildendes Fraktal aus zwei fraktalen Schirmbäumen [31], die über den so genannten »Keim« miteinander verbunden sind. Auch in dieser Betrachtungsweise kommt dem »Keim« eine besondere (das Wachstum initiierende) Funktion zu. Dies wurde bereits angesprochen und wird uns auch noch weiter beschäftigen.

Abb. 23 und Abb. 24 zeigen die komplexe Architektur der fraktal gewachsenen Kompositsphäroide zusammen mit 3D-Simulationen. Die morphologische Überein-

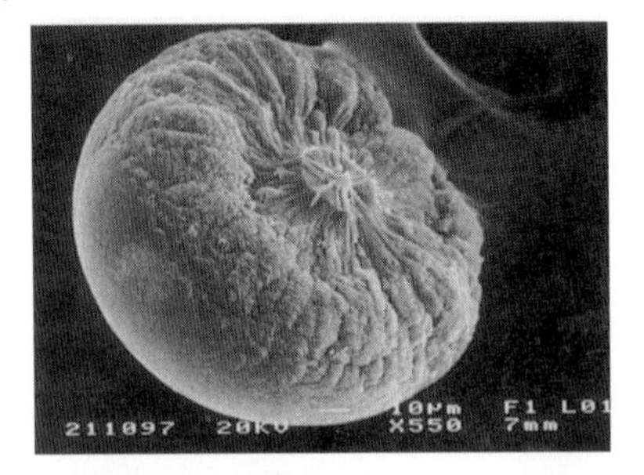

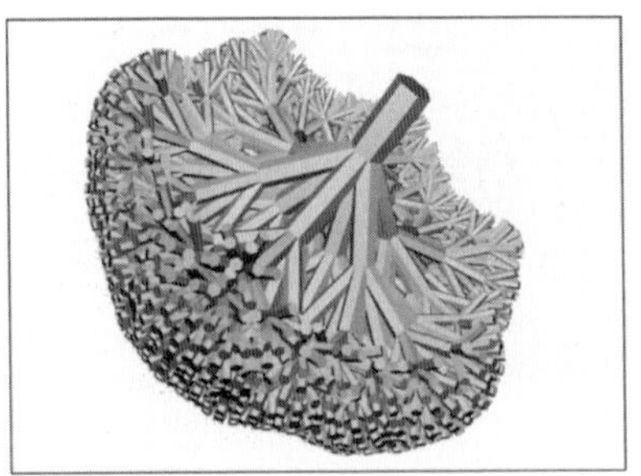

Abb. 24 Fluorapatit-Gelatine-Komposit-Aggregate. *Oben*: »Halbe Hantel«, Bruch etwa senkrecht zur hexagonalen Achse des Keims; *links*: REM-Aufnahme; *rechts*: 3D-Simulation (»Keim« + 4 Generationen). *Unten*: Bruchebene durch ein Kugelaggregat etwa parallel zur Längsrichtung des »Keims«. Die beiden »Löcher« entsprechen dem torusförmigen Hohlraum um den »Keim«. Aus: S. Busch et al. [29].

stimmung der simulierten Wachstumsstadien mit den realen Zuständen (REM-Aufnahmen) ist prinzipiell sehr gut und gibt auch die »natürlichen« Oberflächenstrukturen der Hanteln bzw. Kugeln sehr schön wieder. Der bereits oben angesprochene Durchmesser-Exponent – also die Verringerung des Durchmessers von Folgegenerationen – wurde (in Übereinstimmung mit dem Längen-Reduktionsfaktor) auf den Wert 0,7 festgesetzt. Damit wurde die Beobachtung in die Simulationen eingebracht, dass das Aufwachsen einer neuen Generation auf einem »Vorläufer-Prisma« erst dann erfolgt, wenn das »kritische Verhältnis« Länge : Durchmesser von ~ 5 erreicht ist. Die Beschreibung der Morphogenese gelingt also zweifellos gut – die »Geheimnisse« des Wachstums sind damit jedoch noch nicht gelüftet.

Der »Keim« als geordnete Nanokomposit-Struktur

Es kann davon ausgegangen werden, dass das »Geheimnis« der Morphogenese der Fluorapatit-Gelatine-Komposite bereits im Keim der fraktalen Kugeln zu finden ist. In diesem Zusammenhang ist eine Beobachtung wichtig, die bereits in Abb. 24 *(oben links)* zu erkennen ist, erheblich deutlicher jedoch in Abb. 25. Dabei geht es um das Bruchverhalten der hexagonal-prismatischen Keime. Wenn die hexagonalen Prismen Einkristalle in klassischem Sinne repräsentieren würden, so wäre senkrecht zur hexagonalen Achse ein »muscheliger« (glasartiger) Bruch ohne besondere Strukturierung zu erwarten. Tatsächlich zeigt sich aber eine radialstrahlige Anordnung auf der Bruchfläche. Diese Strukturierung impliziert, dass die Nucleation der hexagonalen Prismen von einem zentralen Keim ausgehen sollte, der aus einer »fibrillen-analogen« Anordnung von Gelatinemolekülen bestehen könnte. Die Gelatinemoleküle tragen bzw. liefern dann die aktiven Zentren für die Nucleation von

Abb. 25 REM-Aufnahmen eines hexagonal-prismatischen Keims *(oben)* und einer Bruchfläche durch den Keim, etwa senkrecht zur Längsachse *(unten)*. Aus: S. Busch et al. [29].

Apatit. Die biomimetische Keimbildung in Gelatine wäre also vergleichbar mit der in vivo-Calcifizierung von Bindegeweben, in denen die Lücken zwischen den in Längsrichtung benachbarten Kollagenmolekülen der Kollagenfibrillen als Nucleationszentren für den Apatit wirken. Die hexagonale c-Achse des »sich bildenden/gebildeten« Apatits ist in Richtung der Fibrillenachse und damit in Richtung der langen Achsen der Kollagenmoleküle orientiert [8, 22]. Die in vivo-Calcifizierung von Kollagen verläuft auf einer Nanoskala, die ebenso für das biomimetisch gewachsene Komposit anzunehmen wäre. Wenn man dies akzeptiert und davon ausgeht, dass die Nanoapatit-Partikel über strukturdirigierende Wechselwirkungen mit den Gelatinemolekülen räumlich so zueinander angeodnet werden, dass das »Kollektiv« den Randbedingungen hexagonaler Periodizität genügt, könnte man ein Modell

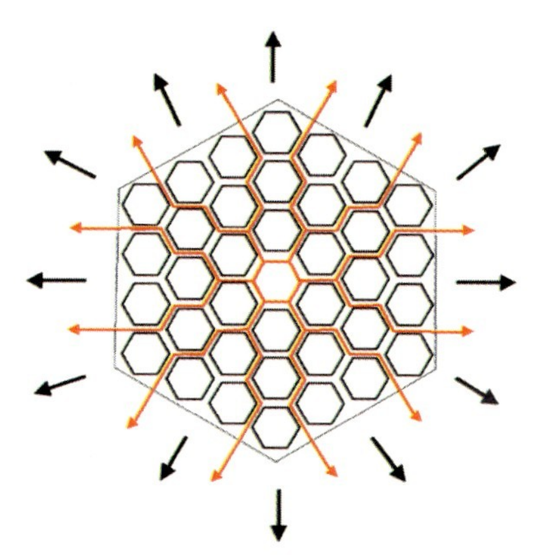

Abb. 26 Idealisierte zweidimensionale Darstellung der kooperativen Anordnung hexagonaler Nanoapatit-Partikel, die als Makro-Ensemble zu radialstrahligem Bruchverhalten senkrecht zur Längsachse des Keims führen würde. Aus: S. Busch et al. [30].

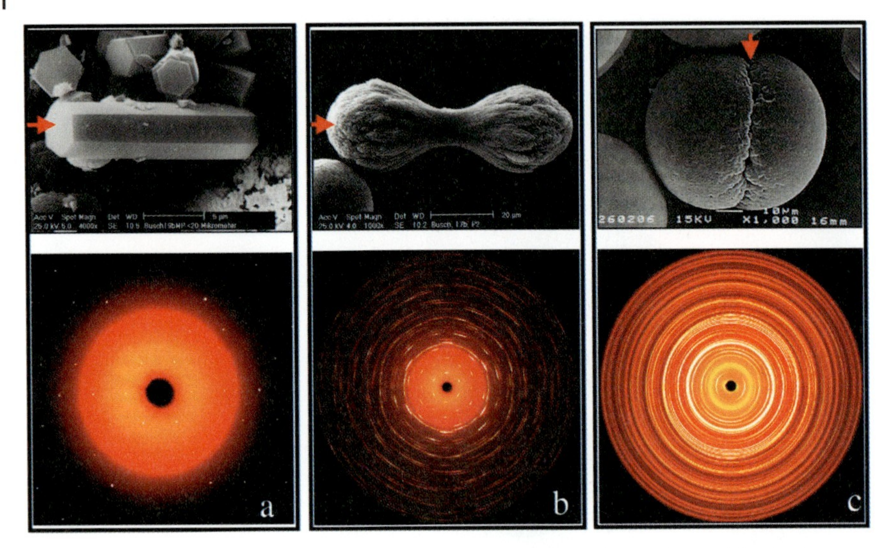

Abb. 27 REM-Aufnahmen verschiedener Wachstumsstadien vom Keim zur Kugel *(oben)* mit den entsprechenden Beugungsdiagrammen *(unten)*, die an einer Synchrotron-Strahlungsquelle erhalten wurden. Die roten Pfeile kennzeichnen die Richtung des einfallenden Röntgenstrahls. (a) hexagonal-prismatischer Keim, (b) Hantelstadium, (c) gerade geschlossene Kugel. Aus: S. Busch et al. [30].

postulieren, wie es schematisch in Abb. 26 gezeigt ist: Eine periodische Anordnung von hexagonalen Nanopartikeln unter Ausbildung eines hexagonalen Makro-Ensembles auf der Basis von Selbstähnlichkeit. Gleichzeitig würde sich das senkrecht zur hexagonalen Achse zu beobachtende radialstrahlige Bruchverhalten der Kompositkeime zwanglos erklären lassen.

Dieses Modell zu Keimbildung, Wachstum und Bruchverhalten der zentralen hexagonal-prismatischen Einheiten der fraktalen Kugeln erscheint zunächst zweifellos schlüssig, obwohl doch erheblicher Mut und starker »Glaube« dazugehören, um dieses sehr grobe und vereinfachende Konzept zu akzeptieren.

Modellhafte Konzepte müssen mit allen möglichen und geeigneten Untersuchungsmethoden auf Konsistenz und Schlüssigkeit überprüft werden. Deshalb haben wir als Nächstes Röntgenbeugungsexperimente an Kompositindividuen aus unterschiedlichen Wachstumsstadien durchgeführt. Die wesentlichen Beobachtungen sind in Abb. 27 zusammengestellt. Wegen der Kleinheit der Partikel musste mit Synchrotronstrahlung gearbeitet werden. Das erste und wichtigste Ergebnis ist die Feststellung, dass ein isolierter hexagonal-prismatischer Keim scharfe Bragg-Reflexe aufweist, sodass das Vorliegen einer dreidimensional-periodischen Anordnung der Komponenten des Komposits (zumindest der Fluorapatitkomponente) bestätigt ist. Reflexlagen und Intensitäten zeigen keine signifikanten Abweichungen von hexagonaler Symmetrie. Die aus den experimentellen Daten bestimmte atomare Anordnung im hexagonal-prismatischen Keim entspricht dem Gerüst der Apatitstruktur [30]. Die Identifizierung einer möglichen Überstruktur im kristallinen Komposit ist noch nicht abgeschlossen und wird zurzeit weiter verfolgt.

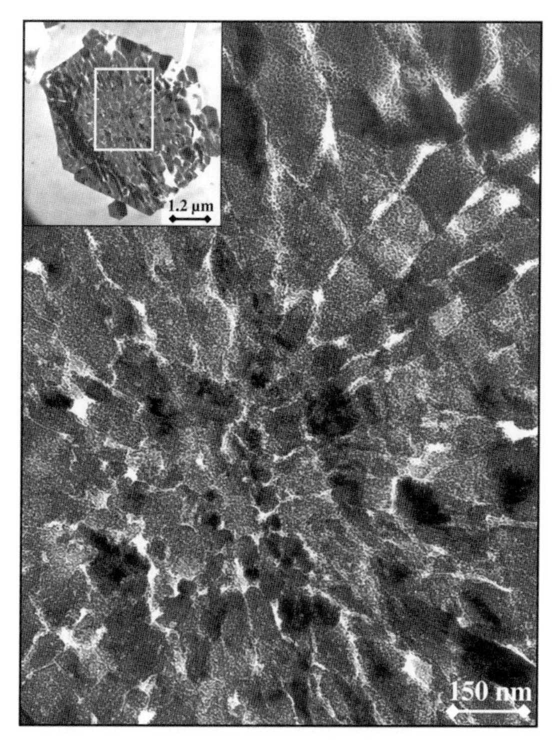

Abb. 28 Transmissionselektronenmikroskopische Aufnahmen (TEM) eines Dünnschnitts etwa senkrecht durch einen Keim. Die stärkere Vergrößerung zeigt als Feinstruktur (schwarze »Pünktchen«) eine »dichtest gepackte« Anordnung von Apatit-Nanopartikeln. Aus: S. Busch et al. [30].

Die Darstellungen (b) und (c) in Abb. 27 verdeutlichen, dass mit Fortschreiten des fraktalen Wachstums eine Veränderung der Reflexformen zu Sicheln einhergeht. Eine gerade geschlossene Kugel zeigt ein Beugungsmuster, das aus nahezu durchgängigen Pulverringen besteht. Die röntgenographischen Untersuchungen sind also konsistent mit dem Modell einer geordneten Nanokomposit-Struktur und bestätigen gleichzeitig den fraktalen Wachstumsmechanismus.

Eine weitere Methode zur Untersuchung der Feinstruktur von Festkörpern bietet die (hochauflösende) Tranmissionselektronenmikroskopie (TEM). Abb. 28 zeigt TEM-Aufnahmen eines Dünnschnitts etwa senkrecht zur Längsachse eines hexagonal-prismatischen Keims. Im oberen Teil des Bilds ist der hexagonale Querschnitt des Präparats zu erkennen. Die Schnittstruktur beinhaltet radialstrahlige Elemente (siehe radialstrahliger Bruch in Abb. 25), die von einer Schollenstruktur (abhängig von der Schnittrichtung) überlagert werden. Die Schollenstruktur ist zunächst als Artefakt anzusehen, korrespondiert aber grundsätzlich mit dem Modell der Nanokomposit-Struktur (Abb. 26) und den möglichen, auch orthogonal zueinander verlaufenden Schwächezonen. Abgesehen von dieser »gröberen« Schnittstruktur zeigt die Vergrößerung (Abb. 28), dass das Objekt von einem homogenen, nanoskaligen

Muster (»kleine schwarze Punkte«) geprägt wird. Bei Fokussierung auf beliebige Bereiche dieses Musters stellt man fest, dass eine weitgehend reguläre Anordnung vorliegt, die einer hexagonal dichten Packung von Nanopartikeln entspricht. Gewisse Verschiebungen innerhalb dieses Musters können durch den Einfluss der Klinge während des Schneidens hervorgerufen werden. Grundsätzlich sind aber auch die TEM-Beobachtungen dazu geeignet, um das Vorliegen einer geordneten Nanokomposit Struktur zu stützen. Weitere Untersuchungen, einschließlich holographischer Methoden, wurden bereits in Angriff genommen.

Modelle zur Keimbildung und Morphogenese – Zur Frage intrinsischer elektrischer Felder

Der zweite Teil der Abschnittsüberschrift mag vielleicht etwas überraschen. Die (polaren) tripelhelicalen Kollagen-(Gelatine-)Moleküle sowie ihre Anordnung zu Fibrillen wurden bereits angesprochen. Unkommentiert blieb bisher das so genannte »kritische Verhältnis« Länge : Durchmesser der einzelnen Kompositindividuen von etwa 5 : 1 (dann erst beginnt das Aufwachsen der nächsten Generation). Auch die Entwicklung der Hanteln zu Kugeln mit immer gleichen Volumina der Hantelhälften wurde lediglich festgestellt. Gerade diese letzte Beobachtung führte zu der Hypothese, dass intrinsische elektrische Felder die Steuerung des fraktalen Wachstums ursächlich bedingen: Die Anordnung der Einzelindividuen der fraktalen Aggregate zeigt übrigens eine bemerkenswert gute Übereinstimmung mit der Orientierung elektrischer Feldlinien um einen permanenten Dipol [29]. Eine biologische Signifikanz intrinsischer elektrischer Felder spiegelt sich z. B. im Piezo- und Pyroelektrischen Effekt von Knochen und Dentin wider [34, 35]. Weiterhin wurde in einer neueren Veröffentlichung beschrieben, welchen beschleunigenden bzw. verlangsamenden Einfluss elektrische Polarisation auf das Wachstum knochenähnlicher Strukturen auf Apatitkeramiken ausübt [36]. Diese Beobachtungen stützen schließlich die Vermutung, dass »uniform electric fields, rather than the localized charges ususally cited, may determine the sites of crystal nucleation and overgrowth« [37]. Mit unseren nachfolgend entwickelten Gedanken und Modellen befinden wir uns also nicht im »luftleeren Raum«. Wir haben zudem auch erste experimentelle Hinweise auf die Steuerung des Wachstums der Fluorapatit-Gelatine-Aggregate durch intrinsische elektrische Felder.

Zunächst aber zum Modell, wie wir uns die Keimbildung und Selbstorganisation (also die Morphogenese) der Apatit-Gelatine-Komposit-Aggregate vorstellen (Abb. 29). Hierzu beginnen wir mit einer makroskopischen Menge eines Gelatinegels, in dem tripelhelicale Gelatinemoleküle mit lokaler Vorzugsorientierung, aber insgesamt statistischer Verteilung vorliegen (also ein statistisch isotropes System bilden). Als ein entscheidender und für die molekularen Prozesse positiver Aspekt erweist sich, dass die Tripelhelices – abgesehen von der Ausbildung von Wasserstoffbrücken – nicht untereinander vernetzt sind, wie dies im Kollagen der Fall ist. Dadurch werden erhebliche Umorientierungen der Makromoleküle ermöglicht, sodass Selbstorganisationsprozesse stattfinden können. Die lokale Orientierung von

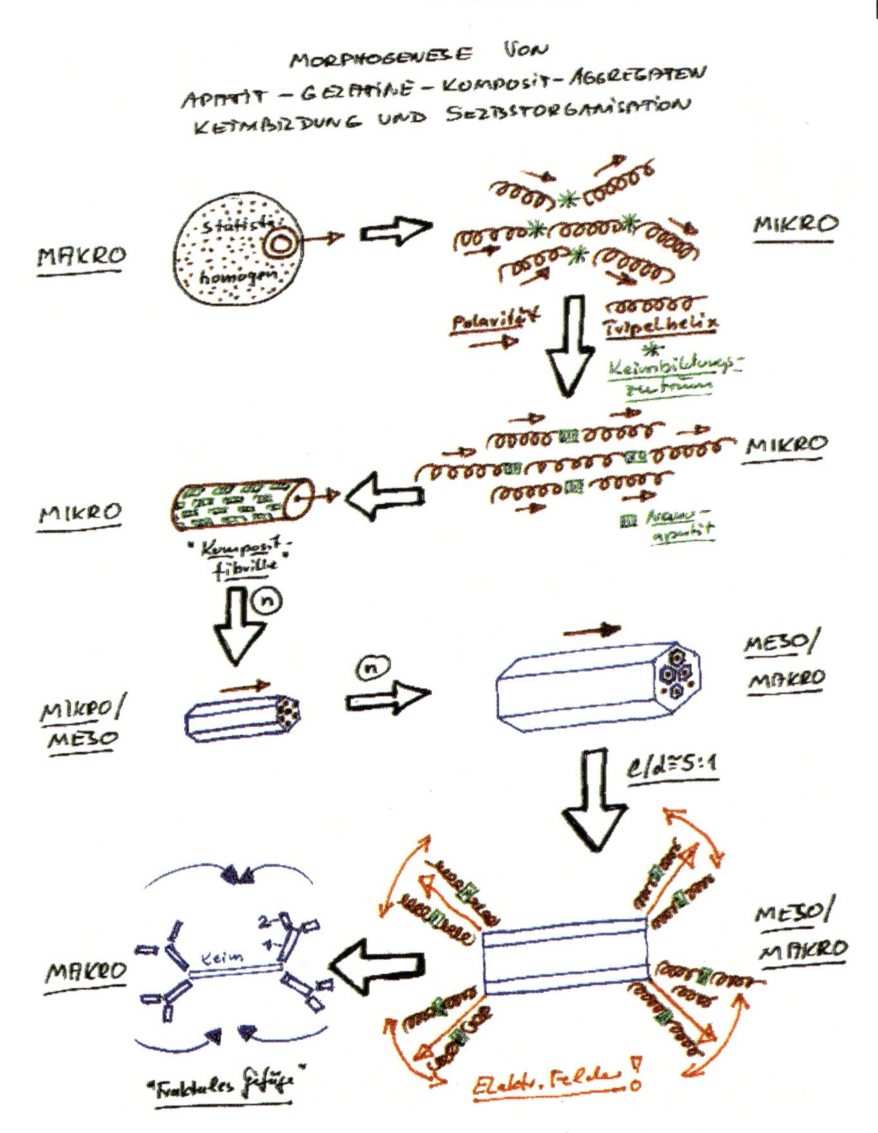

Abb. 29 Modell zur Morphogenese der Kompositaggregate. Erläuterungen im Text.

Tripelhelices zueinander kann an verschiedenen Stellen im Gelatinegel ungefähr der Anordnung in einer Kollagenfibrille entsprechen. Damit sind Nucleationszentren zur Bildung von Apatit bereitgestellt (»Kopf/Schwanz-Positionen« zwischen in Längsrichtung benachbarten Molekülen). Mit der Bildung der Nanoapatit-Partikel findet eine Streckung und Parallelorientierung des Kompositverbandes statt. In Analogie zu in vivo gewachsenen calcifizierten Bindegeweben gehen wir davon aus, dass die Richtung der hexagonalen c-Achse des Nanoapatits mit der Längsachse der Tripelhelices zusammenfällt. Die Umorientierung der Makromoleküle im lokalen Kompositverbund beeinflusst die relative Lage benachbarter Tripelhelices, sodass neue Nucleationszentren im Sinne eines kollektiven Prozesses erzeugt werden. Auf diesem Weg könnten calcifizierte Mikrofibrillen entstehen, die sich nach dem Motiv einer dichten Stabpackung zusammenfügen und ein »lebensfähiges« – wenn auch mikroskopisch kleines – Kompositteilchen mit hexagonal-prismatischem Habitus erzeugen.

Durch Zusammenwachsen der mikroskopischen Prismen bildet sich der makroskopische Keim mit Ausdehnungen im Mikrometer-Bereich. Gerade dieser letztgenannte Schritt mag eher ungewöhnlich klingen. Es gibt jedoch einige neuere Untersuchungen aus dem Bereich der templatgesteuerten Silicatsynthese, in denen das hierarchische und selbstähnliche Wachstum von Kristallen durch einen Selbstorganisationsprozess beschrieben wird. [38] Ein entsprechender Vorgang ist auch beim Apatit-Gelatine-Komposit anzunehmen, in dem größere Objekte (hier der hexagonal-prismatische Keim als Ausgangspunkt für den fraktalen Wachstumsmechanismus) mit kontrollierter Morphologie und Ordnung vom nanoskopischen bis in den makroskopischen Bereich hinein entwickelt werden.

Zum weiteren Ablauf der Morphogenese benötigen wir noch die Voraussetzung, dass die in allen Größenskalen gebildeten Kompositeinheiten einen polaren Charakter aufweisen, also permanente Dipole darstellen. Die kleinen Dipol-Komposit-einheiten fügen sich dann so zusammen, dass größere permanente Dipole entstehen, deren intrinsisches elektrisches Feld bei Erreichen des »kritischen Verhältnisses« Länge : Durchmesser von etwa 5 : 1 so stark wird, dass es die umgebenden (benachbarten) Gelatinemoleküle, die ebenfalls polare Einheiten darstellen, in Richtung der elektrischen Feldlinien ausrichten kann. Auf diesem Weg entstehen im Gel neue Keimbildungszentren für Nanoapatit, sodass sich die nächste Generation von Kompositeinheiten ausgehend von der vorhergehenden Generation (bzw. dem Keim) bilden kann. Das Fortschreiten dieser komplexen Prozesse wäre mit der fraktalen Architektur der Kompositaggregate vereinbar und führt mit der zehnten aufgewachsenen Generation zum Kugelschluss.

Das beschriebene Modell der Morphogenese beinhaltet dramatische Umorientierungen der Makromoleküle im Gel. Mit anderen Worten: Es wäre zu erwarten, dass nach der Decalcifizierung der Kompositaggregate eine anisotrope Gelatinekugel verbleibt, die das organische Gerüst der fraktalen Kompositkugel repräsentiert. Hierauf wird später noch eingegangen.

Ein weiterer und ebenso wichtiger Punkt betrifft die tatsächliche Evidenz von intrinsischen elektrischen Feldern. Abb. 30 zeigt zunächst das Ergebnis von Berechnungen, mit denen die Verteilung der elektrischen Feldstärken um einen permanenten Dipol in Form eines elongierten Keims simuliert wird [29]. Die farbige Darstellung der Intensität des Dipol-Feldes zeigt eine höhere und weitreichendere Feldstärke an den Polen und eine geringere Wirkung zwischen ihnen. Es resultiert eine »knochenähnliche« Form mit Felstärkemaxima, die von den Ecken ausgehen. Diese Orientierung von Bereichen höherer Feldstärken korrespondiert unmittelbar mit den selbstähnlichen Aufwachsungen an beiden Enden des Keims während der Morphogenese der Fluorapatit-Gelatine-Komposite. Auch der beobachtete (maximale) Öffnungswinkel zwischen der Längsachse des Keims und den Nadelachsen der Prismen der nachfolgenden Generation (± 45(5)°) stimmt bemerkenswert mit den Vorzugsrichtungen der Orientierung

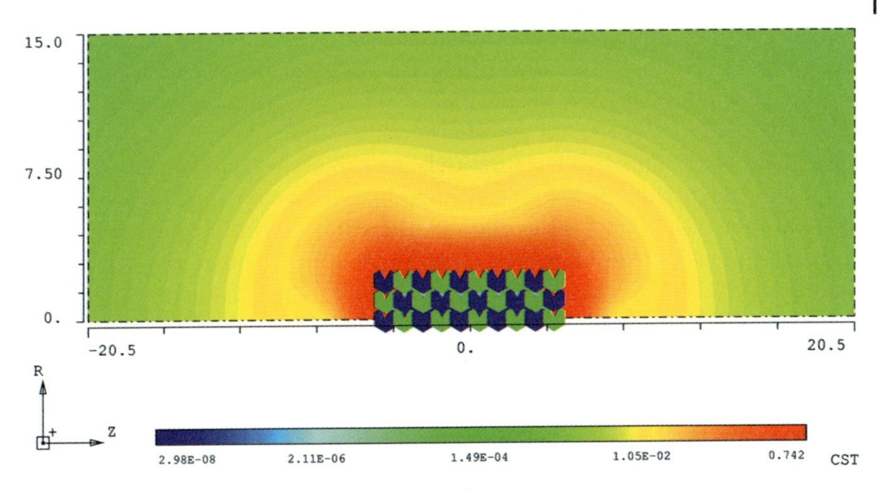

Abb. 30 Zweidimensionale logarithmische Darstellung der Verteilung elektrischer Feldstärken um einen elongierten permanenten Dipol. Elementardipole (blau/grün = Ladungen +/–) repräsentieren den Keim. Hohe Feldstärken: rot. Aus: S. Busch et al. [29].

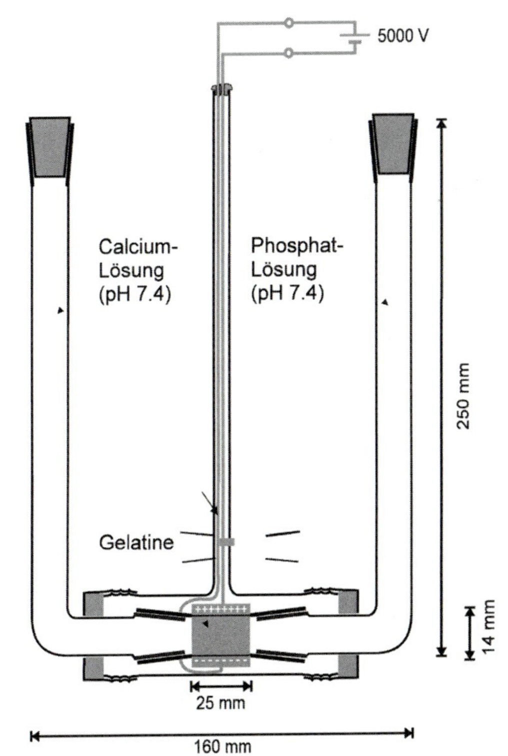

Abb. 31 Modifizierte Gegenstrom-Diffusionskammer (vgl. Abb. 15) mit einer Anordnung zur Realisierung äußerer elektrischer Felder während der Morphogenese der Apatit-Gelatine-Komposit-Aggregate. Aus: S. Busch et al. [29].

höherer elektrischer Feldstärken um einen elongierten permanenten Dipol überein. Es ist anzunehmen, dass die Orientierung von »benachbarten« Gelatinemolekülen im Verlauf der Morphogenese in eben diese Richtungen »gesteuert« wird.

Experimentelle Hinweise auf die tatsächliche Bedeutung (Wirkung) elektrischer Felder beim Wachstum der Fluorapatit-Gelatine-Komposite haben wir auf »indirektem« Weg durch Untersuchung der Kompositmorphogenese unter dem Einfluss eines äußeren elektrischen Feldes erhalten. Hierzu wurde eine modifizierte Gegenstrom-Diffusionskammer entwickelt (Abb. 31), mit der während des Wachstumsprozesses ein konstantes äußeres elektrisches Feld (5000 V/1,4 cm) angelegt werden kann. Die Vorstellung war, den fraktalen Wachstumsprozess zu beeinflussen. Tatsächlich wurde festgestellt, dass sich im Vergleich zu den Wachstumsformen ohne Anlegen eines äußeren Feldes (Abb. 32a) Aggregate bilden (Abb. 32b), die aus

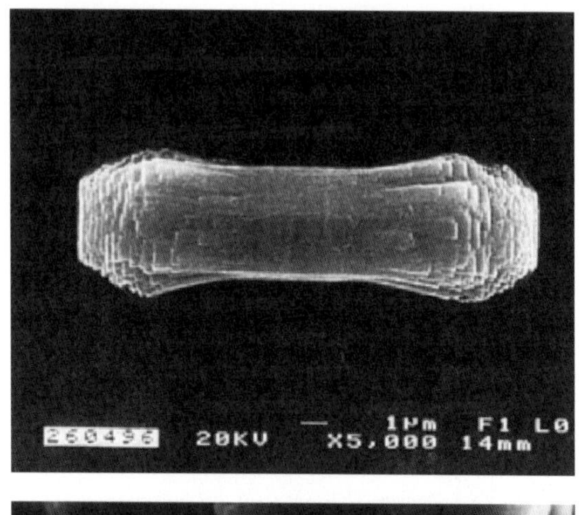

a)

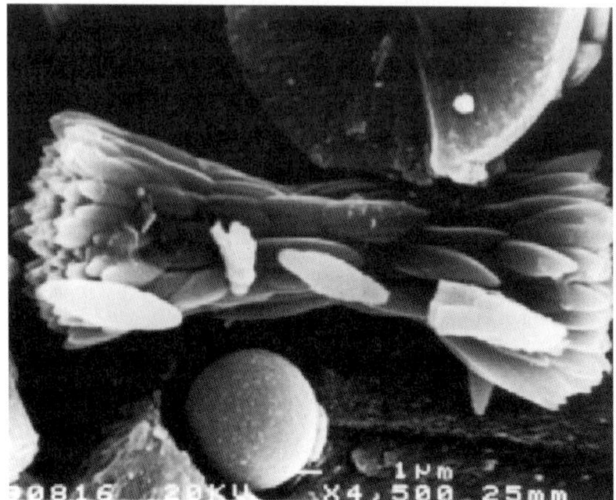

b)

Abb. 32 REM-Aufnahmen von Fluorapatit-Gelatine-Komposit-Keimen mit der ersten aufwachsenden Generation. (a) ohne externes elektrisches Feld, (b) mit externem elektrischen Feld (5000 V/1,4 cm). Aus: S. Busch et al. [29].

gekrümmten und spitz zulaufenden Einzelindividuen bestehen. An den Stellen also, an denen die intrinsischen elektrischen Felder den stärksten Einfluss auf die Morphogenese ausüben, wird die Wirkung eines externen elektrischen Feldes am deutlichsten sichtbar: Die (fraktalen) Aufspaltungen werden weitgehend unterdrückt. Mit Blick auf das beschriebene Wachstumsmodell kann man daher annehmen, dass die polaren Gelatinemoleküle durch den Einfluss des äußeren elektrischen Feldes fixiert und an den für die Selbstorganisation notwendigen Umorientierungen (weitgehend) gehindert werden.

Das zweite (konventionelle) »Leben« der fraktalen Komposit-Kugelaggregate

Das hier behandelte Kompositsystem ist im Sinne des Wortes komplexer Natur und wird geprägt von den Prinzipien der Selbstorganisation, Selbstähnlichkeit, Musterbildung und Informationsübertragung. Die Zeitskala der Morphogenese liegt im »biologischen« Bereich (Tage bis Wochen), und das System erzeugt im Lauf seiner Entwicklung neue Qualitäten. Unter rein rationalen Gesichtspunkten besteht daher kein Hinderungsgrund, die fraktale Morphogenese als eine niedere Stufe von »Leben« zu bezeichnen. Tatsächlich gibt es keine Randbedingung, nach der der Begriff »Leben« unmittelbar an Zellen, Zellteilungen, Zellaktivitäten und Stoffwechsel im weiteren Sinne geknüpft wäre. Damit wird lediglich eine höhere Stufe der Komplexität beschrieben. Es gibt keinen Grund, an dieser Stelle Ethik- oder Glaubensfragen aufzuwerfen. Mich persönlich »reizen« die im vorliegenden Beitrag geschilderten Beobachtungen einfach, über Komplexität und »Leben« nachzudenken. Ich bitte daher um Nachsicht, wenn die Bezeichnung »Leben« im Titel dieses Abschnitts zu Missverständnissen oder Unmut führen sollte.

Zurück zum eigentlichen Thema: Das zweite – und eher konventionelle – »Leben« (hier letztmalig als solches bezeichnet) besteht nun darin, dass die letzten (äußeren) Generationen der gerade geschlossenen fraktalen Kugelaggregate als Keime für das Aufwachsen einer konzentrischen Schale fungieren. Dies zeigt Abb. 33 anhand von REM-Aufnahmen. Die Schale ist aus nadelförmigen Fluorapatitstäbchen aufgebaut, die senkrecht zur Kernoberfläche und nahezu parallel zueinander (sehr kleiner Öffnungswinkel, radiales Wachstum) angeordnet sind. Die Größe der Fluorapatitstäbchen und ihre relative Anordnung zueinander (also das Gefüge) zeigen bemerkenswerte Ähnlichkeit mit der Anordnung der »Prismenbündel«, aus denen der menschliche Zahnschmelz besteht [17,33] Zur Erinnerung: Zahnschmelz enthält als mineralische Komponente Hydroxyapatit. Mit 95 Gewichtsprozent Apatit, etwa 2 Gewichtsprozent organischem Material und 3 Gewichtsprozent Wasser [39] entspricht dieses Funktionsmaterial sehr gut der chemischen Zusammensetzung des in diesem Beitrag behandelten Kompositsystems (s. o.).

Über den zweiten Wachstumsprozess bildet sich also eine Kugel/Schale-Anordnung mit einem fraktalen (kaum vorzugsorientierten und teilweise oberflächenreichen) Kern und einer Schale mit streng geordnetem »Parallelgefüge«. Eine vergleichbare Situation liegt beim menschlichen Zahn vor – mit Dentin als »Kernbe-

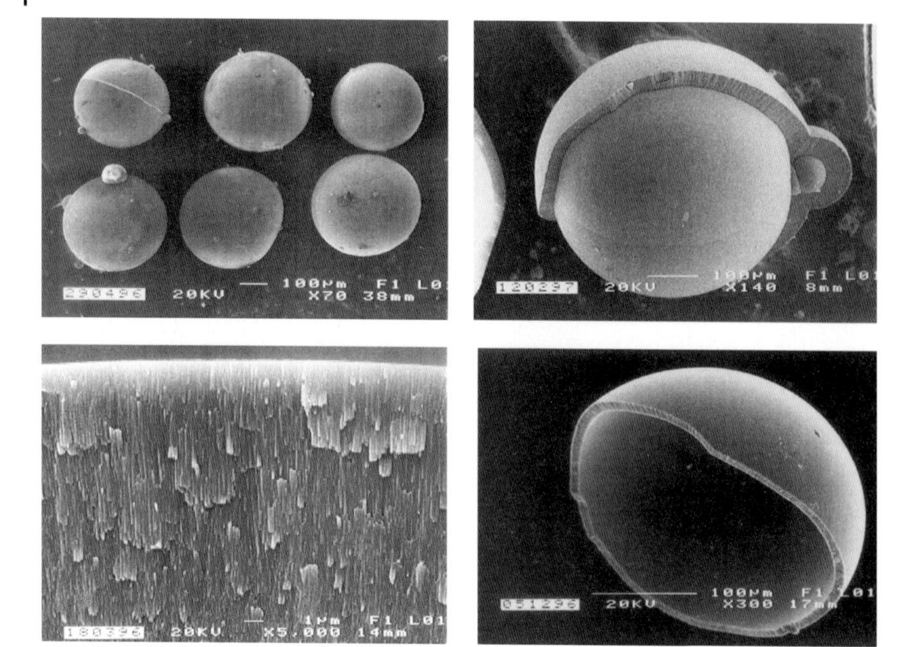

Abb. 33 REM-Aufnahmen von Fluorapatit-Gelatine-Komposit-Kugeln. Auf die nach dem fraktalen Mechanismus gebildeten Kugeln wächst eine Schale auf *(oben rechts)*, die aus parallel zueinander orientierten Nadeln besteht *(unten links)*. *Unten rechts* ist ein Bruchstück einer aufgewachsenen Schale zu sehen. Das Kristallitgefüge der äußeren Schale gleicht dem des menschlichen Zahnschmelzes. [32].

reich« (wenn auch nicht fraktal) und Zahnschmelz als widerstandsfähiger »Schale« [17,33].

Im Zusammenhang mit der zu erwartenden Orientierungskorrelation zwischen Apatit und Gelatine wurde bei der Entwicklung eines Modells zur Morphogenese bereits angesprochen, dass bei der Decalcifizierung der Kompositaggregate anisotrope Gelatine-»Rückstände« zu erwarten sind. Wir haben solche Experimente mit EDTA (0,25 N, pH = 7) als Lösungsmittel für Apatit durchgeführt [29] und waren über den Verlauf der Lösungsprozesse eindeutig überrascht: Die Apatitkomponente der Kugel/Schale-Aggregate wird nicht fortschreitend von außen nach innen herausgelöst. Vielmehr findet der erste Lösungsangriff im (fraktalen) Kernbereich statt, sodass als Zwischenstadien z. B. Hohlkugeln isoliert werden können, deren Hülle allein aus dem »Parallelgefüge« der äußeren Schale besteht. Abb. 34 zeigt REM-Aufnahmen verschiedener Auflösungsstadien in Abhängigkeit von der Behandlungsdauer mit EDTA-Lösung.

Die frühen Stadien des Auflösungsprozesses der Kugel/Schale-Anordnungen zeigen bemerkenswerte Ähnlichkeiten mit frühen Stadien von Kariesangriffen auf (z. B. menschliche) Zähne [40]: Selbst wenn die Oberfläche (der Schmelz) eines Zahns noch völlig intakt ist, kann sich in darunter liegenden Bereichen (Dentin) bereits ein Hohlraum gebildet haben. Offensichtlich ist das »Parallelgefüge« des

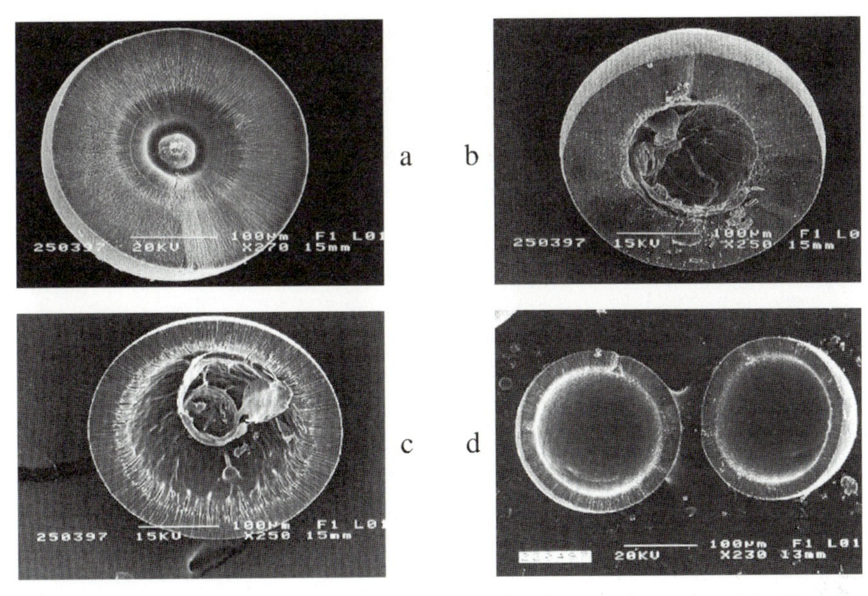

Abb. 34 REM-Aufnahmen von Fluorapatit-Komposit-Kugel/Schale-Aggregaten in unterschiedlichen Stadien der »Herauslösung« von Apatit mit EDTA. Gebrochene Halbkugeln nach 24 h (a), 48 h (b), 72 h (c) und 96 h (d) Behandlung mit EDTA-Lösung. Der organische Anteil (Gelatine) verliert während des Trocknungsprozesses für die REM-Untersuchungen seine ursprüngliche (biomimetische) Struktur und ist als »unstrukturierter Rest« in den Halbkugelschalen zu erkennen. Aus: S. Busch et al. [24].

Abb. 35 Lichtmikroskopische Aufnahme (Polarisationsmikroskop mit gekreuzten Polarisatoren) einer Fluorapatit-Gelatine-Komposit-Kugel *(oben)* sowie von zwei mit EDTA vollständig »decalcifizierten« Gelatinekugeln *(unten)*. Aus: S. Busch et al. [33].

Zahnschmelzes (ebenso wie das »Parallelgefüge« der äußeren Schale der Kompositaggregate) »durchlässig« für wässrige Lösungen und ermöglicht damit einen Säureangriff (im Fall des biomimetischen Komposits einen Angriff durch EDTA-Lösung).

Eine weitere wichtige Beobachtung, die im Zuge der Auflösung der Kugel/Schale-Komposit-Aggregate erhalten wurde, liegt in der Tatsache, dass vollständig »decalcifizierte« Aggregate in wässriger Lösung ihre äußere Form beibehalten. Es bilden sich kaviarartige durchsichtige Gelatinekugeln. Bei Betrachtung der Gelatinekugeln unter dem Polarisationsmikroskop (Abb. 35) stellt man fest, dass ein signifikant anisotropes optisches Verhalten (Brewstersches Kreuz) vorliegt. Im Vergleich zu den Apatit-Gelatine-Komposit-Kugeln fehlen bei den Gelatinekugeln lediglich die durch die Apatitkomponente hervorgerufenen Interferenzfarben. Letztendlich belegt diese Beobachtung das Vorliegen einer ausgeprägten Struktur- und Orientierungskorrelation zwischen den Apatit-Nanokristallen und den Gelatinemolekülen im Komposit. Unsere Modellvorstellungen zu Nucleation und Morphogenese der Kompositaggregate finden also auch hier eine grundsätzliche Bestätigung.

Ausklang

Unsere vor gut zehn Jahren getroffene Entscheidung, Prinzipien der Biomineralisation am System Apatit/Gelatine zu untersuchen, war sicher ein »Glücksgriff« – ein »Glücksgriff« in dem Sinn, dass wir uns sehr eng an ein über Evolutionsprozesse optimiertes »Stoffpaar« angelehnt haben. Ein weiterer – zunächst weder verstandener noch gezielt vorgetragener – »Glücksgriff« war sicher auch, anstelle von Kollagen Gelatine als organische Matrixkomponente einzusetzen. Offenbar ist das biomimetische System nur so in der Lage, dramatische und eindrucksvolle Prozesse der Selbstorganisation zu entwickeln.

Unsere Untersuchungen sind keineswegs am Ende. Wir haben bisher lediglich einen Eindruck davon gewonnen, wo entscheidende, für das tiefere Verständnis von Biomineralisation essenzielle Phänomene auftreten, deren naturwissenschaftliche Aufklärung als Erkenntnisgewinn für das »Ganze« dienen kann. Hier werden wir »am Ball« bleiben, mit dem Ziel, möglichst viel auf der mikroskopischen Ebene zu verstehen – und zwar über Modellvorstellungen und »Gedankenkonstruktionen« hinausgehend. Neben den experimentellen Möglichkeiten müssen wir dazu auch Methoden entwickeln, die eine erfolgreiche theoretische Behandlung dieser komplexen Vorgänge in Aussicht stellen können.

Zum Schluss dieses Beitrags noch ein Wort zum Material selbst. Abb. 36 zeigt lichtmikroskopische Fotografien von Fluorapatit-Gelatine-Komposit-Kugeln. Insbesondere die Bilder (a) und (f) verdeutlichen die Farbschönheit des Materials mit *natürlichem* Glanz und »Anflügen« von Opaleszenz.

Abb. 36 Fotografien von Fluorapatit-Gelatine-Komposit-Kugeln, die bei verschiedenen Temperaturen auf einem Heiztisch (Lichtmikroskop, Heizrate 30 °C/min) behandelt wurden. Die Balken auf den Aufnahmen entsprechen 100 µm. (a) Raumtemperatur, (b) 250 °C, (c) 400 °C, (d) 700 °C, (e) 1000 °C. Das Ergebnis der Behandlung von (a) in kochendem Wasser (7 Tage) zeigt (f).

Danksagung

... an die Mitarbeiter des engeren Projektteams »Biomineralisation«: Marcia Armbrüster, Jana Buder, Susanne Busch, Sven Heinz, Oliver Hochrein und Kathleen Zimmermann
... an Ulrich Schwarz für intensive Diskussionen und Mitwirkung bei Manuskriptgestaltungen
... an Caren Göbel und Paul Simon als »Neuzugänge« im engeren Projektteam
... an Susanne Zücker für Geduld und qualifizierte Unterstützung bei der Realisierung dieses Beitrags
... an die Deutsche Forschungsgemeinschaft (Schwerpunktprogramm 1117 »Prinzipien der Biomineralisation«) für finanzielle Unterstützung

Literatur

1 J. W. von Goethe, Schriften zur Geologie, Mineralogie, Meterologie, dtv Gesamtausgabe 38, 1963
2 H. W. Kohlschütter, Das Döbereinersche Feuerzeug und seine Auswirkungen bis heute, Darmstädter Goethe-Gesellschaft, Januar 1976
3 An der Technischen Universität Bergakademie Freiberg (Sachsen) existiert seit 1996 z. B. der in Deutschland bisher einmalige Studiengang ANGEWANDTE NATURWISSENSCHAFT
4 P. Ramdohr, H. Strunz, Klockmanns Lehrbuch der Mineralogie, F. Enke Verlag, Stuttgart, 1978
5 »Motto« der Fachgruppe Festkörperchemie in der Gesellschaft Deutscher Chemiker: »Nur (allein) das Feste ist beständig (immerwährend).«
6 Molekularbiologie der Zelle, Bruce Alberts et al., Übers. von Lothar Jaenicke (Leitung), 3. Auflage, Weinheim, New York, Basel, Cambridge, Tokyo: VCH 1995
7 Physik: Themen, Bedeutung und Perspektiven physikalischer Forschung, Deutsche Physikalische Gesellschaft (Herausgeber), 2000
8 St. Mann, Biomineralization – Principles and Concepts in Bioinorganic Materials Chemistry, Oxford Chemistry Masters, Oxford University Press, 2001
9 E. Keinan, I. Schechter (Hrsg.), Chemistry for the 21st century, Wiley-VCH, Weinheim, 2001
10 E. R. Round, R. M. Crawford, D. G. Mann, The Diatoms – Biology and Morphology of the Genera, Cambridge University Press 1990
11 E. Baeuerlein (Hrsg.), Biomineralization – From Biology to Biotechnology and Medical Application, Wiley-VCH, Weinheim, 2000
12 A. Berman, L. Addadi, S. Weiner, Interactions of sea-urchin skeleton macromolecules with growing calcite crystals – a study of intracrystalline proteins, Nature, **331** (1988) 546–548
13 R. W. Cahn, P. Haasen, E. J. Kramer (Eds.), Materials Science and Technology – A Comprehensive Treatment, Vol. 11: Structure and Properties of Ceramics, VCH, Weinheim, New York, Basel, Cabridge, Tokyo, 1994
14 H. Meinhardt, Wie Schnecken sich in Schale werfen, Springer-Verlag, Berlin, Heidelberg, New York, 1995
15 E. P. Fischer, Das Schöne und das Biest – Ästhetische Momente in der Wissenschaft, Piper Verlag GmbH, München, 1997
16 W. Hahn, Symmetrie als Entwicklungsprinzip in Natur und Kunst, Königstein: Verlag Langewiesche, 1989
17 H. E. Schroeder, Orale Strukturbiologie, G. Thieme Verlag, Stuttgart, New York, 1992
18 Der Kosmos Edelsteinführer, Frankh-Kosmos Verlags-GmbH, Stuttgart, 1997
19 D. McConnell, Apatite, Springer-Verlag, Wien, New York
20 H. Schröcke, K. L. Weiner, Mineralogie, W. de Gruyter, Berlin, New York, 1981

21 W. Babel, Gelatine – ein vielseitiges Biopolymer, Chem. unserer Zeit, **30** (1996) 86–94

22 D. W. Bruce, D. O'Hare, Inorganic Materials, J. Wiley & Sons Ltd., Chichester, New York, Brisbane, Toronto, Singapore, 1992

23 K.-Th. Wilke, J. Bohm, Kristallzüchtung, Verlag Harri Deutsch, Thun, Frankfurt/Main, 1988

24 R. Kniep, S. Busch, Biomimetisches Wachstum und Selbstorganisation von Fluorapatit-Aggregaten durch Diffusion in denaturisierten Kollagen-Matrices, Angew. Chem. **108** (1996) 2787–2791; Angew. Chem. Int. Ed. Engl. **35** (1996) 2624–2626

25 Ostwalds Klassiker der exakten Naturwissenschaften: Selbstorganisation chemischer Strukturen, Akadem. Verlagsgesellschaft Geest & Portig K.-G., Leipzig, 1987

26 B. Kerebel, G. Daculsi, A. Verbaere, J. Ultrastruct. Res. **57** (1976) 266

27 St. Mann, The Chemistry of Form, Angew. Chem. Int. Ed. **39**, 2000, 3392–3406

28 Selbstorganisation, Selbsterkennung: J.-M. Lehn, Supramolecular Chemistry, Concepts and Perspectives, VCH Verlagsgesellschaft, Weinheim, 1995

29 S. Busch, H. Dolhaine, A. DuChesne, S. Heinz, O. Hochrein, F. Laeri, O. Podebrad, U. Vieze, Th. Weiland, R. Kniep, Biomimetic Morphogenesis of Fluorapatite-Gelatin Composites: Fractal Growth, the Question of Intrinsic Electric Fields, Core/Shell Assemblies, Hollow Spheres and Reorganization of Denatured Collagen, Eur. J. Inorg. Chem. (1999) 1643–1653

30 S. Busch, U. Schwarz, R. Kniep, Chemical and Structural Investigations of Biomimetically Grown Fluorapatite-Gelatin Composite Aggregates, Adv. Funct. Mater. **13**, (2003) 189–198

31 B. B. Mandelbrot, Die fraktale Geometrie der Natur, Birkhäuser Verlag, Basel, Boston, Berlin, 1991

32 Max-Planck-Forschung, **4** (2002) 38–43

33 S. Busch, U. Schwarz, R. Kniep, Morphogenesis and Structure of Human Teeth in Relation to Biomimetically Grown Fluorapatite-Gelatine Composites, Chem. Mater., **13** (2001) 3260–3271

34 C. A. L. Bassett, Calc. Tiss. Res. **1** (1968) 273–287

35 S. B. Lang, Nature **12** (1966) 704–705

36 K. Yamashita, N. Oikawa, T. Umekagi, Chem. Mater. **8** (1996) 2697–2700

37 P. Calvert, S. Mann, Nature **12** (1997) 127–129

38 Z. R. Tian, J. Liu, J. A. Voigt, B. McKenzie, H. Xu, Angew. Chem. 115 (2003) 430–433

39 M. Okazaki, J. Tokahashi, H. Kimura, J. Osaka Univ. Dent. Sch. **29** (1989) 47

40 N. Schwenzer, Konservierende Zahnheilkunde; G. Thieme Verlag, Stuttgart, 1988

Rüdiger Kniep, Jahrgang 1945, hat in Braunschweig Chemie und Mineralogie studiert und 1973 bei Albrecht Rabenau und Dietrich Mootz (Max-Planck-Institut für Festkörperforschung, Stuttgart) mit einer Arbeit über Subhalogenide des Tellurs an der Technischen Universität Braunschweig promoviert. Die Habilitation mit einer Arbeit über Aluminiumphosphathydrate erfolgte 1978 an der Universität Düsseldorf. Auf eine C3-Professur am Institut für Anorganische Chemie und Strukturchemie (1979, Universität Düsseldorf) folgte eine C4-Professur am Eduard-Zintl-Institut (1987, Technische Hochschule Darmstadt). Seit 1998 ist er Direktor und Wissenschaftliches Mitglied am neu gegründeten Max-Planck-Institut für Chemische Physik fester Stoffe in Dresden. Seine Forschungsschwerpunkte liegen im Bereich der Festkörperchemie (Struktur-Eigenschafts-Beziehungen). Das Thema Biomineralisation hat sich aus früheren Kontakten zu Medizinern an der Universität Düsseldorf entwickelt.

Durch Schaden wird man klug: Defekte Gene verraten Lebensgeheimnisse

Harald Jockusch

Erbfaktoren und Eiweißmoleküle

Erbfaktoren (Gene) verhalten sich zu Eiweißmolekülen (Proteinen) wie Pläne zur Ausführung: Die Erbfaktoren enthalten das Programm für die Struktur und damit für die Funktion der Proteine, bestimmen unter Zusammenwirkung mit anderen Genen und Umweltfaktoren aber auch, zu welchem Zeitpunkt, in welcher Menge und in welchen Organen ein Eiweiß gebildet wird. Proteine sind Riesenmoleküle, die als Strukturbausteine und molekulare Maschinen an allen unseren Lebensfunktionen beteiligt sind. Ihre Masse ist tausend- bis hunderttausendmal so groß wie die eines Wassermoleküls. Die verschiedenen Proteine erfüllen eine riesige Zahl unterschiedlicher Funktionen – von der Härte der Hörner und der Zugfestigkeit der Sehnen (Strukturproteine) bis zur Beschleunigung von Stoffwechselreaktionen (Enzyme), der Wahrnehmung physikalischer Einflüsse wie Licht oder elektrischer Spannung (Rezeptoren und Ionenschleusen), der Genregulation (Regulatorproteine) und der Immunabwehr (Immunglobuline). Die zweckmäßige Optimierung für bestimmte Aufgaben beruht dabei auf der räumlichen Faltung der kettenförmigen Grundstruktur der Polypeptide, und diese wiederum beruht auf der Abfolge ihrer Bausteine – den Aminosäuren (genauer: Aminosäurereste = Aminosäuren, denen bei ihrer Verkettung je ein Wassermolekül entzogen wurde). Die Aminosäureabfolge wird durch die schriftartige Basenabfolge von Nucleinsäureabschnitten, den Genen, festgelegt [1, 2, 3]. Die Gesamtheit des genetischen Materials eines Virus oder eines Lebewesens heißt Genom. Die Größe eines Genoms ist durch die Gesamtlänge an Nucleinsäure (DNA oder RNA) – also der Länge des genetischen Textes – gegeben und wird in Basen (bei einzelsträngigen Nucleinsäuren mancher Viren) oder Basenpaaren (bei doppelsträngigen Nucleinsäuren wie der doppelsträngigen DNA in den Chromosomen von Bakterien, Pflanzen und Tieren) gemessen. Drei Basen, von denen es vier Sorten gibt, braucht man, um eine der 21 am Proteinaufbau beteiligten Aminosäuren zu codieren. Die kleinsten Genome von Viren codieren nur für drei bis vier Proteine und sind etwa 3000 Basen (= 3 Kilobasen) groß. Das menschliche Genom, dessen Basenabfolge in provisorischer Form im Februar 2001 veröffentlicht wurde (http://genome.ucsc.edu/), ist eine Million mal so groß – nämlich 3000 Megabasen (= 3 Gigabasen) – und damit tausendmal so groß wie ein Bakteriengenom (einige Megabasen). Allerdings enthalten unsere Zel-

Facetten einer Wissenschaft. Herausgegeben von Achim Müller

ISBN: 3-527-31057-6

len außerhalb des Zellkerns noch eine zweite Sorte von DNA, die viel kleiner ist als die der Bakterien: das nur ca. 16.000 Basenpaare (= 16 Kilobasenpaare) große Genom der Mitochondrien. Etwa den gleichen Umfang wie das menschliche Genom hat auch das Genom der Maus, die sozusagen der Stellvertreter des Menschen in der biomedizinischen Forschung ist. Man schätzt heute, dass das menschliche Genom die Information für 30.000 bis 40.000 Gene enthält – früher nahm man an, dass der Mensch 100.000 bis 150.000 Gene besitzt. Rein rechnerisch könnte man sogar über eine Million Gene in der menschlichen DNA unterbringen. Die Information in unseren Genen nutzt also nur wenige Prozent der vorhandenen DNA-Länge aus! Dass unser Genom nur etwa doppelt so viele Gene enthält wie das der Taufliege *Drosophila*, hat viele Wissenschaftler erstaunt und Diskussionen über die Komplexität der Organismen ausgelöst [4].

Die genetische Betrachtungsweise beleuchtet ein einfaches Virus[1)] in gleicher Weise wie Hefe, Pflanze, Fliege, Maus und Mensch. Letztlich sind es die Mechanismen grundlegender Lebensvorgänge wie Zellwachstum und Zellteilung, die Entstehung biologischer Gestalt, die Bildung von Organen und ihr Zusammenspiel bei physiologischen Funktionen, die den Biologen und Biomediziner interessieren – den Schlüssel zum modernen Verständnis liefert aber das, was dahintersteckt: das Genom, das Zusammenspiel der Genprodukte im Reaktionsraum der lebenden Zelle. Sind Gene durch natürliche Mutationen oder künstliche Eingriffe defekt, so erlauben die dadurch verursachten Ausfälle Einblicke in das Funktionsgeflecht der Lebensvorgänge. Fällt die Funktion eines einzigen Gens aus, treten manchmal katastrophale, im Einzelnen oft ungeklärte Folgen für den Organismus auf, wie beispielsweise bei menschlichen Erbkrankheiten. Mitunter zeigt sich aber auch die Robustheit eines Genoms, dessen Evolution alle Widrigkeiten der letzten Millionen Jahre der Erdgeschichte überstanden hat, darin, dass fast nichts passiert – zur Enttäuschung des Forschers [5]! Einige »einleuchtende« Beispiele für diese nach dem Prinzip »Durch Schaden wird man klug« gewonnenen Einsichten sollen hier beschrieben werden.

Kristalle des Lebens: Ordnung im Urschleim

Während man sich in den dreißiger Jahren des vergangenen Jahrhunderts das lebende Cytoplasma als eine Art strukturlosen Urschleim, als leimähnliches »Kolloid«, vorgestellt hatte, ergab in den fünfziger Jahren die Auswertung der Beugung von Röntgenstrahlen durch natürliche Eiweiße (Röntgenkristallographie, *engl.* X-ray crystallography) ein ganz anderes Bild. Es ist nicht verwunderlich, dass die ersten Ergebnisse dieser Art an Strukturproteinen wie Keratin gewonnen wurden, der Grundsubstanz von Federn, Haaren, Nägeln und Hörnern.

Wie man von seinen eigenen Fingernägeln weiß, ist Keratin unlöslich in Wasser und von seinen mechanischen Eigenschaften her so etwas wie »natürliches Pla-

1) Korrekt heißt es »*das* Virus« und nicht wie umgangssprachlich oft üblich »der Virus«!

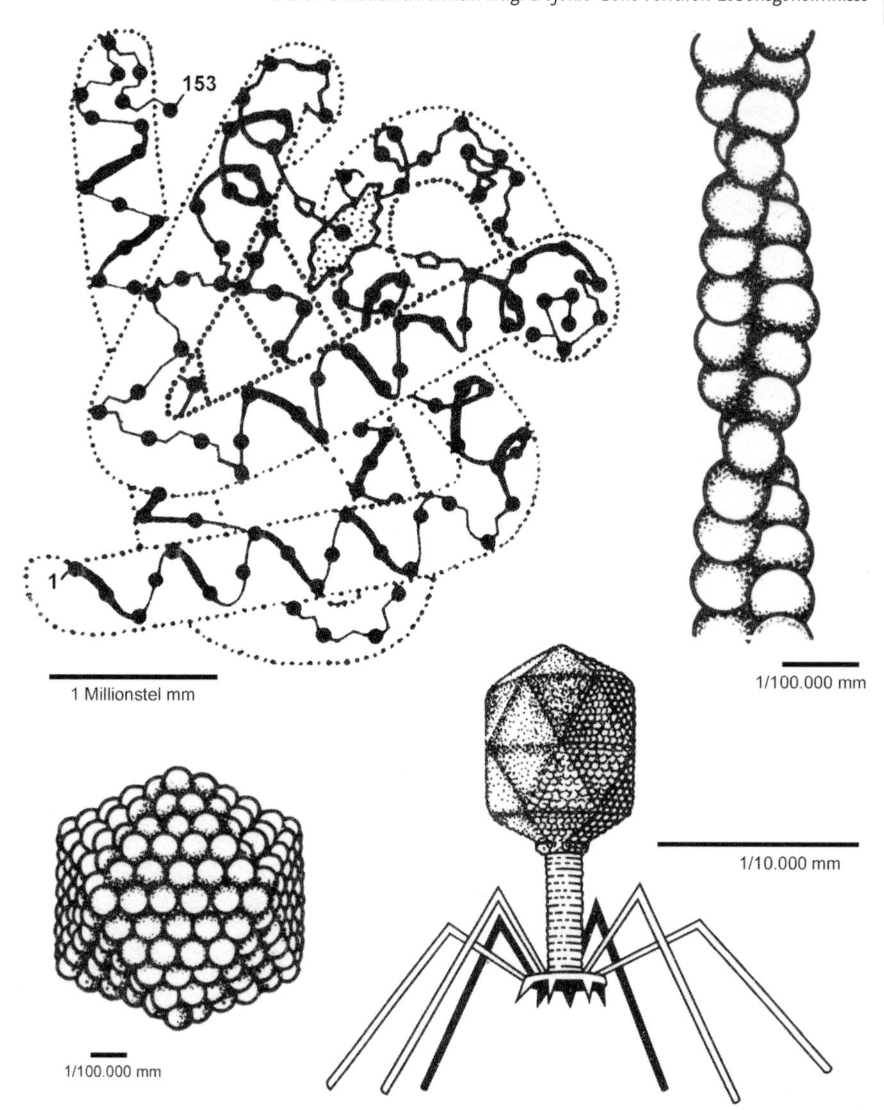

Abb. 1 Ordnung im Schleim: Kristallartige Proteinstrukturen. Obwohl uns Proteine mit bloßem Auge als strukturlos erscheinen (z. B. beim Eiklar), besitzen diese Riesenmoleküle im atomaren Bereich eine hoch geordnete Struktur, beispielsweise in Form der α-Helix, und sie können sich »von selbst«, in einer Art Kristallisationsprozess, zu »Überstrukturen« zusammenlagern wie im Fall der Virusteilchen und der Muskelproteine. *Oben links*: Die aufgeknäuelte Eiweißkette des Myoglobins, dem roten Farbstoff und Sauerstoffspeicher im Muskel. Die Kette besteht aus 153 Aminosäureresten, die als Punkte dargestellt sind; in vielen Bereichen bilden sie die schraubige Struktur der α-Helix. Die gepunktete Fläche ist das eisenhaltige Häm, das die Sauerstoffbindung bewirkt und die rote Farbe verleiht. *Oben rechts:* Das »dünne Filament« des Muskels setzt sich aus schraubenförmig angeordneten Actinmolekülen zusammen. *Unten*: Virusteilchen – links das polyedrische Adenovirus, rechts ein komplex aufgebautes Bakterienvirus, der Bakteriophage T4. Man beachte die verschiedenen Maßstäbe! (verändert aus [13]).

stik«. Im molekularen Bereich hat es einen kristallartig periodischen Aufbau, der durchtretende Röntgenstrahlen (sehr kurzwelliges Licht) in regelmäßiger Weise ablenkt. Die Auswertung dieser Röntgenbeugung führt zur Röntgenkristallographie: Sie wurde von dem Physiker Max von Laue vor etwa hundert Jahren zur Strukturaufklärung von Salzkristallen eingeführt und ist bis heute die entscheidende Methode zur Aufklärung der Struktur von Eiweißmolekülen. Durch solche Untersuchungen und theoretische Modelle fand man als ein Bauprinzip eine schraubenartige Verdrillung der Polypeptidkette, die so genannte Alpha-Helix (Abb. 1).

Kollagen – gekocht als Gelatine im Handel – ist (im nativen, nicht gekochten Zustand) ebenfalls ein hoch geordnetes Strukturprotein. Keratin und Kollagen sind Faserproteine. Es gibt aber auch Proteinstrukturen, die aus rundlichen Untereinheiten aufgebaut sind, wie Virushüllen und die »dünnen Filamente« des Muskels. In solchen Fällen sind die einzelnen Untereinheiten in Wasser löslich, aber ein großes Aggregat aus tausenden von ihnen stellt, zusammen mit vergesellschafteten Proteinen, eine in wässriger Umgebung stabile Struktur dar (s. u.). Das Prinzip des Selbstzusammenbaus [6, 7], das eine Art Kristallisation darstellt, findet sich bei vielen strukturbildenden Eiweißmolekülen, so auch bei den Eiweißbestandteilen des Muskels (Abb. 1).

Strukturen bauen sich selbst: Ordnung und Stabilität

Am Hüllprotein des Tabakmosaikvirus wurde zum ersten Mal das Prinzip des »Selbstzusammenbaus« (*engl.* self-assembly) im Experiment demonstriert. Die röhrenförmigen Virusteilchen, die sich aus 3000 gleichartigen Proteinuntereinheiten und einem einsträngigen RNA-Nucleinsäurefaden zusammensetzen, sind sehr stabil. In ihnen ist die Nucleinsäure – die wertvolle Erbsubstanz für folgende Virusgenerationen – gegen das Zerschneiden durch »feindliche« abbauende Enzyme geschützt (Abb. 2). Durch eine Behandlung mit schwacher Lauge (bei niedriger Temperatur) kann man aber im Labor das röhrenförmige Mauerwerk der Eiweißuntereinheiten des TMV zum Abbröckeln bringen, sodass die Nucleinsäure freigesetzt und von der Lauge in kleine Bruchstücke gespalten wird. Betrachtet man nun das Hülleiweiß im Elektronenmikroskop, so ist die röhrchenförmige Struktur der Virusteilchen völlig verschwunden. Das freie, gelöste Hüllprotein des Tabakmosaikvirus kann aber allein durch eine erneute Zugabe von RNA (oder ersatzweise von etwas Essigsäure, »Ansäuern« des Mediums) wieder röhrenförmige Aggregate bilden – die Umgebung der lebenden Zelle ist dazu nicht notwendig. Die Gestalt und Bindungsfähigkeit der Proteinuntereinheiten sind bei geeigneten Milieubedingungen (sogar ohne die stabilisierende Wirkung der RNA) hinreichend für die Gestaltbildung (Abb. 3).

Abb. 2 Das Tabakmosaikvirus (TMV) – einfach und doch kompliziert. *Oben links*: Die Wirtspflanze des TMV auf einem Tabakfeld in der Oberrheinischen Tiefebene. *Oben rechts*: Sproßspitzen einer gesunden (links) und einer TMV-infizierten (rechts) Tabakpflanze. Das TMV verursacht das namensgebende »Mosaik« auf den Blättern. *Unten links*: Ein raumfüllendes Modell des TMV – dargestellt ist etwa 1/10 der Länge des Virusstäbchens. Die innere Spirale stellt das Erbmaterial RNA des Virus dar, und die maiskornartig darum angeordneten Objekte sind die Untereinheiten der Proteinhülle – von ihnen gibt es über 2000 in einem Virusstäbchen (Aufnahme von Dr. J. Butler zur Verfügung gestellt). *Unten rechts:* Die innere Molekülstruktur von zwei benachbarten Hüllproteinuntereinheiten: links der innere Hohlraum des Virusteilchens, rechts seine Außenfläche. Man sieht den Verlauf der Polypeptidketten (ihre »Faltung«). Die Spiralen sind α-Helices. Die in Abb. 4 gezeigten Positionen 19 und 20 sind blau und schwarz markiert.

Der Beitrag einzelner Aminosäurereste zur Proteinfunktion und Proteinstabilität

Beim Hüllprotein des TMV handelt es sich um ein relativ kleines Protein, eine Polypeptidkette, die aus 158 Aminosäureresten besteht. Einzelne Basenaustausche (Punktmutationen) in den proteincodierenden Nucleinsäuresequenzen können zum Ersatz einzelner Aminosäurereste führen (müssen dies aber nicht in jedem Fall, da durch die »Degeneriertheit« des genetischen Codes verschiedene Basentripletts auch für die gleiche Aminosäure codieren können [3]). Der erste aufgeklärte

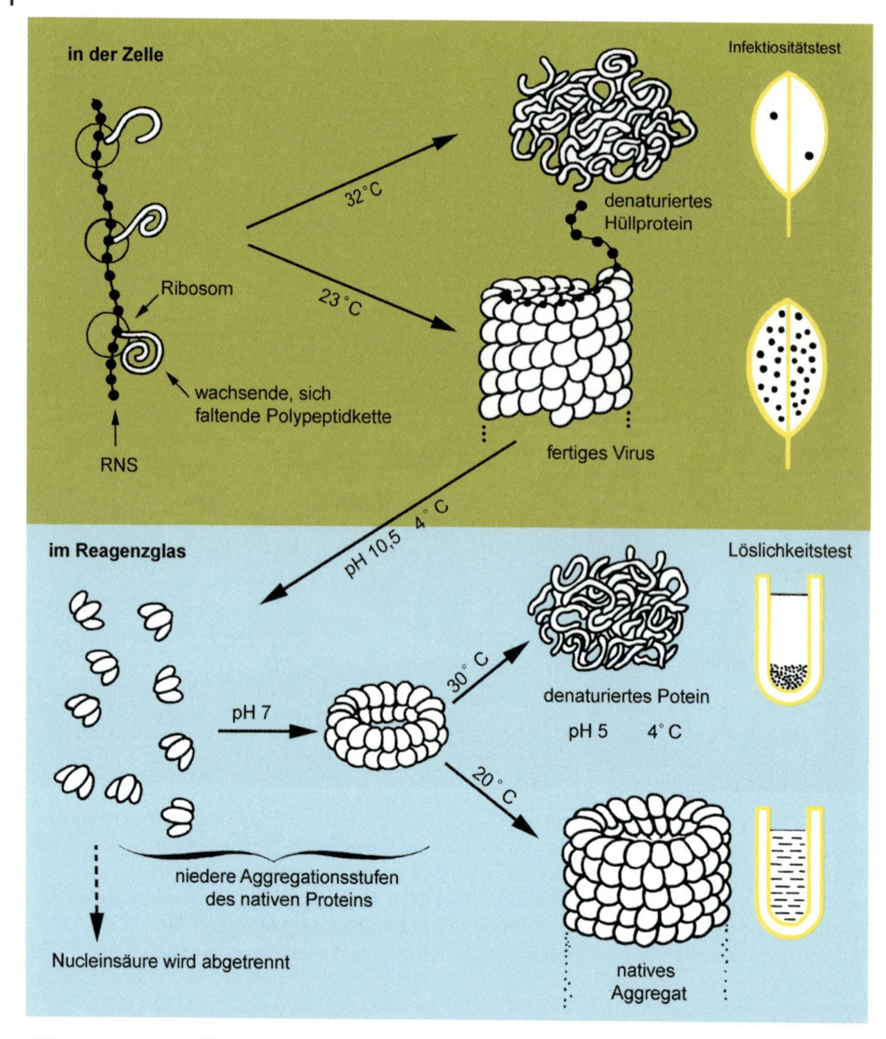

Abb. 3 Molekulare Ökologie und ein wetterfühliges Virus. Versuche zur Aufklärung der Temperaturempfindlichkeit von Virushüllproteinen. Dargestellt ist das Verhalten einer temperatursensitiven Mutante des TMV. *Oben*: Links sieht man die Synthese des Virushüllproteins an den Ribosomen der Tabak-Wirtspflanze. Bei niedriger Temperatur faltet sich das Hüllprotein korrekt und bildet neue TMV-Teilchen; bei hoher Temperatur »denaturiert« es. Rechts wird die Menge des gebildeten Virus auf einer besonderen Tabakrasse getestet: Da bei über 30 °C das Hüllprotein denaturiert, lässt sich im Vergleich zur niedrigen Temperatur nur sehr wenig infektiöses Virus auf der Testpflanze nachweisen. *Unten*: Bei niedriger Temperatur gebildetes Virus der gleichen temperatursensitiven Mutante wird in RNA und Proteinuntereinheiten zerlegt. Anschließend wird das Hüllprotein im Reagenzglas bei niedriger und hoher Temperatur zur Reaggregation gebracht. Bei niedriger Temperatur bleibt das Hüllprotein löslich (»nativ«); bei hoher Temperatur denaturiert es. Damit ist das Verhalten in der lebenden Wirtspflanze erklärt [9].

Fall dieser Art war die Sichelzellenanämie. Dabei ist im Globin, dem Proteinanteil des roten Blutfarbstoffs Hämoglobin, ein hydrophiler (»wasserfreundlicher«) Glutaminsäurerest gegen einen lipophilen (»fettfreundlichen«) Valinrest ausgetauscht. Die Funktion des Sauerstofftransports kann das mutierte Hämoglobin S (»S« für Sichelzelle) zwar noch erfüllen, aber die Wasserlöslichkeit des gesamten Eiweißmoleküls ist bei Sauerstoffarmut im venösen Blut so verringert, dass es auskristallisiert und die roten Blutkörperchen sichelartig deformiert. Die dadurch verursachte Schädigung der Zellmembran führt zum schnelleren Verschleiß der Erythrozyten und damit zur Blutarmut (Anämie).

Andere Punktmutationen können zum Ausfall der Aktivität von Enzymen führen, wie beim Albinismus (Verlust der Aktivität des für die Bildung des Pigments Melanin notwendigen Enzyms Tyrosinase) oder der Phenylketonurie (PKU, Verlust der Aktivität des Enzyms Phenylalaninhydroxylase, das die Aminosäure Phenylalanin in die Aminosäure Tyrosin umwandelt). Es kann aber auch sein, dass Aminosäureaustausche nur unter bestimmten Bedingungen zum Funktionsverlust führen – man spricht dann von bedingten oder »konditionalen« Mutationen. Dazu gehören beispielsweise die temperatursensitiven Mutationen. Hierbei ist das Protein durch einen Aminosäureaustausch so destabilisiert, dass es zwar noch bei niedriger, aber nicht mehr bei hoher Temperatur funktioniert. Jeder kennt die Siamkatzen, deren Fell nur an den kühleren Körperspitzen – also Ohren und Pfoten – durch Melanin dunkel gefärbt ist. Bei ihnen ist das Enzym Tyrosinase, das beim Albino total ausgefallen ist, temperatursensitiv. Bei Warmblütern wird die Temperatur im Inneren des Körpers konstant gehalten, aber bei wechselwarmen Tieren (z. B. Würmern, Insekten, Fischen, Reptilien) sowie bei Pflanzen, Mikroorganismen und deren Viren kann der Experimentator die Temperatur im Untersuchungsobjekt durch die Außentemperatur vorgeben. Für temperatursensitive Mutanten bedeutet dies, dass ihre physiologischen Leistungen durch eine hohe (»nichtpermissive«) Temperatur gezielt gestört und mit den (fast) normalen Leistungen bei niedriger (»permissiver«) Temperatur verglichen werden können. Es waren temperatursensitive Hefemutanten, bei denen lebenswichtige Schritte der Zellteilung betroffen sind, die Leland Hartwell und Tim Nurse den Nobelpreis für Medizin 2001 eingebracht haben. Hätten die Mutanten einen nicht bedingten, sondern totalen Defekt gehabt, hätten die Forscher sie gar nicht weiter vermehren und untersuchen können (http://www.nobel.se).

Was ist der molekulare Mechanismus der Temperatursensitivität? Dies wurde zuerst beim Hüllprotein des Tabakmosaikvirus (TMV) aufgeklärt [9]. Das relevante Experiment zeigt Abb. 3: Eine Tabakpflanze wird mit einer temperatursensitiven Mutante des Tabakmosaikvirus infiziert. Obwohl die Wirtspflanze nach einigen Tagen bei 20 bis 25 °C und bei über 30 °C gleichermaßen krank aussieht, lässt sich aus den bei hoher, nichtpermissiver Temperatur gehaltenen Blättern fast kein infektiöses Virus extrahieren. Das *in vitro*-Experiment mit dem isolierten Hüllprotein zeigt den Grund: Mutiertes Hüllprotein denaturiert bei mäßiger Wärme, während das Hüllprotein des normalen Stamms wärmestabil ist. Die Wirtspflanze Tabak wird nur in warmen Klimaten angebaut – in Deutschland z. B. im Oberrheintal, wo im Sommer häufig Temperaturen von über 30 °C herrschen und dem Tabak zuträg-

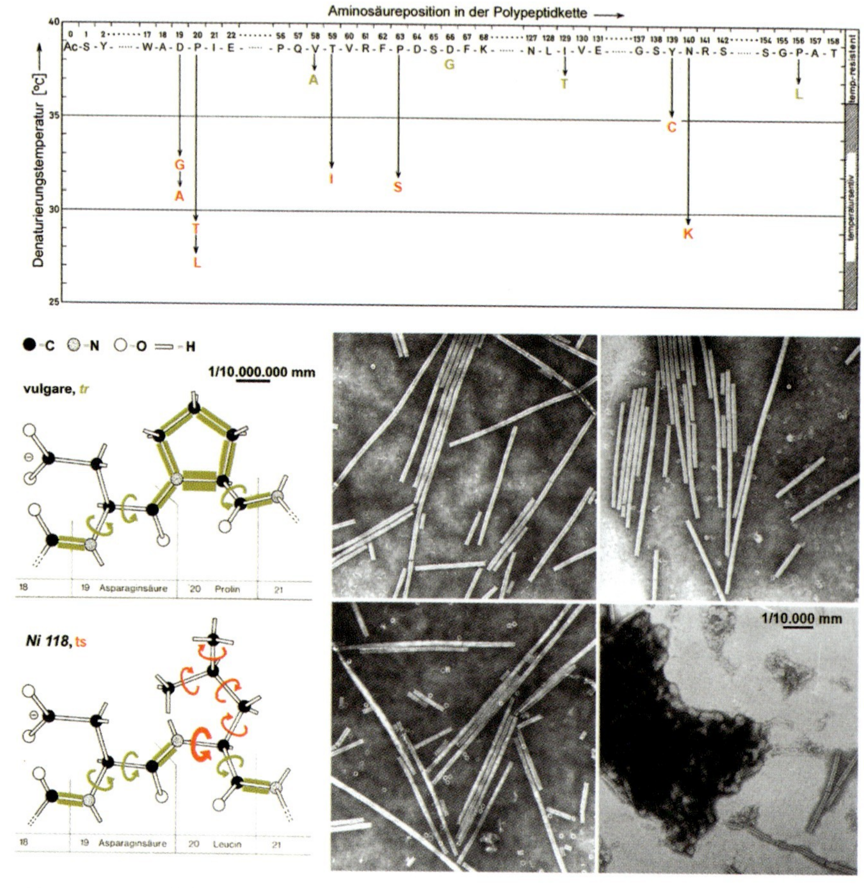

Abb. 4 Vom Gendefekt zum Funktionsverlust – Aminosäureaustausche und ihre Folgen: Molekülstruktur und Aggregatstruktur. *Oben*: Einzelne Aminosäureaustausche beeinträchtigen je nach ihrer Natur und ihrer Position in der 158 Aminosäurereste langen Polypeptidkette die Temperaturstabilität des TMV-Hüllproteins in unterschiedlichem Maß. Ein Beispiel ist der Austausch Prolin (P) zu Leucin (L) in Position 20 (P20L) der Mutante Ni 118. Er verändert die Struktur der Polypeptidkette an einer strategischen Position (vgl. Abb. 2) und damit die Stabilität der Kette. Dagegen hat der gleiche Austausch fast am Ende der Kette (Position 156 von 158) nur eine sehr geringe Wirkung (verändert aus [10]). *Unten links*: Ausschnitt aus der Hüllprotein-Polypeptidkette des temperaturresistenten TMV-Wildstamms »vulgare« mit der ringförmigen Aminosäure Prolin in Position 20 und aus der Hüllprotein-Polypeptidkette der temperatursensitiven TMV-Mutante Ni 118, bei der das Prolin durch Leucin ersetzt ist. Durch diese Änderung erhält die Polypeptidkette eine größere lokale Flexibilität – dies ist die Ursache der geringeren Stabilität ihrer Faltung (allerdings gibt es neuerdings Hinweise auf eine zweite Veränderung in der Polypeptidkette von Ni 118). *Unten rechts*: Elektronenmikroskopische Aufnahmen der vom normalen Wildtypstamm »vulgare« (oben) und vom temperatursensitiven Stamm Ni 118 (unten) erhaltenen Hüllproteine nach Aggregation bei niedriger (20 °C, links) und hoher (30 °C, rechts) Temperatur (vgl. Abb. 2, unten) (aus [9]).

lich sind (Abb. 2). Dies bedeutet, dass die Hüllprotein-Aminosäuresequenz des »Wildtyps« des Krankheitserregers TMV in der Evolution für die ökologischen Verhältnisse der Wirtspflanze optimiert wurde und zufällige Aminosäureaustausche im Allgemeinen die Stabilität verringern. Einige Aminosäureaustausche und ihre Folgen für die Stabilität [10] sind in Abb. 4 gezeigt. Von speziellem Interesse ist der Austausch der Aminosäure Prolin in eine beliebige andere, da die Besonderheit des Prolins in seiner stabilisierenden Ringstruktur besteht. Wird diese »aufgeschlitzt« – beispielsweise indem das offenkettige Leucingerüst an seine Stelle tritt –, so führt dies dazu, dass sich die Polypeptidkette an dieser Position in mehr Richtungen im Raum drehen kann als mit Prolin (Abb. 4). Hierdurch wird sie offenbar anfälliger gegen die »zerrüttende« Wirkung der zufälligen Wärmebewegungen, d. h. sie wird anfälliger bei steigender Temperatur. Die Folge sind Fehlfaltungen der einzelnen Polypeptidketten: Hydrophobe (»wasserfeindliche«) Aminosäurereste, die beim nativen Protein ihren Platz im Inneren des globulären Proteinmoleküls haben, gelangen nach außen, und die Aminosäureketten, die für die korrekte Bindung an das Nachbarmolekül (mit gleicher Faltung) sorgen sollen, nehmen zufällige und damit falsche Positionen ein. Statt ordentliche röhrchenförmige Virusstäbchen zu bilden, verklumpt das Protein zu einem unlöslichen Aggregat – wie das Eiklar in der heißen Eierstichsuppe! Das Erbmaterial des TMV, die einzelsträngige Ribonucleinsäure (RNA), kann nicht mehr verpackt und damit auch nicht mehr gegen widrige Außenbedingungen, wie etwa die allgegenwärtigen RNA-schneidenden Enzyme, geschützt werden. Die Ausbreitung der Infektion innerhalb ein und derselben Wirtspflanze funktioniert zwar noch, aber die Übertragung von Pflanze zu Pflanze – beim Tabakanbau durch das Abschneiden der unteren, reifen Blätter – ist gestört. Eine TMV-Variante mit einem solchen temperatursensitiven Hüllprotein hätte nur in Schleswig-Holstein eine Chance, wo es aber aus gutem Grund keinen Tabakanbau gibt! In einer Polypeptidkette sind bestimmte Positionen sehr wichtig für die Faltung und Stabilität – im TMV-Hüllprotein beispielsweise die Positionen 19 und 20. Andere spielen dagegen keine so große Rolle – ein Beispiel im TMV-Hüllprotein ist etwa die Position 156, die drittletzte Position. Folglich verringert der gleiche Austausch von Prolin zu Leucin, der in Position 20 katastrophale Folgen hat, in Position 156 die Stabilität der Polypeptidkette nur unbedeutend (Abb. 4, oben).

Der Austausch Prolin zu Leucin spielt übrigens auch bei einigen menschlichen Krankheiten eine Rolle: Im Prionprotein, das als infektiöses Agens des Rinderwahnsinns bekannt geworden ist, führt er zu einer erblichen Gehirnerkrankung, der Gerstmann-Sträußler-Krankheit. Im muskulären Chloridkanal führt er wie viele andere Aminosäureaustausche zu Funktionsverlust und Muskelsteifigkeit (s. u.). Man weiß heute, dass fehlgefaltete Proteine nicht nur ihre eigene Funktion verlieren, sondern auch schädigend auf Zellen wirken und so beispielsweise neurodegenerative Krankheiten verursachen können.

Auch die Temperatursensitivität von Proteinen spielt in der Medizin eine Rolle, obwohl der Mensch ja normalerweise eine konstante Körpertemperatur von 37 °C hat. So gibt es Mutationen, die erst bei hohem Fieber – also über 40 °C – zu Problemen führen: Beim so genannten »Hämoglobin Zürich« führt ein Aminosäureaustausch im roten Blutfarbstoff dazu, dass das Protein bei normaler Körpertemperatur zwar funktionsfähig ist, bei hohem Fieber aber denaturiert.

Muskel: Überkristall und molekulare Maschine

Der Muskel ist eine molekulare Maschine, die die chemische Energie der Nahrung in Kraft umwandelt. Dabei liefert die katalytische Spaltung der energiereichen Verbindung Adenosintriphosphat (ATP)[2] die Energie für die mechanische Leistung, die molekular auf dem Ineinandergleiten zweier Proteinfilamentsysteme beruht, wodurch es makroskopisch zur Verkürzung des Muskels kommt (»sliding filament«-Modell). Die Filamentsysteme sind in Strängen angeordnet – den Myofibrillen (»Myo«, griech. = Muskel) –, die segmentartig in Einheiten, die Sarcomere, aufgeteilt sind (Abb. 5). Der Mechanismus, mit dem die beiden Filamentsysteme – die dicken Filamente des Myosins und die dünnen des Actins – ineinander gezogen werden, ist heute bis zur atomaren Auflösung geklärt. Hierbei hat die Röntgenkristallographie der Actinuntereinheiten und des Myosin-»Kopfs«, in dem die energieliefernde ATP-Spaltung stattfindet, eine entscheidende Rolle gespielt.

Die erstaunliche Genauigkeit, mit der in einem gegebenen Muskel einer gegebenen Tierart die Länge der dünnen Filamente und – abhängig vom Dehnungszustand – die Länge des Sarcomers eingehalten wird, hat zu der Vermutung geführt, dass es so etwas wie molekulare Lineale (»Mikrometermaße«) gibt, die die Längen der Filamente bestimmen. Die Nucleinsäure des TMV ist so ein Lineal: Aggregieren die Hüllproteinuntereinheiten ohne die RNA, so werden Stäbchen variabler Länge gebildet; mit RNA haben alle Virusstäbchen die von der RNA vorgegebene Länge und dadurch die gleiche Anzahl von Hüllproteinuntereinheiten. In ähnlicher Weise bestimmt das fadenförmige Protein Nebulin die Länge der dünnen Filamente des Muskels, denen es sich längs anschmiegt. Das Titin (nach seiner »titanischen« Größe von 30 000 Aminosäureresten benannt) hält die dicken Filamente in Position. Es enthält spiralfederartige Bereiche, die bei der Dehnung des Sarcomers mechanische Zugkräfte auffangen und dadurch das Zerreißen des Sarcomers verhindern, sowie Ankerplätze für andere Proteine der Myofibrille, damit diese ihren korrekten Ort finden. Letzteres weist auf eine Bedeutung des Titins für den Selbstzusammenbau des Sarcomers und damit für die Regelmäßigkeit des quergestreiften Muskels hin. Durch Zufall haben wir im Labor bei einer Hamster-Zell-Linie entdeckt, dass ihr ein entscheidender Teil des Titin-Gens fehlt: Hierdurch kann das Titin nicht mehr an der Z-Linie verankert werden [9]. Durch Tricks kann man die Ursprungszellen, die noch Titin herstellen können, dazu bringen, wie Muskelzellen regelmäßige Myofibrillen zu bilden. Macht man den gleichen Versuch mit der mutierten Zell-Linie, der das Titin fehlt, entstehen zwar die Proteine der Myofibrille, aber sie liegen in der Zelle als unregelmäßig verteilte Klumpen vor (Abb. 5). Das Titin ist also notwendig, um die Bausteine der Myofibrille an ihren richtigen Platz zu dirigie-

2) Diese fundamental wichtige Verbindung wurde 1929 von dem aus Bielefeld stammenden Biochemiker Karl Lohmann im Labor des Nobelpreisträgers Otto Meyerhof am Kaiser-Wilhelm-Institut in Berlin-Dahlem entdeckt.

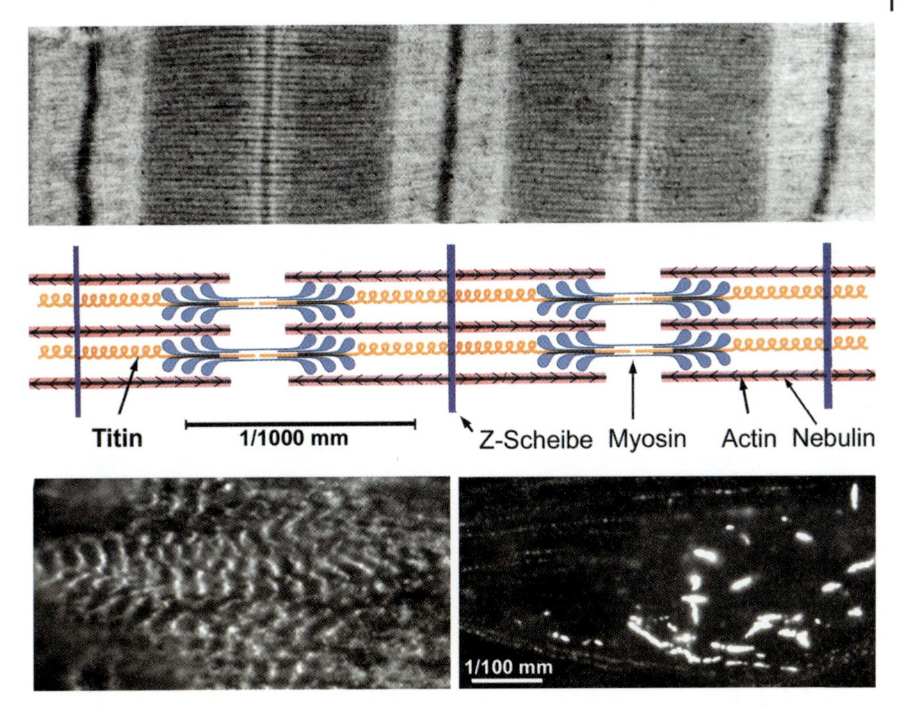

Abb. 5 Die kristallartige Ordnung des Muskels: Unordnung durch Fehlen eines molekularen »Baumeisters«. *Oben*: Elektronenmikroskopische Aufnahme des Skelettmuskels vom Neunauge (Längsschnitt, Aufnahme Dr. P. Heimann, Bielefeld). *Mitte*: Ein sehr vereinfachtes Schema der Bauelemente der Myofibrille, des kontraktilen Bestandteils der Muskelfaser. Gezeigt sind zwei Einheiten (Sarcomere) mit dünnen Filamenten aus Actin, die an den Z-Scheiben befestigt sind, und dicken Filamenten aus Myosin, die sich unter ATP-Verbrauch nach beiden Seiten an den Actinfilamenten entlang hangeln und so das Sarcomer und letztendlich den gesamten Muskel verkürzen. Die Actinfilamente werden von Nebulinfilamenten begleitet, die ihre Länge bestimmen, und die Myosinfilamente sind mit den extrem langen und elastischen Titinmolekülen verbunden, die das Sarcomer vor dem Zerreißen schützen (verändert aus [14]). *Unten*: Der Ausfall von Titin durch eine Mutation in einer Zell-Linie zeigt, dass dieses Riesenprotein nicht nur für die Reißfestigkeit, sondern auch für den Aufbau der molekularen Ordnung in der Myofibrille notwendig ist. Anfärbungen mit einem Antikörper gegen ein Z-Scheibenprotein machen dies sichtbar: Wenn das Titinmolekül intakt ist, entsteht eine Querstreifung (links); fehlt es (rechts), liegt das Z-Scheibenmaterial in Form von unregelmäßigen Aggregaten in der Zelle vor (aus [11]).

ren. Ein Gendefekt hat uns eine wichtige Rolle des »Baumeister«-Proteins Titin verraten! Eine Maus oder ein Mensch mit einer solchen Mutation könnte keinen funktionsfähigen Herz- und Skelettmuskel bilden. Durch das Ausbleiben der Pump-Funktion des Herzens würde solch ein Organismus bereits als Embryo sterben. Es gibt aber auch Mutationen beim Titin, die weniger dramatische Folgen haben und zu erblichen Herz- und Skelettmuskelerkrankungen bei Mensch und Maus führen.

Ionenschleusen: Schalter in der Zellmembran

Neben der Energieversorgung und den Struktureigenschaften des Muskels ist die zeitliche Kontrolle der Krafterzeugung von entscheidender Bedeutung für seine Funktion. Der gesunde erwachsene Muskel kontrahiert sich nur, wenn er ein ent-

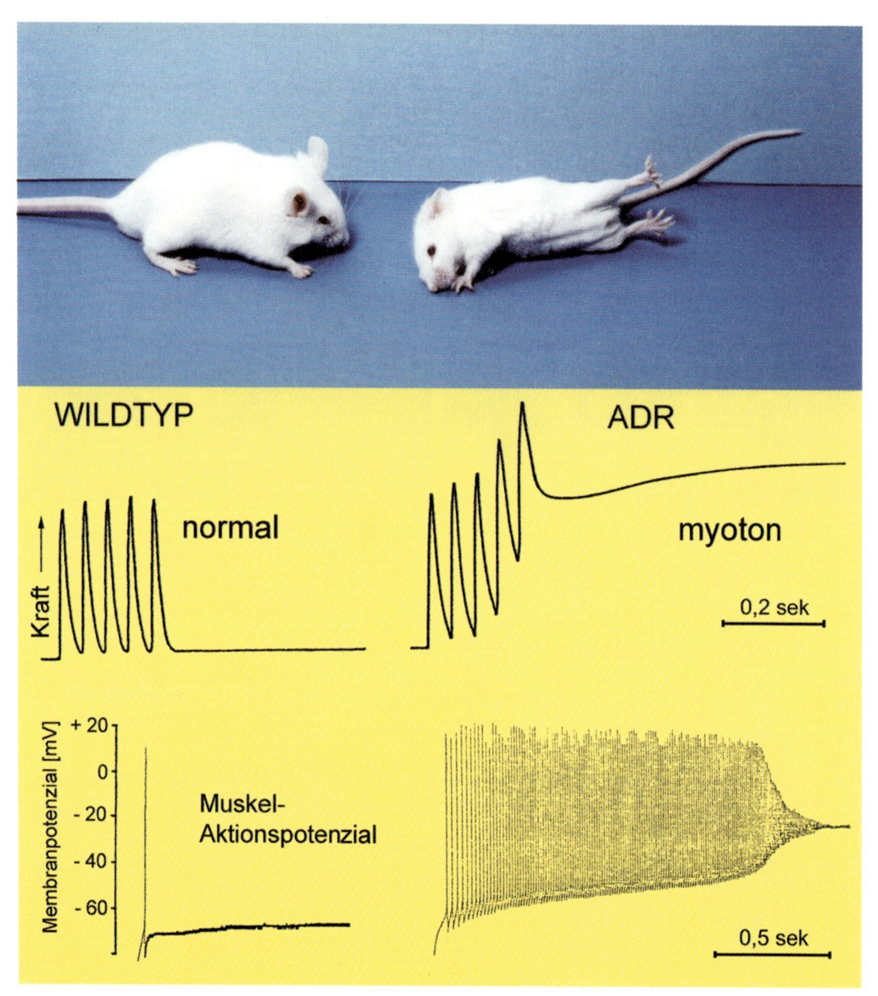

Abb. 6 »Zu viel« durch »zu wenig«: Übererregbarkeit des Muskels durch Ausfall einer Ionenschleuse bei einer myotonen Mausmutante. *Oben*: Nach plötzlichen Bewegungen verkrampft sich die Muskulatur der myotonen ADR-Maus (rechts, links gesunde Kontrollmaus). Der Grund dafür sind Nachkontraktionen des Muskels (*Mitte*, Messung von Dr. Jutta Reininghaus, 1988). Die Ursache für diese Nachkontraktionen sind vom Muskel selbst erzeugte Aktionspotenzial-Salven (*unten rechts*, Messung von Dr. Gerhard Mehrke, 1988), statt der normalen, durch Einzelreize hervorgerufenen einzelnen Aktionspotenziale (*unten links*). Die Übererregbarkeit des Muskels wird durch eine verringerte Chloridleitfähigkeit der Zellmembran der Muskelfaser hervorgerufen und diese wiederum durch einen Defekt im Gen für den muskulären Chloridkanal [15].

sprechendes Signal vom Nerv erhält – wenn nicht, muss er »Ruhe halten«. Diese Regulation wird durch Proteine gesteuert, die als Ionenschleusen in den äußeren und inneren Membranen des Muskels sitzen und den Durchtritt von positiv geladenen Ionen wie Natrium-, Kalium- und Calciumionen oder des negativ geladenen Chloridions kontrollieren. Das Chloridion ist in hoher Konzentration außerhalb und innerhalb der Muskelzelle vorhanden. Sein leichter Durchtritt durch die Chloridionenschleusen hat eine kurzschließende und damit dämpfende Wirkung auf Änderungen des elektrischen Membranpotenzials. Wird diese durch einen Ausfall der Chloridkanäle blockiert, so wird der Muskel übererregbar: Durch unkontrollierte Erregungswellen werden krampfartige Kontraktionen ausgelöst, die zur Muskelsteifigkeit (Myotonie) führen (Abb. 6 und Abb. 7).

Bei der Aufklärung der erblichen Myotonie, von der es eine »Thomsensche« und eine »Beckersche« Variante gibt, hat ein Mausmodell eine entscheidende Rolle gespielt: die ADR-Maus (»ADR« ist die Abkürzung für »**a**rrested **d**evelopment of

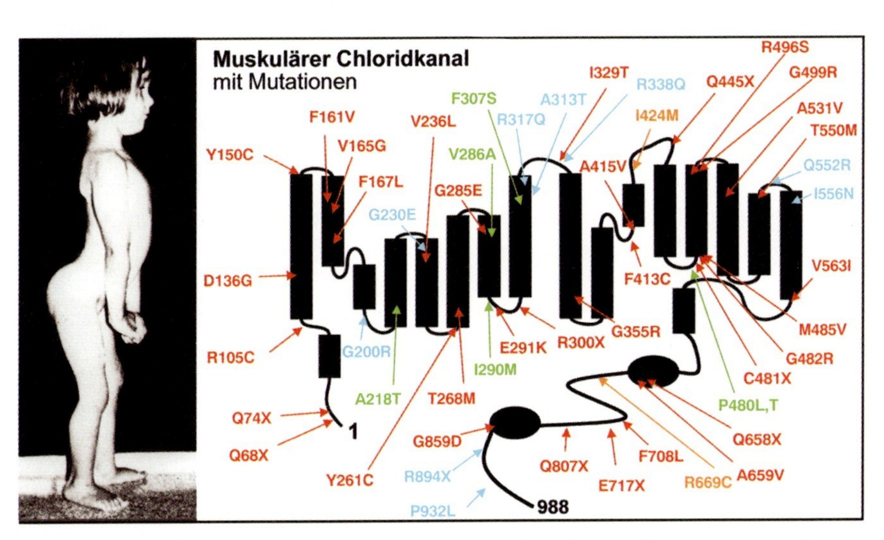

Abb. 7 Alles was für die myotone Maus gilt, gilt auch für die menschliche Myotonie (Erbliche Muskelsteifigkeit, *links*): *Rechts*: Man hat bei Myotoniepatienten eine große Zahl von Aminosäureaustauschen und anderen Mutationen in der fast tausend Aminosäuren langen Polypeptidkette des muskulären Chloridkanals gefunden. Die funktionsfähige Polypeptidkette faltet sich zu einem Kanal, der die negativ geladenen Chloridionen durch die (hier horizontal gedachte) Zellmembran hindurchlässt. Die schwarzen Zylinder stellen Bereiche dar, die die Zellmembran durchspannen. Die Wandung der Kanalröhre ist hier der Deutlichkeit halber in eine Ebene ausgebreitet dargestellt. Im funktionsfähigen Zustand sind jeweils zwei Proteinmoleküle in der Membran zusammengelagert und bilden einen »doppelläufigen« Kanal. Mutationen an verschiedenen Stellen der Polypeptidkette führen zum Funktionsausfall. Bei den rot markierten Aminosäureaustauschen wird der Defekt bei gemischterbigen Menschen durch die »gesunden« Kanäle kompensiert (die Mutation ist »rezessiv«); bei den blau, grün und orange dargestellten Austauschen »verdirbt« das »kranke« Kanalprotein in verschiedenem Ausmaß auch die Funktion des im Doppelkanal assoziierten »gesunden« Proteins (die Mutation ist »dominant«) (rechtes Schema: Arbeitsgruppe Jentsch, Zentrum für Molekulare Neurobiologie, Hamburg).

righting response«, »verzögerte Entwicklung des Aufrichtreflexes« – ein physiologisch unkorrekter Name) (Abb. 6). Obwohl man viel über die Muskelsteifigkeit des Menschen wusste – vor allem dass im myotonen Muskel die Membranleitfähigkeit für Chloridionen herabgesetzt ist – war der zugrunde liegende Gendefekt unbekannt. Bei der ADR-Maus gab es 1990 elektrophysiologische Hinweise auf die Rolle von Chloridkanälen, und das Krankheits-Gen war auf einem Maus-Chromosom an einem Ort lokalisiert worden, der dem Ende des langen Arms des menschlichen Chromosoms 7 entspricht. Unabhängig von diesen Arbeiten an der Universität Bielefeld klärte zur gleichen Zeit die Arbeitsgruppe von Thomas Jentsch am Zentrum für Molekulare Neurobiologie in Hamburg die Nucleotidsequenz des im Muskel exprimierten Chloridkanal-Gens bei der Ratte auf. In einer Kooperation zwischen den beiden Arbeitsgruppen wurde innerhalb weniger Wochen klar, dass tatsächlich ein Defekt im Chloridkanal-Gen die Ursache für die Myotonie der ADR-Maus ist (zur anekdotischen Darstellung vgl. [10]). Von da an war es nur ein weiterer Schritt, das gleiche auch für menschliche Myotoniepatienten zu beweisen – zumal die menschlichen Myotoniemutationen tatsächlich auf dem langen Arm des Chromosoms 7 lokalisiert waren. In den folgenden Jahren wurde eine große Zahl verschiedener Aminosäureaustausche bei Patienten mit Muskelsteifigkeit entdeckt (Abb. 7). Bei der Thomsenschen Myotonie ist es der bereits vom TMV-Hüllprotein bekannte Austausch von Prolin zu Leucin (in Position 480 von 988, P480L), der nicht nur zur Störung der betroffenen Funktion der Chloridkanal-Eiweißmoleküle führt, sondern bei gemischterbigen Personen sogar die vom »gesunden« Gen erzeugten normalen Kanalproteine in ihrer Funktion stört.

Die Körpergestalt: Ordnung durch Genschalter und Zell-Zell-Signale

Die komplexeste Funktion von Eiweißmolekülen ist sicher die des Genschalters: Im Zusammenspiel mit anderen Eiweißen und kleinmolekularen Signalstoffen regeln sie die zeitliche Aktivität anderer Gene. Dabei kann es sich um physiologische Modulationen handeln, durch die sich der Körper beispielsweise auf Stress-Situationen oder die Reproduktionsphase einstellt. Fundamentaler ist die Rolle von Genschalterproteinen (»Transkriptionsfaktoren«) jedoch bei der Embryonalentwicklung vielzelliger Organismen. Sie sind entscheidend an der schrittweisen Entstehung der Körpergestalt beteiligt, wie Störungen nach Funktionsausfällen belegen: Einer Fliegenmade fehlen Körpersegmente, oder einer Fliege wachsen Beine statt Fühler aus dem Kopf (»Antennapedia«) (vgl. die Nobelpreise 1992 http://www.nobel.se). Beim Menschen ist die Polydactylie bekannt – die Vielfingrigkeit, bei der es zur Ausbildung von sechs statt fünf Fingern oder Zehen kommt. Solche Störungen werden in der »Entwicklungsgenetik« systematisch untersucht. Sie haben unser Verständnis der Mechanismen der Entwicklung enorm vorangetrieben, zugleich aber auch zur Aufklärung vorgeburtlicher Missbildungen beigetragen. Die Genschalter geben die Antwort darauf, warum die Komplexität von Bauplänen und physiologischen Leistungen der Organismen mit zunehmender Anzahl der Gene weit überproportional ansteigt: Nimmt man vereinfachend an, dass jeder Schalter nur die Stellungen

»an« (1) oder »aus« (0) einnehmen kann, so ergeben 1000 Schaltergene $2^{1000} \cong 10^{300}$ Möglichkeiten und 2000 Schaltergene $2^{2000} \cong 10^{600}$ Möglichkeiten. Eine Verdopplung der Schalterzahl führt also zu 10^{300} mehr Möglichkeiten – diese Zahl ist mehr als 10^{220} (eine Eins mit 220 Nullen!) mal höher als die Gesamtmasse des Universums ausgedrückt in der Gesamtzahl von Wasserstoffatomen [4].

Ausblick

Mutationen – Störungen der Funktion von Erbfaktoren – haben im vergangenen Jahrhundert eine wichtige Rolle bei der Aufklärung von Lebensfunktionen gespielt. Zuerst hat man sich mit zufällig aufgetretenen Mutationen begnügt und später die Häufigkeit von Mutationen durch »mutagene« Agenzien wie Röntgenstrahlen und Chemikalien erhöht. Heute kann man gezielt einzelne Gene ausschalten. In den letzten Jahren sind die gesamten Genome einer größeren Anzahl von Bakterien sowie von Hefe, Fadenwurm (vgl. die Nobelpreise 2002), Taufliege, Maus und Mensch total oder zu über 95 % Buchstabe für Buchstabe aufgeklärt worden. Es ist überraschend, wie wenig diese Texte zunächst über die Funktion des Genoms aussagen. Um im Verständnis der Funktion des Genoms weiterzukommen, wird man Fehler um Fehler in die genetische Botschaft einführen müssen, um so aus den gestörten Lebensfunktionen des Organismus zu lernen, was die Gene – die Paragraphen der genetischen Botschaft – bedeuten. Noch schwieriger wird es sein, »zwischen den Zeilen zu lesen«, wie die Bedeutungen dieser Paragraphen miteinander verflochten sind, damit aus (scheinbar) Einfachem komplexe Gestalten und Reaktionsweisen entstehen [5].

»Vom Genom zur biologischen Funktion« – dieser zentrale Gegenstand der biologischen Forschung wird oft verkürzt dargestellt. So, als ob allein aus dem Genom – einem heute prinzipiell synthetisch herstellbaren Makromolekül – und den entsprechenden Nährstoffen Eiweiße, komplexe Zellbestandteile, Zellen und ganze Organismen entwickelt werden könnten. Tatsächlich braucht man dazu aber noch eine Zelle (z. B. die befruchtete Eizelle eines Tiers), in deren nicht im Einzelnen aufgeklärter Struktur 500 Millionen Jahre Evolutionsgeschichte auf unserer Erde stecken. Ein einfaches Virus wie das Tabakmosaikvirus könnte man zwar prinzipiell voll synthetisch herstellen – damit daraus weitere Virusteilchen entstehen, braucht man aber eine lebende Wirtszelle. Die altbewährte lebende Tabakpflanze leistet diese Massenproduktion mit ein bisschen Erde und genügend Licht zu einem millionenfach geringeren Preis als die synthetische Chemie, für deren Durchführung außerdem wiederum lebende Menschen notwendig sind!

Widmung und Danksagung

Dem Andenken an Dr. Jutta Reininghaus (1956–2002), Professor Heinz-Günter Wittmann (1927–1990) und Professor Georg Melchers (1906–1997) gewidmet, die meine Forschungsprojekte unterstützt oder daran mitgearbeitet haben, sowie an

Professor Peter von Sengbusch (1939–2002), meinen Mitdoktoranden am Max-Planck-Institut für Biologie in Tübingen 1963–1965.

Ich danke Dr. Rainer Jaenicke (Universität Regensburg) für viele Diskussionen über Proteinstabilität, Dr. Jonathan Butler (Laboratory for Molecular Biology, MRC Cambridge) und Dr. Thomas Jentsch (Zentrum für Molekulare Neurobiologie, Hamburg) für wissenschaftliches Bildmaterial, Dr. Peter Heimann für ein Ultrastrukturbild und die elektronische Bildverarbeitung, Frau Sylvana Voigt für ihre Mithilfe und Frau Renate Klocke für die Bearbeitung des Manuskripts (alle Universität Bielefeld) und dem Fonds der Chemischen Industrie für die Förderung meiner Forschungen.

3)

Literatur[4)]

1 H. Jockusch: Die Natur kennt nur vier Buchstaben. Übersetzungsprobleme in der Zelle. *DIE ZEIT* **40**, S. 32, 4. Oktober 1963.

2 H. Jockusch und H. G. Wittmann: Entschlüsselung des genetischen Codes. *Umschau in Wissenschaft und Technik* **66** (1966) 49–55.

3 H. G. Wittmann und H. Jockusch: Der genetische Code. In: *Molekularbiologie. Bausteine des Lebendigen* (Hsg. T. Wieland und G. Pfleiderer). Umschau-Verlag Frankfurt, 3. Aufl., 1967, 51–73.

4 J.-M. Claverie, What if there are only 30,000 human genes? *Science* **291** (2001) 1255–1257.

5 G. M. Edelman, J. A. Gally, Degeneracy and complexity in biological systems, *Proc. Natl. Acad. Sci.* **98** (2001) 13763–13768.

6 H. Jockusch: Virus – Schönheit und Zweck. Brücken zwischen molekularer und sichtbarer Struktur des Lebendigen. *Frankfurter Allgemeine Zeitung* **222** (1964) 13.

7 H. Jockusch: Viren fügen sich selbst zusammen. Aufschlußreiche Experimente mit Bakteriophagen. *DIE ZEIT* **42** (1966) 50.

8 B. Bhyravbhatla, S. J. Watovich, D. L. D. Caspar, Refined atomic model for the four layer aggregate of the tobacco mosaic virus

3) 1966 schien es, als seien die letzten Erkenntnisse aus dem TMV herausgepickt. Heute ist die Wechselwirkung TMV–Wirtspflanze wieder ein hoch aktuelles Forschungsgebiet. Negativ-Abdruck einer Miniatur-Federzeichnung von Hal Jos zum 60. Geburtstag von Georg Melchers.

4) Dies ist keine wissenschaftliche Literaturliste. Die Zitate beziehen sich bevorzugt auf Artikel in Zeitungen und populärwissenschaftlichen Zeitschriften.

coat protein at 2.4 A resolution, *Biophys.J.* **74** (1998) 604–615.

9 H. Jockusch: Wie entsteht die Struktur eines Makromoleküls? Aufbau eines einfachen Virusteilchens. II. Biologische Wirkungen einzelner Aminosäureaustausche. *Umschau in Wissenschaft und Technik* **68** (1968) 110–115.

10 H. Jockusch , Stability and genetic variation of a structural protein. *Naturwissenschaften* **55** (1968) 514–518.

11 P. F. M. Van der Ven, J.-W. Bartsch, M. Gautel, H. Jockusch, D. O. Fürst, A functional knock-out of titin results in defective myosin assembly, *J. Cell Science* **113** (2000) 1405–1414.

12 H. Jockusch: Wie Forschung (manchmal) funktioniert: Die Geschichte mit der Maus. *Forschung an der Universität Bielefeld,* Nr. 6/ 1992, 19–25.

13 H. Jockusch: *Die entzauberten Kristalle. Entwicklung, Methoden und Ergebnisse der Molekularbiologie.* Econ Verlag Düsseldorf/Wien, 1973.

14 H. Lodish, A. Berk, S. L. Zipursly, P. Matsudaira, D. Baltimore, J. Darnell: *Molecular Cell Biology.* Verlag W. H. Freeman and Company, New York/N.Y., 4. Aufl., 1999.

15 K. Steinmeyer, R. Klocke, C. Ortland. M. Gronemeier, H. Jockusch, S. Gründer, T. J. Jentsch: Inactivation of muscle chloride channel by transposon insertion in myotonic mice. *Nature* **354** (1991) 304–308.

Harald Jockusch, Jahrgang 1939, hat Biologie und Chemie in Frankfurt/Main, Tübingen und München studiert und 1966 in Tübingen mit einer Arbeit auf dem Gebiet der molekularen Pflanzenvirologie am Max-Planck-Institut für Biologie promoviert. Postdoc-Zeit in Madison, Wisc., USA. Habilitation für Biologie 1971 an der Universität Tübingen, danach Dozent am Biozentrum der Universität Basel. Von 1977 bis 1981 Professor für Neurobiologie in Heidelberg, ab 1981 Professor für Entwicklungsbiologie und molekulare Pathologie an der Universität Bielefeld. Seine Forschungsgebiete sind die Entwicklung und Pathologie des Muskels, molekulare Neuropathologie, pathogene Proteine, vergleichende Genetik und mathematische Biologie. Als Student und Doktorand war er freier Mitarbeiter der Frankfurter Allgemeinen Zeitung und der ZEIT. Sein populärwissenschaftliches Buch *Die entzauberten Kristalle* erschien 1973. Als Graphiker Hal Jos ist er Autor von *Verflogen ist das Inseljahr im Nu*, *Ei und Schädel sie zerbarsten* und *Der Student und seine Stadt* (www.jockusch.org und www.hal-jos.org).

Die menschliche Seele aus medizinisch-naturwissenschaftlicher Sicht

Hans Wolfgang Bellwinkel[1)]

Ganz im Allgemeinen gehört es zu den mühsamen Dingen, irgendeine Gewissheit über die Seele zu erlangen.
Aristoteles, *De anima*

Der angeführte Satz des Aristoteles deutet schon die Schwierigkeit des Verständnisses und die Rätselhaftigkeit der menschlichen Seele an. Wir alle haben uns sicher schon die Frage gestellt: Was ist die menschliche Seele? Und sind vielleicht an dieser Frage gescheitert. Aber eines dürfte allen Überlegungen und Betrachtungen zu dieser Frage gemeinsam sein: Die Bewunderung und das Staunen über die Leistungen der menschlichen Seele. Ich möchte in dieser Arbeit versuchen, aus medizinisch-naturwissenschaftlicher Sicht etwas Licht in das Rätsel unserer Seele zu bringen, und zeigen, wie wichtig es ist, dass Geist und Gefühl eine glückliche Verbindung eingehen.

Der Begriff der Seele ist vielschichtig und wird unterschiedlich definiert. Das Wort stammt aus dem germanischen Sprachraum und bedeutet ursprünglich »die zum See Gehörende«. Die Seelen der Ungeborenen und Toten wohnten, so glaubte man, im Wasser. In anderen Kulturkreisen wurde sich die Seele häufig als Windhauch vorgestellt, was sich etymologisch (wortursprungsgeschichtlich) in Ausdrücken wie »psyche«, »pneuma«, »spiritus« und »anima« niederschlägt. In dieser Arbeit wird die menschliche Seele als Oberbegriff für Geist, Verstand, Vernunft, Gefühle, Emotionen, Affekte, Wahrnehmung, Empfindung und Bewusstsein verstanden.

Historischer Überblick über philosophische Standpunkte

Bereits in früher Zeit stellte man sich die Seele als unkörperlich vor, als im Gegensatz zum Körper stehend, den sie nach dem Tode verlässt. Deshalb sind in altägypti-

1) Eine Kurzbiographie von H. W. Bellwinkel findet sich in seinem Kapitel über die Naturwissenschaften im Werk von Thomas Mann.

Facetten einer Wissenschaft. Herausgegeben von Achim Müller

ISBN: 3-527-31057-6

schen Felsengräbern und Pyramiden »Seelenlöcher« vorhanden, die es der Seele ermöglichen sollten ein- und auszugehen. Schon immer entsprach der Glaube an die Unsterblichkeit der Seele einem Bedürfnis des Menschen nach einem Weiterleben nach dem Tode. Der Mensch hat sich im Grunde nie damit abgefunden, dass mit dem Tode alles endet. Das ist sicher eine mächtige Triebfeder für die Begründung der Religionen gewesen, die alle – angefangen von den Naturreligionen bis zu den großen Weltreligionen des Christentums, Judentums, Hinduismus, Buddhismus und Islams – ein nicht materielles Weiterexistieren der Seele nach dem Tode lehren, das in der Wiedergeburt (Hinduismus und Buddhismus) erneut materielle Gestalt annehmen kann. Es musste ein materiefreies Sein bedeuten, da ja die Auflösung des Körpers nicht zu übersehen war und in den Bestattungsriten der Verbrennung noch beschleunigt wurde. Ein kurzer historischer Überblick soll punktuell einige wichtige Denker und ihre Äußerungen zum Leib-Seele-Problem ins Gedächtnis rufen, bevor ich näher auf die naturwissenschaftlichen Aspekte aus heutiger Sicht eingehe. Die religiösen Aspekte, die vor allem von philosophischer und theologischer Seite mit dem Begriff der Seele verbunden werden, möchte ich bewusst außer Acht lassen, da sie sich der naturwissenschaftlichen Denkweise und Beweisführung entziehen. Sie sind Glaubenssache.

Platon hatte eine dualistische Auffassung von Leib und Seele. Die Seele wird nach seiner Lehre unterteilt in eine Triebseele – Gefühl, Affekte, Trieb – und eine Geist- und Vernunft-Seele. Vor ihrem Eintritt in den Körper existiert die Seele im Reich der Ideen. Aristoteles definiert (*De anima II 1,2*) die Seele als Lebensprinzip aller Lebewesen. Bei den Pflanzen gibt es nur die vegetative (unbewusste) Seele, die für Stoffwechsel und Fortpflanzung verantwortlich ist. Tiere besitzen darüber hinaus noch eine sensitive (Gefühls-) Seele, und beim Menschen findet sich neben diesen beiden niederen Seelenformen noch die Geist- oder Vernunftseele. Diese Einteilung hat schon einen deutlich evolutionären Charakter. Das aktive Element in der Vernunft ist nach Aristoteles' Ansicht unsterblich und an kein Körperorgan gebunden, während die vegetative und sensitive Seele an die Existenz des Körpers gebunden und damit sterblich sind. Thomas von Aquin spricht von einer Leib-Seele-Einheit – eine eindeutig monistische Aussage.

Verhängnisvoll ist die Descartessche Einteilung der Welt in eine »res extensa« – die ausgedehnte, materielle Welt – und eine »res cogitans«, die immateriell ist und Geist, Vernunft und Verstand beinhaltet. Sein Einfluss hat das westliche Denken bis auf den heutigen Tag entscheidend geprägt. Es sei nur an das viel zitierte »Zwei Seelen wohnen, ach! in meiner Brust, die eine will sich von der andern trennen: Die eine hält in derber Liebeslust sich an die Welt mit klammernden Organen; die andre hebt gewaltsam sich vom Dunst zu den Gefilden hoher Ahnen« aus Goethes Faust I erinnert. In Descartes' Abhandlungen über die Methode (S. 31 bis 32) schreibt er: »Ich erkannte daraus, dass ich eine Substanz sei, deren Wesenheit oder Natur bloß im Denken bestehe und die zu ihrem Dasein weder eines Ortes bedürfe noch von einem materiellen Dinge abhänge, sodass dieses Ich, das heißt die Seele, wodurch ich bin, vom Körper völlig verschieden und selbst leichter zu erkennen ist als dieser und auch ohne Körper nicht aufhören werde, alles zu sein, was sie ist.« Seine Denkweise gipfelt in dem berühmten Satz: »Cogito ergo sum« – ich denke, also bin ich, während die mittelalterliche Scholastik sagte: »Cogito quia sum« – weil ich bin, denke ich. Diese mittelalterliche These sieht das Denken abhängig von drei Bindungen: Gott, Gesellschaft und Leib. Von diesen Bindungen hat Descartes die Seele befreit. Die Schwäche seiner dualistischen Vorstellung liegt darin, dass sie den Standpunkt des Bewusstseins verabsolutiert und empirische Gegebenheiten, wie etwa die unübersehbare Leib-Seele-Beziehung, dem System opfert. Descartes ging so weit, dass er die Wahrnehmungen durch unsere Sinne als Trugbilder ablehnte und nur die reinen Denkakte anerkannte, woraus die radikale Einteilung des Seins in eine »res cogitans« und eine »res extensa« resultierte. Der Gegensatz zwischen diesen beiden Prinzipien war so schroff, dass sie keine Antwort auf die Frage gaben, wie denn der Geist auf den Körper einwirken solle. Deshalb mussten die Schüler Decartes' Gott als deus ex machina bemühen, um dieses Dilemma zu lösen.

Leibniz vermeidet den Widerspruch zwischen Seele und Körper in seiner Monadologie und begibt sich damit bewusst in eine Gegenposition zu Descartes. Monaden sind kleinste, unteilbare und unsterbliche Einheiten, aus denen sich die Materie zusammensetzt – »die wahren Atome der Natur«. Sie haben die Fähigkeit zur Perzeption (Vorstellung). Man könnte die Monade somit als beseelt bezeichnen, obwohl nach Leibniz' Meinung von Seele eigentlich erst dann gesprochen werden sollte, wenn zur Vorstellung noch das Gedächtnis hinzukommt (monistische Theorie). »Obwohl demnach jede erschaffene Monade das ganze Universum repräsentiert, repräsentiert sie mit besonderer Deutlichkeit den Körper, der ihr insbesondere zugehört und dessen Entelechie[2)] sie ausmacht. Und da dieser Körper vermöge der Verknüpfung der gesamten Materie im erfüllten Raum das ganze Universum ausdrückt, repräsentiert die Seele, indem sie diesen ihr insbesondere gehörenden Körper repräsentiert, auch das ganze Universum.« (Monadologie §62) Alle Monaden sind voneinander unterschieden – so differenziert man u. a. zwischen Geist- und Körper-Monaden, die infolge der verschiedenen Deutlichkeitsstufen ihrer Wahrnehmung und ihres Erkenntnisvermögens differieren. Körper und Seele bilden in der Monade eine Einheit. Von Immanuel Kant stammt der Satz: »Die Untersuchung über die Art, wie die Organe des Körpers mit den Gedanken in Verbindung stehen, ist in meinen Augen auf ewig vergeblich.« An anderer Stelle äußert er sich: »Alle unsere Erkenntnis hebt an bei den Sinnen, geht von da zum Verstand und endet bei der Vernunft.« (Hirschberger: Kleine Philosophiegeschichte, S. 142). Mit seiner Kritik an der spekulativen Theologie hat er nicht nur Gott, sondern auch die Unsterblichkeit der Seele infrage gestellt.

Vor 2000 Jahren hat Hippokrates eine monistische Auffassung des Leib-Seele-Problems vertreten, die sich in dem Satz äußert: »Der Mensch sollte wissen, dass seine Freuden und Vergnügen, sein Lachen und sein Glück, doch auch Kummer, Sorgen, Tränen und Schmerz seinem Gehirn und nur seinem Gehirn entspringen.« Franz Joseph Gall griff den Gedanken, dass die Seele nur »mithilfe eines körperlichen Werkzeuges wirken könne«, vor 200 Jahren auf. »Dieses Werkzeug ist das Gehirn.« Die Frage nach der Existenz der Seele überließ er unter dem Druck seiner

2) im Körper liegende Kraft zur Entwicklung und Vollendung

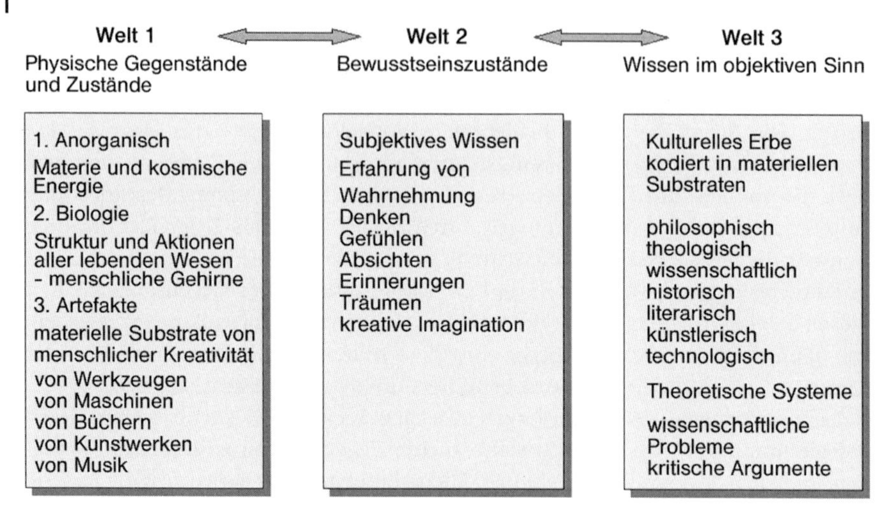

Abb. 1 Aus Karl R. Popper und John C. Eccles, *Das Ich und sein Gehirn*.

Zeitgenossen der Theologie. Es war Griesinger, der Mitte des 19. Jahrhunderts »die Seele (als) die Summe aller Gehirnzustände« definierte, während Eccles in der 2. Hälfte des 20. Jahrhunderts der Geist-Seele eine gewisse Eigenständigkeit einräumte, insofern sie nicht nur auf das Gehirn angewiesen sei, sondern ihrerseits – sozusagen über den Wassern schwebend – auf das Gehirn einwirkt. »So könnte es einen zentralen Kern geben, das innerste Selbst, das den Tod des Gehirns überlebt, um eine andere Existenz anzunehmen, die ganz jenseits irgend etwas, das wir uns vorstellen können, liegt.« (Eccles im Dialog mit Popper in *Das Ich und sein Gehirn*).

In diesem Dialog wird eine scharfe Trennung zwischen der materiellen Welt (der Welt 1 nach Popper), der das Gehirn angehört, und der immateriellen Welt (der Welt 2 nach Popper), repräsentiert durch den selbstbewussten Geist, das Ich, vollzogen (Abb. 1). Diese scharfe Trennung zwischen dem selbstbewussten Geist und dem Gehirn schließt jedoch in gar keiner Weise eine rege Interaktion zwischen beiden Teilen in beiden Richtungen aus. Es fällt natürlich sehr schwer, eine solche Interaktion zwischen Materie (Gehirn) und Nicht-Materie (Geist) zu verstehen. Vielleicht sollte man analog die aus der Physik bekannten elektromagnetischen Kraftfelder und die Massenanziehung sowie die Äquivalenz von Materie und Energie ($e = mc^2$) zum besseren Verständnis heranziehen, die ja auch eine Beziehung zwischen Materie und Immateriellem beinhalten. Wenn man von der Prämisse ausgeht, dass das menschliche Gehirn »das Organ der Seele« ist (Fr. J. Gall), ist es unerlässlich, sich mit der Evolution, Struktur und Funktion dieses komplexesten aller Systeme auseinander zu setzen.

Evolution, Struktur und Funktion des Gehirns

Das menschliche Gehirn bildet sich – phylogenetisch (stammesgeschichtlich) vorgegeben – aus dem äußeren Keimblatt, dem Ektoderm, das auch die Abgrenzung des

Organismus zur Außenwelt, die Haut, hervorbringt. Man nennt es deshalb auch »Hautsinneskeimblatt«. Schon bei Amöben – einzelligen, bereits früh in der Evolution auftretenden, sehr einfachen Lebewesen – finden sich Reaktionen auf chemische, Berührungs- und Lichtreize, die auf ihre Oberfläche, ihre »Haut«, einwirken. Sie lösen Bewegungen des Protoplasmas aus, beispielsweise in Form von Ausstülpung von Pseudopodien (Scheinfüßchen). Reaktionen wie Rückzug von der Reizquelle als Vermeidungsstrategie bei für das Überleben negativen Reizen oder Hinwendung zur Reizquelle bei für das Überleben positiven Reizen werden im Lauf der Evolution genetisch verankert, wenn sie einen selektiven Vorteil haben. Bei den höher entwickelten Lebewesen sind solche Reaktionen beispielsweise als Fluchtreflex beim Bestreichen der Fußsohle, als Saugreflex bei den Säugetieren oder als Fluchtreflex bei neugeborenen Graugänsen beim Auftauchen einer Raubvogel-Attrappe als Instinkthandlungen im zentralen Nervensystem (ZNS) genetisch verankert. Die Natur behält bewährte Reaktionsmuster bei und gibt sie im Lauf der Evolution vom Einzeller bis zum hoch komplexen Menschen weiter, wie die Molekularbiologie und die vergleichende Verhaltensforschung an vielen Beispielen gezeigt haben. Da sich das menschliche Nervensystem von der Haut ins Körperinnere verlagert hat, verwundert es nicht, dass auch die somatosensorische (Körperempfindungs-) Repräsentation der Haut und aller übrigen Körperregionen im Gehirn lokalisiert ist.

In der Ontogenese (Individualentwicklung) des Menschen werden die phylogenetischen Entwicklungsstadien in groben Zügen durchlaufen, wie Ernst Haeckel es in seinem berühmten, aber immer noch heiß umstrittenen biogenetischen Grundgesetz: »Die Ontogenesis ist eine kurze und schnelle Rekapitulation der Phylogenesis (Stammesentwicklung)« prägnant formuliert hat. Aus dem Neuralrohr, einer Ektodermeinstülpung, wird das Rückenmark, das sich am Kopfende verlängert, verdickt und drei Bläschen bildet. Aus der Hinterhirnblase entwickelt sich der Hirnstamm, das Hinterhirn – Regulations- und Integrationszentrum für Atmung, Herz, Kreislauf und Geschmackssinn. Die zweite Hirnblase bildet das Mittelhirn, ein Integrationszentrum für akustische und visuelle Reize. Aus dem dritten Hirnbläschen entsteht das Vorderhirn, aus dem sich das Zwischenhirn mit Thalamus und Hypothalamus entwickelt. Letzterer reguliert und kontrolliert den Stoffwechsel. Ab den Wirbeltieren wird das 3-Hirnbläschen-Stadium durch noch zwei weitere Bläschen ergänzt – seitliche Ausstülpungen des 3. Hirnbläschens, die sich im weiteren Verlauf der Evolution zu den beiden Großhirnhälften umbilden. Hirnstamm, Mittel- und Zwischenhirn werden vom Großhirn überwölbt, das bei Primaten (zu denen auch der Mensch gehört) den Großteil der Hirnmasse ausmacht (Abb. 2). Der stammesgeschichtlich ältere Teil des Großhirns wird aufgrund seiner funktionellen Besonderheiten als limbisches System bezeichnet. In diesem System werden die sensorischen Inputs durch Emotionen, Gefühle und Verlangen modifiziert und bewertet – sozusagen wird das »Schwarz-Weiß-Bild« »koloriert«. Großhirn und Stammhirn sind via Hirnnerven und Rückenmark über das periphere Nervensystem mit allen Körperregionen verbunden.

Das Charakteristikum des menschlichen Gehirns ist die immense Entwicklung der beiden Großhirnhälften, die durch Kommissurenfasern im Balken verbunden

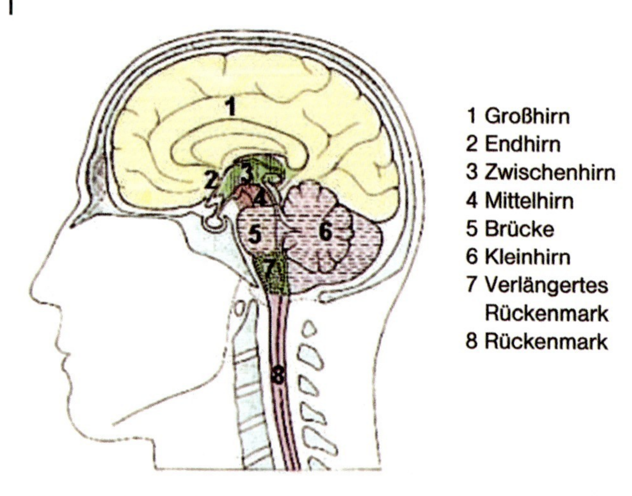

Abb. 2 Schematische Darstellung eines Schnitts durch das menschliche Gehirn (rechte Hälfte).

sind. Durch starke Faltung wird die Oberfläche des Großhirns erheblich vergrößert. Vergleichende Untersuchungen mit Menschenaffen, Praehominiden und Hominiden zeigen, dass das Großhirn im Lauf der Evolution ständig an Umfang zugenommen hat. Es bestehen berechtigte Vorstellungen, dass dieses in der Stammesgeschichte zu beobachtende Wachstum durch die zunehmende Beanspruchung, besonders bei der Entwicklung der Sprache, der zunehmenden Differenzierung und Komplexität der Handfunktionen und der Interaktion mit der allmählich immer umfangreicher werdenden Welt 3 nach Popper bedingt wurde – jener Welt des vom Menschen geschaffenen kulturellen Wissens, das geisteswissenschaftliche, künstlerische und technische Schöpfungen umfasst.

Wir können die Hirnoberfläche in bestimmte Felder (nach Brodmann über 40) einteilen, die bestimmte Funktionen erfüllen: beispielsweise Sehzentrum, Hörzentrum, motorisches (Broca) und sensorisches (Wernicke) Sprachzentrum, motorisches und somästhetisches Zentrum sowie Felder, in denen eine Verknüpfung z. B. von visuellen Eindrücken mit dem Tastsinn und dem limbischen System stattfindet und die zu einer immer größeren Komplexität führen (so genannte Assoziationsfelder). Während in der dominanten (vorherrschenden) linken Hirnhälfte Bewusstsein und Sprachzentrum angesiedelt sind, ist die subdominante rechte Hirnhälfte, und hier besonders der Schläfenlappen, führend für das Musikverständnis, die visuelle Mustererkennung und vor allem für das Erkennen von Gesichtern (Tab. 1).

Alle drei zum Gehirn führenden Systeme – das somatosensorische (Körpergefühle leitende), das akustische und das visuelle System – melden zum limbischen System und von dort zum Praefrontallappen, der eine Konvergenzregion (Zusammenlaufregion) darstellt. Dadurch werden im Praefrontallappen die oben genannten sensorischen Eindrücke mit den Emotionen aus dem limbischen System verbunden.

Tab. 1 Aus Karl R. Popper und John C. Eccles, *Das Ich und sein Gehirn*.

Dominante Hemisphäre	**Subdominante Hemisphäre**
Liaison zum Selbstbewusstsein	keine solche Liaison
verbal	fast nichtverbal
sprachliche Beschreibung	musikalisch
ideational	Bild- und Muster-Sinn
begriffliche Ähnlichkeiten	visuelle Ähnlichkeiten
Analyse über die Zeit	Synthese über die Zeit
Detailanalyse	holistisch – Bilder
arithmetisch und computerähnlich	geometrisch und räumlich

Histologisch kann man senkrecht zur Oberfläche angeordnete säulenförmige Zusammenschlüsse von jeweils etwa 10.000 Nervenzellen (so genannte Module) nachweisen, die untereinander verschaltet sind, aber auch mit anderen Modulen in Verbindung stehen. Sie sind in etwa vergleichbar mit den integrierten Mikroschaltkreisen der Elektronik. Im Großhirn gibt es ungefähr 2 Millionen Module, die miteinander verknüpft sind. Um eine vage Vorstellung von der Komplexität des Gehirns zu vermitteln, sollen einige Zahlen genannt werden: Das menschliche Gehirn enthält etwa 10^{10} Nervenzellen (das sind 10 Milliarden). Jede Nervenzelle mit ihren Fortsätzen besitzt auf ihrer Oberfläche einige tausend Synapsen – Schaltstellen, an denen hemmende und stimulierende Impulse von anderen Nervenzellen übertragen werden. Das ergibt 10^{13} oder 10 Billionen Synapsen. Die Leitungsbahnen wären hintereinandergereiht eine Million Kilometer lang – damit könnte man den Äquator fast 25-mal umspannen. Beide Großhirnhälften sind durch den Balken miteinander verbunden, der etwa 200 Millionen Kommissurenfasern enthält – das sind Nervenfasern, die analoge Bezirke der rechten und linken Hirnhälfte miteinander verbinden. An den Synapsen setzt der ankommende elektrische Strom eine spezifische Substanz, den Neurotransmitter, frei, der den schmalen synaptischen Spalt (200 Å) überbrückt (Abb. 3) und das Signal an der gegenüberliegenden Membran durch Bindung an einen spezifischen Rezeptor weitergibt. Durch das Ankoppeln an den Rezeptor werden in der postsynaptischen Membran durch Strukturänderungen von Proteinen (Eiweißmolekülen) Kanäle geöffnet oder geschlossen, durch die ein Ionenfluss (Na^+, K^+, Ca^{2+}, Cl^-) zustande kommt. Auf diese Weise wird ein elektrisches Potenzial aufgebaut. Wird eine bestimmte Reizschwelle überschritten, so kommt es zur elektrischen Entladung der nachgeschalteten Nervenzelle, und der Reiz wird weitergeleitet. Wir unterscheiden stimulierende (Glutamat) und hemmende (Glycin und GABA) Neurotransmitter. Die Summe der an die Nervenzelle herangetragenen stimulierenden und hemmenden Impulse wird in der Zelle verrechnet und bestimmt den Erregungszustand der Nervenzelle, die somit ein »Gedächtnis« hat und wie ein Mikroprozessor arbeitet. Während das Basiskonzept unserer Computer »seriell«, sequenziell und hierarchisch ist, sodass ein Rechner Aufgaben »step by step« nacheinander löst, liegt im menschlichen Gehirn eine Parallelschaltung von 10^{10} Mikroprozessoren vor. Der Computer hat nur wenige Eingangskanäle, das menschliche Gehirn hat dagegen etwa 2 Millionen sensorische

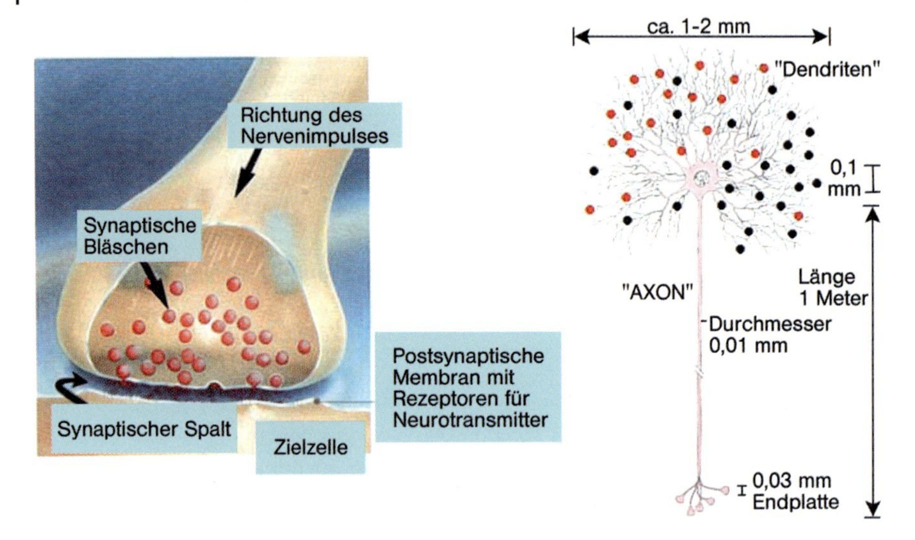

Abb. 3 *Links*: Der Aufbau einer Synapse. Die synaptischen Bläschen enthalten die Neurotransmitter. *Rechts*: Eine schematische Darstellung eines Neurons (stimulierende Synapsen *rot*, hemmende Synapsen *schwarz*).

Eingänge und ungefähr 100.000 Ausgänge. Beim Computer bestimmt die Software das Programm, die Hardware ist von untergeordneter Bedeutung; beim Gehirn ist es gerade umgekehrt.

Die Verarbeitung von eintreffenden elektrischen Signalen in den Nervenzellen (Mikroprozessoren) erfolgt auf chemischer Basis durch so genannte *second messenger* (Botenstoffe), die eine ganze Stoffwechselkaskade auslösen. Neben den Neurotransmittern gibt es noch die Neuromodulatoren, die z. B. die Reaktion der Nervenzelle auf verschieden starke Reize verändern: Beispielsweise kann Noradrenalin schwache Reize unterdrücken, starke hingegen noch weiter verstärken und somit entsprechend der Rundfunktechnik Hintergrundrauschen abschwächen, um das zu empfangende Signal deutlicher zu machen. Das Gehirn ist ein hoch komplexes Netzwerk mit sehr vielen Querverbindungen, die über den Balken analoge Regionen zwischen rechter und linker Hirnhälfte miteinander verbinden. Diese Querverbindungen vermitteln die Assoziationen.

Das neuronale Netzwerk ist nur in groben Zügen genetisch vorprogrammiert; es bildet sich wesentlich nach der Geburt aus. Unsere Erbsubstanz, die nach der vollständigen Sequenzierung des menschlichen Genoms auf ungefähr 30.000 Gene geschätzt wird, ist nur in groben Zügen für die Entwicklung des menschlichen Gehirns verantwortlich. Auf gar keinen Fall können die 10^{13} bis 10^{14} synaptischen Verbindungen genetisch vorbestimmt sein. Vielmehr ist die praenatale (vorgeburtliche) und postnatale (nachgeburtliche) Ausbildung der Vernetzung nur durch einen Selbstorganisationsprozess erklärbar, d. h. durch generelle Regeln für die Schaffung von Mustern und einfache Prinzipien nach Maßgabe von »trial and error« und Selektion. Dieser Selbstorganisationsprozess ist variabel und entscheidend von Umwelteinflüssen geprägt. Nur die Grundstrukturen des Netzwerks und einige wenige Muster sind nach einem genetischen Bauplan vorgegeben. Konrad Lorenz hat das bei den Graugänsen am Beispiel des Feindmusters und des Nahrungsspendemusters gezeigt, die für das Überleben des Individuums von wesentlicher Bedeutung und deshalb angeboren sind.

Die embryonale Morphogenese (Gestaltwerdung) der Hirnregionen – d. h. Zellwanderung, Zellteilung, Zelltod und Gruppenbildung – wird von Zell- und Substrat-Adhäsions-Molekülen (CAM und SAM) gesteuert. Auch das ist ein epigenetischer Selbstorganisationsprozess, der zwangsläufig Variation und damit Strukturvielfalt in das System bringt (Gerald M. Edelman). Ein zweiter, späterer Selbstorganisationsprozess, die »somatische Selektion neuronaler Gruppen« (Edelman), die in der Lebensspanne eines Individuums abläuft, ist verantwortlich für die Mannigfaltigkeit der Synapsenstärke und für die Differenzierung von Schaltkreisen im Austausch mit der Umwelt. Die am besten angepassten Schaltkreise werden verstärkt und stabilisiert – ein Vorgang, der auch für Gedächtnis, Erinnerung und Lernen bedeutungsvoll ist. Ungünstige Verbindungen zwischen Nervenzellen werden abgebaut oder umfunktioniert. Ein Beispiel für die epigenetischen Einflüsse auf die Vernetzung ist die Rückbildung der Verbindung des schielenden Auges mit der Sehrinde, um Doppelbilder zu vermeiden. Nur die Verbindung des gesunden Auges wird voll ausgebildet. Diese epigenetische Plastizität (von den Genen unabhängige Formbarkeit) ist beim Menschen besonders in den ersten drei Lebensjahren ausgeprägt. Es scheint also, dass die genetisch vorgegebene Grundstruktur der Nervennetze erst durch epigenetische Einflüsse – Nutzung, Üben, Lernen etc. – ihre endgültige Ausbildung und Fixierung bekommt. Die Ausbildung und das Wachsen neuer synaptischer Verbindungen dürfte auch im Alter noch möglich sein und erklärt die Lernfähigkeit alter Menschen. Die eminente horizontale Vernetzung ermöglicht es auch, durch Assoziationen bruchstückhafte Informationen zu einem Ganzen zusammenzusetzen und damit zu erkennen.

Das Zusammenspiel zwischen Gehirn und Seele

Nach diesem kurzen historischen Überblick über die philosophischen Standpunkte zum Thema Seele und einer gerafften Darstellung der Entwicklung, Struktur und Funktionsweise des Gehirns gilt es nun, das Zusammenspiel zwischen Gehirn und Seele näher zu betrachten. Man kann das Gehirn – das komplexeste aller Organe und aller Systeme – nicht dadurch verstehen lernen, dass man Molekül um Molekül einer Nervenzelle und seine Reaktionen studiert (auch wenn das sicher ebenfalls wichtig ist), sondern indem man in einer übergreifenden Vision Hypothesen aufstellt, die die Reaktionsweisen des Gehirns beschreiben. Input und Output sind weitgehend bekannt. Man muss daraus Gesetzmäßigkeiten der Verarbeitung und Verknüpfung in der »black box« ableiten – zuerst in groben Zügen, dann Schritt für Schritt verfeinert, bis Licht in die »black box« fällt und Strukturen und ihre Funktion erkennbar werden. Imagination ist gefordert, die Modelle entwirft, die am Computer durchgespielt und mathematisch berechnet werden können, wobei sich aus der Art, wie wir imaginativ, logisch, kreativ, mathematisch nüchtern und intuitiv vorgehen, Rückschlüsse auf die Arbeitsweise des zu untersuchenden Gegenstands ergeben. Wir befinden uns in der eigenartigen und einmaligen Situation, dass ein Organ (das Gehirn) sich selbst und seine Funktionsweise beschreiben soll und somit über sich selbst reflektieren muss. Kann das Gehirn das überhaupt leisten? Oder gilt auch hier das Gödelsche Paradoxon, das – primär für das System der Zahlentheorie formuliert – besagt, dass Aussagen eines Systems über sich selbst zu unentscheidbaren Aussagen führen? Kann man Verstand, Gefühle, Abstraktionsvermögen, Gedächtnis, Erinnerung und Bewusstsein verallgemeinernd modellhaft erfassen und in Informationseinheiten zerlegen? Wie entsteht aus einer Fülle von binären Signalen die Bedeutung, das Erkennen und die Entschlüsselung des codierten Gegenstandes? Wie soll der semantische Aspekt, die Bedeutung der Information, in das Korsett einer mathematischen Formel geschnürt werden? Fragen über Fragen! Werden wir je eine verbindliche Antwort darauf finden?

Vielleicht ist es hilfreich, von der Pathologie des Gehirns und der Seele auszugehen, von Patientenbeispielen also, bei denen durch Tumoren, Verletzungen, umschriebene operative Eingriffe, Blutungen oder Hirninfarkte genau definierte Teile des Gehirns lädiert wurden.[3)] Thomas Mann hat das sehr deutlich erkannt, wenn er Goethe in *Lotte in Weimar* sagen lässt: »Die abweichenden Bildungen und das Monströse sind höchst bedeutend dem Freunde des Lebens, über die Norm belehrt das Pathologische vielleicht am tiefsten, und dir ahnt zuweilen, als möchten von der Seite der Krankheit her die kühnsten Vorstöße ins Dunkel des Lebendigen zu vollbringen sein.«

Die folgenden Patientenbeispiele stammen teilweise aus dem Buch *Descartes Irrtum* von Antonio R. Damasio, von R. W. Sperry (Split brain) und aus eigenen Beobachtungen in der Praxis. Das erste Beispiel, das ich beschreiben möchte, betrifft einen Patienten, bei dem ein ventromedial (unten, Mitte) unter dem Frontal- bzw. Stirnlappen (Vorderhirn) gelegenes Meningiom operativ entfernt werden musste. Meningiome sind gutartige, von den Hirnhäuten ausgehende Tumoren, die aber durch Druck auf das Gehirn Schäden auslösen können. So war es auch in diesem Fall. Es musste außer dem Tumor auch ein Teil des durch Druck zerstörten Hirngewebes in der ventromedialen Region des Stirnlappens entfernt werden. Nach der Operation erholte sich der Patient gut. Seine intellektuellen Fähigkeiten blieben voll erhalten. Es fanden sich keine Abweichungen in zahlreichen psychologischen Tests. Der Speicherbereich des sozialen Wissens war nicht zerstört. Doch war der Patient unfähig, Entscheidungen zu treffen, die den Fortgang eines Problemlösungsprozesses ermöglichten. Das machte sich nach seiner Rückkehr in seinen früheren Beruf sehr bald unangenehm bemerkbar, dergestalt, dass er bei einer Nebensächlichkeit hängen blieb, in die er sich so ausführlich vertiefte, dass darüber der rote Faden verloren ging. Sozialer Abstieg trotz erhaltener hoher Intelligenz war die Folge. Überdies wurde ein Abflachen der Gefühle bis zur Aufhebung beobachtet. Bei der Vor-

3) Mithilfe moderner bildgebender Verfahren wie der Computertomographie (CT), Magnet-Resonanz-Tomographie (MRT), Xenon133-Clearance-Methode, Positronen-Emissions-Tomographie (PET) und Kernspinspektroskopie gelingt es, die Struktur und Funktion des Gehirns ohne einen Eingriff dreidimensional darzustellen.

lage grauenvoller Bilder aus Krieg und Naturkatastrophen sagte er selber: »Ich sehe Grauenhaftes, ohne innerlich davon berührt zu werden, was früher der Fall war.« Aber auch diese richtige Erkenntnis löste keinerlei Emotion aus. Er betrachtete sein Leiden aus einer gefühllosen Distanz, als wäre es das Leiden eines anderen, ihn nicht interessierenden Menschen. Durch die Zerstörung einer bestimmten Region (ventromedial) im Stirnlappen war es bei diesem Patienten zu einer Dissoziation (Auflösung der Verbindung) von Geist (Denken und Wissen) und Emotio (Fühlen und Empfinden) gekommen – »ein Wissen ohne zu fühlen« (Damasio). Die Folge war eine massive Persönlichkeitsveränderung, die ein selbstständiges Leben in der Gesellschaft unmöglich machte. Aus diesem und anderen, ähnlichen Beispielen von Stirnhirnschädigung lässt sich der Schluss ziehen, dass Gefühl und Verstand eine enge und notwendige Verbindung eingehen, die die Voraussetzung für vernünftige, in die Zukunft weisende und sozial verträgliche Entscheidungen ist. Im ventromedialen Bereich des Stirnlappens werden Entscheidungen im sozialen Zusammenhang gefällt, Zukunft geplant und günstige Handlungsabläufe ausgewählt und bewertet. Interessanterweise beschreibt Peter von Matt, ein Germanist aus Zürich, in seinem Buch *Liebesverrat* kluge Frauen aus der Weltliteratur, bei denen diese Verbindung aus Gefühl und Verstand in ausgeprägter Weise vorliegt. Als Beispiele nennt er Frau Filippa aus Boccacios *Decamerone*, eine Geschichte, die vor 600 Jahren spielt, ferner Lessings *Minna von Barnhelm* und Goethes Philine aus *Wilhelm Meister* – Frauen mit einer so umfassenden Klugheit, dass »Liebeskraft und Liebesfähigkeit darin bereits enthalten sind«, bei denen »Liebe und Intelligenz austauschbare Begriffe werden«, mit anderen Worten, »Frauen, deren Liebe nur von ihrer Klugheit, deren Klugheit nur von ihrer Liebe her begriffen werden kann«.

Ganz ähnliche Ergebnisse zeitigte ein erstmals 1936 durchgeführter operativer Eingriff am Gehirn von Patienten mit nicht beeinflussbaren Zwangs- und Wahnvorstellungen und quälender Angst. Bei diesem Leukotomie genannten Eingriff (E. Moniz und A. Lima) werden in der Tiefe des Stirnlappens in der weißen Substanz Nervenfasern durchtrennt, die verschiedene Hirnregionen mit dem Frontallappen verbinden. Die so behandelten Patienten wurden extrem ruhig und emotionslos und in ihrer Entscheidungsfähigkeit beeinträchtigt. Ihre kognitiven Fähigkeiten blieben erhalten. Ähnliche Defekte im emotionalen Bereich finden sich bei der Zerstörung der somatosensorischen (Körper-Gefühls-) Region im Scheitellappen der rechten Hirnhälfte, jener Region, die sowohl für die Verarbeitung äußerer als auch innerer Körperempfindungen zuständig ist. Diese Region registriert und repräsentiert wie eine Wetterkarte laufend die Körperlandschaft und ihre Veränderungen. Hier wird besonders deutlich, wie eng unser Gefühlsleben mit dem zum Gehirn gemeldeten Körperzustand verknüpft ist, und ebenso die rechtshemisphärische Dominanz der Gefühle.

Ein weiteres Beispiel: Legt man einer Patientin, deren Balken mit den Verbindungsfasern zwischen rechter und linker Großhirnhälfte wegen einer nicht zu beherrschenden Epilepsie durchtrennt wurde, pornographische Fotos so vor, dass sie nur in die rechte Großhirnhälfte projiziert werden, lösen sie bei ihr Schamröte aus. Die Patientin weiß nicht, warum sie schamrot geworden ist, denn die Fotos sind ihr nicht bewusst geworden. Somit sind auch keine Handlungskonsequenzen zu ziehen. Aus gleicher Indikation – unbeherrschbare Epilepsie – wurden 1953 erstmals einem 27-jährigen Patienten beide medialen Schläfenlappen einschließlich Hippocampus-Region entfernt. Seither konnte der Patient sich nichts Neues mehr merken. Seine kognitiven Fähigkeiten und seine Intelligenz waren nicht beeinträchtigt. Die Erinnerung an Ereignisse vor der Operation blieb erhalten, aber es konnten keine neuen Fakten und Ereignisse gespeichert werden – schon nach wenigen Minuten konnte er sich an nichts mehr erinnern. Hier ist der Zusammenhang zwischen Gewebedefekt und Gedächtnisstörung, einer Teilfunktion der Geist-Seele, unübersehbar. Beim weit verbreiteten *M. Alzheimer* geht die zunehmende Demenz ebenfalls mit Defekten der Hirnsubstanz einher, deren Ursache noch nicht geklärt ist. Es kommt zu einem vermehrten Neuronenuntergang unter Bildung von Amyloidplaques und Nervenfaserdegeneration, was zu einer Einschränkung der Gedächtnisbildung und später zur Demenz führt.

Die Trigeminusneuralgie ist ein gar nicht so seltenes, den Betroffenen furchtbar quälendes Leiden. Der Trigeminusnerv versorgt je eine Gesichtshälfte sowohl motorisch als auch insbesondere sensibel. Bei dieser Krankheit werden unerträgliche Schmerzen unter Umständen schon durch einen kalten Lufthauch ausgelöst. Die betroffenen Menschen leben in ständiger Erwartungsangst vor der nächsten Schmerzattacke und sind völlig verkrampft. In verzweifelten Fällen hat man die oben beschriebene Leukotomie durchgeführt. Das führte zu einem erstaunlichen Ergebnis: Nach der Operation ist der Patient fröhlich und entspannt und antwortet auf die Frage nach den Schmerzen: »Die Schmerzen sind unverändert, aber ich fühle mich jetzt gut.« Die somatosensorische Schmerzvorstellung war noch vorhanden, aber sie wurde nicht mehr emotional als Leiden empfunden. Auch dieses Beispiel zeigt eine Dissoziation von Denken und Gefühl. Gefühle und ihr Bewusstwerden in der Empfindung sind eng mit Hirnregionen verknüpft, die mit der Körperlandschaft interagieren und laufend sich ändernde Zustandsberichte aus der Körperperipherie empfangen und »kartieren«. Gleichzeitig wird die Umwelt in anderen Großhirnrinden-Systemen repräsentiert, die ihrerseits ständig mit den Gefühlsregionen kommunizieren. Diese Wechselbeziehung zwischen Gehirn und Körper charakterisiert A. R. Damasio mit den Worten: »Die Seele atmet durch den Körper. Hätte der Mensch nicht die Möglichkeit, Körperzustände zu empfinden, die genetisch als unangenehm oder angenehm definiert sind, gäbe es in seinem Leben kein Leid und keine Seligkeit, keine Sehnsucht und kein Erbarmen, keine Tragödie und keinen Ruhm.«

Stimmungen sind das Bewusstwerden von Gefühlen. Wie sehr sie unser Leben beeinflussen, erleben wir täglich. Bei einem sympathischen Lehrer lernt man viel schneller, leichter und lustvoller als bei einem unsympathischen. Wenn man davon ausgeht, dass beim Lernen und Gedächtnis bestimmte Schaltkreise aktiviert und verstärkt werden, dann fällt auf, dass vor allem das limbische System und das Stirnhirn eine dominante Rolle spielen. Gefühl, Stimmung und Motivation haben hier ihr strukturelles und funktionelles Substrat. Im Zustand der Liebe wird die Phantasie zu kühnen, überraschenden Assoziationen angeregt, jenseits ausgetretener Pfade, und schafft dadurch eine Atmosphäre, in der die Kreativität blüht. Verzweiflung und Traurigkeit wirken umgekehrt lähmend auf das Denken und schränken es ein. Im Extremfall der schweren Depression wird der Mensch handlungs- und entscheidungsunfähig. Zugrunde liegt der schweren Depression, insbesondere in der endogenen Form, eine Störung im Neurotransmitter-Rezeptor-System. Daran sind besonders die biogenen Amine Serotonin, Dopamin, Adrenalin und Acetylcholin beteiligt. Durch Normalisierung der Neurotransmitter-Rezeptor-Störung mithilfe von Antidepressiva kann die schwere, den Betroffenen unendlich quälende Persönlichkeitsveränderung, die sich als vitale Unlust, Unfähigkeit, Lust, Freude oder Trauer zu empfinden, Antriebsmangel und Konzentrationsschwäche äußert, erfolgreich behandelt werden. Wie sehr unser Seelenleben von Hirnfunktionen, die für Emotionen zuständig sind, abhängig ist, zeigt auch das Beispiel der Cyclothymie, bei der depressive und manische Phasen wechseln. Ein und derselbe Mensch wirkt in der einen Phase himmelhoch jauchzend, in der anderen zu Tode betrübt. Wenn man solche Menschen erlebt, glaubt man kaum, dass es sich um ein und dieselbe Person handelt, so sehr unterscheidet sich ihr Seelenzustand in den beiden Phasen. Auch hier können durch eine entsprechende Psychopharmakotherapie die extremen Ausschläge der Emotionalität beseitigt und das Seelenleben wieder normalisiert werden. Das zeigt einmal mehr, dass Gefühle als Teil der Seele vom Gehirn produziert und gesteuert werden.

Ein weiteres Beispiel der engen Verknüpfung von Seele, Gehirn und Körperperipherie ist der Kretinismus, ausgelöst durch eine angeborene Unterfunktion der Schilddrüse, die auch durch Jodmangel in der Ernährung der Mutter bedingt sein kann. Das Erscheinungsbild ist vor allem durch Schwachsinn und Kleinwuchs charakterisiert. Gibt man diesen Neugeborenen spätestens ab dem 15. Lebenstag Schilddrüsenhormon (l-Thyroxin), wird die Ausbildung des Schwachsinns verhindert. Körper und Seele entwickeln sich normal. Das strukturelle Substrat im Gehirn bei angeborenem Schilddrüsenhormonmangel ist gekennzeichnet durch eine mangelhafte Verästelung der Dendriten und infolgedessen durch eine Reduktion der Ausbildung von Synapsen. Die Dendriten der Nervenzellen sehen aus wie abgetakelte und gestutzte Weihnachtsbäume, während sie im Normalfall einem weit verzweigten, üppigen Laubbaum ähneln.

Die oben angeführten Beispiele beschreiben:

- positive und negative Einflüsse der Gefühle auf das Denken und das daraus resultierende Handeln
- dass funktionelle und materielle Hirndefekte zu schweren psychischen Störungen führen: Depression, Alzheimer-Demenz, Gedächtnisstörungen, Gefühlsarmut, Entscheidungsunfähigkeit, Persönlichkeitsveränderungen
- dass Körper und Seele eine Einheit bilden
- dass die Gefühle eng mit dem Zustand der Körperlandschaft verknüpft sind
- dass bestimmte Hirnregionen und ihre Verknüpfung für die Empfindung, d. h. die Wahrnehmung der Gefühle und ihre Bewertung, unerlässlich sind: limbisches System, ventromediale präfrontale Region, somatosensorische Repräsentation in der rechten Großhirnhälfte
- dass der Verstand ohne die Interaktion mit dem Gefühl zu keinen sinnvollen Entscheidungen fähig ist – »Gefühle sind ein integraler Bestandteil der Ver-

standesmechanismen. Im Idealfall lenken uns die Gefühle in die richtige Richtung, führen uns in einem Entscheidungsraum an den Ort, wo wir die Instrumente der Logik am besten nutzen können.« (A. R. Damasio)

Ethologische und neuroethologische Betrachtungen

Wichtige Erkenntnisse über die Evolution der menschlichen Seele sind durch die vergleichende Verhaltensbiologie und Neuroanatomie zu gewinnen, die menschliches Verhalten und sein morphologisches Substrat mit tierischem Verhalten und Substrat, insbesondere dem der übrigen Primaten, vergleichen. Mensch und Menschenaffen haben einen gemeinsamen Vorfahren, den Proconsul, der vor 18 Millionen Jahren lebte. Vor 10 bis 11 Millionen Jahren ist die Verzweigung zum Gorilla und Orang-Utan zu datieren und vor 7,5 Millionen Jahren die zum Schimpansen. Schimpanse und Mensch stimmen in 98,5 Prozent ihrer Gene überein und sind damit am engsten verwandt. Dementsprechend groß sind auch die Gemeinsamkeiten im Bereich der Hormone, der Neurotransmitter und der Gehirnstruktur. Das Hirnvolumen des *Australopithecus afarensis*, eines Vorfahren des Menschen vor 3,5 Millionen Jahren, ist mit 500 cm^3 noch vergleichbar mit dem des Schimpansen und Gorillas. Es hat aber in den letzten 3 Millionen Jahren seiner Entwicklung über den *Homo habilis*, *Homo erectus* bis zum *Homo sapiens* der Gegenwart eine Verdreifachung erfahren, die hauptsächlich durch das exorbitante Wachstum des Großhirns bedingt ist.

In dieser Zeit hat sich auch die Mimik mehr und mehr als Ausdrucksmittel der Gefühle und Stimmungen und als soziales Kommunikationsmittel entwickelt. Besonders Schimpansen können durch ihre Mimik sehr ausdrucksvoll und durchaus menschenähnlich Emotionen wie Angst, Ärger, Aggression, Trauer, Jammer, Zuneigung und Lachen zeigen. Beim Menschen ist die Mimik gegenüber den Affen noch verfeinert und allen Rassen gemeinsam. Sie ist angeboren, wie Untersuchungen an blinden und taub-blinden Säuglingen und Kindern belegen, kann aber im späteren Leben unabhängig von der Gemütsbewegung willentlich überformt werden. Beim Parkinson-Kranken im fortgeschrittenen Stadium können die Gemütsbewegungen mimisch nicht ausgedrückt werden – daher das maskenhaft starre Gesicht. Ursache ist der Untergang von Nervenzellen der *substantia nigra* im Mittelhirn, der mit einem Dopaminmangel einhergeht. Zwar liegen die motorischen Zentren für die mimische Muskulatur im Großhirn in der vorderen Zentralwindung, doch findet die enge Kopplung der mimischen Motorik mit der Gefühlssphäre, die zum mimischen Ausdruck führt, im Mittelhirn statt. Die Fähigkeit, emotionale Regungen aus feinen mimischen Veränderungen herauszulesen und im sozialen Zusammenhang deuten und einsetzen zu können, ist ein epigenetischer Lernvorgang, der sich in der frühen Kindheit entwickelt. Dabei spielt die rechte Hirnhälfte eine bedeutende Rolle.

Auch die Stimme wird beim Affen in sehr differenzierter Weise zur sozialen Kommunikation eingesetzt. Die vokalen Ausdrucksformen sind angeboren und werden – ähnlich der Mimik – in stammesgeschichtlich alten Hirnteilen vom limbischen System über Zwischenhirn, Mittelhirn und Medulla oblongata (verlängertes Rückenmark) ohne Großhirnbeteiligung produziert. Bei Schädigung des *gyrus cinguli anterior* (limbisches System) gelingt es den betroffenen Menschen nicht mehr, einen emotionalen Ausdruck in die Stimme zu bringen. Die Seele ist von der Motorik abgekoppelt. Beim Menschen können die Emotionen bei sprachlichen und mimischen Äußerungen im Gegensatz zum Affen bewusst kontrolliert oder gar verändert werden. Erinnert sei an das »Partylächeln« und das »Lache, Bajazzo über deine zerbrochene Liebe«. Aus der Analyse von umschriebenen Hirnschäden folgert D. Ploog, »dass die voluntative und die emotionale Mimik dissoziiert gestört sein und unter pathologischen Umständen Mimik und Affektleben entkoppelt sein können, sei es, dass die angeborene Bewegung abläuft, ohne dass eine Emotion erlebt wird, sei es, dass das Erleben von Emotionen erhalten bleibt, aber der Ausdruck der Emotion fehlt« – wie beim *M. Parkinson*. Das Gleiche gilt für die emotionale Färbung der Sprache.

Aufgrund der engen Verwandtschaft des Menschen mit den übrigen Primaten finden sich viele Verhaltens- und Ausdrucksgemeinsamkeiten. Mimik und Stimme dienen als Kommunikationsinstrument mit den Artgenossen, sind stets emotional gefärbt und signalisieren dem anderen die Stimmungslage des Aussenders. Beim Menschen ist darüber hinaus durch die Entwicklung der artikulierten Sprache die verbale Verständigung ganz in den Vordergrund getreten. Friedrich Dürrenmatt spricht von der »Konkretisierung des Geistes durch die Sprache«. Bei den Menschenaffen ist die Ausbildung einer artikulierten Sprache nicht möglich, weil dazu eine wichtige anatomische Voraussetzung fehlt – das Tiefertreten des Kehlkopfs. Überdies besitzt der *Homo sapiens* im Gegensatz zum Affen einen Kontrollmechanismus über Mimik und stimmlichen Ausdruck, der von der in der Evolution später höher entwickelten Großhirnrinde ausgeht. Der emotionale Anteil am Kommunikationsprozess mit seinem Ursprung in den stammesgeschichtlich älteren Teilen des Hirnstamms und limbischen Systems ist dem Menschen und den übrigen Primaten gemeinsam. Er lässt sich evolutionsgeschichtlich weit zurückverfolgen, hat er doch seinen Ursprung in Hirnregionen, die schon bei Reptilien vorhanden sind und in deren Gehirn dominieren.

Die vergleichenden Untersuchungen von Hirnstruktur und Verhalten bei Affen und Mensch führen vor Augen, dass das menschliche Gehirn als »Organ der Seele« (Fr. J. Gall) trotz seiner Einmaligkeit nicht etwas absolut Neues darstellt, sondern das Ergebnis einer Jahrmillionen währenden Evolution ist. Ansätze finden sich schon bei den Reptilien, wie Untersuchungen am Leguan belegen, besonders ausgeprägt dann bei den subhumanen Primaten. Das Einzigartige der menschlichen Seele verdankt sie der Entwicklung der Sprache, der Abstraktionsfähigkeit und der Selbstreflexion – Fähigkeiten, die nur durch die gewaltige Vergrößerung des Großhirns und seiner kaum fassbaren Komplexität möglich geworden sind.

Leben, Information, Seele und evolutionäre Erkenntnistheorie

Die Begriffe Leben, Information und Seele haben vieles gemeinsam. Das Leben, ein immaterieller Begriff, ist nur an Materie gebunden denkbar. Es ist eine Folge der Selbstorganisation der Materie. Auch die biologische Information – der Träger des Bauplans des Lebens –, die ihr materielles Substrat in der RNA und DNA hat, ist ein immaterieller Begriff. Sie ist *de novo* (neu) entstanden und hat erst den Selbstorganisationsprozess der Materie ermöglicht. Leben und Information sind im Lauf der Evolution aus dem Dunkel der Ursuppe und der von Blitzen durchzuckten Uratmosphäre ins helle Licht des Seins getreten, eine neue Dimension des Seins markierend. Ganz ähnlich die menschliche Seele, ein immaterielles Sein, das an die hoch komplexe Organisation des Gehirns gebunden und ohne dieses nicht existent ist. Auch sie stellt eine markante Stufe der Evolution dar, einen Schritt in eine völlig neue Dimension, dessen Ausmaß und Konsequenz noch lange nicht ausgelotet ist.

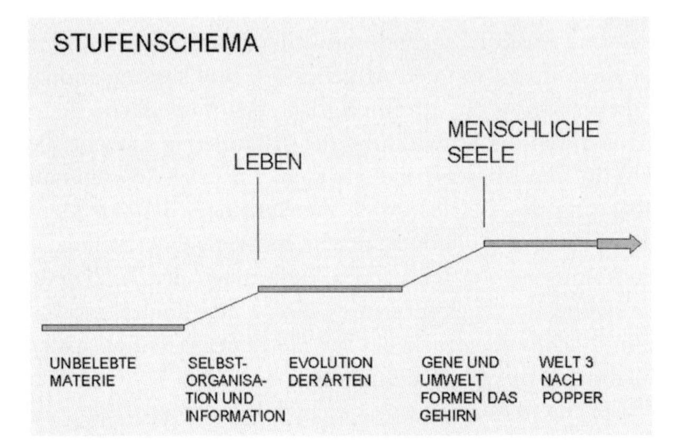

Abb. 4 Stufenschema von der unbelebten Natur zur Welt 3 nach Karl Popper.

Die menschliche Seele betritt die Bühne der Evolution und erschließt eine bis dahin nicht vorhandene Dimension, die Welt 3 nach Popper (Abb. 4). Das Einmalige und völlig Neue ist, dass diese menschliche Geist-Seele in der Lage ist, all das, was sich bisher in der Natur unbewusst vollzogen hat, denkend nachzuvollziehen und visionär zukünftige Entwicklungen zu erahnen. Diese gewaltige Leistung bewältigt das Gehirn mit biologischen Mitteln. Das Bewusstsein seiner selbst, die Reflexion über sich selbst, sein Gehirn und die Welt sowie die Ich-Werdung sind die neuen Charakteristika, die die menschliche Seele auszeichnen. So, wie das Phänomen des Lebens lange Zeit mit dem mystischen Begriff einer *vis vitalis* (Lebenskraft) zu erklären versucht wurde, bis Manfred Eigen zeigen konnte, dass die vorhandenen, bekannten Gesetze der Physik und Chemie ausreichend sind zur Erklärung des Lebens und seiner Entstehung, so können wir auch auf den Mythos vom über dem Wasser schwebenden Geist verzichten, um das Phänomen Seele im Zusammenhang mit dem Gehirn zu erklären.

Nach dem derzeitigen Stand der Forschung lassen sich folgende Aussagen machen:

- Das Gehirn ist *das* Organ der Seele (Fr. J. Gall).
- Körper und Seele bilden eine untrennbare Einheit; sie beeinflussen sich wechselseitig und sind voneinander abhängig.
- Mit dem Tod des Individuums stirbt seine Seele.
- Seele und Gehirn sind im erkenntnistheoretischen Sinn zwei verschiedene Schichten, die sich nicht vollständig zur Deckung bringen lassen.

Die Analogie zur Entstehung des Lebens und der Information im Verlauf der Evolution kann gar nicht genug betont werden. Es bleibt die Frage, wie es das Gehirn schafft, in jedem Menschen eine Seele hervorzubringen. Wir können immer tiefer in die molekularbiologischen Zusammenhänge eindringen, Netzwerksysteme analysieren und durch Computersimulation zu erklären versuchen. Wir können durch subtile Untersuchungen von Ausfallserscheinungen und seelischen Veränderungen bei definierten Hirnschäden Rückschlüsse ziehen und uns dem Ziel allmählich – asymptotisch? – nähern. Das Problem ist die ungeheure Komplexität des Gehirns mit seinen endlosen, einander beeinflussenden Schaltkreisen, die sich zu übergeordneten Schaltkreisen und Systemen zusammenschließen – ein ständig wechselnder dynamischer Prozess. Das Prinzip bleibt in groben Zügen biologisch erklärbar, wenn wir auch von einer detaillierten Erfassung noch weit entfernt sind.

Was ist nun also die menschliche Seele? Ich möchte den evolutionären Charakter der Seele abschließend noch einmal zusammenhängend und zusammenfassend aufzeigen. Am Beispiel der Amöbe konnte gezeigt werden, dass bestimmte Reize, die die äußere Membran des Einzellers tangieren, zu einem Rückzug der Zelle von der Reizquelle durch Protoplasmaströmungen führen – eine Vermeidensstrategie, die von der »Haut« ausgelöst wird. Aus der Haut entwickelt sich bei den Wirbeltieren das Neuralrohr. Die sensible Oberfläche wird »verinnerlicht«. Ein Zentralnervensystem (ZNS) tritt an die Stelle unmittelbarer Reizübertragung von der Oberfläche auf den Zell-Leib. Das Körpergefühl repräsentierende Feld im Scheitellappen repräsentiert jetzt neben der Oberflächensensibilität auch die übrigen Körperregionen. Bestimmte Signale werden als Schmerz erkannt und lösen durch entsprechende Verschaltung motorische Vermeidensstrategien aus. Immer mehr Strategien werden im Lauf der Evolution mit Gefühlen wie Lust, Unlust, Hunger, Liebe etc. verknüpft, die eng an Körperreaktionen gekoppelt sind. Wie das Beispiel der Leukotomie bei Trigeminusneuralgie zeigt, ist beim Menschen durch Einbeziehung zusätzlicher Netzwerksysteme im Stirnlappen zum Schmerz noch eine höhere Stufe der Emotionalität – das Leiden – hinzugetreten.

Fazit: Die menschliche Seele hat sich in Millionen Jahren parallel zur Entwicklung des Gehirns zum heutigen Stand entwickelt. Leid und Lust sowie Raum und Zeit und kausales Denken sind evolutionär erworbene, genetisch im Gehirn fixierte Mechanismen, die einen hohen selektiven Vorteil bringen. Nach der evolutionären Erkenntnistheorie, wie sie Campbell, Konrad Lorenz und G. Vollmer vertreten, ist unsere Denkordnung eine Nachbildung der Naturordnung. Denken und Erkennen sind evolutiv entstanden. Die apriorischen (angeborenen) Wahrnehmungs- und Denkkategorien sind Produkte einer biologischen Entwicklung. Sie gehen der Erfahrung voraus. Nach Konrad Lorenz sind diese Kategorien (Leid, Lust, Raum,

Zeit, Kausalität) nur in der Individualentwicklung *a priori*, von der Phylogenese (der Stammesentwicklung) und damit genetisch vorgegeben, in der Stammesentwicklung hingegen *a posteriori*, aus der Erfahrung gewonnen. Erst die Miteinbeziehung des Gefühls Leiden löst beim Menschen die oben beschriebenen Vermeidungsstrategien aus. Mit der Zunahme der Komplexität der Organismen wächst auch die Komplexität ihrer neuralen Reaktionen, um beim Menschen in der engen Verzahnung von Ratio (Verstand), Emotio (Gefühl) und Körperregulation im Gehirn ihre höchste Vollendung und den Aufbruch zu neuen Ufern zu erreichen.

Was die naturwissenschaftliche und medizinische Forschung in den letzten 100 Jahren in mühsamer Kleinarbeit zusammengetragen hat, wurde gar nicht selten von großen Geistern intuitiv schon lange im voraus erfasst und formuliert. Deshalb soll diese Arbeit schließen mit einem Ausspruch Theodor Fontanes, der zugleich Mahnung ist:

»O lerne denken mit dem Herzen,
und lerne fühlen mit dem Geist«

Danksagung

Herrn Prof. Dr. Dr. h.c. Detlev Ploog, Max-Planck-Institut für Psychiatrie in München, danke ich herzlich für seine Ratschläge und Korrekturen.

Literaturhinweise

Aristoteles, De anima – Von der Seele, dtv 8337, München 1996
A. R.Damasio, Descartes' Irrtum, List Verlag, München 1995
R. Descartes, Abhandlung über die Methode des richtigen Vernunftgebrauchs ..., Stuttgart 1961
G. M. Edelman, Unser Gehirn – ein dynamisches System, Piper, München 1993
J. Hirschberger, Kleine Philosophiegeschichte, Herder, Freiburg 1973
G. W. v. Leibniz, Die Hauptwerke, Kröner, Stuttgart 1949
K. Lorenz, Die Rückseite des Spiegels, dtv, München 1973
P. v. Matt, Liebesverrat, dtv, München 1994
D. Ploog, Verständigungsweisen der Affen und der Menschen im Lichte der Hirnforschung, Schaper, Hannover 1984 ; Psychopathologische Prozesse in neurobiologischer Sicht, Tropon Symp., Bd. VIII, Springer, Heidelberg 1993; Unser Gehirn – das Organ der Seele und der Kommunikation, Fundamenta Psychiatrica 1, 53–71, Schattauer, 1987; Über die Emotionen aus der Sichtweise der Evolution, Zuckerschwerdt-Verlag, München 1994; Agression – ein Trieb? in: Agressivität und Gewalt (G. Nissen, Hrsg.), Verlag Hans Huber, Bern 1995
K. R. Popper und J. C. Eccles, Das Ich und sein Gehirn, Piper, München 1982
W. Singer, Ontogenetic Self-Oganization and Learning in: Brain Organization and Memory: Cells, System and Circuits (McGaugh et al, Hersg.), Oxford University Press, New York
R. Vaas, Neurobiologische Grundlagen des Gedächtnisses, Futura 3/94, 196–207, Hippokrates, Stuttgart 1994
G. Vollmer, Evolutionäre Erkenntnistheorie, Hirzel, Stuttgart 1995

»Science-in-fiction« and »Science-in-theatre« as pedagogic tools
An Anglo-German Presentation

Carl Djerassi

Die Kluft zwischen den Naturwissenschaften und den Welten der Geisteswissenschaften, der Sozialwissenschaft und der Massenkultur wird zunehmend größer, und doch wenden die Naturwissenschaftler selbst herzlich wenig Zeit auf, um mit diesen anderen Kulturen zu kommunizieren. Dies ist in hohem Maße auf die Obsession des Naturwissenschaftlers zurückzuführen, von seinesgleichen anerkannt zu werden. Zudem bietet seine Stammeskultur kaum Anreize, ein breiteres Publikum anzusprechen – dafür aber mehr als genug abschreckende Beispiele. Einer der besten und seriösesten Populärwissenschaftler, der verstorbene Carl Sagan, musste seinen Erfolg beim breiten Publikum beruflich teuer bezahlen – unter anderem mit seinem Ausschluss aus der National Academy of Sciences. Ich bin jetzt in einem Alter, in dem die Missbilligung, ja selbst die Billigung, meiner naturwissenschaftlichen Kollegen meiner wissenschaftlichen Karriere oder Selbstachtung wenig anhaben können. Ich werde bestimmt nicht aus der National Academy of Sciences ausgeschlossen (in die man mich vor 40 Jahren gewählt hat), nur weil ich Romane schreibe. Dennoch bin ich als Wissenschaftler und als Pädagoge der festen Überzeugung, dass die naturwissenschaftliche Kultur einem breiten Publikum nahegebracht werden muss, das sich ansonsten – hauptsächlich aus naturwissenschaftlicher Unwissenheit – wenig für sie interessiert. Warum sollte ich also nicht versuchen, Informationen als Roman verpackt in das Bewusstsein einer breiteren Öffentlichkeit zu schmuggeln?

Und darum nenne ich das literarische Genre, in dem ich arbeite, »Science-in-fiction«. Es war mir wichtig, das, was ich mache, möglichst klar von der Science-fiction abzugrenzen. Für mich liegt der größte Unterschied darin, dass alle naturwissenschaftlichen Erkenntnisse und auch die typischen Verhaltensmuster von Naturwissenschaftlern, die in der »Science-in-fiction geschildert werden, glaubhaft sind. In der Science-fiction gelten diese Einschränkungen nicht. Damit will ich keinesfalls andeuten, dass naturwissenschaftliche Phantastereien in der Science-fiction unangebracht wären. Aber wenn man sich tatsächlich der Belletristik bedient, um naturwissenschaftliche Sachverhalte in das Bewusstsein von naturwissenschaftlich unkundigen Leser zu schmuggeln – und ich bin überzeugt, dass ein Schmuggel dieser Art intellektuell und gesellschaftlich von Nutzen wäre –, dann ist es ganz entscheidend, dass die Fakten, auf denen diese naturwissenschaftlichen Erkenntnisse beruhen, exakt geschildert werden. Wie soll der naturwissenschaftliche Laie sonst

Facetten einer Wissenschaft. Herausgegeben von Achim Müller

ISBN: 3-527-31057-6

unterscheiden können, welche naturwissenschaftlichen Sachverhalte ihm zur Unterhaltung präsentiert werden, und welche informativ sind?

Aber warum dazu ausgerechnet die Belletristik benutzen und keine andere literarische Gattung? Im Gegensatz etwa zur Geschichte (einem häufigen Gegenstand »didaktischer« Belletristik) haben die meisten naturwissenschaftlich nicht vorgebildeten Personen schlicht und einfach Angst vor den Naturwissenschaften. Sobald sie hören, dass ihnen irgendwelche wissenschaftlichen Dinge serviert werden sollen, geht bei ihnen im Kopf eine Klappe runter. Und genau diesen Teil der Öffentlichkeit – den nichtwissenschaftlichen oder sogar antiwissenschaftlichen Leser – möchte ich erreichen. Statt mit dem aggressiven Auftakt »So, ich werde Ihnen jetzt etwas über meine wissenschaftliche Arbeit erzählen.« zu beginnen, ziehe ich es vor, mit dem harmloseren »Ich werde Ihnen jetzt eine Geschichte erzählen.« anzufangen und dann konkrete naturwissenschaftliche Forschung und realistische Wissenschaftler in die Geschichte einzubauen.

Meine Ambitionen gehen jedoch weiter, als lediglich zu schildern, *was* in der Forschung tätige Naturwissenschaftler so treiben. Diese Funktion üben bereits Wissenschaftsjournalisten aus – und häufig machen sie ihre Sache sehr gut. Aber um die Kluft zwischen C. P. Snows zwei Kulturen zu überbrücken, um die Naturwissenschaften so konkret zu machen wie jede andere Arbeit, die ein Mensch an einem ganz normalen Tag verrichtet, ist es auch erforderlich aufzuzeigen, *wie* sich Wissenschaftler *verhalten*. Und genau da kann der Naturwissenschaftler, der sich zum Schriftsteller gemausert hat, eine besonders wichtige Rolle spielen.

Wissenschaftler arbeiten innerhalb einer Stammeskultur, deren Regeln, Sitten und charakteristische Eigentümlichkeiten im Allgemeinen nicht durch spezielle Vorlesungen oder Lehrbücher vermittelt werden, sondern dem Einzelnen im Rahmen einer Mentor-Schüler-Beziehung gewissermaßen durch intellektuelle Osmose geprägt werden. Wir lernen und verdienen uns unsere wissenschaftlichen Sporen, indem wir die eigennützigen Interessen des Mentors studieren und ihnen zuarbeiten. Wir bemühen uns und unterstützen unsere Mentoren bei ihren Querelen mit Fachzeitschriften, dem ständigen Gerangel mit Kollegen und Konkurrenten um Positionen und Prioritäten, der Reihenfolge der Autoren, der Wahl der Fachzeitschrift, dem Streben nach dem heiligen Gral eines Lehrstuhls, bei der Beschaffung von Drittmitteln, wir teilen ihre Schadenfreude, vielleicht sogar das Gieren nach dem Nobelpreis, dem erhabensten Misserfolg der Großen – und lernen dadurch, wie das Spiel gespielt wird, nehmen unbewusst die Lektion in uns auf, dass das Spiel gespielt werden *muss*. Mit anderen Worten: Es ist ein Beruf – ein Beruf mit seinem gebührenden Teil an unbegrenzten Möglichkeiten und engen Freundschaften, brutalem Konkurrenzkampf und subtilen ethischen Nuancen –, aber trotz allem ein Beruf, eine Tätigkeit, die von, für und mit Menschen ausgeübt wird. Menschen in weißen Mänteln, die einen unverständlichen Jargon sprechen, aber trotz allem Menschen sind. Für mich, der ich diesem naturwissenschaftlichen Stamm seit über vier Jahrzehnten angehöre, geht es vor allem darum, dass die Öffentlichkeit Wissenschaftler nicht in erster Linie als Spinner, Frankensteins oder Dr. Strangeloves sieht. Und weil sich »Science-in-fiction« nicht nur mit konkreten wissenschaftlichen Dingen, sondern auch mit konkreten Wissenschaftlern befasst, glaube ich, dass ein Mitglied dieses Clans die Stammeskultur und die charakteristische Verhaltensweise eines Wissenschaftlers am besten schildern kann.

Let me offer two examples of the many topics that I felt warranted illumination behind the scrim of fiction from a tetralogy of science-in-fiction novels (published in English and in German as well as half a dozen other languages) that I started in my sixties and completed on my seventyfourth birthday with the publication of *NO*.

I shall start with an excerpt from my first novel, *Cantor's Dilemma*, which has become a text in a number of American universities and colleges in courses that have now started to proliferate—courses such as »ethics in research«, »sociology of science«, »science in literature«, and especially »science, technology and society«. The main theme of *Cantor's Dilemma* is defined in its two-sentence epigraph:

»It seems paradoxical that scientific research, in many ways one of the most questioning and skeptical of human activities, should be dependent on personal trust. But the fact is that without trust the research enterprise could not function.« (ix)

Cantor's Dilemma deals with a scientific superstar, Professor Cantor, at an unnamed Midwestern university, who has a spectacular theory about tumorigenesis. He asks his favorite postdoctoral fellow, Jeremiah Stafford, to conduct the experimental verification, which, in Cantor's opinion, had to work because the theory was simply too sweet to be wrong. Stafford delivers the experimental goods and the resulting publication in *Nature* causes a sensation, eventually earning them a Nobel Prize. But prior to that ultimate recognition, competitors at Harvard are unable to repeat the experiment. Instead of focusing on the reasons for that failure, Cantor devises another experiment to substantiate his theory and conducts the experiment by himself without confiding into anyone else other than his nonscientist acquaintance, Paula Curry. The following dialog between Cantor and Curry follows his disclosure that he is now working obsessively by himself in the laboratory:

»Do you know the word *Schadenfreude?*«
»No.«
»It's one of those German words, like *Gestalt* or *Weltschmerz*, that has a special flavor that doesn't come across in the English equivalent—›gloating‹. *Schadenfreude* is more subtle and yet meaner. The more impeccable your reputation, and the more significant the work you retract, the greater the *Schadenfreude* among your peers.«
»I can't believe what you're saying,« exclaimed Paula. »You scientists, you upholders of the social contract, gloat like other mortals when somebody makes a mistake? Even when he confesses the mistake?«
Cantor let out a sigh. »I'm afraid the answer is yes ... . But just as I said, precisely because of the rarity of such retractions, people's memory is unbelievably long: I'd guess a lifetime ... .«
»What do you people expect from each other? Absolute perfection?« exclaimed Paula.
»Of course not. But if the work is important, it influences the thoughts or research direction of many others, the accusation would be: ›Why did you publish in such a hurry? Why didn't you wait until your results were validated?‹ «

»And what would your answer be, if you were asked? Why *did* you publish in such a hurry?«
»To be quite honest, most scientists suffer from some sort of dissociative personality: on one side, the rigorous believer in the experimental method, with its set of rules and its ultimate objective of advancing knowledge; on the other, the fallible human being with all the accompanying emotional foibles. I'm now talking about the foibles. We all know that in contemporary science the greatest occupational hazard is simultaneous discovery. If my theory is right, then I'm absolutely certain that, sooner or later—and in a highly competitive field like mine, it's likely to be sooner—somebody will have the same idea. A scientist's drive, his self-esteem, are really based on a very simple desire: recognition by one's peers. That recognition is bestowed only for originality, which, quite crassly, means that you must be first. No wonder that the push for priority is enormous. And the only way we—including me—establish priority is to ask who published first. Suddenly you seem very pensive, Paula. Did I disappoint you?«
She hesitated for a long while before replying. »Not so much disappoint me as disillusion me ... . One last question.« She leaned forward across the table. »Why are you doing this work yourself, burying yourself in your laboratory, not seeing anybody? Why didn't you ask your man Stafford to do the work for you as you did the first time around? Isn't he the best person in your group? What's different this time?«
»A good scientist changes only one variable at a time.«
Paula Curry looked puzzled. »What's that supposed to mean?«
»I don't trust Stafford any more.«

This excerpt is a typical example of how realistic fiction can be used to illuminate some behavioral practices of scientists. I shall now cite a few paragraphs from another volume of my tetralogy to illustrate *what* we do, rather than *how* we do it, by describing a discovery that in December 1998 was anointed by the Nobel Prize in Medicine. I suspect that not all readers will recall what discovery this Nobel Prize recognized, so I offer as hint that the title of my last novel is simply *NO*. But the science behind this molecule is already addressed in my penultimate novel, *Menachem's Seed*, which introduces some of that molecule's biological function through fiction in which the science is impeccably correct.

»Reproductive biology? You must mean *female* reproductive biology. Why don't you men ever pay attention to *your* role in reproduction?«
Even though the question was addressed to her neighbor, the woman's voice was meant to be heard by the rest of the people at their table. It was the annual fund-raiser for Brandeis University, where the guests felt entitled to register complaints. Invariably, they were handled politely, especially when raised by potential donors.
The woman's neighbor, and the subject of her complaint, was Professor Felix Frankenthaler, one of Brandeis's stars, invited this evening to demonstrate to the guests the kind of value they could expect from their donations.
»A fair enough question,« Frankenthaler responded diplomatically. »I have to admit that I made my reputation in the fallopian tube. Even though,« he

raised his hand to stop any interruption, »that work dealt, in fact, with sperm motility.«
»So?« the woman asked, her tone now less aggressive than amused. »What have you done for me lately?«
»Well,« he announced, loudly enough that the rest of the table turned his way. »We are now hot on the trail of the biological function of nitric oxide.«
Her disappointment was audible. »Laughing gas? What's that got to do with—«
»Madam!« Frankenthaler was fast losing his diplomacy. »Laughing gas is ni*trous* oxide. N_2O to the chemist, or *di*nitrogen oxide. We work with ni*tric* oxide, NO, also known as nitrogen monoxide. Or, more precisely, nitrogen monoxide. In fact—Frankenthaler, without realizing, had moved onto the slippery slope of chemical pedantry … .
It probably would have taken Frankenthaler only a few more seconds to realize that he was in the process of losing most of his audience, but the man across from him saved the situation.
»I thought nitric oxide was an industrial gas, and a poisonous one at that. Isn't it involved in auto emission, ozone destruction, acid rain?«
»Precisely!« exclaimed Frankenthaler. »But do you know that it is also produced by fruit flies, chickens, trout, horseshoe crabs? Even man? … —it is now recognized that in minute amounts NO is one of the most important biological messengers.« He paused, wanting to be sure that the statement had sunk in … .
»Nitric oxide is involved in blood clotting, in the immune system's destruction of tumor cells, in neurotransmission, and most importantly for our purposes,« Frankenthaler looked directly at the woman who had questioned his interest in male reproduction, »in blood pressure control … .«
»I'm sure this is all absolutely fascinating,« said his woman neighbor, »but what has it got to do with male reproductive biology?«
»Do you know what the corpus cavernosum is?« he inquired, a faintly lupine smile around his lips.
»No,« she replied. »Spell it.«
»Never mind the spelling. It's the major erectile tissue of the penis.«
»Well, well,« she said, and grinned for the first time. »Tell us more.«
»Nitric oxide is involved in the relaxation of the smooth muscle of the corpus cavernosum—«
»Relaxation?« she interrupted. »But don't you want it to—«
»Madam!« Thank God she isn't one of my students, he thought. »Let me finish. As I was about to say, nitric oxide-mediated relaxation of the smooth muscle of the corpus cavernosum permits increased blood flow *into* the penis, which,« he bowed in the woman's direction as if he were inviting her to dance, »accomplishes precisely what you were so anxious to achieve: tumescence of the penis. In other words, you get a stiff—« She'd irritated him sufficiently that he was tempted to say *prick*, but he caught himself in time. »Penis,« he finished, somewhat lamely.
»Go on,« she said. »As you can see,« she waved her hand around the table, »we're all listening. So what are you—at Brandeis—doing about stiff pricks?«

Frankenthaler flushed. »One of my brightest postdocs,« he said, speaking as calmly as he could under the circumstances, »is trying to design nitric oxide-releasing substances that might be applied to the penis. As a way of treating impotence,« he explained.
»I knew it!« the woman exclaimed triumphantly. »All female reproductive biology means to you is contraception. But when you men work on your own sexual apparatus, all you worry about—«
»Now wait a moment.« By now, Frankenthaler didn't give a damn that he was supposed to be buttering up prospective donors. »If you can't get it *up*,« he hissed ... .

Science-in-fiction as Pedagogy

Last winter, I started to use science-in-fiction as a formal pedagogic tool at Stanford University in our biomedical ethics program. Fourteen graduate students and post-doctoral professionals from twelve different departments were asked to compose a short story of maximally ten pages dealing with ethical issues associated with relevant behavioral practices in science or medicine. After the writers discussed their stories privately with me, I distributed their revised texts among all participants without authorial identification—thus permitting unrestricted discourse. The balance of the course dealt with in-depth discussions of the ethical or behavioral problems raised by these stories—discussions that frequently erupted into fireworks, because by disguising such problems in the cloak of fiction, it is possible to illustrate ethical dilemmas that frequently are not raised for reasons of discretion, embarrassment, or fear of retribution.

Mein Seminar bot nicht nur ein Forum für freimütige Enthüllungen und offene Diskussionen, sondern ging auch der Frage nach, wie Naturwissenschaftler besser mit ihren Kollegen und der breiten Öffentlichkeit kommunizieren können. Diese Debatte führte zu einer recht ungewöhnlichen praktischen Übung. Die Studenten mussten sich nämlich an einem Gruppenwerk im Stil eines japanischen Renga versuchen (ein Kettengedicht, dessen Strophen von zwei oder mehr Dichtern abwechselnd geschrieben werden, oft in Form eines Wettstreits) – in diesem Fall an einer Kurzgeschichte, die ein ethisches Dilemma in den Naturwissenschaften behandelte. Jeder Student musste einen Absatz schreiben, ohne zu wissen, wer den vorhergehenden verfasst hatte, und hatte dafür zwei Tage Zeit. Nachdem das aus 14 Absätzen bestehende »*Science Renga*« vollendet war, wurde jeder Student aufgefordert, einen 15. Absatz zu schreiben, sodass 14 neue Schlüsse entstanden. Nachdem ich der Gruppe alle Varianten ausgeteilt hatte, wurde in geheimer Abstimmung der »Sieger« bestimmt. Obwohl das Werk die Namen aller Autoren trug – bei naturwissenschaftlichen Veröffentlichungen nichts Ungewöhnliches, bei literarischen Werken dagegen geradezu einmalig –, wusste niemand, wer welches Segment beigesteuert hatte.

Das Verfassen eines Renga weist eine interessante Ähnlichkeit mit dem Prozess einer wissenschaftlichen Veröffentlichung mehrerer Autoren auf, der ebenfalls seine kollegialen und kompetitiven Aspekte besitzt (tatsächlich benutzte ich diese Idee in meinem zweiten Roman, *Das Bourbaki Gambit*). Das Renga-Experiment meines Seminars stellte jedoch eine »reinere« Zusammenarbeit dar, da jeder Autor mit einem nicht identifizierbaren individuellen Baustein zum Gesamtwerk beigetragen hatte. Ich war gespannt, ob eine naturwissenschaftliche Fachzeitschrift den Mumm hatte, diese Geschichte abzudrucken, und versuchte es gleich ganz oben bei *Nature* – in den Naturwissenschaften vergleichbar dem Einreichen einer Erstlingsgeschichte beim *New Yorker.* Doch der *Nature*-Redakteur biss binnen einer Woche an (was an sich schon nahezu beispiellos war), und so erschien »*A Science Renga*« unter dem Namen der 15 Autoren in der Ausgabe vom 11. Juni 1998. Es war das erste frei erfundene Werk, das *Nature* – zumindest wissentlich – seit der Gründung im Jahre 1869 veröffentlicht hatte. Das war derart ungewöhnlich, dass die französische Zeitung *Libération* diesem Ereignis eine ganze Seite widmete. Die Kurzgeschichte könnte auch die erste in der Literaturgeschichte sein, die den Namen von 15 Autoren trägt. Aber wieso 15, wenn es nur 14 Studenten waren? Dieses Rätsel zu lösen überlasse ich der Neugierigkeit meiner Leser.

Science-in-theatre

Let me end with one more reason why I have chosen the literary format for such didactic purposes. In our formal written discourse, we scientists never use the dialogic form—in fact we are not permitted to use it. Yet pedagogically, dialog is frequently much more accessible and—let us be frank—also more entertaining. This decade-long repression of dialog in my scientific writing may be one reason why my fictional writing is so full of dialog. The purest dialogic form of literature, of course, is drama. And if science-in-fiction is a rare genre, science-in-theatre is *avis rarissima*. My first such play, entitled *An Immaculate Misconception*, premiered in August 1998 at the Edinburgh Fringe Festival and opened in London in March 1999 and later that year in San Francisco and Vienna (under the title *UNBEFLECKT*). In addition to German, it has already been translated into Swedish, Bulgarian and French and was broadcast as radio plays both by the BBC and the WDR.

Based in part on the second half of my novel *Menachem's Seed*, this play attempts to bring the discovery of intracytoplasmic sperm injection (also known as ICSI)—arguably the most important development in reproductive biology during the past ten years—and its ethical implications to a nonscientific, theatre-going public.

I suspect that not many readers of this article are familiar with ICSI. This was certainly the case with the Bielefeld Forum audience in June 2001, as was demonstrated by the paucity of raised hands, when I asked listeners to indicate recognition of that term. Therefore, the didactic aspect of my play may also be useful for a scientifically uninformed public. To prove that point, I end with a portion of the dialog (coordinated with a video image shown on a screen during the Bielefeld Forum) from Scene 5 of *UNBEFLECKT* (*An Immaculate Misconception*), where an ICSI experiment is performed for the theatrical audience by a reproductive biologist, Dr. Melanie Laidlaw, in front of her clinical colleague, Dr. Felix Frankenthaler.

The only prior biological nugget of information a reader needs to know is that a normally fertile man delivers approximately 100 million sperm in a single ejaculate. A man ejaculating only 1–3 million sperm, seemingly still a large number, is functionally infertile. With ICSI—the direct injection of a single sperm into the egg under a microscope and the reinsertion of the resulting embryo after three days into the woman's uterus—it is now possible to overcome most such cases of male infertility. Even just reading this excerpt should convince you of the pedagogic potential of such science-in-theatre.

MELANIE

So, mal sehen, wie der erste klappt. Und los. (*zieht ihre Gummihandschuhe an*) Machst du bitte den Videorecorder an?

FRANKENTHALER

Ja.

(Drückt auf den Knopf und wendet sich dem Monitor zu, sodass nur noch ein Teil seines Gesichtes zu sehen ist. Keiner von beiden sagt ein Wort, während der Bildschirm angeht. MELANIE ist über das Mikroskop gebeugt und betätigt mit beiden Händen die Hebel und Knöpfe an beiden Seiten des Mikroskops. Sie sitzt so, dass sie ihren Text auf das, was auf dem Bildschirm passiert, abstimmen kann.)

Ah ... da haben wir's. (*überrascht*) Meine Güte, mit denen ist ja nicht viel los!

(Beim ersten Bild, auf dem zahlreiche praktisch bewegungslose Samenzellen zu sehen sind, erfolgt ein rascher improvisierter Dialog zwischen MELANIE und FRANKENTHALER, der zu den Bildern passt, wie z. B.)

MELANIE

Was willst du von einem praktisch zeugungsunfähigen Mann erwarten?

FRANKENTHALER

Was? Bist du verrückt? Das ist Sperma von einem zeugungsunfähigen Mann? Wie bist du denn –?

MELANIE

(Als auf dem Bildschirm ein paar aktivere Samenzellen erscheinen, unterbricht Melanie ihn.)

Die beiden bewegen sich wenigstens, ist doch schon mal ein gutes Zeichen ...

FRANKENTHALER

(wird von seinem Einwand abgelenkt, als eine einzelne aktive Samenzelle am unteren Rand des Bildschirm erscheint, und unterbricht sie aufgeregt)

Na endlich, da haben wir ja einen richtigen Macho ...

MELANIE

Okay, mal gucken, wie gut ich im Fangen bin. Erst mal muss ich seinen Schwanz zerquetschen, damit er mir nicht mehr entwischen kann ...

(schnappt nach Luft, als sich die Samenzelle zielstrebig auf das Kapillarröhrchen zubewegt; mit lauter Stimme, kreischend, fast hysterisch)

Mein Gott! ... Guck mal, Felix! Guck doch! ... er schwimmt direkt auf das Röhrchen zu, mit dem Kopf zuerst!

FRANKENTHALER

Ach du Schande! Er ist drin! Falsche Richtung! Was machen wir jetzt?

MELANIE

Ich schmeiß ihn raus und fang wieder von vorne an.

(Pause, während sie die Samenzelle aus dem Röhrchen entfernt)

Raus mit dir! Mach das nicht noch mal ...

(bewegt die Pipette rasch auf die Samenzelle zu und stößt einen Triumphschrei aus, als die Pipette den Schwanz der Samenzelle zerdrückt)

Hab ich dich!

FRANKENTHALER

Hey, gar nicht schlecht!

MELANIE

Jetzt kommt der schwierige Teil. Ich muss ihn mit dem Schwanz zuerst einsaugen ... Sobald ich nahe genug dran bin, reicht nur ein minimaler Sog ... und schwupp! Hah! Hab ich dich!

(Die Videoansicht zeigt, wie die Samenzelle, mit dem Schwanz voraus, in die Pipette gesogen wird. Dann sieht man, wie MELANIE mit dem Kopf der Samenzelle »spielt«, indem sie ihn hin und herbewegt, um zu zeigen, wie leicht er sich von ihr manipulieren lässt.)

FRANKENTHALER

Hör auf mit ihm zu spielen!

MELANIE

Ich spiel doch gar nicht mit ihm! Ich will nur sichergehen, dass ich ihn im Griff habe. Warum versiehst du Samenzellen eigentlich immer mit dem männlichen Pronomen? Etwa weil das Geschlecht des Kindes von der Samenzelle bestimmt wird?

(einen Augenblick Schweigen)

Da ist es.

(Bild der Eizelle erscheint auf dem Monitor)

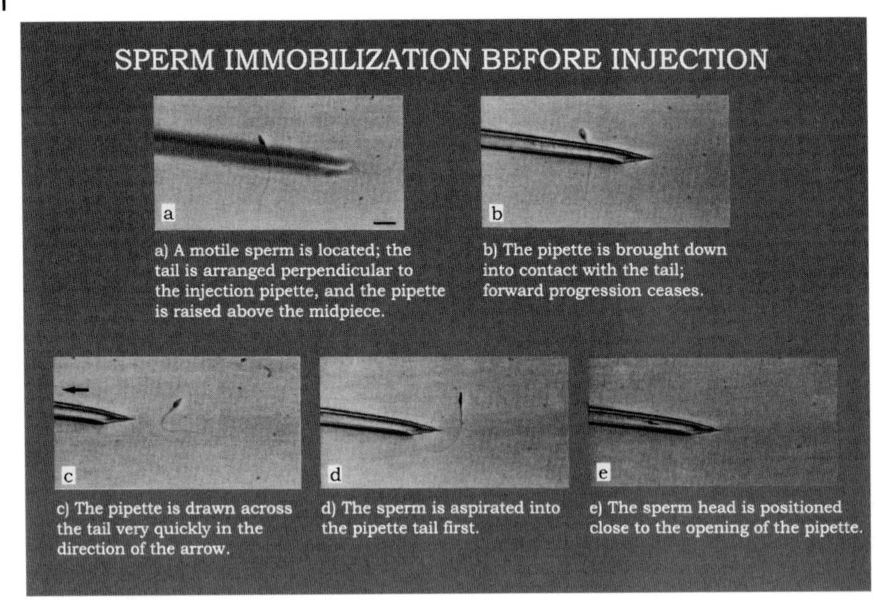

Abb. 1 Das Spermium wird eingefangen. (a) Ein bewegliches Spermium wird aufgespürt, und die Pipette wird senkrecht zu seinem Schwanz gehalten. (b) Die Pipette erfasst den Schwanz des Spermiums. (c) Die Pipette wird schnell in Pfeilrichtung über den Schwanz gezogen. (d) Das Spermium wird mit dem Schwanz voran in die Pipette eingesaugt. (e) Der Kopf des Spermiums befindet sich am Ausgang der Pipette.

Sieht *sie* nicht toll aus? Sieh sie dir bloß mal an ... so, mein prächtiges Baby ... jetzt halt schön still, während ich dich zurechtrücke ... und dich auf meine Saugpipette stecke ... Polkörperchen nach oben ...

(*FRANKENTHALER zeigt auf das Polkörperchen*)

Wie ein kleiner Kopf. Er muss in die 12 Uhr-Position.

(*Die Eizelle auf dem Monitor ist jetzt exakt in der gewünschten Position fixiert und bereit für die Befruchtung.*)

Jetzt drück die Daumen, Felix.

(*Er beugt sich vor, ist sichtlich gefesselt. Die Injektionspipette mit der Samenzelle erscheint auf dem Monitor, bewegt sich aber nicht.*)

FRANKENTHALER

(*zeigt auf die Pipette, die rechts außen auf dem Schirm zu sehen ist*)

Was ist los?

MELANIE

Nichts ... es ist bloß ...

(*Pause, während auf der Videoansicht zu sehen ist, dass die Injektionspipette genau in 3 Uhr-Position auf die Eizelle ausgerichtet ist.*)

...so was macht man ja nicht alle Tage ...

(wird mitten im Satz unterbrochen, als die Pipette in die Eizelle eindringt. MELANIE atmet erleichtert auf.)

FRANKENTHALER

(zuckt plötzlich zusammen, als hätte ihn etwas gestochen)

Mensch! Du hast es geschafft! Schöner Durchstoß!

(Das Bild zeigt, dass die Pipette noch in der Eizelle verweilt.)

Jetzt schieß ihn raus!

(zeigt auf den Kopf der Samenzelle in der Pipette)

MELANIE

Raus mit dir!

(Auf dem Schirm sieht man, dass sich der Kopf der Samenzelle an der Spitze der Injektionspipette befindet, aber noch nicht ausgestoßen wurde. Sie saugt ihn zurück in das Röhrchen und versucht ihn ein zweites Mal auszustoßen.)

Komm schon! Erst hüpfst du rein, obwohl du nicht rein sollst und jetzt kommst du nicht wieder raus! Jetzt mach' schon!

(Beim dritten Versuch kann man auf dem Bildschirm deutlich sehen, wie die Samenzelle aus der Pipette heraus- und in das Cytoplasma der Eizelle eintritt.)

So ist's gut.

(Vorsichtig zieht sie die Pipette heraus, wobei die Eizelle offensichtlich unbeschädigt bleibt.)

FRANKENTHALER

Du hast es geschafft! Sieh dir das an, sieh dir das bloß mal an! Wie er da drin sitzt!

(Beugt sich zum Monitor und zeigt mit dem Finger auf die Samenzelle. Mit ruhigerer Stimme.)

Das ist unglaublich! Das Ei sieht fast ... tja, wie soll ich sagen? ... fast unberührt aus, beinahe jungfräulich.

MELANIE

(schaut zum ersten Mal vom Mikroskop auf.)

Das wollen wir nicht hoffen ... Schließlich habe ich es ganz bewusst entjungfert und ab morgen erwarte ich hier Zellteilung zu sehen ... Felix, *(zeigt auf den Videorecorder)* würdest du bitte den Pausenknopf drücken?

(Er tut es, und das befruchtete Ei bleibt als Standbild zu sehen.)

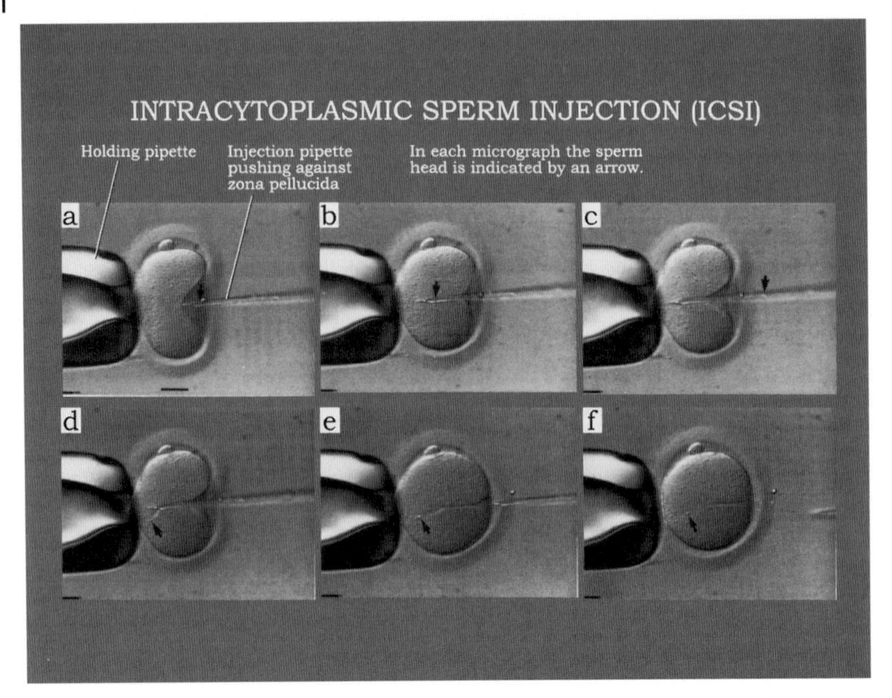

Abb. 2 Intracytoplasmatische Spermieninjektion (ICSI). (a) Die Injektionspipette sticht in die äußere Eihülle. (b) Die Pipette befindet sich tief im Ei. (c) Das Spermium (Pfeil) wird zurück in die Pipette gesaugt. (d) Das Spermium wird aus der Pipette gedrückt. (e) Die leere Pipette wird vorsichtig aus dem Ei herausgezogen. (f) Die Eihülle verheilt innerhalb von 5 Minuten; das Spermium verbleibt zur Befruchtung im Ei.

FRANKENTHALER

Dann kann ich ja jetzt aufhören, die Daumen zu drücken. Aber jetzt sag mir endlich, von wem das verkorkste Sperma ist. Die Samenzellen haben sich ja kaum bewegt. Du hättest dir kaum etwas Schlimmeres aussuchen können. (*Kurze Pause*) Und wer ist jetzt der Vater?

MELANIE

Es gibt keinen Vater im eigentlichen Sinne.

FRANKENTHALER

Also eine unbefleckte Empfängnis?

MELANIE

Du, das ist gar nicht so falsch. Schließlich gab es weder ein Eindringen in die Vagina noch sonst einen sexuellen Kontakt. Tatsächlich waren am entscheidenden Moment weder eine Frau, noch eine Vagina, noch ein Mann beteiligt. (*Kurze Pause*) Der einzige Stecher (*Pause*) war ich selber, als ich die dünne Nadel ins Ei gepiekst habe, um die Samenzelle dort abzulegen. (*lacht*) Ein weiblicher Stecher! Das Ganze wird aber sowieso erst interessant, sobald die Eizelle in eine Frau eingepflanzt wird.

FRANKENTHALER

Aha, und in *welche* Frau, wenn ich das jetzt endlich erfahren dürfte? In ein paar Tagen weiß ich es doch sowieso.

MELANIE

Ich bin die Frau.

Literatur

C. Djerassi, *This Mans Pill: reflections on the 50th birthday of the Pill*, Oxford University Press, **2001**; *This Man's Pill: Sex, die Kunst und Unsterblichkeit*, Haymon Verlag, 2001.

C. Djerassi, *Cantor's Dilemma*, Penguin-USA **1991**; *Cantors Dilemma*, Heyne Verlag, **1994**.

C. Djerassi, *Menachem's Seed*, Penguin-USA, **1998**; *Menachems Same*, Haffmans Verlag, **1996**.

C. Djerassi, *NO*, Penguin-USA, **2000**; *NO*, Haffmans Verlag, **1998**.

C. Djerassi, »Ethical discourse by science-in-fiction«, *Nature*, **1998**, *393*, 511.

C. Djerassi, *An Immaculate Misconception*, Imperial College Press, **2000**; *Unbefleckt*, Haffmans Verlag, **2000**.

Carl Djerassi, 1923 in Wien als Sohn eines jüdischen Arztehepaars geboren, musste Österreich 1938 verlassen und ging in die USA. Noch nicht einmal 28 Jahre alt, synthetisierte er erstmalig das Nebennierenhormon Cortison, das mittlerweile Anwendung in einer Unzahl von Arzneizubereitungen gefunden hat, und kurz darauf das Hormon Gestagen, das zu einem entscheidenden Bestandteil der Antibaby-Pille wurde. Karin Steinberger schreibt in der *SZ*: »Ob der Professor aus Stanford nun in der legendären Royal Institution in London auftritt, auf Fachkongressen oder bei Sabine Christiansen: Djerassi gilt sowohl in elitären wissenschaftlichen Kreisen als auch beim Massenpublikum als ein Grenzgänger. Er ist einerseits hochdekorierter Chemiker und andererseits schillernder Exot ... Djerassi ist ein begnadeter Selbstdarsteller. Er weiß, dass all diese Extravaganzen ihn erst zu dem machen, was er ist: zu einem Gesamtkunstwerk, das sich schon aus Prinzip jeder Art von Einordnung entzieht.«

Das *teutolab* – eine chemische Verbindung zwischen Schule und Universität

Katharina Kohse-Höinghaus, Rudolf Herbers, Alexander Brandt und Jens Möller

Das *teutolab*: ein kurzer Steckbrief

Das *teutolab* wurde im Herbst 1999 als Experimentier- und Mitmachlabor für Schülerinnen und Schüler an der Universität Bielefeld gegründet und Anfang 2000 in den Räumen der Fakultät für Chemie eröffnet. Mehr als 7000 Kinder und Jugendliche, vorwiegend aus Grundschulen der Region, haben seither mit ihren Klassen die Möglichkeit zum eigenen Experimentieren genutzt – angeleitet von dafür abgeordneten Fachlehrern aus Gymnasien der Umgebung und betreut durch Studierende der Chemie. Drei bis vier Schulklassen pro Woche, Arbeitsgemeinschaften von Schülern und auch Lehrergruppen besuchen das *teutolab*. Viele Klassen nehmen lange Wartezeiten von oft mehr als einem Jahr für einen Experimentiertag in Kauf. Seit dem Frühjahr 2001 werden darüber hinaus auch Experimente für die Sekundarstufe I angeboten, und forschungsnahe Themen für die Oberstufe sind in Vorbereitung. Erreicht werden sollen die Schülerinnen und Schüler der Grundstufe (3. bis 6. Klasse) *vor* dem Fachunterricht in Chemie, der 7. bis 10. Klasse *vor* der Kurswahl oder der Entscheidung für eine Ausbildung und Jugendliche in der Oberstufe *vor* der Wahl eines Studienfachs. Das Anliegen des *teutolab* ist die frühzeitige, positiv erlebte und ausbaufähige Motivierung für die Naturwissenschaften, die einen Anknüpfungspunkt für die weitere selbstständige und kritische Beschäftigung mit naturwissenschaftlichen und technischen Inhalten bildet.

Public Understanding of Science – eine Aufgabe für die Grundschule?

Wenn man die Bereitschaft zur Auseinandersetzung mit naturwissenschaftlichen und technischen Inhalten im Sinne einer »science literacy« oder einer »Antenne« für die Naturwissenschaften längerfristig stärken will, so kann man damit kaum früh genug anfangen. Dies ist eine These, die angesichts der mangelnden Begeisterung für Chemie und Physik in der Schule überraschen mag. Anlässlich der Frühjahrstagung der Deutschen Physikalischen Gesellschaft schrieb Ulrich Schnabel vor kurzem in der *Zeit*: »Physiklehrer sterben aus. Das ist gut so« und kommentierte: »die langweiligste Wissenschaftsshow wird jeden Morgen tausendfach in Deutschlands Klassenzimmern aufgeführt: schlecht ausgebildete Moderatoren, unmotivier-

Facetten einer Wissenschaft. Herausgegeben von Achim Müller

ISBN: 3-527-31057-6

Abb. 1 Jede Schulklasse erhält ein Gruppenfoto als Erinnerung an den *teutolab*-Besuch. Die Bilder finden sich auch im Internet (http://www.teutolab.de).

tes Publikum, dröger Stoff. Das Ganze nennt sich Physikunterricht und bleibt den meisten ihr Leben lang in schlimmer Erinnerung. ›Physik? Das habe ich nie kapiert!‹«; der Artikel endete mit »Doch auch der Besuch im schönsten Science Center kann nicht jene Begeisterung wiederbeleben, die täglich in der Schule erstickt wird.« [1] Polemisch, sicherlich, aber nicht ohne jede Berechtigung. Hier wartet eine Aufgabe, die nicht nur an die Schule zurückverwiesen werden kann!

Der breiten Öffentlichkeit wissenschaftliche Fragestellungen und Ergebnisse nahe zu bringen, setzt den Willen zur Kommunikation auf beiden Seiten voraus. Es wird allgemein beklagt, dass dieser Dialog bisher nur unvollkommen in Gang gekommen sei, insbesondere bezogen auf die Naturwissenschaften. Zwar gelingt es vielen namhaften Wissenschaftlern und Wissenschaftsjournalisten, Ergebnisse aus Naturwissenschaft und Technik griffig zu vermitteln, ohne sie dabei zu verfälschen. Ebenso erfreuen sich Wissenschaftsmagazine und die angesprochenen Science Centers großer Beliebtheit. Trotz des spürbaren Erfolgs von »Wissenschaft und Technik zum Anfassen« und des Engagements vieler Organisationen und Verbände, Unternehmen und Privatpersonen hierfür, entsteht hierzulande bisher jedoch nicht der Eindruck einer flächendeckenden Kultur der unbefangenen Kommunikation zwischen Naturwissenschaft und Öffentlichkeit. Wie aktuelle Diskussionen über BSE und Nutztierhaltung, über Stammzellenforschung und Präimplantationsdiagnostik oder über Nebenwirkungen eingeführter Medikamente zeigen, fühlt man als Laie vielmehr oft Angst, Misstrauen und Ohnmacht – Angst vor der Abhängigkeit von der Beurteilung durch Experten, Misstrauen gegenüber ihrer Legitimation und Motivation sowie Ohnmacht angesichts ihrer Unfähigkeit, komplizierte Sachverhalte in allgemein verständliche Sprache und Bilder zu übersetzen. Auf der Seite der Wissenschaftler herrschen dagegen häufig Ungeduld und Resignation – Ungeduld mit der mangelnden Bereitschaft der Verbraucher, sich selbst mit den elementarsten Grundlagen vertraut zu machen, und Resignation angesichts der meist dürftigen naturwissenschaftlichen Vorkenntnisse, die ein Anknüpfen schwer erscheinen lassen. In einem solchen Klima fällt die unbefrachtete Auseinandersetzung mit sachlichen Argumenten schwer.

Not täte also nicht nur eine selbstverständliche Erklärungsbereitschaft der Wissenschaftler, denen ihre »Bringschuld« nicht lästig fallen darf, sondern auch eine selbstverständlichere Beschäftigung mit naturwissenschaftlichen Themen über die Schule hinaus und eine entsprechende Lernbereitschaft der breiten Bevölkerung auf diesem Gebiet. Wenn jedoch die Basis fehlt, wenn Fächer wie Physik und Chemie schon in der Schulzeit negativ besetzt und abgewählt werden, dann lassen sich im Erwachsenenalter Abwehrhaltungen, Schwellenängste, unzureichende Kenntnisse und daraus resultierende Verhaltensmuster und Überzeugungen nur noch schwer beeinflussen. Maßnahmen, die schon in der Schulzeit greifen, *bevor* diese negative Grundtendenz eintritt, sind demnach dringend erforderlich.

In der Mittel- und Oberstufe, zum Zeitpunkt der Kurswahl oder der Wahl eines Studienfachs, erscheint es vielfach bereits zu spät. Pädagogisch-psychologische Studien belegen, dass in der Sekundarstufe das Interesse an Mathematik, Physik und Chemie deutlich abnimmt. [2] Ein weiterer Indikator für die mangelnde Beliebtheit der naturwissenschaftlichen Fächer ist die beobachtete Entwicklung der Studienanfängerzahlen in Physik und Chemie während der letzten Jahre, die sich erst langsam erholt. Dies entspricht wiederum dem besorgniserregenden geringen Stellenwert dieser Fächer – insbesondere der Chemie – in der Öffentlichkeit, der in starkem Widerspruch zu ihrer gesellschaftlichen Relevanz steht. Wieso, mag man sich fragen, ist die Biologie, trotz aller Diskussionen über technisch Machbares und ethisch Vertretbares, hier ausgenommen und wird, im Gegenteil, sowohl von jungen Leuten als Wahlfach oder Studienfach als auch in der öffentlichen Diskussion als sehr attraktiv wahrgenommen – als Wissenschaft des 21. Jahrhunderts, spannend und zukunftssichernd? Ist denn Biologie nicht »schwierig«, ist das Verständnis einzelner Lebensprozesse auf molekularer Ebene nicht auch sehr »chemisch«, ist denn Biologie nicht »gefährlich«?

Diese etwas holzschnittartige Polarisierung nach dem Muster »Biologie ist spannend und hat Zukunft, Chemie ist umweltschädlich, Physik ist dröge« mag nicht zuletzt mit der unterschiedlichen Einbindung der kindlichen Lebenserfahrung in den schulischen Unterricht zu tun haben: Biologie wird – auch schon in der Grundschule – lebensnäher und anschaulicher unterrichtet und hat zu tun mit Haustieren, heimischen Pflanzen sowie menschlichem Verhalten. Für die Chemie gilt dagegen häufig immer noch die übliche Identifikation des Fachs Chemie mit wahrgenommenen Gefahren oder Umweltschäden als Folge chemischer Produktion. Das ungünstige Image der Chemie als Schulfach könnte daher besonders davon profitieren, wenn Schülern frühzeitig klar gemacht werden kann, wo chemische Prozesse für sie alltagsrelevant und spannend sind.

Solche Vorurteile werden oft im Verlauf der Schuljahre nicht abgebaut, sondern nehmen eher noch zu. Nach unserer Überzeugung – selbst wenn sie zunächst im Kontext »public understanding of science« verblüffen mag – wird die Basis für eine offene, unbelastete, sogar eher positiv-neugierige Grundeinstellung gegenüber naturwissenschaftlichen Methoden und Erkenntnissen bereits frühzeitig, durchaus schon vor dem eigentlichen Fachunterricht, gelegt [2,3]. Für einen (späteren) unbefangenen Dialog zwischen Wissenschaft und Öffentlichkeit kann demnach schon im Grundschulalter – und gerade dann – etwas getan werden!

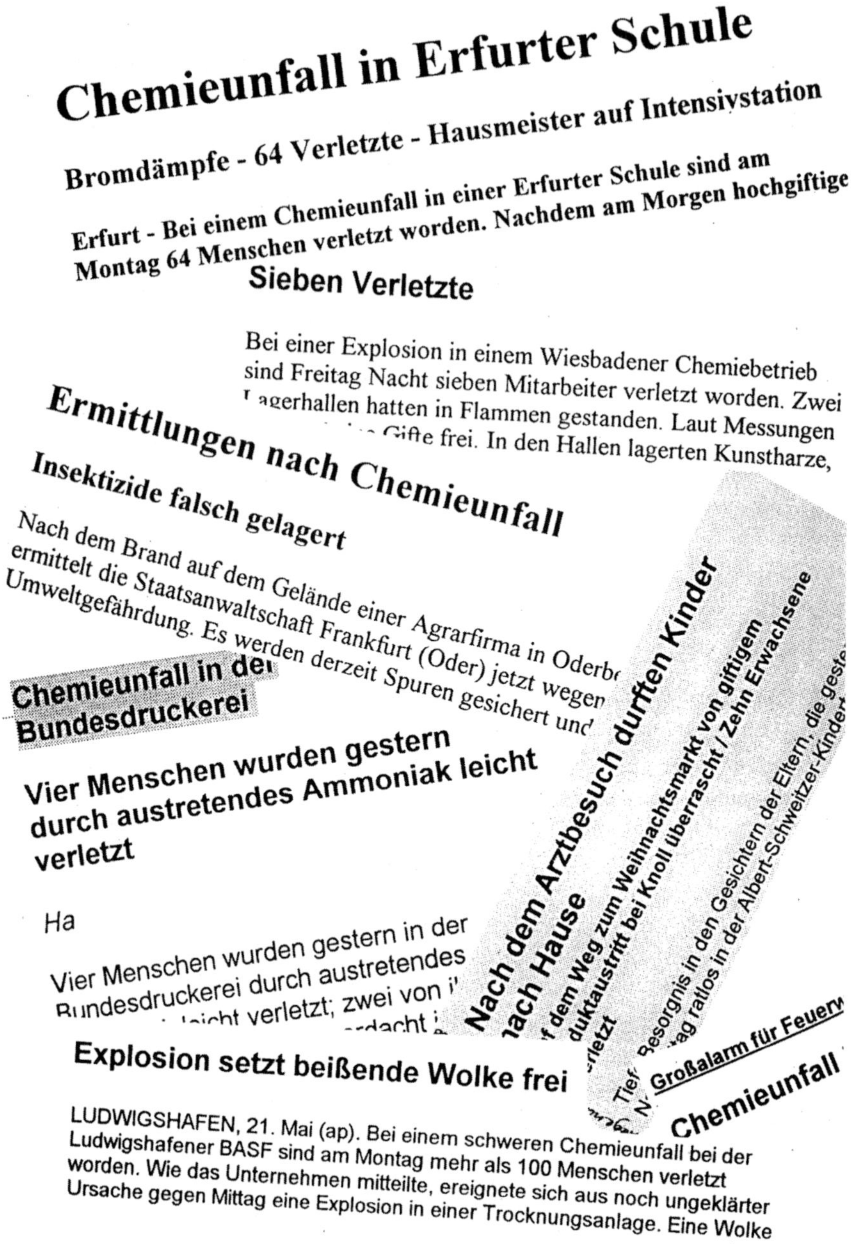

Chemieunfall in Erfurter Schule

Bromdämpfe - 64 Verletzte - Hausmeister auf Intensivstation

Erfurt - Bei einem Chemieunfall in einer Erfurter Schule sind am Montag 64 Menschen verletzt worden. Nachdem am Morgen hochgiftige

Sieben Verletzte

Bei einer Explosion in einem Wiesbadener Chemiebetrieb sind Freitag Nacht sieben Mitarbeiter verletzt worden. Zwei ...agerhallen hatten in Flammen gestanden. Laut Messungen ... Gifte frei. In den Hallen lagerten Kunstharze,

Ermittlungen nach Chemieunfall

Insektizide falsch gelagert

Nach dem Brand auf dem Gelände einer Agrarfirma in Oderb... ermittelt die Staatsanwaltschaft Frankfurt (Oder) jetzt wegen Umweltgefährdung. Es werden derzeit Spuren gesichert und...

Chemieunfall in der Bundesdruckerei

Vier Menschen wurden gestern durch austretendes Ammoniak leicht verletzt

Ha

Vier Menschen wurden gestern in der Bundesdruckerei durch austretendes ... leicht verletzt; zwei von i... ...dacht ...

Nach dem Arztbesuch durften Kinder nach Hause

Auf dem Weg zum Weihnachtsmarkt von giftigem Produktaustritt bei Knoll überrascht / Zehn Erwachsene verletzt

Tiefe Besorgnis in den Gesichtern der Eltern, die geste... ...tag ratlos in der Albert-Schweitzer-Kinder...

Großalarm für Feuerw...

Chemieunfall

Explosion setzt beißende Wolke frei

LUDWIGSHAFEN, 21. Mai (ap). Bei einem schweren Chemieunfall bei der Ludwigshafener BASF sind am Montag mehr als 100 Menschen verletzt worden. Wie das Unternehmen mitteilte, ereignete sich aus noch ungeklärter Ursache gegen Mittag eine Explosion in einer Trocknungsanlage. Eine Wolke

Abb. 2 Collage aus Zeitungsausschnitten: Chemie ist gefährlich.

Konzept des *teutolab*

Das Bielefelder *teutolab* hat vor diesem Hintergrund einen Weg eingeschlagen, mit dem das Interesse an der Chemie früh geweckt wird und eine möglichst dauerhafte Motivation für die Beschäftigung mit chemischen und naturwissenschaftlichen Themen gefördert werden kann. Die erste Zielgruppe ist daher bereits die Primarstufe (P). Begleitend zum gesamten Schulverlauf von der Primarstufe (ab Klasse 3) über die Sekundarstufe I (S I) bis hin zur Sekundarstufe II (S II) bietet das *teutolab* Experimentiertage für Kinder und Jugendliche an. Im Bereich der 3. bis 6. Jahrgangsstufe – also der Zielgruppe, die Chemie noch nicht als Fach im Schulunterricht kennen gelernt hat – liegen inzwischen Erfahrungen aus vier Schuljahren mit mehr als 5000 Kindern vor.

Die *teutolab*-Konzeption konzentriert sich im Sinne einer dauerhaften Motivierung für die Chemie auf mehrere Aspekte. Wichtig ist die Auswahl der Themenbereiche für die angebotenen Experimente aus der *Erfahrungswelt* der Kinder und Jugendlichen, die angemessene Einstiege bietet. Vordringlich ist ferner die *Handlungsorientiertheit* der Labortage, die jedem Schüler und jeder Schülerin die Möglichkeit zum eigenen Experimentieren und Erfahren »mit allen Sinnen« bietet. Zudem ist ein altersgemäßer *Aufbau auf das bereits vorhandene Wissen* notwendig, und zwar nicht nur im streng fachlichen Sinn. Um einen durchaus erwünschten Wiedererkennenswert bei mehrmaligen Besuchen zu ermöglichen, wurde außerdem eine *spiralcurriculare Anordnung* der Experimentierreihen konzipiert.

Drei Themenbereiche wurden ausgewählt – *Naturstoffe, Produkte der Chemie* und *Energie und Umwelt* –, zu denen jeweils ein Spiralcurriculum mit drei Ebenen (P, S I, S II) zunehmender Abstraktion und Komplexität erarbeitet wurde. Für die Experimentierreihe Naturstoffe werden beispielsweise auf der 1. Ebene (3./4. Klasse) einfache qualitative Versuche mit Zitrusfrüchten zu drei Themenbereichen in drei verschiedenen Labors durchgeführt, die alle Kinder in kleinen Gruppen per *Rotation* durchlaufen. Im »Duftlabor« wird festgestellt, wo denn eigentlich der Duft in der Zitrone steckt. Der Zitronenduft wird dann per »chemischer Ana-

Abb. 3 Im Duftlabor – Düfte werden unterschieden und Beobachtungen notiert.

Abb. 4 Orangenschalenstückchen werden rasch geknickt und der dabei freigesetzte Tröpfchennebel in eine Kerze geschleudert: Man beobachtet kleine Stichflammen.

lyse« – mit der Nase, aber unter Einbeziehung chemischer Gerätschaften – zweifelsfrei von anderen Düften unterschieden, und die Beobachtungen werden festgehalten. Dabei haben wir die Erfahrung gemacht, dass die Grundschulkinder ihre Ergebnisse und Erfahrungen sehr individuell und engagiert dokumentieren.

Am selben Ort, einer halbrunden Theke mit hohen Hockern, die einen direkten Blickkontakt der Betreuerin oder des Betreuers mit den experimentierenden Kindern gestattet [4], wird dann versucht, der dufttragenden Substanz in der Zitrusfruchtschale noch weiter auf die Spur zu kommen. Da Hände dabei ölig werden und die Spraywolken aus der Schale sogar kleine Stichflammen erzeugen, ist diese Substanz wohl nicht in erster Linie mit Wasser verwandt.

Im Nachbarlabor wird derweilen die Säure in der Zitrone näher betrachtet und eine »chemische Zunge« – ein Indikator – präpariert, mit der man verschiedene Flüssigkeiten auf ihren Säurecharakter prüfen kann. In der dritten Station werden weitere Eigenschaften von Zitrusfrüchten erfahren: dass man mit Zitronensaft und zwei Metallstäben einen kleinen Motor bauen und zum Beispiel ein Rad antreiben kann, ist für fast alle ein unerwartetes Ergebnis!

Analog aufgebaut sind in dieser Ebene die Experimentierreihen zu Produkten der Chemie und zum Thema Energie und Umwelt, bei denen ebenfalls alle Kinder drei Experimentierstationen im Rotationsverfahren durchlaufen. Bei den »Produktions«-Experimenten zum Thema Milch werden Künstlerfarben auf Quarkbasis und ein Kunststoff aus Milch hergestellt. Auch quantitatives Messen wird erfolgreich eingesetzt, wenn der unterschiedliche Fettgehalt verschiedener Milchsorten anhand der Laufzeit durch eine Bürette verdeutlicht wird – der souveräne Umgang mit der Bürette ist für Grundschulkinder kein Problem!

Eine Serie zum Thema Energie und Umwelt beschäftigt sich in dieser Stufe mit Altpapierverwertung, Tintenherstellung und Tintenanalyse. Alle drei Experimentierserien sind somit auf jeweils wenige Alltagsprodukte zentriert (Zitrusfrüchte, Milch, Papier und Tinte), über die Kinder dieser Altersgruppe auch unabhängig von Sach-

Abb. 5 »Milcholympiade«: Milchsorten mit verschiedenem Fettgehalt durchlaufen die »Rennstrecke« in der Bürette unterschiedlich schnell.

unterricht oder Interessen und Begabungen bereits sehr viele Kenntnisse haben. An dieses Wissen anzuknüpfen, es zu strukturieren, zu systematisieren und weitere Anwendungsmöglichkeiten dafür aufzuzeigen, ist eine wesentliche Funktion des Lehrens im *teutolab*. Selbstständig, durch eigenes Handeln auch zu ganz bekannten Dingen noch neue, spannende und überraschende Facetten zu entdecken, trägt zu einem intensiven Lernerlebnis bei. Damit die Erinnerung an den Experimentiertag präsent bleibt, legen wir Wert darauf, dass jedes Kind ein selbstgefertigtes Produkt mitnimmt – beispielsweise bunte Anhänger aus Milchkunststoff.

In der 2. Ebene für die Sekundarstufe I arbeiten kleine Schülergruppen *parallel* an thematisch miteinander verknüpften Experimenten, über deren Ergebnisse sie sich gegenseitig berichten und deren Konsequenzen gemeinsam diskutiert werden. Zum Thema Naturstoffe steht hier deren Gewinnung und Analyse im Mittelpunkt, in der Reihe Produkte der Chemie werden Arbeitsthemen rund um die Kartoffel angeboten, aus der Folien und Klebstoff hergestellt werden, und im Kontext Energie und Umwelt spielen Energiegehalt von Brennstoffen und Energienutzbarkeit in technischen Prozessen (»heiße« Verbrennung gegenüber Brennstoffzellen) eine Rolle.

Die hier nur grob umrissene Beschreibung der Experimente verdeutlicht unser Verständnis des *teutolab* als Motivationslabor, in dem Schülerexperimente im Kontext angeboten werden, die sich aus dem phänomenologischen Einstieg wie von selbst ergeben. Insbesondere für die Gruppen der 1. Spiralebene wurde auf eine offene Gestaltung des Laborbereichs mit unterschiedlichen Arbeitssituationen (neben der bereits erwähnten Theke auch Labortische oder ein runder Tisch für Gruppenarbeiten) sowie entsprechenden Dekorationen und Pausenfüllern geachtet. Erst ein integrierter Gesprächs- und Pausenbereich für die Gruppe und abgetrennte

Abb. 6 Schüler der S I ermitteln Brennwerte von Lebensmitteln und (Bio)diesel.

Vorbereitungsräume auch für Lehrergespräche ermöglichen die Realisierung dieser Konzeption.

Unser Ansatz, Themen aus dem Erfahrungsbereich der Kinder und Jugendlichen zu wählen, deckt sich mit der didaktischen Konzeption »Chemie im Kontext« [5], bei der fachsystematische Strukturen in lebensweltorientierten Fragestellungen aufgebaut und aktiviert werden. Dabei sind fachliche Grundlagen zu vermitteln, die nicht Selbstzweck sein dürfen, sondern zum besseren Verstehen und Beurteilen von Lebenswirklichkeit beitragen. Dies bedeutet, Vermitteltes in einen sinnhaften (lebenspraktisch bedeutsamen) Kontext zu bringen, um Schüler und Schülerinnen in die Lage zu versetzen, im Unterricht Gelerntes auf die sie umgebenden Phänomene und komplexen Zusammenhänge zu übertragen. Ein nach dieser Konzeption in Alltagskontexten verankerter Unterricht wird als interessant und motivierend angesehen. Unsere Reihen lassen sich leicht in einem der Basiskonzepte dieses didaktischen Ansatzes wiederfinden, wobei sie auch die Forderung erfüllen, dass die Inhalte schüler- und gesellschaftsrelevant sind und aktuelle Bedeutung haben. Die spiralige Anordnung der Inhalte gewährleistet zudem eine vertikale Vernetzung des Gelernten. Zudem durchlaufen die Kinder und Jugendlichen auf jeder Altersstufe die gewünschten vier Lernzyklen (Begegnungsphase, Neugier- und Planungsphase, Erarbeitungsphase, Vernetzungs- und Vertiefungsphase [5]) und präsentieren am Ende ihre Arbeitsergebnisse.

Resonanz der *teutolab*-Aktivitäten

Für die Betreuer im *teutolab* ist besonders die Begeisterung der Grundschüler, die mit heißen Ohren eigenständig chemische Experimente durchführen und dabei vielfach ihre Umgebung vergessen, förmlich greifbar, und auch skeptische Besucher lassen sich schnell von dieser Atmosphäre anstecken.

Etwas scheint hier also wahrnehmbar positiv zu laufen. Dies spiegelt sich auch in den zahlreichen Briefen der Mädchen und Jungen wider, die ihre Erlebnisse im *teutolab* nach ihrem Besuch oft festhalten. Dank der Ermutigung durch viele begleitende Grundschullehrerinnen, die das Thema teutolab im Unterricht noch einmal nachbereiten und die Kinder zur individuellen Darstellung ihrer Erfahrungen anregen, verfügen wir inzwischen über einen wahren Schatz von »Fanpost«, aus dem hier nur stellvertretend einige Beispiele gezeigt werden können.

Bunte, fröhliche und positiv gestimmte Rückmeldungen, die in ihrer Gesamtheit anrühren und die Betreuer für viele zusätzlich geleistete Stunden entschädigen! Einige Gemeinsamkeiten fallen beim Betrachten dieser Briefe auf. Während die Rechtschreibung nicht unbedingt vollkommen ist und der Text nicht immer erkennen lässt, was da nun eigentlich bei einem Versuch passiert ist, bestechen die zum Teil sehr detailgetreuen beigefügten Bilder: die Theke zur Tintenherstellung mit den Hockern davor nebst aller Waagen, Magnetrührer und Vorratsgefäße sowie die ausführliche Darstellung des Chromatographie-Experiments am runden Tisch im »Zauberlabor«, die nicht nur die beteiligte Tischgruppe mit den korrekten Haarfarben und die verschiedenen Requisiten zum Experimentieren auf dem Tisch, son-

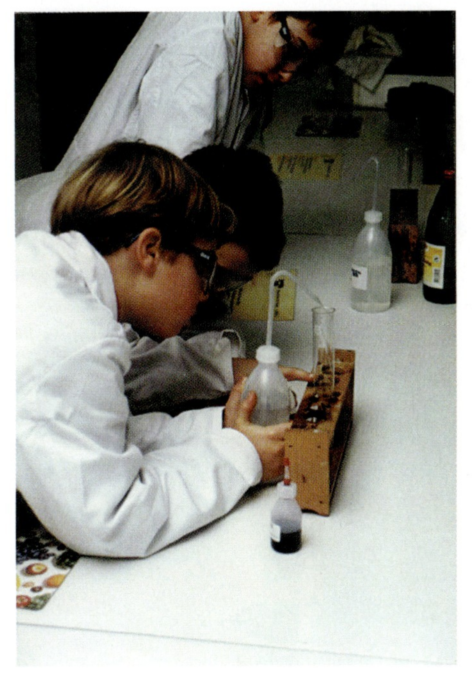

Abb. 7 Ob sich die Flüssigkeit im Reagenzglas wohl gleich anders färben wird?

dern sogar die Dekoration am Labortisch im Hintergrund exakt wiedergibt. Dies lässt vermuten, dass zumindest in dieser Altersstufe der Vermittlung über alle Sinne eine besondere Bedeutung zukommt.

Natürlich sind dies keine quantitativen Indizien für eine Wirkung des *teutolab*-Besuchs. Seit 2001 bemüht sich ein Team aus Fachdidaktikern und Pädagogischen Psychologen um eine unabhängige Beurteilung der Wirkungen des Experimentierens im *teutolab*. In mehreren Fragebogenaktionen (mit Lehrer- und Schülerfragebögen) wurden alle Schulen angeschrieben, die mit einer Grundschulklasse im *teutolab* waren – oft noch weit nach der Zeit des eigentlichen Besuchs. Umso erstaunlicher ist dabei der mit über 80 Prozent sehr hohe Rücklauf der Fragebögen, der uns mit mehr als 2000 Kindermeinungen eine Übersicht ermöglicht. Die drei angebotenen Experimentierserien Zitrone, Milch und Papier/Tinte wurden von ungefähr gleich vielen Klassen erlebt.

Die Analysen der Daten zu den Fragekomplexen demographische Variablen, Fachinteressen, Emotionen während des Besuchs, Selbsteinschätzung der eigenen Kompetenz etc. ergeben ein insgesamt sehr einheitliches Bild. So antworten auf einer Skala mit vier Abstufungen 78 Prozent der Kinder, dass sie den Besuch im

Abb. 8a Fanpost aus der Grundschule – die Theke zur Tintenherstellung.

teutolab sehr interessant gefunden haben, 63 Prozent meinen, sie hätten viel gelernt, und immerhin 78 bzw. 52 Prozent würden gern auch in der Schule bzw. in der Freizeit experimentieren (diese Zahlen beziehen sich jeweils auf die extreme Kategorie völliger Zustimmung). Langweilig fanden es dagegen mit 4 Prozent (stimmt völlig) nur sehr wenige Kinder, während sich 84 Prozent (stimmt gar nicht) wohl nicht gelangweilt haben, sondern im Gegenteil die Zeit teilweise völlig vergessen haben (51 Prozent). Bei den Berufswünschen finden sich die Naturwissenschaftler mit etwa 2,5 Prozent kaum wieder – während sich etliche Kinder (etwa 30 Prozent) noch nicht auf einen Berufswunsch festlegen möchten, stehen SportlerInnen, KünstlerInnen, PolizistInnen sowie Tierärzte bzw. Tierärztinnen mit jeweils etwa 6 bis 8 Prozent der Nennungen ziemlich hoch in der Werteskala. Eine genauere Analyse dieser und zahlreicher weiterer Ergebnisse findet sich in Lit. 6. Die Fragebögen zeigen deutlich – selbst nach teilweise langer Zeit –, dass das Erlebnis *teutolab* noch in den Köpfen präsent und überwiegend positiv abgespeichert ist.

Spätestens bei der Frage nach den Berufswünschen ist man gespannt auf eine Differenzierung zwischen Mädchen und Jungen: Entsprechen die Antworten den verbreiteten Klischees? Bei den Berufswünschen muss dies eindeutig mit »ja« beantwortet werden. Erwartungsgemäß unterschiedlich ausgeprägt ist zunächst das Interesse an einzelnen Schulfächern, das in diesem Alter (im Mittel 10 Jahre) bei Jungen eher bei Mathematik und Sachkunde liegt, während Mädchen das Fach Deutsch attraktiver finden. Interessanter ist, dass auch bei chemiebezogenen Fragen das Ergebnis in etwa den erwarteten Geschlechtsstereotypen entspricht. Mädchen möchten sich besonders gern über die Chemie von Kosmetika informieren, wäh-

Abb. 8b Fanpost aus der Grundschule – Chromatographie-Experiment zur Tintenanalyse (Text gekürzt).

rend die Jungen lieber Knaller und Raketen bauen würden. Aber diese Unterschiede sollten nicht übertrieben interpretiert werden: Versuche planen, wie man Knaller und Raketen herstellt (so die exakte Formulierung) möchten 64 Prozent *aller* befragten Kinder sehr gern, und auch bei 50 Prozent der Mädchen ist das Interesse hieran sehr groß. Herausfinden, was in Cremes und Shampoos so alles drin ist, möchten immerhin 46 Prozent aller befragten Kinder sehr gern (und dies interessiert auch 40 Prozent der Jungen sehr). Fast gleichmäßig groß (51 Prozent sehr groß) ist das Interesse der befragten Kinder an der Vermeidung von Umweltschäden. Interessanterweise werden jedoch Fragen, die sich auf das Gefallen des Besuchs im *teutolab* beziehen, auf die Intensität des Erlebten oder auf die dabei empfundenen Emotionen sogar leicht positiver durch die Mädchen beantwortet. *Obwohl* die Mädchen sich also in der Schule nicht ganz so stark für Sachkunde oder Mathematik interessieren (und sich auch bezüglich ihrer Begabung in diesen Fächern leicht kritischer beurteilen), gibt ihnen das Experimentieren im *teutolab* offenbar mindestens genauso viel wie den Jungen ihrer Altersgruppe! Im Grundschulalter ist es offenbar möglich, nicht nur das Interesse von Jungen an naturwissenschaftlichen Themen zu verstärken, sondern Mädchen mindestens ebenso stark für Chemie zu begeistern.

Perspektiven

Die Beurteilung der langfristigen Auswirkungen solcher außerschulischen Projekte sowie ihre Bewertung im Kontext mit dem schulischen Unterricht ist ein vielschichtiges Problem. Vielerorts liegen inzwischen Erfahrungen mit Schnuppertagen,

Abb. 9 Zukünftige Chemikerinnen?

Sommerkursen, Schulpraktika oder Tagen der offenen Tür vor; ebenso gibt es in zunehmendem Umfang Angebote an Universitäten, die sich vorwiegend an Leistungskurse der gymnasialen Oberstufen wenden. Ein Experimentieren in forschungsnaher Umgebung, das schulische Möglichkeiten selten zulassen, trägt sicher dazu bei, die Attraktivität eines naturwissenschaftlichen Studiums zu erhöhen. Trotzdem zeigt sich bisher keine wirkliche Trendumkehr im Interesse junger Leute für naturwissenschaftliche und technische, speziell auch chemische, Berufe. Dies ist nicht übermäßig verwunderlich, da mit solchen Angeboten nur solche Schülergruppen angesprochen werden, die über ihre Kurswahlen in der S II bereits Interesse an den Naturwissenschaften bekundet haben, nicht aber die große Zahl derer, die sich von diesen Fächern bereits distanziert haben. Von unten her in der Breite naturwissenschaftliches Interesse und Verständnis zu wecken und in der Folge darauf aufzubauen, scheint daher ein bisher noch zu selten beachtetes Konzept zu sein.

Ist dies eine universitäre Aufgabe? Selbstverständlich auch! Initiativen wie das *teutolab* bieten nicht nur Experimentiermöglichkeiten für Kinder und Jugendliche, sondern – das zeigen bereits unsere Erfahrungen – auch ein außerordentlich nützliches Forum zum intensiven Gedankenaustausch zwischen Schule, Universität und Wirtschaft. In einem Forschungsprojekt des Bundesministeriums für Bildung und Forschung wird die *teutolab*-Konzeption daher auf ihre Wirksamkeit und Nachhaltigkeit untersucht, um daraus auch Empfehlungen für die schulische Praxis sowie für die Lehrerausbildung und -weiterbildung abzuleiten. Interessante Fragen dabei sind, welche Inhalte Kinder frühzeitig und altersgerecht im Sinne einer Breitenförderung für die Naturwissenschaften motivieren können, und wie dieses Interesse langfristig verankert werden kann. Unserer Meinung nach sollte aber nicht vergessen werden, dass Wissenschaft auch »role models« braucht, dass eine Vermittlung wissenschaftlicher Erkenntnisse in die Öffentlichkeit nicht nur die »Wissenschaft zum Anfassen« sondern auch Wissenschaftler und Wissenschaftlerinnen als Partner, Anwälte, Trainer und Übersetzer benötigt. Ein Klima der »Breitenchemie« nützt – analog zum Breitensport – auch der »Spitzenchemie«! Dass nicht immer so

Abb. 10 Sir Harold Kroto anlässlich der Bielefelder Tagung im *teutolab*: Gespräch mit einer 11. Klasse über Prinzipien der Fullerenchemie.

potente Vorbilder wie in Abb. 10 persönlich zur Verfügung stehen, sollte zu neuen Ideen anspornen, die verstärkt auch die elektronischen Medien in den Prozess der Vermittlung einbeziehen.

Danksagung

Viele Personen und Institutionen haben dazu beigetragen, das *teutolab* zu gestalten und als ein lebendiges Zentrum des Austauschs zwischen Schülerinnen und Schülern, Lehrenden an Schule und Universität, Chemiestudierenden und Wissenschaftlern in Bielefeld zu etablieren. Nicht allen kann hier namentlich gedankt werden. Das Konzept des *teutolab* und die Experimentierangebote wurden maßgeblich gestaltet durch einen der Autoren (R.H.) sowie durch StD'in Marie-Luise aus dem Moore (Gymnasium Bielefeld-Brackwede) und StR Rainer Jost (Ratsgymnasium Bielefeld) sowie StR Dr. Frank Königer (Max-Planck-Gymnasium Bielefeld). Die Organisation des *teutolab* und den täglichen reibungsfreien Ablauf stellte lange Zeit Dr. Jürgen Kottmann sicher. Etliche Studierende an den Fakultäten für Chemie haben sich in der Betreuung der Schülergruppen engagiert und dabei selbst wertvolle Erfahrungen beim Transfer chemischer Inhalte gesammelt. Die Evaluation des *teutolab*-Konzepts erfolgt in Kooperation mit der Arbeitsgruppe eines der Autoren (J.M.) sowie mit Prof. Dr. Gisela Lück (Chemiedidaktik, Bielefeld) im Rahmen eines vom Bundesministerium für Bildung und Forschung (BMBF) geförderten Begleitforschungsprojekts. Allen Beteiligten sei an dieser Stelle für ihre Ideen und ihren Einsatz herzlich gedankt. Unterstützt wird das *teutolab* ferner durch das Ministerium für Schule, Jugend und Kinder (MSJK) des Landes Nordrhein-Westfalen, den Fonds der chemischen Industrie, den Stifterverband für die deutsche Wissenschaft sowie durch verschiedene regionale Stiftungen, Wirtschaftsunternehmen und die Westfälisch-Lippische Universitätsgesellschaft. Besonderer Dank gebührt zudem Nicole Bellaire, Ann Christin Halt, Christine Meyer und Stefanie Scheidtmann für die Eingabe der Fragebogendaten, sowie Dr. Andrea Frank für ihr beständiges Engagement für das *teutolab*.

Literatur

1 U. Schnabel, Tägliche Show. Physiklehrer sterben aus. Das ist gut so. *Die Zeit* 13/**2001**

2 H. D. Barke und C. Hilbing, Image von Chemie und Chemieunterricht, *Chemie in unserer Zeit* **2000**, *34*, 17

3 G. Lück, Naturwissenschaften im frühen Kindesalter. Untersuchung zur Primärbegegnung von Kindern im Vorschulalter mit Phänomenen der unbelebten Natur, *Serie Naturwissenschaften und Technik – Didaktik im Gespräch*, Band 33, LIT-Verlag, Münster, Hamburg, London, **2000**

4 Dieser Experimentierbereich wurde nach dem erfolgreichen Beispiel des Labors »H_2O und Co.« der BASF konzipiert, vgl. http://www.basf.de/de/ueber/luhafen/openchem/kids/

5 I. Parchmann, B. Ralle und R. Demuth, Chemie im Kontext. Eine Konzeption zum Aufbau und zur Aktivierung fachsystematischer Strukturen in lebensweltorientierten Fragestellungen, *MNU* **2000**, *53*, 132

6 J. Möller, A. Brandt, R. Herbers, G. Lück und K. Kohse-Höinghaus, Schon im Grundschulalter Interesse an der Chemie wecken. Empirische Ergebnisse von Schülerbefragungen zum Mitmachlabor teutolab, erscheint in: *Grundschule* **2004**, *4*.

Katharina Kohse-Höinghaus (Jahrgang 1951, Bild rechts) hat an der Universität Bochum Chemie studiert und dort 1978 promoviert. Nach langjähriger Tätigkeit im Deutschen Luft- und Raumfahrtzentrum in Stuttgart und Forschungsaufenthalten in Paris und Stanford ist sie seit 1994 als Professorin für Physikalische Chemie an der Universität Bielefeld tätig. Ihre Forschungsinteressen umfassen die Entwicklung und Anwendung laseranalytischer Methoden bei Verbrennungsprozessen und der Herstellung neuer Materialien aus der Gasphase sowie einige biochemische Fragestellungen. Die Koautoren: **Rudolf Herbers** ist promovierter Chemiker und Studiendirektor am Einstein-Gymnasium in Rheda-Wiedenbrück, Professor Dr. **Jens Möller**, Direktor am Insitut für Psychologie an der Universtiät Kiel, Dipl.-Psych. **Alexander Brandt** fertigt seine Dissertation am *teutolab* an.

Register

a

Adenosintriphosphat (ATP) 272
ADR-Maus 275, 276
Agricola, Georgius 222
Aktivität von Enzymen 269
Allgemeine Relativitätstheorie 113, 115
Alzheimer, M. 292
Anomales Magnetisches Moment 120
anorganische und biologische Katalysatoren 51
anregbare Medien 59
Apatit 231, 232, 233, 236
archimedischer Körper 77
Architektur der Wissenschaft 191
Architektur von Kristallen 39
Aristoteles 27, 67, 214, 281, 282
$Au_{55}[P(C_6H_5)_3]_{12}Cl_6$ 133
$Au_{55}[P(C_6H_5)_3]_{12}Cl_6$-[6] 134, 135, 136
Averroës 214

b

Bacon, Francis 184
Bakterien 46
Belousov-Zhabotinskii-Reaktion 61
Bengalische Feuer 156, 160
Bennet, K. 179
Beugungsbilder 44
Bild und Spiegelbild 164
biomimetrische Reaktionsführung 236
Biominerale 225, 226, 230
Biomineralisation 225, 228, 258
Blaise, Pascal 114
Bloch, Konrad 16
Böttger, Johann Friedrich 221
Bottom-Up-Techniken 127
Boyle, Robert 115
Bragg, Lawrence 49
Bragg, William 49
Brandt, Henning 151
Brennender Schneeball 158
Brownsche Bewegung 46
Buckminster Fuller, Richard 74, 75
Bunte Flammen 157

c

Cantor's Dilemma 301
Carboanhydrase 196, 197, 206, 207, 209
Casimir-Experiment 118
Casimir, H. B. G. 117
CERN 122
Charles Percy Snows The Two Cultures 5, 300
Chemie und Licht 139
Chemische Kerzen 159
chemische Lichterzeugung 142
Chirotope 58
Chlor-Knallgasreaktion 146
Chloroplasten 62
Clathrat-Hydraten 85
Contergan 176
Coulomb-Blockade 131, 132, 133, 136
Coxeter, Donald 83
Coxeter, H. S. M. 55
C. P. Snows zwei Kulturen 5, 300
Creutzfeldt, Otto Detlev 27

d

Davy, Humphry 5
Deduktion 184
Defekte Gene 263
Definition von rechts und links bei Spiralen 172
Descartes 282
Dialog Timaios 67, 73
Dialog zwischen Wissenschaft und Öffentlichkeit 315
Diastereometrie 175
Diatomeen 225, 226

Diregenten komplexer Strukturen 216
DNA 212, 263
DNA-Doppelhelix 61, 170
Doktor Faustus 11
dritte Kultur 4, 7
Dühring, Eugen 6
Dürer, Albrecht 70
Dylan, Thomas 31

e
Eccles, John C. 27, 284
Eigen, Manfred 15, 296
Einelektronenschalter 135
Einstein, Albert 32
Einsteinsche Relativitätstheorie 12
elektrisches Licht 143
elektromagnetische Wellen 116
Elektron-Positron-Paar 109
elektroschwache Symmetriebrechung 112
Embryonen Entwicklungsstadien 36
Empedokles 66, 114, 151, 153
Energiegewinnung 188
Energiespeicherung 188
Entelechie 283
Entstehung des Lebens 14
epigenetische Plastizität 289
Erzeugung geordneter Cluster-Monolagen 133
Erzeugung komplexer molekularer Gebilde 212
Escher, M.C. 22, 54, 56
Euklid 72
evolutionäre Erkenntnismethode 296
Evolution des Lebens 19
Experimente mit kollidierenden Kernen 120

f
Faraday 5, 41
farbiges Licht 147
Felix Krull 11
Ferrofluid 41
Feuer im Eisberg 158
Feuerwerk mit Eis 158
Feynmann-Graphen 119
Feynmann, Richard 137, 190
Fibinacci-Zahlen 88
Flammentemperatur 143
Fluorapatit 231, 233
Fluorapatit-Gelatine-Komposit 240, 245, 246, 252, 259
Formensprache der Natur 53
Form und Funktion 219
fraktale Baldachine 243
fraktale Komposit-Kugelaggregate 255
fraktales Wachstumsprinzip 245
Frustration 81
Fünfsterne 69
Fullerene 75, 216

g
Galilei, Galileo 184
Gasentladungslampen 156
Gelatine 235, 236, 266
Gel-Gegenstromdiffusion 236
Gene 263
Genom 185, 263, 264
Genotyp 15
Genschalter und Zell-Zell-Signale 276
Gestaltproblem 21, 26
Glimmentladung 148
Goethe, J. W. von 23, 24, 27, 177, 178, 179, 180, 222
Goethes Faust 69
Goldener Schnitt 68, 74, 86, 87, 228, 229
Grundbedürfnisse des Menschen 182
Guericke, Otto von 114

h
Haeckel, Ernst 63, 76, 285
Hämoglobin 36, 37
hängende Kette 34
Hardy, G. H. 33
Haüy, René Just 222
Hauptsätze der Ökonomie 183
Helmholtz, Hermann von 6
hexagonale Ordnungsmuster 38
Higgsbosons 111
Higgsfeld 111, 120
Hippokrates 283
Hoff, van't 50
Homochiralität 168
Hooke, Robert 34, 40, 41
Huygens 40
Hydroxyapatit 37, 231, 233, 255
Hyperzyklus 15

i
Immaculate Misconception 305
Induktion 184
Insulin 206
Intracytoplasmatische Spermieninjektion (ICSI) 310
intrinsische elektrische Felder 250
Ionenschleusen 274

k

Katalysatoren 187
Keimbildung 248
Keimbildungszentren 234
Keimbildung und Wachstum 225
Kepler, Johannes 23, 40, 70, 78, 228
Kleinste Schalter 127
Klepshydra-Experiment 114
Kollagen 236, 266
Kollagenfibrillen 235
Kollagen-Polypeptidketten 234
Kolloidale Sole 42
Kolophon, Xenophanes von 71
Konvertibilität der Energie 94
Kreativität der Wissenschaft 33
Kretinismus 293
kristallartige Ordnung des Muskels 273
kristallartige Proteinstrukturen 265
Kristallographie 50

l

Large Electron Positron Collider (LEP) 122
Laue, Max von 222
Leerer Raum 112
Leibniz 283
Leibnizsche Monadenlehre 18
Leib-Seele-Problem 27, 103, 282, 283
LEP-Speicherring am CERN 95
Lernzyklen 320
Leuchtröhre ohne Strom 159
Licht durch Verbrennung 142
Licht = Energie 141
Lichtquelle 141, 142
Liesegangsche Bänder 237
ligandgeschützte Metallnanopartikel 129
Links-Aminosäuren 167, 169
Lotte in Weimar 11
Luminol 159
Luzifer 153, 154

m

Magische Fünfecke 69
magnetotaktische Bakterien 46
Magnus, Albertus 221
Makrokosmos 11
Makromolekulare Systeme hoher Komplexität 214
Mann, Thomas 11, 290
Materie 91, 93, 113
Materie Bewegung 93
Materie Form 93
mathemtische Kristallographie 54
Maxwell, James Clerk 107
Medien und Wissenschaft 4
Menachem's Seed 302
menschenfreundliche Moleküle 185
menschliche Seele 281
menschliches Gehirn 284, 285, 286
Metallnanocluster 128
Metall-Sauerstoffaggregate 214
(meta)wissenschaftliche Begriffe 92
Mikrochip 188, 189
Mikrokosmos 11
Mimik 294
Mitmachlabor für Schülerinnen und Schüler 313
Mitochondrien 62
Modelle zur Keimbildung und Morphogenese 250
molekulares Riesenrad 217
Monadologie 283
Monophyletischer Stammbaum 63
Morphogenese 239, 246, 250, 252, 289
Myofibrille 272

n

(Nano)-Komposite 227
Nanokomposite 242
Nanometer 189
Nanopartikel 129, 189
Nanoreaktor 218
Nanotechnologie 136
Nanowassertropfen 85
Nanowelt 190
Natur der Elementarteilchen 96, 97
Nernstlampe 144, 145
Nernst, Walter 144, 145
Nervenzelle 288
Neuromodulatoren 288
neuronales Netzwerk 288
Neurotransmitter 287, 288, 294
New Economy 183
New Frontiers 181
nitrogen monoxide 303
NO 302, 303
Novalis 155
Nucleationszentren 251, 252

o

Old Economy 181
Ontogenese 285
Opale 46
Opaleszenz 48
Oppenheimer, J. Robert 31

p
Paarerzeugung 121
Parkettierungsprobleme 80
Parkettierung von Fünfecken 82
Parkinson, M. 295
Parmenides 71
Parthenon 87
Patientenbeispiele 290
Penrose, Roger 74, 81, 82
Periodensystem der Elemente 151
Pflasterung 54, 55
Pflasterungstheorie 54
Phänotyp 15
Phosphorlampe 158
Photochemie 146
Physikalisches Vakuum 124
Planck, Max 143
Platon 67, 282
platonische Körper 67, 77
Poesie der Wissenschaft 31
Polyoxometallate 214
Popper, Karl R. 284
postsynaptische Membran 287
Prionprotein 271
Proteinfunktion und Proteinstabilität 267
Proteinstabilität 267
Public Understanding of Science 1, 91, 105, 313
puclic understanding of science 315
Pyrit 84
Pythagoras 65, 66
pythagoreische Harmonie 75
pythagoreische Wassertropfen 84, 85

q
Quantenmechanik 108, 113, 116
Quantenpunkt 130, 133, 135
Quantenvakuum 115
quantifizierte Ähnlichkeitsdaten 62
Quasikristalle 58

r
Raffaels »Schule von Athen« 72
Ragore, Rabindranath 32
Ramanujan 33
Rastertunnelmikroskop 130
Reaktions-Diffusions-Prozesse 60
Rechts-Aminosäuren 169
Rechts/Links-Strukturen 165
Rechts oder links 163
Rechts-Zucker 167
Ribonacci-Reihe 229
Riesenmoleküle 211
ringförmige Riesenmoleküle 75
RNA 263, 266
Robert Hookes Micrographica 40
römische Mosaiken 173, 174
Royal Institution 5, 31, 41, 49
Russel, Bertrand 65

s
Schalter in der Zellmembran 274
Schießbaumwolle 156, 160
Schlingpflanzen 165, 167
Schlüssel und Schloss 215
Schmiedelegende 68
Schneckenhäuser 165, 166, 171
Schneckenschale 230
Schoenflies 40
Schrödinger, Erwin 86
Schrödingers Katze 10
Schutz vor Verrosten 195
schwarze Strahler 143, 144
Science-in-fiction 299, 300
Science-in-theatre 299
Selbstaggregation 212
Selbstorganisationsprozess 288
Shechtman, Dan 83
Smart Economy 190
Sokrates 113
somatische Selektion 289
Sperma 204
sphärische Fluorapatitaggregate 244
Spiegelungsgruppen 56
Stein der Weisen 211
Strukturbildungen 59
strukturgenerierende Parameter 242
Stufenschema nach Karl Popper 296
Symmetrie 39
Symmetrie als Entwicklungsprinzip 229
Synapse 287, 288
System Leerer Raum 110

t
Tabakmosaikvirus 218, 266, 267, 269
Tanzendes Feuer 158
Tee des Teufels 159
Teilchen-Antiteilchen-Paare 119, 121
Temperatursensitivität von Proteinen 271
teutolab 313
teutolab als Motivationslabor 319
Thales 66
Thalidomid 176
Theorie der Ähnlichkeit 63
The Science of Life 35
Tipula iridescent virus (TIV) 47
Tischbein, J. W. H. 177, 178, 179, 180
Top-Down-Verfahren 127

Toxizität von Zink 203
transdisziplinäre Fertilisation 186
Transmissionselektronenmikroskopie (TEM) 249
Trends in der Chemie 186
Trigeminusneuralgie 292
Tyndall, John 5, 41

u
Unbestimmtheitsrelation 95
Unschärferelationen 108

v
Vakuum der Physik 105
vergleichende Sequenzanalyse 61
Verstärkungsprinzipien von Funktionsmaterialien 227
Viren 46
Viren mit pentagonalen Baugruppen 75
virtuelle Teilchen-Antiteilchenpaare 100
Virus 264
vis vitalis (Lebenskraft) 296
Vorsokratiker 53, 66, 113, 184

w
Wandernder Feuerball 158
Wechselwirkungsprozesse zwischen Teilchen 101
weißer Phosphor 151
Wellenlängenbereiche 141
Welt der Atome 44
Werner, A. G. 24
Werner, G. A. 232
Wirkung von Zink 203
Wirt-Gast-System 216
Wirt und Gast 215
Wissenschaft zum Anfassen 325

z
Zahlenmystik der Pythagorer 79
Zauberberg 11
zelluläre Automaten 61
Zeolithe 51, 57
Zeolith-Katalysator 38
Zerlegung von weißem Licht 146
Zink 195
Zink als Münzmetall 196
Zinkbedarf 201
Zinkgehalt unserer Nahrung 199
Zink in den Organen 199
Zinkleimverband 195
Zinkmangel 200, 201, 202
Zinkmangelerscheinungen 197
Zinkpflaster 195
Zinksalben 195
Zöllner, Johann Karl Friedrich 6